美学珍玩

上册

〔法〕夏尔·波德莱尔 著

郭宏安 译

Curiosités Esthétiques

波德莱尔作品

商务印书馆
2018年·北京

Charles Baudelaire
Curiosités Esthétiques

涵芬楼文化 出品

目 录

译者前言　/ 001

1845 年的沙龙　/ 001
福音市场的古典美术馆　/ 069
1846 年的沙龙　/ 079
论笑的本质并泛论造型艺术中的滑稽　/ 186
论几位法国漫画家　/ 210
论几位外国漫画家　/ 237
论 1855 年世界博览会美术部分　/ 251
哲学的艺术　/ 281
《哲学的艺术》之不同的提纲　/ 291
1859 年的沙龙　/ 295
现代生活的画家　/ 393
欧仁·德拉克洛瓦在圣绪尔比斯教堂的壁画　/ 443
马蒂奈画展　/ 447
腐蚀铜版画走红　/ 450

画家和蚀刻师　　/ 453

欧仁·德拉克洛瓦的作品和生平　　/ 460

欧仁·比欧先生的藏品拍卖　　/ 496

关于欧仁·德拉克洛瓦的作品、思想、习惯　　/ 498

理查·瓦格纳和《汤豪舍》在巴黎　　/ 501

译者前言*

1892年的一天，贡斯当丹·居伊从朋友纳达尔家里出来，走到哈佛尔街上，被一辆疾驰的马车撞翻，伤了腿，住进了医院，不久竟去世了；八十八年之后的一天，罗兰·巴特在医学院街上被一辆货运汽车撞倒，本不至于致命，居然也因此告别了人世。时代前进了，马车变成了汽车，然而撞上它还是要危及生命的，不管是名人还是老百姓。不过，社会的反应就不一样了。罗兰·巴特是名人，舆论一片哗然，他成了"大师的时代已经过去"这种说法的例证之一。贡斯当丹·居伊虽然是颇有所成的画家，但在公众之中却还是籍籍无名，他的生

---

* 本文原收录于2016年上海译文版《论波德莱尔》，今挪作2018年商务版《美学珍玩》译者前言。

与死也就不在人们的关注之中了。贡斯当丹·居伊只在不多的艺术家、批评家和记者当中拥有欣赏者，在这不多的人中，夏尔·波德莱尔算是一个，他为贡斯当丹·居伊写过一篇长文，这就是《现代生活的画家》，发表在1863年11月26日、29日和12月3日的《费加罗报》上。

据考证，夏尔·波德莱尔不可能在1857年4月之前认识贡斯当丹·居伊，后者的名字第一次出现是在波德莱尔1857年秋末的一封信中。1857年12月13日，他在给他的出版人布莱-马拉西的一封信中说："尽管我很穷，尽管您也缺钱，我还是买了、订了居伊的精彩的素描，为了您也为了我，没有征求您的意见，但这不会使您惊慌的，他不知道您的名字。如果您没有钱，我来付。"他给政府的高官、他认识的艺术赞助人写信，向他们推荐贡斯当丹·居伊，试图为他求得一份两千法郎的补贴，尽管他本人在经济上也十分困难。他把《巴黎的梦》献给他，并把第二版的《恶之花》送给他，并写上："作为友谊和赞赏的见证"。他把他介绍给现实主义大将尚弗勒里和杜朗蒂，但是这两个人并不欣赏他，称之为"不可忍受的老头"，波德莱尔遂反驳说："这些现实主义者不是观察者；他们不懂好玩。他们没有必要的哲学耐心。"直到去比利时之前（1864年4月），他还与贡斯当丹·居伊保持着联系。他在1864年2月4日给画家加瓦尔尼的一封信中说："居伊很好。他还住在谷仓-船夫街十一号。我关于他的怪才的文章吓着了他，他一个月都拒绝看。现在他同意教英文了。"贡斯当丹·居伊是一个充满了奇思妙想的人，波德莱尔与他是好了又吵、吵了又好，最后复又彼此欣赏、结伴而游，尽管居伊要长波德莱尔近二十岁。波德莱尔说他是"怪才"，此话不假，因为他实际上才华横溢，充满想象力，却十分腼腆，非常低调，从不保存自己的画作，生活上每每陷入一文莫名的境地。波德莱尔与他的交往常常龃龉，他写的关于他的文章也遇到了罕见的出版上的困难。他在1859年12月16日给布莱－马拉西的信中说："啊！居伊！居伊！您知道他让我多么痛苦！这个怪人真是谦虚得出奇。当他知道我要写他，他竟跟我吵架。"最后，他居然不能在《现代生活的画家》中直呼其名，而不得不代之以名字的字头：C. G. 这实在是有些违反常情，但的确是出于他的本心，一个人如果甘于寂寞、不喜标榜而把绘画当作心灵的自然流露，为什么不能"块然独处"甚至"群居孑立"呢？

其实，《现代生活的画家》发表之不顺，也是有原因的。法国著名的研究波德莱尔的专家克洛德·皮舒瓦在1988年出版的贡斯当丹·居伊画册的序言中说："有人居然敢把贡斯当丹·居伊看作一个很伟大的艺术家，波德莱尔可以在对他的赞赏中说他虽不能等同于德拉克洛瓦但至少可以互相取代，写了他而没有以同样的方式写马奈，这在法国是会引起公愤的。""引起公愤"，这正是当时《现代生活的画家》所遭遇的命运。

1859年11月15日，波德莱尔在给布莱-马拉西的信中就已经提到了关于贡斯当丹·居伊的文章，同年12月15日的信中，他说将于次年1月1日之前把《居伊先生，风俗画家》交给《新闻报》，这说明1859年年底，《现代生活的画家》已经完成，不过那时还不是这个题目。此后这篇文章在《宪政报》、《新闻报》、《当代杂志》、《欧罗巴》、《画报》、《林荫大道》、《国家报》、《比利时独立报》等报刊中旅行游走，直到《费加罗报》。中间不乏修改、增删、往返等等，甚至还有报刊因其发表而表示不满，例如《国家报》，波德莱尔当即（1863年12月2日）回答说："一家报纸扣住一篇文章达两年之久不予发表，当它看见这篇文章出现在别的报纸上的时候，它是没有权利表示不满的。"在旅行游走的过程中，这篇文章叫作《居伊先生，风俗画家》，或者《贡斯当丹·居伊·德·圣海伦，风俗画家》，直到《费加罗报》发表的时候，才更名为《现代生活的画家》。这个题目改得好，"现代生活"要比"风俗"的含义更具体、更深刻、更具时空感。法国的公众不理解贡斯当丹·居伊，不理解素描这种形式，也就是说快速生成的瞬间感觉可以产生伟大的艺术品，不理解现代的生活可以提供比古代的生活更多更高更强烈的美感。波德莱尔的母亲就觉得贡斯当丹·居伊的《打阳伞的土耳其女人》"很丑"，但是著名作家巴尔贝·多尔维利却为之"疯狂"，不同的美学观导致了对一幅画的天上地下的评价。普通人如此，那些占据着报刊的高层领导的人也并不具有更宽广、更深刻、更现代的眼光。尽管贡斯当丹·居伊在诸如德拉克洛瓦、戈蒂耶、巴尔贝·多尔维利、保尔·德·圣维克多、纳达尔、夏尔·巴达伊等艺术家、作家、记者那里备受推崇，但是波德莱尔还是克服不了报刊主编们的普遍的短视或蔑视。《现代生活的画家》推迟了四年才得以发表，看来主要是由于它所表达的现代美学观不合法国社会的传统观念，发表它的《费加罗报》颇有勇气，居然用三期的篇幅把它发表出来。《费加罗报》所加的按语出自居斯塔夫·布尔丹之手，此人1857年曾对《恶之花》大张挞伐，当时已做了主编先生的女婿，按语是这样写的："《费加罗报》的合作有非常杰出的作家夏尔·波德莱尔加盟，大为增色；这是一位诗人和批评家，本报曾数次对他的两种作品进行抨击；但是，我们经常说，也不疲倦地重复，我们的大门对所有有才能的人开放，而不要求他同意我们个人的观点，也不束缚我们的老的和新的编辑的独立性。《现代生活的画家》是第一流的批评著作，观点奇特，资料丰富，很有独创性，将连续三期发表；我们的报纸的下半部分通常是给长篇小说或中短篇小说的，我们这一次打破常规，相信读者不会失望。"《费加罗报》的大门果然是对"有才能的人开放"，发表《现代生活的画家》的确给它增色不少。不过，《费加罗报》说《现代生活的画家》"观点奇特"，"奇特"二字，颇费思量。是它缩小了这篇文章的意义？还是它洞悉了这篇文章的底蕴？无论如何，"奇特"，或者说是"好奇心"，是一个关键词，是如何看待贡斯当丹·居伊的天才的"出发点"。

《现代生活的画家》是一篇美术评论，但是它用灵动俏皮而充满大气的描述笔法为我们呈现出一位艺术家的精神肖像：贡斯当丹·居伊不是一位"依附他的调色板"的"纯艺术家"，他是一位"时时刻刻都拥有童年的天才"的"老小孩"，是一位拥有"这个世界的道德机制所具有的性格精髓和微妙智力"同时又"追求冷漠"的"浪荡子"，是一位"对全社会感兴趣，他想知道、理解、评价发生在我们这个地球表面上的一切"的"社交界人物"，是一位"刚刚从死亡的阴影中回来，狂热地渴望着生命的一切萌芽和气息"的"投入人群的人"，是一位"好奇心变成了一种命中注定的、不可抗拒的激情"的"始终处于康复期的艺术家"。看波德莱尔怎样描绘贡斯当丹·居伊一天的生活，我相信世上再没有一支更为传神的笔："G先生一觉醒来，睁开双眼，看见刺眼的阳光正向窗玻璃展开猛攻，不禁懊悔遗憾地自语道：'多么急切的命令！多么耀眼的光明！几个小时之前就已是一片光明啦！这光明我都在睡眠中丢掉啦！我本来可以看到多少被照亮的东西呀，可我竟没有看到！'于是，他出发了！"他"凝视"生命力之河，他"欣赏"都市生活的永恒的美和惊人的和谐，他"静观"大城市的风光，他的"鹰眼"看出了人们着装的变化、"细察和分析"了林荫大道上正在行进的一个团队。夜来了，"正经的或不道德的，理智的或疯狂的，人人都自语道：'一天终于过去了！'智者和坏蛋都想着玩乐，每个人都奔向他喜欢的地方去喝一杯遗忘之酒"。"现在，别人都睡了，这个人却俯身在桌子上，用他刚才盯着各种事物的那种目光盯着一张纸，舞弄着铅笔、羽笔和画笔，把杯子里的水弄洒在地上，用衬衣擦拭羽笔。他匆忙、狂暴、活跃，好像害怕形象会溜走。尽管是一个人，他却吵嚷不休，自己推搡着自己。"贡斯当丹·居伊在干什么？原来他的一天还没有过去，白天看见的东西还在脑海里堆积着、推搡着、互相碰撞着，他不由自主地进入了创作状态："各种事物重新诞生在纸上，自然又超越了自然，美又不止于美，奇特又具有一种像作者的灵魂一样热情洋溢的生命。幻景是从自然中提炼出来的，记忆中拥塞着的一切材料被分类、排队，变得协调，经受了强制的理想化，这种理想化出自一种幼稚的感觉，即一种敏锐的、因质朴而变得神奇的感觉！"这是一个永远在康复的病人，他愉快地观望着人群，渴望着加入人群；这是一个儿童，看什么都新鲜，总是醉醺醺的；这是一个漫游者、观察者，"人群是他的领域"，"处处得享微行之便"；这还"是一位真正的报人……在痛苦的细节上和可怕的规模上表现克里米亚战争这一宏伟史诗，没有任何一份报纸、一篇叙述文、一本书可以和他的画相比"；总之，"这是非我的一个永不满足的我，它每时每刻都用比永远变动不居、瞬息万变的生活本身更为生动的形象反映和表达着非我"。这就是贡斯当丹·居伊,他和普天下一切真正的艺术家一样,敏感,热情,具有认识、了解一切的好奇心,按捺不住地要投入生活、投入人群,随时准备上路去追寻、去探险、去体验。"康复期仿佛是回到童年。"儿童对一切事物,哪怕是最微不足道的事物,都有浓厚的兴趣,都有一种"直勾勾的、野兽般出神的目光",这是一种好奇心所致。我们应该承认,波德莱尔所言乃是万古不易之论,因为它出自人类的共同经验。在他三百年之前,明人袁宏道就在《叙陈正甫会心集》中说:"夫趣得之自然者深,得之学问者浅。当其为童子也,不知有趣,然无往而非趣也。面无端容,目无定睛,口喃喃而欲语,足跳跃而不定,人生之至乐,真无逾于此时者。孟子所谓不失赤子,老子所谓能婴儿,盖指此也。"趣,得之自然,当下即获,故深;得之学问,终隔一层,故浅。古今中外,文心相通若此。波德莱尔在解释了贡斯当丹·居伊的特点的同时,也解释了天下所有艺术家的共同特点,虽然他们可能以相互矛盾的方式证明:"生活的任何一面都不曾失去锋芒。"当然,我们不会忽略波德莱尔的这一句话:"天才不过是有意的重获的童年,这童年为了表达自己,现在已获得了刚强有力的器官以及使它得以整理无意间收集的材料的分析精神。"其实,艺术家与儿童的区别并不重要,重要的是他能够"不失赤子","能婴儿",这就是说,假使一位艺术家用一副老于世故、看破红尘的眼光看世界,那他就什么也看不到,因为他是过来人,什么都见过了，什么都看透了，什么都不新鲜了，什么都"失去锋芒"了，总之，他没有了激情。关于贡斯当丹·居伊，波德莱尔说："如天空之于鸟，水之于鱼，人群是他的领域。他的激情和他的事业，就是和群众结为一体。"他一语中的，说到了贡斯当丹·居伊作为艺术家的根本，也说到了现代艺术的根本。

克洛德·皮舒瓦在同一篇序言中说："这种友谊通过与贡斯当丹·居伊的作品的接触使得波德莱尔建立了一种新的美学，明确了他关于现代性的观念，增加了一种新的维度，即快速和短暂的维度。""新的美学"和"现代性的观念"是波德莱尔在《现代生活的画家》中阐述的两大主题，其实，两者可以合二为一，称为"现代的美学"。

所谓"新的美学"，按照波德莱尔的说法，就是"与唯一的、绝对的美的理论相对立"的美学，就是"美永远是、必然是一种双重的构成"的美学。波德莱尔说："构成美的一种成分是永恒的、不变的，其多少极难加以确定，另一种成分是相对的、暂时的，可以说它是时代、风尚、道德、情欲，或是其中一种，或是兼容并蓄。它像是神糕有趣的、引人的、开胃的表皮，没有它，第一种成分将是不能消化和不能品评的，将不能为人性所接受和吸收。"这就意味着，美是两种成分的双重构成，缺一不可，这既避免了只见古典的美，而排斥现代的美，形成一种枯涩僵硬的表面的美；又避免了只见现代的美，而排斥古典的美，形成一种浅薄华丽的虚无的美。然而，两者的构成又不是均等的，因为前者的"多少极难加以确定"，实际上，波德莱尔强调的是后者的"或是其中一种，或是兼容并蓄"，是其不可缺少。孰轻孰重，波德莱尔是颇有分寸的。他又说："美的永恒部分既是隐晦的，又是明朗的，如果不是因为风尚，至少也是作者的独特性情使然。艺术的两重性是人的两重性的必然后果。如果你们愿意的话，那就把永恒存在的那部分看作是艺术的灵魂吧，把可变的部分看作是它的躯体吧。"灵魂和躯体的比喻，在今天的读者看来或许不大贴切，因为灵魂和躯体是一致的，并不是可以随便转换的。古典的艺术有其灵魂和躯体，现代的艺术也有其灵魂和躯体，但是，波德莱尔的比喻有其功能，即它可以让我们更好地思考艺术的本质，它不以古典和现代为区分的标准。

这种"新的美学"，其来源是现代的生活，即大城市的生活。与古代的生活相比，现代生活有"一种现代的美和英雄气概"（《1846年的沙龙》），它的服装、隆重典礼和盛大节日、军人、浪荡子（《1846年的沙龙》中说："浪荡是一种现代的东西。"）、女人和姑娘、车马、战争以及化妆等等，无一不表现出"过渡的时代"的一种特殊的美。贡斯当丹·居伊"保留了一种属于他自己的长处：他心甘情愿地履行了一种为其他艺术家所不齿的职能，而这种职能尤其是应由一个上等人来履行的。他到处寻找现实生活的短暂的、瞬间的美，寻找读者允许我们称之为现代性的特点。他常常是古怪的、狂暴的、过分的，但他总是充满诗意的，他知道如何把生命之酒的苦涩或醉人的滋味凝聚在他的画中"。这是一种表现事物的轮廓的美学，是一种借助于制作的准确与迅速表现瞬间的印象的美学，总之，是一种表现"过渡"的美的美学。贡斯当丹·居伊的创作就具有这样的两个特点："一个是复活的、能引起联想的回忆的集中，这回忆对每一件东西说：'拉撒路出来！'另一个是一团火，一种铅笔和画笔产生的陶醉，几乎像是一种疯狂。这是一种恐惧，唯恐走得不够快，让幽灵在综合尚未被提炼和抓住的时候就溜掉，这种巨大的恐惧攫住了所有伟大的艺术家，使他们热切地希望掌握一切表现手段，以便精神的秩序永远不因手的迟疑而受到破坏，以便最后使绘制、理想的绘制变得像健康的人吃了晚饭进行消化一样的无意识和流畅。"凭记忆作画，准确，迅速，抓住瞬间的印象，是这种新的美学的基本特征。

在提出这种新的美学的同时，波德莱尔明确了他关于现代性的观念："现代性就是过渡、短暂、偶然，就是艺术的一半，另一半是永恒和不变。每个古代画家都有一种现代性，古代留下来的大部分美丽的肖像都穿着当时的衣服。他们是完全协调的，因为服装、发型、举止、目光和微笑（每个时代都有自己的仪态、眼神和微笑）构成了全部生命力的整体。这种过渡的、短暂的、其变化如此频繁的成分，你们没有权利蔑视和忽略。如果取消它，你们势必要跌进一种抽象的、不可确定的美的虚无之中，这种美就像原罪之前的唯一的女人的那种美一样。"波德莱尔关于现代性的观念成为20世纪人们研究现代性问题的重要参照，波德莱尔本人也被看作是19世纪对现代性最为敏感的人。其实，我觉得波德莱尔不过是在艺术的领域内提出了现代性的问题，不宜于将其扩展到整个社会，仿佛他是一个哲学家或思想家似的。当然，波德莱尔有哲学，有思想，但这并不等于他就是一般意义上的一个哲学家，一般意义上的一个思想家。但是，对于"现代性"的体验和认识，无疑是在艺术的领域内最为敏感和深刻。

提出现代性，并不始于波德莱尔，也并不始于《现代生活的画家》。在他之前，巴尔扎克在1823年、戈蒂耶在1855年都曾使用过这个词，不过，波德莱尔的确是促使这个新词进入了法语词典，从而使"现代性"成为法国乃至欧洲社会变化的一个事实。波德莱尔对现代状态下的生活有一种矛盾的心态，一方面，他对现代生活的辉煌、喧嚣和神奇充满了赞叹之情，要求艺术家用他们手中的笔加以表现；另一方面，他又对这种形式上崭新的生活充满了批判和抨击，不由自主地用诗和散文的形式来宣泄他胸中的愤懑。一方面，他可以说："巴黎的生活在富有诗意和令人惊奇的题材方面是很丰富的。奇妙的事物像空气一样包围着我们，滋润着我们，但是我们看不见。""啊，伏脱冷，拉斯蒂涅，皮罗托，《伊利亚特》中的英雄们只到你们的脚脖子；而您，丰塔那莱斯，您不敢向公众讲述您那些隐藏在我们大家都穿着的阴郁、紧紧箍在身上的燕尾服下面的痛苦；而您哪，奥诺雷·德·巴尔扎克啊，您是您从胸中掏出来的人物中最具英雄气概、最奇特、最浪漫、最有诗意的人物！"（《1846年的沙龙》）另一方面，他又可以说："还有一种很时髦的错误，我躲避它犹如躲避地狱。我说的是关于进步的观念。这盏昏暗的信号灯是现代诡辩的发明，它获得了专利证书，却并未取得自然或神明的担保，这盏现代的灯笼在一切认识对象上投下了黑影，自由消逝了，惩罚不见了。谁想看清楚历史，谁就应该首先熄灭这盏阴险的灯笼。这种荒唐的观念在现代狂妄的腐朽土地上开花，它使每个人推卸自己的义务，使每个灵魂摆脱自己的责任，使意志挣脱对美的爱所要求于它的一切联系。如果这种悲惨的疯狂长久地继续下去，人种就要退化，就会枕在宿命的枕头上，陷在衰败的颠三倒四的睡眠之中。这种自命不凡标志着一种已经很明显的颓废。"这种矛盾的心态使波德莱尔成为一个"反现代派"。但是，所谓反现代派，"不过是现代派，真正的现代派，不上现代派的当、聪明一些的现代派"而已，总之，"反现代派，是自由状态下的现代派"。这是法国批评家安东尼·孔巴尼翁在他2005年出版的一本书《反现代派》中说的话，这番话的意思是，真正的现代派不能被现代社会的变化蒙住了眼睛，要站在"自由"的立场上用批判的眼光来看待现代生活中的一切闪光的东西。

1977年8月13日，罗兰·巴特在日记中写道："突然，做不做一个现代派，对我来说无所谓了。"众所周知，在传统与现代、过去与现在、历史与今天、新与旧之间，罗兰·巴特分得很清楚，他的态度是很明确的：一定要做一个现代派。为什么他的态度突然间出现了这样的变化？原来，他的母亲正在弥留之际，他仿佛看到了亲人的死，这种死亡的景象使他惊恐慌乱。从生到死的过渡泯除了传统与现代之间的分别，或者说，传统与现代之间的分别消除不了从生到死的恐惧。这时，他从一个潜在的反现代派变成了一个公开的反现代派，即一个真正的现代派，一个自由状态下的现代派，即安东尼·孔巴尼翁所说的："罗兰·巴特一直是一个反现代派，跟所有真正的现代派一样。"1980年罗兰·巴特因车祸而死，他的死证明了，一个真正的现代派是要对现代社会的物质世界和精神世界进行分析和批判的，任何极端的态度——拥抱现代生活和拒绝现代生活——都是片面的，都可能引向一种没有结果的思考或行动。艺术领域内的现代性问题几乎总是与作为社会范畴的现代性处于对立状态，也只有在这种对立状态中才能得到理解。做不做现代派，其实并不重要，重要的是能不能自由，既不可屈服于时势的压迫，又不可困囿于传统的束缚，始终保持着批判的精神。

在法国，波德莱尔是第一个对现代性有着深刻的体验并加以描述的人，因此他成为后人论述现代性的一个重要的参照。

他所提出的现代性就是"从流行的东西中提取出它可能包含着的在历史中富有诗意的东西，从过渡中抽出永恒"、"现代性就是过渡、短暂、偶然，就是艺术的一半，另一半是永恒和不变"、"任何一个在群众中感到厌烦的人，都是一个傻瓜"等等观点，暗含着传统与现代之间存在着延续与对立的辩证关系，洋溢着对现代性乃至现代化的一种既有肯定又有否定的清醒的批判精神，至今仍对我们有很大的启发意义。《现代生活的画家》无疑是波德莱尔论述现代的美学和现代性的一部最为深刻、最有预见性的著作，当然，它也是一部洋溢着赞赏之情的描绘和评述贡斯当丹·居伊的绘画天才的著作，也是一部把绘画当作新闻报道手段而给予高度评价的开先河的著作。

1845年的沙龙

一 简短的引言

我们至少可以跟一位以几本小书著名的作家同样正确地说：我们说的话，报纸是不敢印出来的。我们是很残酷很蛮横的吗？不，正相反，我们是公正的。我们没有朋友，这很重要，也没有敌人。居·普朗什[1]先生，一位多瑙河的农民，自从他那强制的、烦琐的雄辩令那些精神健康的人深感遗憾地消失之后，报纸上的那种时而愚蠢、时而狂热但从来不是独立的批评就以其谎言和肆无忌惮的哥们义气使资产者对人们称为沙龙评论的那些有用的带头驴倒了胃口[2]。

---

1 Gustave Planche，当时《两世界评论》的一位著名批评家。
2 德雷克吕兹先生是一个真正的、可尊敬的例外，我们并不是总同意他的见解，但他总是知道如何拯救他的直率，常常既不张扬也不夸大地发现年轻的、不为人知的天才。——原注 [Etienne-Jean Delécluze（1781-1863），《论战报》批评家，曾经是大卫（Jacques Louis David，1748-1825）的学生。]

首先，关于资产者这个放肆的称谓，我们声明，我们根本不同意我们那些高贵的艺术同行的偏见，他们几年来一个劲儿地咒骂这些无害的人们，如果这些先生们善于让他们明白，艺术家们更为经常地向他们展示什么是好的绘画，他们是巴不得喜欢的。

这个词远远地闻来就有股切口的味儿，应该从批评的词典里清除掉。

自从资产者自己也使用了这个蔑称，——这证明了他们想成为艺术家（针对专栏作家而言）的良好愿望——，就不再有资产者了。

其次，资产者——既然还有资产者——是很可尊敬的；因为想靠谁生活就得取悦于谁。

最后，艺术家当中有那么多资产者，说到底，一个不能显示一个社会等级的具体恶习的特征的词还是取消为好，因为它既可用于那些不想当之无愧的人，亦可用于那些从未怀疑自己名副其实的人。

我们是怀着对反对及各种系统的抱怨同样的蔑视，这种反对和抱怨已经变成陈词滥调了，怀着同样的合乎事理的精神，怀着同样的对常情常理的爱好，把一切关于一般的评判委员会、关于具体的画展评判委员会，关于据说是势在必行的评委会改革，关于画展的形式和频率等等的讨论从这本小册子里远远地推出去。首先，必须有一个评判委员会，这是清楚的，至于每年一次的画展，我们得之于一位国王的开明、自由、慈祥的精神，我们也是靠了他才有了六个美术馆（素描画廊，此乃法兰西画廊的补充，西班牙美术馆，斯坦迪什美术馆，凡尔赛美术馆，海景美术馆），一个公正的人总会看到，一位伟大的艺术家因其自然的多产而只会在展览会上获胜，一个平庸的画家则只会得到应有的惩罚。

我们将谈论一切吸引群众和艺术家的眼睛的东西，因为职业良心要求我们这样做。悦人的东西都有一种悦人的理由，蔑视迷路的人群并不是把他们引向该去的地方的办法。

我们的叙述方法不过是将我们的评论分为历史画和肖像、静物和风景、雕塑、版画和素描，并将艺术家按照顺序和公众评价给予他们的等级加以排列。

1845年5月8日

二　历史画

德拉克洛瓦

德拉克洛瓦先生肯定是古代和现代最具独特性的画家。事情就是这样，有什么办法？没有一位德拉克洛瓦先生的朋友，就算是最热情的，敢于像我们这样说得干脆、直截、厚脸皮。幸亏时间的迟到的公正减弱了积怨、惊诧和恶意，渐渐把一个个障碍带进坟墓，我们才走过了那个时代。那时，德拉克洛瓦先生的名字落伍者听了都要画十字，对于所有的反对者，聪明的或不聪明的，都是一个集合的象征。这美好的时代过去了。对德拉克洛瓦先生总是要有一点点争议的，恰好需要这么一点点以增加他的光环的亮度。这样更好！他有权永远年轻，因为他从未欺骗过我们，因为他从未像某些我们送进先贤祠中的忘恩负义的偶像那样对我们撒谎。德拉克洛瓦先生还未进学士院，然而他在精神上已是其中的一员了；他早就说出了一切，说出了成为最杰出者所需要的一切，这是没有异议的；他剩下的就只是在善的道路上（他一直是在这条道路上）前进了，这真是一个不断地追寻新奇的天才的神奇壮举。

德拉克洛瓦先生今年送来了四幅油画：

（一）《圣女玛大肋纳在荒野中》

这是在很狭窄的背景中一个跌倒的女人的头。右上方，一角天空或山石，某种蓝色的东西；玛大肋纳眼睛闭着，嘴是软绵绵的，没有生气，头发散乱。一瞥之下，无人不会想象出艺术家在这个简简单单的头上放进了怎样的内在、神秘、浪漫的诗意。像德拉克洛瓦先生的许多画一样，这个头也几乎全部是用晕线画的；色调远不是明亮或强烈的，而是很柔和、很有节制的；画面几乎是灰色的，然而有一种完美的和谐。这幅画向我们证实了一个早被猜测到的真理，这在另一幅画里更加明显，我们一会儿再谈：就是德拉克洛瓦先生比以往任何时候都强，而且是在一天天不断再生的前进道路上，这就是说，他比以往任何时候都更是一位和声学家。

(二)《马可·奥勒留最后的话》

马可·奥勒留把儿子留给了斯多葛派。他半裸着,奄奄一息,把青年科莫德介绍给围在身边的他那些严厉的朋友,他们的表情沉痛,而科莫德则年轻、红润、绵软而肉感。

一幅辉煌的、壮丽的、崇高的但不被理解的画。一位著名的批评家盛赞画家把科莫德即未来置于亮处,而把斯多葛派即过去置于暗处:多么丰富的思想!除去半明半暗处的两个人像外,所有的人物都有其明亮的部分。这让我们想起一位共和派文人的赞叹,他真诚地称赞伟大的鲁本斯在美第奇画廊里的一幅正式的画中让亨利四世鞋袜不整,是独立不羁的讽刺,是对王侯奢靡生活抓了自由主义的一爪。无套裤的鲁本斯!啊,批评家!啊,批评!……

我们这里有全部的德拉克洛瓦,就是说,我们的眼前是天才在绘画中能够完成的最完整的标本中的一件。

色彩是无与伦比的巧妙,没有一点儿错误,不过,这还只是一种手法,不留意的眼睛是看不出来的,因为和谐隐约而深刻;色彩在这种新颖的、更为完整的技巧中远远不曾失去其冷酷无情的独特性,总是血腥的、骇人的。这种绿色和红色的平衡使我们的灵魂感到愉快。至少我们认为,德拉克洛瓦先生甚至在这幅画中引入了某些他并不常用的色调。它们相得益彰。对于这样的主题来说,底色是严肃到了必须的程度的。

最后，还不曾有人说过，让我们来说，这幅画的素描是完美的，造型是完美的。公众是否知道用色彩造型是何等困难？困难是双重的，只用一种色调相凹凸，那是用晕线造型，其困难还是简单的；用色彩造型，就是在一种突然的、自发的、复杂的制作中发现阴影和光线的逻辑，然后再发现色调的准确与和谐；换句话说，假使阴影是绿色的，光线是红色的，那就是一下子就发现一种绿色和红色的和谐，一个是暗的，一个是亮的，使对象具有一种单色的、"转动的"效果。

这幅画的素描是完美的。说到这个不合常情的事情，这种厚颜无耻的谩骂，难道还要重新提起、重新解释戈蒂耶先生去年在谈及库图尔[1]先生的那些专栏文章里说过的东西吗，——当作品与他的性情和文学教养相合的时候，泰·戈蒂耶先生对他准确地感觉到的东西是评论得好的——，例如有两种素描，一种是色彩家的素描，一种是素描家的素描？过程是相反的，但人们可以用狂放的色彩很好地进行素描，正如专门进行素描时也可以发现和谐的色块。

因此，当我们说这幅画的素描是好的，我们不想被人理解为它的素描像一幅拉斐尔的素描；我们想说它的素描是以即兴的、灵机一动的方式做的；这种素描与所有大色彩家例如鲁本斯的素描有着某种一致，完美地表现出自然的运动、面貌、抓不住的和颤动不已的特征，这是拉斐尔的素描

1　Thomas Couture（1815-1879），法国学院派画家。

永远也表现不了的。在巴黎，我们知道有两个人的素描和德拉克洛瓦先生的一样好，一个用的是类似的方式，另一个正好相反——一个是杜米埃[1]先生，漫画家；另一个是安格尔[2]先生，大画家，拉斐尔的狡猾的崇拜者。这肯定要让朋友和敌人、信徒和对手都感到惊愕；然而慢慢地、认真地加以注意，每一方都会看到这三个人的不同的素描有共同之处，它们完美并完整地表现了它们想表现的自然的那个侧面，它们准确地说出了它们想说的东西，杜米埃的素描可能优于德拉克洛瓦的素描，假使比诸一个为天才所苦的伟大天才的奇特的令人感到惊讶的能力，人们更喜欢那种健康的、强壮的品性；安格尔先生是那样迷恋细节，可能素描画得比两个人都好，假使比诸整体的和谐，人们更喜欢刻意求工的细腻，比诸结构的特性，人们更喜欢局部的特性，但是……让我们三个人都喜欢吧。

（三）《一位让人看到金枝的女预言者》

依然是美而独特的色彩，——头有些让人想到描绘哈姆雷特的那些素描的迷人的模糊。——像突起，像颜料，无与伦比；裸露的肩膀堪比科勒乔[3]。

1　Honoré Daumier（1808-1879），法国漫画家。
2　Jean-Auguste-Dominique Ingres（1780-1867），法国画家。
3　Antonio Allegri da Correggio（1489-1534），意大利著名画家。

（四）《卫兵和军官簇拥着的摩洛哥苏丹》

这就是我们说德拉克洛瓦先生在和谐的技巧上有所进步时打算稍后再谈的那幅画。实际上，什么时候有人展示过更为优美的富于旋律感的卖弄风情？委罗内塞更加美妙过吗？谁曾在一块画布上有过更为随心所欲的曲调？有过新的、未曾见过的、微妙的、迷人的色调之间的更加神奇的和弦？我们诉诸任何了解老卢浮宫的人的诚意；让他举出一位大色彩家的一幅画，其色彩在精神上堪与德拉克洛瓦先生的这幅画相比。我们知道理解我们的人很少，但这已足够了。这幅画是如此的和谐，以至变成了灰色，尽管色调是辉煌的；灰得像自然，灰得像夏日的氛围，阳光像黄昏时一片颤动的灰尘盖在每一件东西上。所以，人们第一眼看不到它，它为左右的画所掩。构图极好；因为真实和自然而有了某种出人意料的东西。……

附言：有人说有些赞扬是有害的，一个聪明的敌人更好……我们不相信解释一个天才会对他有害。

奥拉斯·维尔奈[1]

这幅画非洲的画比一个晴朗的冬日还要冷。——什么

1　Horace Vernet（1789—1863），法国画家，七月王朝的官方画家。

都是一片令人绝望的白色和亮光。协调性，毫无；然而有一大堆有趣的小故事——小酒馆的大全景；总的说，这些装饰以格子或幕的方式分割，例如树、大山、洞穴等等。奥拉斯·维尔奈先生使用同样的方法。靠了这种专栏作家的方法，观者的回忆找到了标志，例如：一头大骆驼，母鹿，帐篷……看到一个有才智的人困在一些令人讨厌的东西中，确是一种痛苦。奥拉斯·维尔奈先生敢情从未见过鲁本斯、委罗内塞、丁托列托、儒弗奈的画，真见鬼！……

威廉·奥苏里埃[1]

首先，威廉·奥苏里埃先生不要对我们将热烈地赞扬他的画感到惊奇，因为我们是在认真细致地分析之后才下了决心的；其次，他不要对部分法国观众给予他的粗暴无礼的对待、走过他的画前发出的笑声感到惊奇。我们见过不止一位在新闻界举足轻重的批评家走过他的画前甩给他一句俏皮话让人发笑，作者不必介意。获得一种《圣辛福里安》式的成功究竟是一大快事。

成名有两种方式：年复一年的成功的积累和晴天霹雳。作者想一想人们对《但丁和维吉尔》的聒噪吧，让他坚持他自己的路吧；还会有许多令人痛苦的嘲讽落在他的作品上，

---

[1] William Haussoulier（1818-1891），法国画家，受安格尔影响很大。

然而它将留在每一个有眼光有感情的人的记忆中；让他的成功越来越大吧，因为他理应成功。

在德拉克洛瓦先生的那些绝妙的作品之后，这幅画的确是本次画展上的重头作品；让我们说得更确切些，在某种意义上，它是1845年沙龙上的独一无二的油画；因为德拉克洛瓦先生很久以来就是一个著名的天才了，是一个已被接受和认可的荣耀了；今年他拿出四幅画；威廉·奥苏里埃先生昨天还不为人知，他只送来一幅画。

我们不能拒绝先来一番描述的快乐，我们觉得做起来令人愉快，心旷神怡。这幅画叫《青春之泉》。前景有三组人群：左边是两个年轻人，或者重返青春的人，相互注视，挨得很近地谈话，像是在精神恋爱；中间是一个背向的女人，半裸，很白，棕色的头发卷缩着，也在微笑着和人饶舌；她好像更加肉感，还拿着刚刚照过的镜子；最后，在右边的角落，有一个强壮而优雅的男子，头极美，额稍低，唇有些厚，正微笑着把他的杯子放在草地上，而他的女伴则往站在面前的一个颀长瘦削的青年男子的杯子里倒某种奇妙的药水。

他们的后面，中景，另有一群人躺在草上：他们在拥抱。中间有一个裸体站立的女人，拧着头发，流出了最后几滴使人强壮使人受孕的浆液；另一个女人，裸体，半卧，仿佛一只蛹，还裹在蜕变的最后一团氤氲里。这两个女人，形体纤细，过分的白，白得透明；她们可以说是正开始再生。

站立的那一个的妙处在于有条不紊地切割分配画面。这个几近有生命的立像具有极好的效果，以其对比服务于前景的强烈色调，使之获得更多的活力。有几位批评家大概会发现喷泉有些六翼天使的意味，我们喜欢这传说中的喷泉；它分成两片水，散出空气一般的摇摆纤细的水流。一条弯曲的小路将目光引向画面的深处，上面走来了一些弯腰、长髯、幸福的六十岁老人。背景的右侧是小树丛，有人在歌舞嬉戏。

这幅画的情感精细；人们在这样的环境中恋爱饮酒，这是感官享乐的一面，然而人们饮酒恋爱的方式是严肃的，几乎是忧郁的。那不是热情好动的青春，那是第二青春，知道生命的价值，也就平静地享受。

据我们看，这幅画有一种很重要的品质，尤其是在这样一座美术馆里，这幅是很惹眼的。色彩具有一种骇人的、无情的甚至冒失的生硬，如果作者是个不那么强壮的人的话；但是……它是高雅的，这是安格尔派的先生们苦苦追求的优点。有一些恰当的色调的配合，作者有可能日后成为一个不折不扣的色彩家。另一个重大的品质，造就人、真正的人的品质，是这幅画有信念——对它的美的信念，——这是绝对的、坚信不疑的画，它喊道：我想，我想成为美的，我理解的美，而且我知道我不会缺少喜欢我的人。

猜得出，素描也是极为强悍、极为细腻；头部具有一种漂亮的特性。姿态都选得很准确。优美和高雅到处都成为这幅画的特殊的标记。

这件作品会立即获得成功吗？我们不知道。的确，公众总是有一种意识和一种善意推动他们走向真实；但是必须把他们放在一个斜坡上，推他们一把，而且比诸奥苏里埃先生的才能，我们的笔更不为人知。

如果能够在不同的时间多次展出同一件作品，我们能保证公众会公正地对待这位作者的。

总之，他的画相当大胆，足以承受住凌辱，它预示着一个对自己的作品负责的人；因此，他只需再画一幅画。

我们敢在如此坦率地表示我们的同情之后（然而我们的讨厌的责任迫使我们什么都得想到），我们敢说在甜蜜的观照之后，让·柏兰[1]的名字、几位古代威尼斯人的名字掠过我们的记忆吗？奥苏里埃先生是那种深知其艺术的人吗？这其中有一个很危险的祸患，抑制了他们的天真中的许多美好的冲动。让他别相信自己的博学吧，让他甚至也别相信自己的趣味——不过这倒是一个杰出的缺点，——这幅画的独特性足以预示一个美好的前途。

德 康[2]

让我们快快走近，因为德康的画事先就已激起了好奇

1　Jean Bellin，即贝利尼（Giovanni Bellini，1430-1516），意大利著名画家。
2　Alexandre-Gabriel Decamps（1803-1860），法国画家。

心——人们总是觉得一定会大吃一惊，人们预料到会有新东西——今年德康先生精心为我们准备了一个惊奇，超过了以往他长期地、兴致勃勃地炮制的所有那些惊奇，例如《钩刑》和《辛布尔人》；德康先生在模仿拉斐尔和普桑[1]。——啊！上帝！——是的。

这句话有所夸大，为更正计，我们得赶紧说，模仿还从不曾掩盖得这样好，做得这样巧妙，这是允许的，这样模仿值得赞许。

坦率地说，尽管人们喜欢在一位艺术家的作品中读到其艺术的不同演变及其精神的陆续关注，我们还是有些怀念过去的德康。

他独具一种选择精神，在所有关于《圣经》的主题中，他抓住的主题是最符合他的才能的本性的；那就是参孙的奇特的、怪诞的、史诗的、幻想的、神话的故事，而参孙是个做不可为之事的人，肩膀一顶就让房子晃，他是赫拉克勒斯和明希豪森子爵的表兄弟。他的那些素描中的第一幅——天使出现在一片雄伟的风景中——不该让人想到那些已经烂熟的东西，那种生硬的天空、大块的岩石、花岗岩的远景等早已是新画派人人皆知的事了。尽管可以说是德康先生教会了他们这些，我们还是因为在一幅德康的画前想到吉涅先生而感到痛苦。

---

[1] Nicolas Poussin（1594—1665），法国画家。

我们说过，好几幅画的构图有浓厚的意大利味儿，而这种古老的大画派的精神和德康先生的精神的混合，一种在某些方面很弗朗德勒化的智慧，产生了一种最为奇特的结果。例如，人们会觉得在一些装作有大画气魄的人物旁边似乎有一扇开着的窗户，阳光以一种令最勤劳的佛来米人欣喜的方式射入，照亮了地板。在一幅表现庙宇摇晃的素描中，构图仿佛一幅大而豪华的油画，——举止，叙述故事的方式——人们在一个一步跨越好几个台阶的人的飞动的影子里认出了纯粹的德康先生的天才，那个人永久地悬在空中。其他多少人是不会想到这种细节的，或者至少会以别的方式来表现！但是德康先生喜欢就事实来抓住自然，在其最突然、最意外的面貌中抓住其既幻想又真实的一面。

其中最美的无可辩驳的是最后一幅——宽肩膀的参孙，不可战胜的参孙被判处翻动一个柴堆，他的头发，或者说他的鬃毛没有了，眼睛瞎了，英雄弯下腰干活，像一头挽重的牲口，诡计和背叛制服了这股本来会扰乱自然的法则的可怕力量。幸亏，这才是德康，真正的、最好的德康，我们又看到了那种讽刺，那种幻想，我甚至要说那种滑稽，头几幅画所没有的那种滑稽。参孙像匹马拉着那东西；他走得沉重，驼着背，带着一种粗鲁的天真，一种失去自由的狮子的天真，那是森林之王的屈从的忧郁，近乎迟钝，不得不拉一辆大粪车。

前景上有一位监工，大概是狱卒，在暗处的墙上留下了影子，注意地看着他干活。还有比这两个人物和这堆柴更完整的吗？还有比这更有趣的吗？甚至不需要把这些奇怪的东西放在一个窗洞的铁栅后面，这些东西已经是美的了，足够的美了。

德康先生因此出色地表现了有关参孙的这首奇特的诗，作了大气磅礴的插图。对这一组素描，人们也许可以指责某几面墙和某些物件画得太好了，指责油彩和铅笔的细致而狡猾的混合，然而正因为其中闪现的新的意图，这些素描成为这位神奇的艺术家送给我们的美好的惊奇之一，而他无疑还在为我们准备其他的惊奇。

罗贝尔·弗勒里[1]

罗贝尔·弗勒里先生什么时候都是依然故我，也就是说是一个很好的、很有好奇心的画家。他不一定具有一种光芒四射的长处，换句话说，一种第一流大师的天纵之才，但是他拥有意志和良好的趣味所给予的一切。如同德拉罗什先生一样，他的声誉的一大部分是由意志造就的。意志应该是一种美好的能力，总是富有成果，它足以造成一种特色，赋予一些值得称赞的、然而是第二流的作品一种有时是狂暴的风格，例如罗贝尔先生的作品。由于这种执着的、不疲倦的、

---

[1] Joseph-Nicolas-Robert Fleury（1797-1890），法国画家。

总是处于良好状态的意志,这位艺术家的画才有了那种近乎血腥的魅力。观者享受着力量,眼睛吮吸着汗水。我们再说一遍,这正是这些作品的主要的、可以自豪的特点,简言之,这些作品既不是素描,尽管罗贝尔先生的素描画得有灵气,也不是色彩,尽管他用色很用力;非此非彼,因为不是排他的。色彩是热烈的,但手法是用力的;素描是熟练的,但不是独特的。

他的《马林诺·法里埃罗》很不谨慎地让人想起了一幅出色的画,那幅画是我们最珍贵的回忆之一。我们说的是德拉克洛瓦先生的《马林诺·法里埃罗》。构图是相似的;但后者有多得多的自由、直率、丰富!……

在《火刑》中,我们愉快地想起了鲁本斯,但是画得巧妙。两个囚犯身上起了火,一位老者合着双手走上前去。这是今年罗贝尔·弗勒里先生最有独特性的一幅油画。构图极好,种种意图都值得称道,各个局部都很成功。尤其是闪烁着刚才我们谈到的那种令人痛苦的、坚韧不拔的意志力。只有一处令人不快,即前景上那个正面的半裸的女人;她因竭力显得悲怆而变得冷淡。我们不能过分地赞扬这幅画的某些局部的完成。因此,在火中挣扎的男子的裸体部分是些小小的杰作。但是我们要指出,艺术家是连续地、耐心地采用了好几种辅助手段才取得了历史画的宏大广阔的效果。

他的《裸女》的设计很一般,浪费了他的才能。

《伦勃朗的画室》是一件很有意思的仿作,不过对此类制作应该小心。有时候自己有的东西也丢掉了。

从总体上看，罗贝尔·弗勒里先生一直是、也长时间地是一位卓越的、杰出的、不断探索的艺术家，他距非凡的天才只有毫厘之差。

格拉奈[1]

展出了《庙宇里的集会》。一般认为，格拉奈先生笨拙，然而感情充沛，在他的画前人们会想："手法多简单，但有怎样的效果啊！"这其中有那么大的矛盾吗？这早不过是证明了这是一位机智的艺术家，他擅长哥特式的或者宗教的老古董，展示了一种熟练的技巧，一种很狡猾的、很具装饰性的才能。

阿西勒·德维里亚[2]

一个好名字，我们认为也是一位高贵的、真正的艺术家。

批评家和新闻记者串通一气，为欧仁·德维里亚先生已不存在的才能唱起了仁慈的哀悼经，每次它根据这浪漫派的往日的荣光突发奇想，试图重见天日，他们就虔诚地将其埋葬于《亨利四世的降生》之中，并为这座废墟点上几支蜡

---

[1] François-Marius Granet（1775-1849），法国画家。
[2] Achille Devéria（1800-1857），法国画家。

烛。这很好，这证明了这些先生们是认真地喜爱美；这为他们的心争了光。然而，没有人想到要为阿西勒·德维里亚先生献上几朵花、写几篇光明正大的文章，这是怎么回事？何等的忘恩负义啊！多年以来，阿西勒·德维里亚先生为了我们的愉快，以其无穷无尽的创作力拿出了迷人的插图、可爱的小室内画、上流社会生活的优雅场面，都是不曾在任何纪念册里刊登过的，不管新的名家说什么。他知道如何给石印画着色；他的所有素描都充满了魅力，高雅，散发着我无以名之的和蔼可亲的梦幻。他画的所有那些卖弄风情的、温柔肉感的女人乃是人们晚上在音乐会上、意大利剧院里、歌剧院里和沙龙里见过、企望过的女人的理想化。这些石印画商人三个苏买一法郎卖，乃是复辟时期高雅、芬芳的生活的忠实表现，这种生活之上，有德·拜里公爵夫人的浪漫的金发幽灵飞翔，如一位守护天使。

怎样的忘恩负义啊！今天人们绝口不谈了，所有我们那些循规蹈矩的、反诗的驴子都温情脉脉地转向儒勒·大卫[1]先生的愚蠢和无聊，转向维达尔[2]先生的学究式的反常。

我们不会说阿西勒·德维里亚先生画了一幅卓越的画，但是他的确画了一幅画，《圣徒安娜教育圣母》，它尤其以高雅的品质和巧妙的构图取胜。的确，与其说这是一幅油画，

---

[1] Jules David（1808-1892），法国画家。
[2] Vincent Vidal（1811-1887），法国画家。

不如说是一幅上了色的画，而在这个绘画批评、天主教艺术、手法大胆的时代，一幅这样的作品必然地应该具有天真而困惑的神气，如果一个使我们愉快的有名的人的作品今天显得天真而困惑，自私自利的群氓们，你们就至少和着某种管弦乐队的声音将其埋葬吧！

布朗热[1]

拿来了《神圣家族》，拙劣；

《维吉尔的牧童》，平庸；

《浴女》，略胜于杜瓦-勒卡缪和莫兰[2]的东西，《男子肖像》倒是色彩很好。

这是旧浪漫主义的最后的废墟——来到一个人们普遍认为有灵感就足够了、灵感取代一切的时代，就是这种东西——这是马泽帕的狂奔乱窜引向的深渊。是维克多·雨果先生害了布朗热先生——在害了那么多别的人之后——是诗人让画家跌进了深沟。不过，布朗热先生画得还不错（看看他的肖像画吧）；可是他在什么鬼地方拿到了历史画和有灵感的画家的证书？难道是在他的显赫朋友的序言和颂歌里吗？

1　Louis Boulanger（1806-1867），法国画家。
2　Nicolas-Eustache Maurin（1799-1850），法国画家。

布瓦萨[1]

遗憾的是，布瓦萨先生拥有一个好画家的品质，今年却未能让人看到一幅表现音乐、绘画和诗的寓意画。评审委员会的任务繁重，那一天大概是太累了，竟认为接纳他是不合适的。我们谈及布朗热先生时说到恶劣的时代，布瓦萨先生始终是超越于这片浑水之上，逃脱了危险，靠的是他的绘画的严肃的品质，也可以说是天真的品质。他的《带十字架的基督》色彩坚实、准确。

施乃兹[2]

唉！拿这些巨大的意大利油画怎么办呢？——我们是在1845年——我们很怕施乃兹1855年还画类似的画。

沙塞里欧[3]

《跟着随从的君士坦丁的哈里发》

这幅画首先以其构图吸引人。马匹的纵列和伟岸的骑兵有某种东西让人想起大师们的天真的大胆。但是，对于细心

---

[1] Joseph-Fernand Boissard（1813-1866），法国画家。
[2] Jean-Victor Schnetz（1787-1870），法国画家。
[3] Théodore Chassériau（1819-1856），法国画家。

地关注沙塞里欧先生的研究的人来说，显而易见的是，许多革命还在这个年轻人的精神里骚动，斗争没有结束。

他想在安格尔（他是其学生）和德拉克洛瓦（他试图抢劫他）之间确立的位置有某种东西令所有的人感到暧昧，而让他自己感到窘迫。沙塞里欧先生在德拉克洛瓦身上发现了他的好处，这再简单不过；但是，他让人看得那么清楚，尽管他有才能，获得了早熟的经验，这就是害处了。因此，这幅画里有矛盾。有些地方已经可以说是色彩了，而有些地方还只不过是着色罢了，尽管如此，看上去还是令人愉快的，我们很高兴再说一遍，构图是极好的。

在对奥赛罗的描绘中，谁都注意到他在刻意模仿德拉克洛瓦。然而，沙塞里欧先生具有如此高雅的趣味和如此活跃的精神；我们完全有理由期望他成为一位画家，一位杰出的画家。

德　邦[1]

《哈斯丁战役》

又是一个假德拉克洛瓦；然而多么有才能！多么有活力！这是一场真正的战役。我们在这件作品中看到了各种卓

---

[1] Hippolyte Debon（1807–1872），法国画家。

越的东西：美妙的色彩，对真实的真诚的追求，造就了历史画画家的那种构图的大胆独创的流畅。

维克多·罗贝尔[1]

这是一幅交了厄运的画；它让那些专栏文章的专家们开足了玩笑，我们认为是指出错误的时候了。再说，让那些先生们看看照亮了欧洲的宗教、哲学、科学和艺术，用一个在画中具有其地理位置的形象表现欧洲的每一个民族，这是一个多么独特的主意！如何让这些笔杆子品味某种大胆的东西，让他们明白寓意乃是艺术的最美的体裁之一呢？

这幅巨作色彩很好，至少局部如此；我们甚至在里面看到了对新的色调的探索；代表不同民族的那些女人中有几个神情优雅而独特。

不幸的是，为每个民族确定其地理位置这个怪诞的主意损害了构图的总体和群体的魅力，分散了人物形象，如同克洛德·洛兰的画一样，草草画成的人像四散逃去。

维克多·罗贝尔先生是一位熟练的画家还是一位轻率的天才？有此有彼，有年轻人的错误，也有深奥的意图。总之，这是 1845 年沙龙上最奇特、最值得注意的画之一。

1　Victor Robert（1813—1888），法国画家。

布吕纳[1]

展出了《下了十字架的基督》。色彩很好，素描亦足够。布吕纳先生过去更有独特性，谁不记得《世界末日》和《嫉妒》呢？反正他总有坚实有力而易使的才能供驱遣，这使他在现代派中有了一个不错的位置，几乎等同于意大利颓废派开始时的格尔沁和卡拉齐。

格莱兹[2]

格莱兹先生有一种才能，即女人画得好。是玛大肋纳和围着她的那些女人拯救了他的画《玛大肋纳改宗》，是嘉拉代的软绵绵的、的确女性的样子赋予他的画《嘉拉代和阿西斯》一种略具独特性的魅力。这两幅画追求的是色彩，却不幸只有咖啡馆、最多是歌剧院的艳丽，其中一幅还冒冒失失地放在了德拉克洛瓦的《马可·奥勒留》旁边。

雷保罗[3]

我们在雷保罗先生那里见过臂上抱着花瓶的女人：很漂亮，画得很好，甚至——这可是更重大的优点——是天真

---

1 Adolphe Brune（1802–1875），法国画家。
2 Auguste-Barthélemy Glaize（1807–1893），法国画家。
3 François-Gabriel-Guillaume Lépaulle（1804–1886），法国画家。

的。事情如果只是好好地画，有一个好模特，这个人的画就总是成功！这就是说他缺乏趣味和机智。例如，在《圣塞巴斯蒂安的殉道》中，那个占据了画的底部拿着水罐的老妇在干什么，给了这幅画一种乡村还愿画的虚假气？然而这却是一幅其制作具有大师们的全部平衡的油画。圣塞巴斯蒂安的躯干画得完美，将会越陈旧越好。

穆 什[1]

《亚历山大的圣女卡特林娜的殉道》

穆什先生应该喜欢里贝拉[2]和所有那些勇敢的首重手法的人；这不是对他大加赞扬吗？总之，他的画构图很好。我们记得在巴黎的一座教堂，圣热尔韦或圣厄什塔什，见过一幅画署着穆什的名字，表现的是僧侣。画面是褐色的，很深，也许过了，色彩比今年的画少变化，但是具有油画的同样的严肃品质。

阿佩尔[3]

《圣母升天》具有类似的优点，即画得好，但是，色

---

[1] Emile-Edouard Mouchy（1802-1870），法国画家。
[2] Jogé de Ribera（1591-1652），西班牙画家。
[3] Eugène Appert（1814-1867），法国画家。

彩虽是好的，还是有点儿一般。我们好像知道有一幅普桑的画，也在这个画廊，距这幅不远，几乎同样的尺寸，这幅画与之有些相似。

比　刚[1]

《尼禄弥留之际》

什么！这竟是比刚先生的画！我们已找了许久。色彩家比刚先生画了一幅完全褐色的画，好像是一些肥胖的野蛮人在密谈。

普拉耐[2]

德拉克洛瓦有少数学生闪烁出先生的某些品质，普拉耐是其中之一。评论是一种讨厌的活计，并无甜头可尝，除非碰上一幅真正好的画，一幅独特的、已经有幸听见过几声倒彩和嘲笑的画。

的确，这幅画曾受到讥笑；我们可以想见建筑师、泥瓦匠、雕塑家和模塑工针对一切与绘画相似的东西的那种仇恨；然而何以艺术家看不到这幅画中蕴涵的东西、构图的独

---

[1] Auguste Bigand（1803-1876），法国画家。
[2] Louis de Planet（1814-1875），法国画家。

特和色彩的简单呢？

这里有一种我说不清楚的西班牙优雅绘画的风貌，先就迷住了我们。普拉耐先生之所为乃是所有一流的色彩家之所为，例如很少的色调成就的色彩，红色、白色、褐色，看起来微妙而舒服。画家画的圣女泰莱兹虚弱，跌倒，心跳，等待着神的爱情之箭射中，乃是现代绘画最幸运的发现之一。手很迷人，姿态自然，极有诗意。这幅画充溢着极大的快感，显示出作者是一个能够很好地理解主题的人，因为圣女泰莱兹渴望着上帝的如此巨大的爱情，这股猛烈的火使她叫了出来……这种痛苦不是身体上的，而是精神上的，尽管肉体占了很大的部分。

我们还要谈谈悬在空中将要用投枪刺中她的那个神秘的小丘比特吗？不。又有何用？普拉耐先生显然有足够的才能另画一幅完整的画。

杜加索[1]

《耶稣基督和基督教的主要创立者》

画得严肃，但是学究气，像很坚实的莱赫曼[2]。

他的《萨福》构图漂亮，画的是萨福正跳下勒卡德悬崖。

1　Charles Dugasseau（1812-1885），法国画家。
2　Rudolphe Henri Lehmann（1814-1882），法国画家。

格莱尔[1]

他用《傍晚》这幅画偷去了伤感的观众的心。要是只画女人在船上视唱浪漫的歌曲，他就行；如同一出贫乏的歌剧借助于露出肩膀或者脱去短裤并且悦目的女人以使其音乐成功。然而今年，格莱尔先生想画使徒了，使徒，这个格莱尔先生！却未能使他自己的画成功。

皮亚尔[2]

显然是一位博学的艺术家；他的目标是模仿古代的大师及其严肃的举止——他每年的画都不相上下——长处总是一样，冷静，认真，执着。

奥古斯特·海斯[3]

《圣母的昏厥》

这显然是一幅色彩扎眼的画——色彩生硬，拙劣，刺眼——然而随着人们走近，这幅画由于另一种优点而使人愉悦。它首先具有一个特别的长处，它无论如何也不会让人想

---

[1] Charles Gleyre（1806-1874），法国画家。
[2] Jacques Pillard（1811-1898），法国画家。
[3] Auguste Hesse（1795-1869），法国画家。

起当前绘画的习惯主题和充斥在所有年轻画家的画室里的老一套；相反，它很像过去，也许过于像了。奥古斯特·海斯先生显然熟悉意大利绘画的所有大作，见过无数素描和版画。尽管如此，构图漂亮而熟练，具有那些伟大画派的几个传统优点，庄严，隆重，线条的波动与和谐。

约瑟夫·费依 [1]

像德康先生一样，约瑟夫·费依先生只送来了素描；我们为此将他放进历史画画家当中，这里说的不是绘画的材料，而是其方式。

约瑟夫·费依先生送来了表现古代日耳曼人生活的六幅素描；这是画在木版上的连续性壁画，放在普鲁士的爱伯尔斯费尔德市政府会议大厅里。

的确，我们是觉得有些德国味儿，我们看得好奇，怀着看见一切真诚的作品时所有的那种愉快，想到了意大利大街那些画商出版的莱茵河彼岸的所有现代名家。

这些素描，有的表现海尔曼与罗马入侵者的伟大斗争，有的则表现和平时期的严肃而总是尚武的游戏，因其彼埃尔·德·考纳留斯式的良好构图而具有一种高贵的家族气息。素描有趣，复杂，有些追求新米开朗琪罗主义。所有

1　Joseph Fay（1813-1875），德国画家。

的动作都找得很准，表现一种真诚喜好（如果不是钟情的话）形式的精神。这些素描吸引着我们，因为它们美，这些素描使我们感到愉悦，因为它们美；然而总的说，面对精神之力的如此美好的展示，我们总感到遗憾，我们大声疾呼独特性。我们希望看到这同一种才能为更现代的思想而展示，让我们说得更好些，为一种观看和理解艺术的新方式——我们这里不想说主题的选择；在这方面艺术家并不总是自由的，——我们说的是理解和绘制的方式。

简言之，那么多的旁征博引有什么用，要是有才能呢？

约里佛[1]

约里佛先生的《屠杀无辜者》表明了一种严肃认真的精神。的确，他的画有一种冷淡苍白的面貌。素描不是很有独特性；但是他画的女人形体美丽，丰腴，耐劳，结实。

拉维龙[2]

《耶稣在马大和马利亚家里》

一幅严肃的画，但到处表现出缺乏实践经验。这是因为

---

1 Pierre-Jules Jollivet（1803-1871），法国画家。
2 Gabriel-Joseph-Hippolyte Laviron（1806-1849），法国画家。

懂得太多、想得太多，而画得太少。

马　图[1]

提出了三个古代主题，人们从中猜出了一种真诚地喜欢形式的精神，这种精神抵制了色彩的诱惑，以不使他的思想和计划的意图变得模糊。

这三幅画中，最大的一幅也最让我们感到愉快，其原因在于线条的智力美，线条的严肃的和谐，尤其因为对于手法的成见，这种成见在《达夫尼和纳依斯》是见不到的。

让马图先生想想奥苏里埃先生吧，让他看看激进、绝对、从不让步在这里为艺术、文学和政治赢得了什么吧。

简言之，我们觉得马图先生对他的事情知道得过于清楚了，他手里的东西太多了，于是给人的印象就不那么强烈了。

一件费力完成的作品总有点什么东西留下来。

让　莫[2]

我们只能找到让莫先生所画的一个人像，那是一个坐着的女人，膝上放着花。这个简单的人像，严肃而忧郁，其精

1　Louis Matout（1811-1888），法国画家。
2　Louis Janmot（1814-1892），法国画家。

细的素描和有些生硬的色彩让我们想起了那些德国古代的大师，例如那位优雅的阿尔布莱希特·丢勒[1]，使我们产生强烈的好奇心，想找到其余的东西。但是我们未能成功。这肯定是一幅很美的画，除了模特很美、选得很好、安排得很好之外，在色彩本身当中，在绿、粉红、红得有些看起来难受的色调配合中，还有着某种与其余的一切相协调的神秘，——在色彩和素描之间有着自然的和谐。

为了补足人们对让莫先生的才能应有的概念，我们只要读一读说明书上另一幅画的主题就够了：

《圣母升天》——上部：圣母身边围着天使，其中两个主要的代表着童贞与和谐。下部：女人的昭雪；一个天使砸碎她的锁链。

艾泰克斯[2]

有几次完成了好雕塑的雕塑家啊，您是不知道在一块画布上画素描和用泥土塑型之间的巨大区别，色彩是一种有旋律的学问，而大理石的诀窍教不会它的秘密了？我们更能理解一位音乐家想模仿德拉克洛瓦，但雕塑家，决不！啊，伟大的石匠啊，为什么您要拉小提琴呢？

1　Albrecht Dürer（1471-1528），德国画家、雕塑家。
2　Antoine Etex（1808-1888），法国雕塑家、画家。

三　肖像画

莱昂·科尼埃[1]

方厅里有一幅很美的女人肖像。

莱昂·科尼埃先生是趣味和精神的中等区域中的一位地位很高的艺术家。如果说他没有到达天才的高度,他却有着在适度方面无可增损并且藐视批评的那种才能。科尼埃先生不懂幻想的大胆驰骋和绝对主义者的成见。融化、混合、有选择地集合一切,这始终是他的角色和目的;他完全地达到了。在这幅极好的肖像画中,人物裸露的部分、打扮、背景都处理得同样成功。

杜布夫[2]

杜布夫先生多年来就是所有的艺术专栏作家的牺牲品。如果说杜布夫先生远逊于托马斯·劳伦斯爵士,至少这并非不包含着他得之于免费的名气的某种公正。至于我们,我们发现资产者很有理由宝爱这个人,他为他们创造了那么多漂亮女人,也几乎总是打扮得很好。

杜布夫先生有一个儿子,儿子不愿意跟着父亲走,在严肃的绘画中自己闯了一条路。

---

[1] Léon Cogniet(1794-1880),法国画家。
[2] Claude-Marie Dubufe(1790-1864),法国画家。

欧仁妮·戈蒂耶小姐[1]

色彩美，素描有力而漂亮，这个女人具有大师的聪明；她有凡·戴克[2]的风格；她像个男人那样画画。所有绘画的行家都记得上届沙龙展出的一幅肖像里的那两只肌肉隆起的胳膊。欧仁妮·戈蒂耶小姐的画和女人的画毫无关系，女人的画一般地说总让我们想到克里萨尔老先生的训诫。

白洛克[3]

白洛克先生送来了好几幅肖像画。米什莱先生的肖像以极好的色彩给我们留下深刻印象。白洛克先生还不够有名，却是今日那些在本行艺术中最有学问的人之一。他教出过出色的学生，我们认为欧仁妮·戈蒂耶小姐就是。去年，我们在福音市场美术馆看见了他的一幅儿童头像，使我们想起了劳伦斯最好的作品。

蒂西埃[4]

确是一位色彩家，然而也许仅此而已；因此，他的女人肖像

---

[1] Marie-Louise-Eugénie Gautier（1813-1875），法国画家。
[2] Antoine van Dyck（1599-1641），荷兰画家。
[3] Jean-Hilaire Belloc（1785-1866），法国画家。
[4] Ange Tissier（1814-1876），法国画家。

色彩出众，呈很灰的色调，优于他的宗教画。

里埃斯奈[1]

和普拉耐先生一样，也是为德拉克洛瓦先生争光的人之一。——H·德·圣A博士的肖像色彩新鲜，笔法明快。

杜　邦[2]

我们碰见了一幅可怜的小肖像；画的是一个小姑娘和一只小狗，这幅肖像藏得真好，很难发现；然而它具有一种优雅的风韵。这是一幅极为天真的画，至少看上去如此，而且构图很好，画面很漂亮，有点英国味儿。

阿弗奈[3]

至少对我们来说，又是一个新的名字。阿弗奈先生在小画廊的一个很差的位置上，有一幅效果最好的女人肖像。很难找到，这的确遗憾。这幅肖像表明了作者是第一流的色彩家。那绝不是明亮的、隆重的色彩，也不是寻常的色彩，

1　Louis-Antoine-Léon Riesener（1808-1878），法国画家。
2　Ernest Dupont（1825-？），法国画家。
3　Félix Haffner（1818-1875），法国画家。

而是极其优雅的色彩，出色的和谐。制作是在灰色调中完成的。效果组合得很是巧妙，既柔和又给人强烈印象。头是浪漫的，略见苍白，呈现于灰色的背景中，这背景在头的周围更加苍白，越靠近边缘则越深，好像形成了一道光环。此外，阿弗奈先生还画了一幅色彩很大胆的风景画，一辆车，一个人，几匹马，隐隐地呈现于一片晚霞的朦胧光亮之中。又一位自觉的探索者……何其少见啊！……

佩里农[1]

送来了九幅肖像画，其中六幅是女人。佩里农先生画的头像坚硬而光滑，有如无生命的东西。一座真正的居尔提尤斯[2]蜡像馆。

奥拉斯·维尔奈

作为肖像画家的奥拉斯·维尔奈先生不如画英雄画的奥拉斯·维尔奈先生。他的色彩在生硬方面超过了库图尔先生。

1　Alexis-Joseph Pérignon（1808-1882），法国画家。
2　Curtius，杜莎夫人的老师，曾建两座蜡像馆。

依波里特·弗朗德兰[1]

弗朗德兰先生从前不是画过一幅优美的女人肖像吗,那女人倚在包厢的前沿,胸前一束紫堇花?但是他的谢克斯·德·爱斯特-安琪的肖像却失败了,那只是一个严肃绘画的相似物;那不是这个精细、辛辣、爱挖苦的人的如此著名的性格。笨重,平淡。

我们刚刚发现弗朗德兰先生的一幅女人肖像,一个简单的头像,让我们想起他的好作品,这是我们的最大的愉快。画面过于柔和,它没有想莱赫曼先生的贝尔格……公主肖像那样突出眼睛是个错误。由于这是一幅小画,所以弗朗德兰先生画得完全成功。形象的隆起很美,这幅画还有一个在这些先生们中间少见的一个优点,即它好像是一鼓作气、一下子就完成的。

里夏尔多[2]

画了一位年轻的妇人,穿着黑绿相间的裙子,头发梳得像纪念册上的人物那样矫揉造作。她好像和苏尔瓦兰[3]画的圣女是一家人似的,在一堵效果相当好的大墙后面庄严地散步。这

---

1 Jean-Hippolyte Flandrin(1809-1864),法国画家。
2 Charles Jean Richardot,法国画家。
3 Francisco de Zurbarán(1598-1664),西班牙画家。

很好,洋溢着勇气、机智、青春。

维尔狄埃[1]

为加里克小姐画了一幅肖像,是在《塞维利亚的理发师》里的角色。手法要比上一幅肖像为好,但是缺乏细腻。

亨利·谢佛尔[2]

为了亨利·谢佛尔先生的名誉,我们不敢假设陛下的肖像是照着真人画的。在当代历史中,很少有头像画得像路易-菲力普的这样突出有力。疲劳和工作印上了漂亮的皱纹,艺术家却不知道。我们很遗憾,法国不止有一幅国王的肖像。只有一个人堪当此任,那就是安格尔先生。亨利·谢佛尔所有的肖像画都画得同样的诚实,精细而盲目的诚实;同样的认真,耐心而单调的认真。

雷昂德克[3]

走过布洛昂小姐的肖像前,我们很遗憾不曾在沙龙上看

---

[1] Marcel-Antoine Verdier(1817—1856),法国画家。
[2] Henri Scheffer(1798—1862),法国画家。
[3] Leiendecker,法国画家。

到拉维尔吉先生画的另一幅肖像，那会使观众对这位迷人的女演员有一个更正确的概念，拉维尔吉先生的居雍夫人肖像使他在肖像画家中占有一个重要的位置。

迪亚兹[1]

迪亚兹先生习惯上是画小画，其神奇的色彩超过了万花筒式的花哨。今年，他送来了一些全身的小画。一幅画不仅有色彩，还有线条和隆起。这是一个想报仇的静物画家所犯的错误。

四　风俗画

巴　龙[2]

画的是《菲利普兄弟的鹅》，拉封丹的一个故事。这是一个借口画画漂亮女人、树荫，终究还是有色调的变化。

这是很吸引人的一面，然而是浪漫主义的陈旧玩意儿。其中有库图尔，有点儿塞莱斯坦·南特伊[3]的手法，有很多洛克普朗和克·布朗热的色调。在这幅画前，可以想想一幅色彩极巧妙极鲜亮的画可以是多么的冰冷，如果他缺少一种

1　Narcisse-Virgile Diaz de la Pena（1808-1876），法国画家。
2　Henri Charles-Antoine Baron（1816-1885），法国画家。
3　Célestin Nanteuil（1813-1873），法国画家。

独特的性情的话。

依萨贝 [1]

《炼金术士的内室》

那里面总是有鳄鱼，填了稻草的鸟，厚厚的羊皮书，炉火，一位穿着睡袍的老者，这就是说，大量的不同的色调。这解释了某些色彩家对一个如此平常的主题的偏爱。

依萨贝先生是一位真正的色彩家，总是出色的，常常是细腻的。他是革新运动的最有理由感到幸福的人之一。

雷居里厄 [2]

《所罗门·德·考斯在比塞特》

我们是在看一出不惜牺牲文学的通俗剧；幕刚刚拉起，所有的演员都望着观众。

一位大老爷，玛丽蓉·德洛尔莫扭着腰肢靠在他的胳膊上，所罗门在舞台深处疯子一样比比画画地诉苦，可大老爷并不听。

---

1 Eugène Isabey（1803-1886），法国画家。
2 Jacques-Joseph Lécurieux（1800-？），法国画家。

导演是好的；所有的疯子都有趣、可爱，完全了解他们的角色。

我们不明白为什么玛丽蓉·德洛尔莫看见这些可爱的疯子要害怕。

这幅画的画面一律是咖啡加奶的颜色。色彩发红；犹如尘土飞扬的坏天气。

素描呢，则是小画片和插图的素描。如果不是色彩家，不是素描家，画这种所谓严肃的画有什么用？

塞莱斯特·庞索蒂夫人[1]

塞莱斯特·庞索蒂夫人的画名为《晚梦》。这幅画有些做作如其题，却漂亮如作者之名，感情是很崇高的。两个少妇，相互倚着肩，从一扇开着的窗子望出去。绿色和玫瑰色，或者暗绿色和暗玫瑰色配合得很柔和。这种漂亮的构图，尽管或正因为一种浪漫派的天真做作，并不讨厌；这其中有一种今日被过分地遗忘了的优点。这是优雅的，气味很正。

塔萨埃[2]

一幅小型的宗教画，近乎风流的宗教。圣母喂幼年耶稣

---

1 Madame Pensotti，原名Céleste Martin，法国画家。
2 Nicolas-François-Octave Tassaert（1807—1874），法国画家。

吃奶，头上围着花和一些小爱神。去年我们已经注意到塔萨埃先生。他有一种很好的色彩，适度的欢快，很有趣味。

勒乐兄弟[1]

他们的画都做得很好，画得很好，但手法和主题的选择也很单调。

勒普瓦特万[2]

亨利·贝尔图[3]式的（看看说明书吧）静物画，真正的静物画，画得过于好了。再说，今日所有的人都画得过于好。

吉勒曼[4]

吉勒曼先生肯定在制作上有长处，却在支持一种错误的事业上花费了太多的才能，所谓绘画精神的事业。我的意思是说，向说明书的印制者提供给礼拜天的观众看的解说词。

---

1 Adolphe-Pierre Leleux（1812-1891），法国画家；Hubert-Simon-Armand Leleux（1818-1885），法国画家。
2 Eugène Le Poittevin（1806-1870），法国画家。
3 Henri Berthoud（1804-1891），法国作家、记者。
4 Alexandre-Marie Guillemin（1817-1880），法国画家。

穆 勒[1]

穆勒先生以为在莎士比亚和雨果的作品中选择主题会取悦礼拜六的观众吗?《帝国》中有以气精为托词出现的肥胖的爱神。所以,单单做一个色彩家还不足以有趣味。他的那幅《法尼》好一些。

大杜瓦尔-勒卡缪[2]

"……知道如何语调轻松地

从庄严到温柔,从玩笑到严肃。"

儒勒·杜瓦尔-勒卡缪[3]

不谨慎地接触了一个已被洛克普朗先生处理过的主题。

吉 古[4]

吉古先生令我们感到愉快,让我们在说明书里重读了《玛侬·莱斯戈之死》的故事。画得不好,没有风格,构图

---

1 Charles-Louis Müller (1815-1892),法国画家。
2 Pierre Duval-Le Camus (1790-1854),法国画家。
3 Jules Duval-Le Camus (1814-1878),法国画家。
4 Jean-François Gigoux (1806-1894),法国画家。

不好，色彩也不好。没有性格，没有主题。谁是那位德·格里厄？我不知道。

我也认不出吉古先生了，几年前公众的宠爱使他和几位最严肃的革新者并肩而行。吉古先生是《德·科曼日伯爵》、《弗朗索瓦一世在莱奥纳多·达·芬奇弥留之际》的作者，《吉尔·布拉斯》的作者吉古先生，吉古先生是一种名声，谁都高兴扛在肩上。难道他今天对他的画家的名声感到为难了吗？

鲁道夫·莱赫曼

他今年画的意大利女人让我们怀念他去年画的意大利女人。

德·拉福路兹[1]

画了一座满是昔日美丽的太太和高雅的先生的花园。这肯定很漂亮，很高雅，色彩很好。景物组合得当。整体颇让人想到迪亚兹；但这也许更坚实些。

---

1 Amable de la Foulhouze，法国画家。

佩莱兹[1]

《玫瑰花开的季节》。这是一个类似的主题，画得雅致，看起来赏心悦目，不幸的是让人想到了瓦吉埃[2]，正如瓦吉埃让人想到华托[3]。

德·德勒[4]

是一位上流生活的画家。他的《领主夫人》很漂亮；不过英国人在这离奇古怪的事情上做得更好。

卡拉玛塔夫人[5]

画了一个《梳妆的裸女》，正面，头是侧面，背景是罗马的装饰。姿态很美，选得也好。总的说，画得很好，卡拉玛塔夫人有进步。不乏风格，或者说某种对于风格的追求。

1　Léon Pérèse（1800-1869），法国画家。
2　Charles-Emile Wattier（1800-1869），法国画家。
3　Jean-Antoine Watteau（1684-1721），法国画家。
4　Alfred de Dreux（1810-1860），法国画家。
5　Joséphine Calamatta（1817-1893），法国画家。

帕波蒂[1]

据说很有希望。他从意大利归来之前，就受到过不谨慎的赞扬。在一幅巨画中，美术学院新近的习惯还过于清晰，但帕波蒂先生仍然发现了一些恰当的姿态和某些构图的主题；尽管他的色彩有固定的幅度，我们仍然有完全的理由希望作者有一个正经的前途。可是从那个时候起，作者竟留在了二流的人当中，他们画得都很好，盒子里装满了现成的主题。他的两幅画（《孟菲斯》、《一次冲锋》）色彩平常。还有，两幅画看起来完全不一样，这使人相信帕波蒂先生尚未找到他的方式。

阿德里安·吉涅[2]

阿德里安·吉涅先生肯定是有才能的；他知道结构和安排。然而为什么总是有那种怀疑？时而是德康，时而是萨尔瓦托[3]。今年，有人说他在纸莎草纸上给埃及雕塑图案（《法老》）或者古代镶嵌画着色。倘使萨尔瓦托和德康画法老，他们会以萨尔瓦托或德康的方式画的。为什么吉涅先生却……？

---

1 Dominique Papety（1815-1849），法国画家。
2 Jean-Adrien Guignet（1816-1854），法国画家。
3 疑指意大利画家Salvatore Rosa（1615-1673）。

梅索尼埃[1]

三幅画:《掷骰子的士兵》,《翻看草图的年轻人》,《两个玩牌的饮者》。

时代不同,风俗也就不同;时尚不同,派别也就不同。梅索尼埃先生让我们不由得想到了德洛令先生。在所有的名声,哪怕是最当之无愧的名声当中,都有数不清的小秘密。当人们问著名的X先生在沙龙上看到了什么,他说他只看见了梅索尼埃先生,为的是避免谈到Y先生,该先生也是一样,所以给对手当大棒使倒是很好。

总之,梅索尼埃先生的小幅人像画得令人赞赏。这是一个佛来米人,只是少了幻想、魅力、色彩和天真,唉!

亚 康[2]

总是制造德拉罗什一类的东西,第二十个优点。

罗 恩[3]

画得可爱(画商的行话)。

---

[1] Ernest Meissonier(1815-1891),法国画家。
[2] Claudius Jacquand(1805-1878),法国画家。
[3] Jean-Alphonse Roehn(1799-1864),法国画家。

雷　蒙[1]

1820年的年轻画派。

亨利·谢佛尔

放在《罗兰夫人赴刑》旁边,《夏洛特·科尔代》就是一幅冒冒失失的作品了。(参阅肖像画。)

奥尔农[2]

《三人行,最固执的不是人们想的那一个》。

巴尔[3]

如前。

杰夫罗阿[4]

如前。

---

[1] Jean-Charles-Joseph Rémond(1759−1845),法国画家。
[2] Joseph Hornung(1792−1870),瑞士画家。
[3] Jean-Auguste Bard(1812−1862),法国画家。
[4] Edmond Geffroy(1804−1895),法国画家。

五 风景画

柯 罗[1]

风景画现代流派的带头人是柯罗先生，但如果泰奥多尔·卢梭[2]先生想参展的话，他的霸主地位就岌岌可危了，因为泰奥多尔·卢梭先生至少在天真和独特上与之相当，而在魅力和制作的稳妥上则有过之。实际上，柯罗先生的长处正是天真和独特。显然，这位艺术家真诚地热爱自然，知道看它的时候要怀着同等的智力和感情。他借以出众的那些优点是那样牢固，以至于柯罗先生的影响目前在年轻的风景画家的所有作品中都可见到，尤其是有几位，他们很聪明，在他成名之前、名声尚未超出艺术家的圈子的时候就模仿他，从他的手法中获益。柯罗先生以其谦逊影响了许多人。其中有的人致力于在自然中选择主题、景点和他喜欢的色彩，偏爱同样的主题；有的人甚至模仿柯罗先生的笨拙。我们觉得这里有一个小小的成见要指出，所有的半吊子学者在认真地欣赏了柯罗的一幅画之后，在忠诚地向他交纳了赞扬的贡品之后，发现这幅画制作不精，遂一致认为，说到底，柯罗先生不会画。真是些老实人！首先，他们不知道一幅天才的画，或者说，一幅心灵的画，如果画得足够的话，其制作就

---

[1] Jean-Baptiste-Camille Corot（1796-1875），法国画家。
[2] Théodore Rousseau（1812-1867），法国画家。

总是精良的。其次，他们不知道在一幅画出来的画和一幅完成的画之间有很大的区别，一般地说，做出来的东西是尚未完成的东西，一件很好地完成的东西可以根本不是做出来的东西，他们不知道重要的、恰得其所的神来之笔有着巨大的价值……因此，柯罗先生是像大师们那样画的。我们不想有别的例子了，去年的那一幅就够了，其表达比平时更加温柔和忧郁。那一片绿色的原野，坐着一个拉小提琴的女人，中景上那一片阳光照亮了草地，着色的方式与前景不同，那肯定是大胆的处理，一种很成功的大胆。柯罗先生今年像往年一样有力；但是公众的眼睛已经习惯了闪光的、干净的、灵巧地擦亮的作品，就总是向他提出同样的指责。

证明了柯罗先生的力量的，哪怕只是在技巧方面，乃是他善于用很少的色调当一个色彩家，即使在色调相当生硬、相当强烈的情况下仍然是和谐的。他的构图总是完美的。因此，在《荷马与牧童》中，什么都不是无用的，什么都是不可去掉的，甚至那两个在小路上闲谈的小人像也是不可少的。三个带着狗的小牧童很可爱，犹如人们在某些古代雕像的底座上看到的极美的浮雕。荷马也许过于像贝里塞了。另一幅充满魅力的画是《达夫尼和克洛伊》，其构图有着所有好的构图都有的那种意外，这也是我们常常注意到的。

弗朗赛[1]

也是一位具有一流优点的风景画家,一种与柯罗先生类似的优点,我们很愿意称之为对自然的爱,不过这已经是不那么天真了,更多了些狡黠,更多地感到了有作者在,也因此更容易理解。《傍晚》的色彩很美。

保罗·于埃[2]

《岩上古堡》。保罗·于埃先生想改变手法难道是偶然的吗?不过他的手法还是很好的。

阿弗奈

出奇的独特,尤其是色彩。我们是第一次看见阿弗奈先生的画,因此我们不知道他本行是风景画家还是肖像画家,尤其是他这两种画都画得极好。

特洛瓦庸[3]

总是画美丽的、绿意盎然的风景,有色彩家甚至观察家的风

---

1 François-Louis Français(1814—1897),法国画家。
2 Paul Huet(1804—1869),法国画家。
3 Constant Troyon(1810—1865),法国画家。

范，但是那种不可动摇的平衡和笔触的闪烁总是让眼睛感到疲劳。人们不喜欢看见一个人如此的自信。

居尔宗[1]

画了一个很独特的地方，叫作忽布隆。那不过是一片天际罢了，前景的树叶和树枝做了界限。此外，居尔宗先生也画了很美的素描，我们一会儿有机会谈到。

弗莱尔[2]

> 我将重见诺曼底啊，
> 我的家乡……

这就是长期以来弗莱尔先生的画所歌唱的。请勿将此看作嘲讽。事实上，他所有的风景画都充满了诗意，使人想去认识那一片表现得那么好的永恒的、肥沃的绿，然而今年这样说就不对了，因为我们不相信弗莱尔先生画的是一个诺曼底，无论是素描还是油画。弗莱尔先生一直是一位出色的画家。

---

1 Alfred de Curzon（1820-1895），法国画家。
2 Camille Flers（1802-1868），法国画家。

维肯伯格[1]

的那一组《冬日效果》总是画得很好；但是我们认为他似乎师从的佛来米人有一种更加雄浑的方式。

卡拉默和狄代[2]

人们长期以来一直认为这是一位艺术家，患了慢性二元性的疾病；后来人们才发觉他画得好的时候就钟爱卡拉默这个名字。

多扎[3]

总是画东方，画阿尔及利亚，而且总是画得坚实有力！

福莱勒[4]

同上。

---

[1] Pierre Wickenberg（1812-?），法国画家。
[2] Alexandre Calame（1810-1864），瑞士画家；François Diday（1802-1877），瑞士画家。
[3] Adrien Dauzats（1804-1868），法国画家。
[4] Théodore-Charles Frère（1814-1888），法国画家。

沙卡东[1]

却离开了东方；然而他完了。

鲁朋[2]

的风景画的色彩总是相当细腻的。他的《朗德的牧人》构图巧妙。

加纳莱[3]

总是画钟楼和教堂，且画得机智。

若瓦扬[4]

一幅叫《阿维尼翁的教皇宫》，还有一幅叫《威尼斯景色》。每年都评论一些画得同样无可挑剔的画，最叫人难堪。

1　Jean-Nicolas-Henri de Chacaton（1813-1886），法国画家。
2　Emile Loubon（1809-1863），法国画家。
3　Hippolyte Garnerey（1787-1858），法国画家。
4　Jules-Romain Joyant（1803-1854），法国画家。

波尔杰[1]

总是印度的或中国的景色。当然,画得很好;但是旅行或风俗的细节太多了;有些人怀念他们从未见过的东西,坦普尔大街或树林画廊!波尔杰先生的油画让我们怀念那个中国。在那里,海涅说风吹过铃铛发出引人发笑的声音,在那里,自然和人相视而笑。

保尔·弗朗德兰[2]

要更清楚地看见突起,就要减弱头脑中的反光,要是此人名叫安格尔,这就更可以理解了,然而谁是第一个想到使原野安格尔化的那个怪僻狂热的人呢?

布朗沙[3]

这是另一回事了,更严肃或更不严肃,随便怎么说吧。这是纯粹的色彩家和前面的夸张之间的一种灵活的妥协。

---

1 Auguste Borget(1809–1877),法国画家。
2 Jean-Paul Flandrin(1811–1902),法国画家。
3 Théophile-Clément Blanchard(1812–1849),法国画家。

拉彼埃尔和拉维埃耶[1]

是柯罗先生的两个优秀而严肃的学生。拉彼埃尔先生也画了一幅《达夫尼和克洛伊》,很有价值。

布拉斯卡萨[2]

人们肯定是谈布拉斯卡萨先生谈得太多了,他当然是一个风趣而有才能的人,然而他不应该不知道在佛来米人画廊里有许多同样品种的油画,和他的画画得一样好,而且更加雄浑,色彩也更好。谈得过多的还有

圣若望[3]

属里昂派,该派乃是一座绘画的苦役犯监狱,谁都知道那儿的人最善画微小的东西。我们更喜欢鲁本斯的花卉和水果,觉得更为自然。再说,圣若望先生的画看上去很讨厌,总是一色的黄。总之,尽管画得很好,圣若望先生的画仍然是挂在餐厅里的画,而不是挂在陈列馆和画廊里的画;真正的挂在餐厅里的画。

---

1 Emile Lapierre(1818-1886),法国画家;Eugène Lavieille(1820-1889),法国画家。
2 Jacques-Raymond Brascassat(1818-1886),法国画家。
3 Simon Saint-Jean(1803-1860),法国画家。

齐奥尔波埃[1]

狩猎画，来得正是时候！这才是美的东西，这才是绘画，真正的绘画：雄浑，真实，美的色彩。这些画有古代大画家所作的狩猎画或静物画共有的那种大气，而且都有着巧妙的构图。

菲利普·卢梭[2]

《城里的耗子与田里的耗子》

是一幅很雅致的画，看上去赏心悦目。所有的色调都是既极为新鲜又极为丰富。这是真正地画静物，自由地、作为风景画家、静物画家、有风趣的人那样画，而不是作为匠人，如里昂派的那些先生们。小耗子很好看。

贝朗瑞[3]

贝朗瑞先生的小画很迷人，像梅索尼埃的那些画一样。

---

[1] Carl Fredrik Kiörböe（1799-1876），瑞典画家。
[2] Philippe Rousseau（1816-1837），法国画家。
[3] Charles Béranger（1816-1853），法国画家。

阿隆代尔[1]

一大堆各种猎物。这幅画构图不好,仿佛挤来挤去,只求数量,然而随着时间的流逝具有一种罕见的优点,因为这幅画画得很天真,没有任河流派的打算,也没有任何画室的冬烘气。故有些局部画得很好。可惜的是另有一些色彩棕或发红的局部使这幅画具有一种不可言状的模糊,但是所有明亮和丰富的色调都很成功。因此这幅画使我们印象深刻的是笨拙和灵巧的交融,仿佛一个长久不曾画画的人之缺乏经验和一个画了很多的人之稳妥相互交融。

沙扎尔[2]

画了一幅《丝兰》,1844年种在诺依花园的丝兰。所有那些抓住微小的真实不放并且自以为是画家的人应该盯住这幅小画,然后让人用一把小号角把这样的小想法送进他们的耳朵里:这可是一幅好画,不是因为那里面一应俱全,叶子都数得出来,而是因为它同时表现了自然的一般特点,因为它很好地表达了塞纳河畔一座花园的骇绿的面貌以及我们的冰冷的太阳的面貌;简言之,因为这幅画画得极为天真,而你们,你们太……艺术了。

---

1 Arondel,法国画商,曾卖给波德莱尔不少假画,使其负债累累。
2 Antoine Chazal(1793—1854),法国画家。

六 素描—版画

布里万[1]

布里万先生送来了五幅黑铅笔素描,与德·勒缪先生的素描有些相似;但是后者更为坚实,也许更有特点。一般地说,这些画的构图都是好的。《丁托列托教女儿素描》肯定是好东西。尤其使这些素描卓尔不群的是其高贵的手法,是其严肃,是头部的选择。

居尔宗

《船上的小夜曲》是沙龙上最出色的东西之一。那些人物的安排构思很巧妙;船头的老人躺在花环之间,立意甚巧。布里依纳先生和居尔宗先生在构图上有些相似;其共同之处首先在于画得好,画得聪明。

德·吕德尔[2]

我们认为德·吕德尔先生第一个有了严肃和精练的素描这个好主意:打底,过去人们是这么说的。应该感谢他。不过,无论他的素描多么可敬,构思多么庄重,我们仍觉得这

---

1 Louis-Georges Brillouin(1817–1893),法国画家。
2 Louis-Henri de Rudder(1807–1876),法国画家。

些素描不称其愿！例如，比较一下《牧人和孩子》和我们刚刚谈到的新素描吧。

马雷沙尔[1]

《葡萄串》无疑是一幅很美的色粉画，色彩也好；但是我们要指责麦茨画派[2]的那些先生们，他们一般只能达到传统的严肃，只能模仿技巧，这样说绝不是想贬低他们的努力所获得的荣耀。同样的情况还有

图尔诺[3]

其制作永远也达不到其意图，尽管他有才能，有趣味。

珀 莱[4]

根据提香画了两幅很好的水彩画，确有原作的神采。

1　Laurent-Charles Maréchal（1801-1877），法国画家。
2　1834年，一些画家在麦茨成立"艺术之友社"，被称为麦茨画派，特点是注重细节。
3　Eugène Tourneux（1809-1867），法国画家。
4　Victor Pollet（1811-1882），法国画家。

沙巴尔[1]

《水粉花卉》，研究得认真，很好看。

阿尔封斯·马松[2]

马松先生的肖像画有很好的素描。它们大概很相像，因为艺术家的素描表明了一种坚定而勤奋的意志；然而这种素描也有些生硬和干枯，与一位画家的素描很少相像。

安托南·莫瓦那[3]

他的所有幻想都只能是一位雕塑家的幻想。然而浪漫主义恰恰把某些人引向这里。

维达尔

关于维达尔素描的成见，我们想是始于去年吧。应该立即结束。有人竭力想把维达尔先生作为一位严肃的素描家介绍给我们。那些素描完成得很好，而不是做出来的；尽管如

---

1 Pierre-Adrien Chabal-Dussurgey（1815-1902），法国画家。
2 Alphonse-Charle Masson（1814-1898），法国画家。
3 Antonin Moine（1796-1849），法国雕塑家。

此，应该承认它们比莫兰和儒勒·大卫的素描更优美。请原谅我们如此坚决地强调这个方面；因为我们知道有一位批评家在谈及维达尔先生时居然提到了华托。

德·米尔贝尔夫人[1]

依然故我；她的肖像画制作得非常好，而且德·米尔贝尔夫人还有一大优点，即首次在细密画这种如此不讨人喜欢的画种中注入严肃绘画的阳刚之气。

昂利凯尔·杜邦[2]

给我们带来了欢乐，让我们再次欣赏安格尔先生画的卓越的贝尔丹先生肖像，安格尔先生乃是法国唯一真正画肖像的人。这一幅无可争议的是他所画的最美的一幅，包括谢吕比尼的肖像。也许模特的骄傲的神态和威严助长了安格尔先生的大胆，他正是一个典型的大胆主人。至于版画，无论多么认真，恐怕都不能表达出绘画的深意。我们不敢肯定，但我们想雕刻者是忽略了鼻子或眼睛上的某些细节。

---

[1] Lizinka-Aimée-Zoë de Mirbel（1796-1849），法国画家。
[2] Henriquel Dupont（1797-1892），法国画家。

雅　克[1]

雅克先生新近得名，我们希望他的名声越来越大。他的蚀刻很是大胆，主题也构思得很好。雅克先生在铜上所做的一切都洋溢着一种自由和一种令人想起前辈大师的率直。人们还知道他出色地复制过伦勃朗的铜版画。

七　雕塑

巴尔托里尼[2]

我们在巴黎有权怀疑外国的名声。我们的邻居经常用一些从不展示的杰作诱取我们的轻信的尊敬，或者，如果他们终于同意让我们看看这些杰作时，他们对我们都是些产生混乱的东西，所以，我们经常警惕着新的骗局。我们于是带着极度的怀疑走近了《天蝎座仙女》。然而这一次，我们的确不能拒绝对一位外国艺术家给予我们的赞赏了。当然，我们的雕塑家更灵巧，而且这种对于职业的过分关注今天已耗尽了我们的雕塑家和画家的精力；所以，正是由于他们已经有些忘却的那些品质，诸如趣味、高贵、优雅等，我们才把巴尔托里尼的作品看作是雕塑展的最重要的作品。——我们知

---

[1] Charles-Emile Jacques（1813-1894），法国画家。
[2] Lorenzo Bartolini（1777-1850），意大利雕塑家。

道将要谈到的雕塑匠中有几位很善于指出这件大理石雕的几个缺点，例如有些过软，缺乏坚实等；简而言之，某些部位软弱，手臂有些纤弱；——然而，他们当中没有一个能发现一个如此好看的模特，没有一个具有这种高尚的趣味、这种意图的纯粹和这种绝不排除独创性的线条之纯洁。——大腿很迷人，头表现出调皮而优雅的性格；大概只不过是模特选得好吧。——在一部作品中，越是少让人看见匠人，意图就越是纯粹和清晰，我们就越是感到陶醉。

大　卫[1]

大卫先生的情况不是这样，他的作品总是让我们想起里贝拉。——因此，在我们的比较中还有错误，里贝拉不仅仅是个内行，他还充满了热情、独创性、愤怒和讽刺。

显然，要比大卫先生塑型、制作得更好，是很困难的。那个摘葡萄的孩子，已经通过圣伯夫的迷人诗句为人所知，很有意思，值得细心观察；的确有血有肉，虽然像自然一样愚蠢，但是，雕塑的目的不是与模塑品争雄，这毕竟是不容置疑的真理。准此，让我们从容欣赏作品的美吧。

1　Pierre-Jean David d'Angers（1788-1856），法国雕塑家。

波齐奥[1]

正相反，他有区分高尚的趣味和过分地喜欢真实的趣味的那种良好品质，这使他与巴尔托里尼先生相近。他的《年轻的印度女人》肯定是一件漂亮东西，只是少一点独创。令人遗憾的是，波齐奥先生并非每一次都给我们看同样完整的东西，如卢森堡美术馆里的那件，如他那幅出色的王后胸像。

普拉迪埃[2]

普拉迪埃先生似乎想走出自身，一下子就登上高处。我们不知道如何称赞他的雕像，它的制作无比熟练，各方面都很漂亮，人们肯定可以在古物陈列馆发现某些局部，因为这是一种掩盖得很好的神奇混合。旧的普拉迪埃还在这张新皮下活着，赋予这张脸一种非凡的魅力；这肯定是一次庄严的较量；然而巴尔托里尼先生的仙女虽不完美，我们却觉得更有独创性。

佛舍尔[3]

又一个灵巧的人——怎么！难道就走不了更远吗？

---

1 François-Joseph Bosio（1768-1845），法国雕塑家。
2 Jean-Jacques Pradier（1792-1852），法国雕塑家。
3 Jean-Jacques Feuchère（1807-1852），法国雕塑家。

这位年轻的艺术家已经有好评，他的肖像肯定会成功；主题很合适，因为少女一般地说总是有观众的，除此之外，如同一切触动公众情感的东西一样，贞德在更大的范围上赢得了许多观众，我们已经见过一尊石膏的贞德，衣褶垂得好，不像雕塑家们手下的衣褶那样，手臂和脚踝做得很美，也许头有点儿一般。

多 玛[1]

据说多玛先生是一位探索者。的确，在他的《海神》中有着力量和雅致的意图，不过很纤弱。

艾泰克斯

艾泰克斯先生从来也做不到完整。他的构思常常是巧妙的，他的思想有几分丰富，也成熟得相当快，这使我们感到高兴；但是相当多的局部总是使他的作品减色。因此，从后面看，西罗和莱昂德尔这一组人像就显得笨重，线条突出得不和谐。女人的肩膀和背也和她的臀与大腿不配。

---

[1] Louis-Joseph Daumas（1810—1867），法国雕塑家。

加 罗[1]

曾经做过一个相当美的酒神女祭司，肉嘟嘟的。人们都还记得，他的群像《第一家人》肯定有一些部分做得很出色；但是总体看了不舒服，土里土气，尤其是从前面看。亚当的头尽管很像朱庇特的头，仍然很难看，最成功的是小该隐。

德·柏[2]

是一位画家，画过一组迷人的画，《原始的摇篮》。夏娃把她的两个孩子放在膝上，两只胳膊做成了一个篮子。女人美，孩子漂亮，我们尤其喜欢组画的构图；因为不幸的是，德·柏先生只能用不够独特的制作服务于如此独特的构思。

康伯沃思[3]

《卡图勒的情妇莱斯比为麻雀哭泣》

这样的雕塑是美的、好的。线条美，衣褶美，古意太多了些，但

---

1 Joseph Garraud（1807—1880），法国雕塑家。
2 Auguste-Hyacinthe de Bay（1804—1865），法国雕塑家。
3 Charles Cumberworth（1811—1852），法国雕塑家。

西玛尔[1]

却吸收得更多,如同

佛思维尔-杜维特[2]

显然是有才能的,却把《珀里木尼》记得过于牢固。

米 勒[3]

做了一尊美丽的酒神女祭司,很有动感;不过人们是否太熟悉了,我们是否常常看见这个主题?

当 唐[4]

做了些很好的胸像,高贵,但显然彼此相像,正如

克雷辛格[5]

把德内穆尔公爵和玛丽·德·M夫人的肖像搞得很优雅,很漂亮。

---

1 Pierre-Charles Simart(1806—1857),法国雕塑家。
2 Gédéon-Adolphe-Casimir de Forceville-Duvette(1799—1866),法国雕塑家。
3 Aimé Millet(1819—1891),法国雕塑家。
4 Jean-Pierre Dantan(1800—1869),法国雕塑家。
5 Jean-Baptiste-Auguste Clésinger(1814—1883),法国雕塑家。

卡玛尼[1]

做了一尊浪漫的考德丽亚的胸像，这种类型很独特，可以作肖像……

我们认为没有重大的遗漏。总之，本届沙龙和以前的历届沙龙一样，除了奥苏里埃先生的突然的、意外的、辉煌的到来，德拉克洛瓦和德康的几件很美的东西。此外，我们注意到，人人都画得越来越好，我们觉得这令人不快；而创造、思想、性情都不比从前多。没有人竖起耳朵对着明天会刮起的风；然而，现代生活的英雄气概却包围着我们，压迫着我们。我们的真实感觉窒息着我们，足以使我们认识它。史诗缺少的不是主题，也不是色彩。缺的是画家，真正的画家，善于从现时的生活攫取其史诗的一面、用色彩或素描让我们看见并理解系领带穿漆皮靴的我们是多么伟大、多么有诗意。但愿下一年那些真正的探索者带给我们庆祝新奇到来的欢乐！

---

[1] Hubert-Noël Camagni（1804-1849），法国雕塑家。

福音市场的古典美术馆

聪明的主意一千年才出现一个。让我们认为我们命中注定有幸1846年有了一个吧,因为1846年让热情而真诚地喜欢美术的人们享受到大卫的十幅画和安格尔的十一幅画。我们年年举行的吵闹的、刺眼的、强制的、拥挤的美术展不可能让人想到这一次,平静、温和、严肃得像一间办公室。除了我们刚才提到的两位杰出的画家外,您还能欣赏到盖兰[1]和吉罗代[2]的典雅的作品,他们是高傲而细腻的大师,大卫的自豪的继承者,还有属于所谓的古典派的骄傲的契马布埃[3],还有普吕东的迷人的作品,他是安德烈·谢尼埃的浪漫派兄弟。

---

1 Pierre Guérin(1774-1833),法国画家。
2 Anne-Louis Girodet(1767-1824),法国画家。
3 Giovanni Cimabue(1240-1302),意大利画家。

在向我们的读者提出一份目录和对主要作品做出评价之前，让我们确认一个事实，这个事实相当有趣，足可供读者进行一番令人伤心的思考。这次展览是为了艺术家协会的救济基金而举办的，就是说，为了某一类穷人，他们是最高贵、最值得称赞的人，因为他们为全社会最高尚的快乐而工作。其他的穷人立刻就剥夺了他们的权利。给他们一份一次付清的津贴是没有什么用的；我们那些表面上羸弱的乞丐很狡猾，像内行人似的推想这次展览好极了，于是就索要按比例分成的权利。难道不是到了提防着点儿这种笨拙的人类疯狂的时候了吗？我们也是穷人，而这种疯狂每日都在制造穷人的受害者。仁慈无疑是一种美好的东西，然而它难道不能在实施其恩德的时候不允许在劳动者的钱袋里进行可怕的洗劫吗？

有一天，一位穷得没饭吃的音乐家开了一次简朴的音乐会；一些穷人一拥而上；事情颇蹊跷，一份一次付清的津贴，二百法郎；穷人们一哄而散，翅膀上载满了战利品；音乐会赚了五十法郎，难道饥饿的小提琴手要去圣迹区哀求一个装作癫痫的乞丐的位置吗？我们报道事实，读者，思考就归您了。

传统的展览首先只是成功地在我们的年轻艺术家中引起一阵哄笑。那些自以为是的先生们，我们不想说出他们的名字，他们在艺术上相当好地代表了诗歌上的假浪漫派的信徒们，不能理解革命绘画提供的严重教训，这种绘画自愿地放弃了不健康的调味品和魅力,主要靠思想和灵魂生存,像它从中产生的革命那样苦涩和专横。我们这些拙劣的画家太机灵,太会画,升不了这么高。色彩使他们盲目,他们不能向后看见和跟上浪漫主义的严峻血统,而浪漫主义正是现代社会的表现。让这些年轻的老人笑吧,闲逛吧,我们可要谈谈我们的大师了。

大卫的十件作品中,主要的是《马拉》、《苏格拉底之死》、《波拿巴在圣贝尔纳山上》、《特雷马克和厄沙里》。

神圣的马拉,一只胳膊垂在浴缸外,软绵绵地拿着最后的笔,胸口上留下了渎圣的伤口,吐出了最后一口气。在他前面的绿色桌子上,他的手里还拿着那封忘恩负义的信:"公民,我很不幸,这足以使我得到您的眷顾。"浴缸里的水被血染红,纸上也满是血;地上是一把沾满了血的大菜刀;在这位不知疲倦的记者的工作台那破旧的支撑板上,人们可以读到:"给马拉。大卫。"这些细节都是历史上真实发生过的,仿佛一部巴尔扎克的小说;悲剧就在眼前,栩栩如生,浸透了令人悲哀的恐怖,奇特的大手笔使这幅画成了大卫的杰作,现代艺术的卓越珍品之一,绝无庸俗低级之处。这首罕见的诗中更为令人惊奇的是,这幅画画得极为迅速,当人们想到素描的美的时候,其中是有一种令精神震撼的东西的。这乃是强者的食粮和唯灵论的胜利;这幅画像自然一样残酷,却有着理想的全部芳香。那种死神用翼尖扫去的丑陋安在?马拉从此可以向阿波罗挑战了,死神刚刚用充满爱意的嘴唇吻过他,他安息在平静的变形之中了。在这件作品中有一种既温柔又痛苦的东西:在这个房间的冰冷的空气中,在冰冷的墙上,在这冰冷而又阴森的浴缸周围,有一个灵魂在盘旋。你们,各党派的政治家们,还有你们,1845年愤怒的自由党人,你们允许我们在大卫的杰作面前生出怜悯之情吗?这件作品是献给流泪的祖国的礼物,而且我们的眼泪并不危险。

与这幅画对应的是挂在国民公会大厅里的《勒泊勒提埃·圣法尔若之死》。这幅画神秘地失踪了;据说国民公会议员的亲属向大卫的继承人支付了四万法郎;我们不再多说了,免得侮辱了应该视为无辜的那些人[1]。

《苏格拉底之死》的奇妙构图尽人皆知,不过它的画面有些一般,让人想到大杜瓦尔·勒卡缪。愿大卫的在天之灵饶恕我们!

《波拿巴在圣贝尔纳山上》也许是法国拥有的唯一将波拿巴表现得既诗意又崇高的一幅画,此外还有格罗[2]的《艾洛战役》。

《特雷马克和厄沙里》作于比利时,正当大师流亡的时候。这是一幅迷人的画,如同《海伦和帕里斯》,像是眼红

---

[1] 这幅画也许比《马拉》更为惊人。勒泊勒提埃·圣法尔若躺在一张垫子上。上面,有一柄神秘的剑自棚顶垂下,斜着威胁着他的头。剑上写着:巴里斯,卫兵。——原注

[2] Antoine Gros(1771-1835),法国画家。

盖兰的那些细腻而充满梦幻的画似的。

这两个人物中,特雷马克最为迷人。可以设想,画家画他的时候用的是女模特。

代表盖兰的是两幅草图,其中一幅题为《普里阿摩斯之死》,是一件绝妙的东西。人们在那里面再次发现了《忒修斯和依波里特》的作者的全部富于戏剧色彩、近乎虚幻的品质。

盖兰肯定是一直关注情节的。

这幅草图是根据维吉尔的诗句画的。人们看到了卡桑德拉,双手被捆着,从密涅瓦神庙里被拖出来,而残忍的皮吕斯用马拖着老态龙钟的普里阿摩斯,在祭坛前将他掐死。为什么人们把这幅草图严密地藏了起来?科尼埃先生是这次活动的组织者之一,难道他对他这可敬的老师心存怨恨吗?

吉罗代的《依波克拉特拒绝阿尔塔克塞斯的礼物》被从医学院拿来,让人欣赏它卓越的布局、制作的完美和充满灵气的细节。奇怪的是,这幅画里有一些特殊的品质和许多的意图,都让人想到罗贝尔·弗勒里先生在另一种制作体系里面的很好的一些画。我们原本想在福音市场的美展上看到吉罗代的一些能够表现其才能的本质上诗意的一面的画作(例如《恩底弥翁》和《阿达拉》)。吉罗代表达了阿那克里翁,他的画笔总是在最为文学的泉水中蘸过。

杰拉尔男爵[1]在艺术上和在他的沙龙里一样，是一个想取悦于所有人的东道主，而这种阿谀奉承的折中主义毁了他。大卫、盖兰和吉罗代留了下来，成为这个伟大的流派不可动摇的、无懈可击的残留，而杰拉尔只留下了一个可爱、才智横溢的名声。此外，是他宣布了欧仁·德拉克洛瓦的到来，他说："一位画家诞生了！这是一个在屋顶上奔跑的人。"

格罗和席里柯[2]没有前辈的细腻、精致、至上的理性或严峻的粗粝，却是两个性情宽宏的人。这里有一幅格罗的草图，《李尔王和他的女儿们》，画面动人，而且很奇特；出自一种美丽的想象力。

可爱的普吕东来了，有些人已经敢于喜欢他胜过科莱齐了；普吕东，这个惊人的混合物，普吕东，这个诗人和画家，竟在大卫的画前梦想着色彩！这种肥胖的素描，隐蔽，阴险，蛇行在色彩之下，理所当然地让人感到惊奇，尤其是考虑到时代。长期以来，艺术家们的灵魂已不够坚强，不能品味大卫和吉罗代的苦涩的快乐。普吕东的令人感到舒服的奉承就成了一种准备。我们尤其注意到一幅小画，《维纳斯和阿多尼斯》，它肯定会让迪亚兹先生想一想的。

安格尔先生在一间专门的厅里自豪地展出了十一幅油画，即他的一生，或者至少每个时代的样品，总之是他的天

1　François Gérard（1770-1837），法国画家。
2　Théodore Géricault（1791-1824），法国画家。

才的全部起源。安格尔先生长久以来就拒绝在沙龙展出，而据我们看，他做得对。他的令人赞叹的才能在这一片混乱中总是多多少少要栽跟头，因为观众被吵得头昏脑胀、疲惫不堪，受到喊得声音最高的人的摆布。德拉克洛瓦先生得有超人的勇气才能年年面对那么多的污泥浊水的喷溅。至于安格尔先生，即便没有同样大的胆量，也有同样大的耐心，他安坐在帐篷里等待着机会。机会来了，他利用得极为漂亮。我们没有足够的篇幅，也许还没有足够的语言，不能恰当地赞美会使普桑感到惊奇的《斯特拉托尼斯》，会使拉斐尔感到痛苦的《大宫女》，不曾见于古代艺术的美妙而怪异的幻想《宫女》，以及贝尔丹先生、莫雷先生[1]、德·奥松维尔夫人的肖像，这是些真正的肖像，即个人的理想的再造；只是我们认为有必要再次指出某个圈子里流行的关于安格尔先生的偏见，这个圈子里耳朵比眼睛更有记性。他们众口一词地说安格尔先生的画暗淡无神。愚蠢的人们，睁开你们的眼睛吧，你们说，你们可曾见过更明亮、更鲜艳的画？你们可曾见过对色调更深入的探索？在第二幅宫女图中，这种探索是非常深入的，尽管色调繁复，却都具有一种特殊的优雅。他们还认定安格尔先生是一位笨拙的大素描家，不懂得浓淡远近，他的画平得像中国的镶嵌画；对此我们无话可说，除非是把《斯特拉托尼斯》和《塔马尔》相比，在前者，明亮的

---

[1] Louis Molé（1781-1855），法国政治家。

色调和效果非常复杂，但并不妨碍和谐，而在后者，奥·维尔奈先生则是解决了一个难以置信的问题：画了一幅既刺眼又昏暗纷乱的画！我们从未见过如此乱糟糟的东西。据我们看，有一件事情使安格尔先生的才能尤为与众不同，那就是对女人的爱。他的放荡是严肃的，充满了信念。安格尔先生最幸福、最有力之时，乃是他的天才与一个年轻的美女的魅力搏斗之际。肌肉，肉体的褶皱，身上的小窝的阴影，皮肤的高高低低的曲线，无一不有。库忒拉岛如果向安格尔先生订一幅画，这幅画肯定不会像华托的那幅那样嬉闹欢笑，而是像古代的爱情那样强壮而富有营养。[1]

我们很高兴又看到了德拉罗什先生的三幅小画，《黎世留》《马扎兰》和《德·吉兹公爵被刺》。这是中等的才能和良好趣味上的迷人画作。可为什么德拉罗什先生偏偏癖好大画呢？唉，还是小的好：一桶水里的一滴油。

科尼埃先生在大厅里占了最好的位置；他挂上了他的《丁托列托》。阿里·谢佛尔先生是个有着杰出才能的人，或者更是一个有着丰富的想象力的人，不过他的手法变化太多，竟找不到一个好的；一个多愁善感的诗人弄坏了画。

我们没有看到德拉克洛瓦先生的画，我们认为这就更有理由谈谈他了。我们有一颗正直的心，我们天真地以为，

---

[1] 在安格尔先生的素描中，追求一种特殊的趣味，极端的精细，这也许来自一些特殊的方法。例如，使我们惊讶的是，他竟然用一个黑种女人在《宫女》中更有力地突出某些展开、某些细长的部分。——原注

如果展览监察员先生们没有把新流派的首领领到这次艺术盛会上来，是因为他们由于不知道把他和他所由出的革命流派联系在一起的那种神秘的亲缘关系，从而想使他们的作品具有一种统一性和一致的面貌；我们认为这一点如果不是值得称赞的，至少也是可以原谅的。然而并非如此。没有德拉克洛瓦，因为德拉克洛瓦先生不是画家，而是记者；至少我们的一位朋友前去要求对此稍加解释，他们是这样回答他的。我们不想说出这番妙语的作者的名字，而且这些先生竟然用一大堆针对我们大画家的不适当的玩笑来支持和加强这种妙语。这里面更多的东西是让人哭，而不是让人笑。科尼埃先生把他的杰出的老师掩藏得实在是好，难道他又害怕支持他的杰出的同学吗？杜布夫先生会做得好些。如果这些先生们不是同时恶毒、嫉妒的话，他们还是可以因其软弱而很受人尊敬的。

我们多次听见一些年轻的艺术家抱怨资产者，把他们表现为一切高尚、美好东西的敌人。这里面有一种错误的观念，现在是指出来的时候了。有一种东西比资产者危险一千倍，那就是艺术家—资产者，他们被创造出来是为了插在公众和天才之间；他们使公众和天才谁也看不见谁。资产者很少有科学的概念，艺术家—资产者的高声大喊把他们往哪儿推，他们就往哪儿走。如果去掉艺术家—资产者，杂货商们就会把德拉克洛瓦先生倍加颂扬。杂货商是一种重要的人物，是应该尊敬的卓越的人，homo bavae voluntatis[1]！绝不要嘲笑他们想走出自己的圈子，企望高层的区域，这些善良的人。他们愿意受到感动，他们想怎么喜欢就怎么感觉、认识和梦想；他们想做个完整的人；他们每天都向您要求他们那一份艺术和诗，而您却把它偷走了。他们把科尼埃的画吃进去，这证明了他们的善意是无边无际的。给他们上一件杰作吧，他们会消化的，并会变得更健康！

---

[1] 拉丁文，受到尊敬的卓越的人。

1846年的沙龙*

给资产者

你们在数量上和智力上都是多数,因此,你们就是力量,这是理所当然的。

一些人是学者,另一些人是财富的所有者;美好的日子将会到来,那时学者成为财富的所有者,财富的所有者成为学者。你们的统治就将是全面的,无人提出异议。

在等待这极度的和谐的过程中,那些仅仅是财富的所有者的人们渴望成为学者,这是无可非议的,因为学问带来的快乐并不比财富带来的快乐小。

你们治理着城市,这是公正的,因为你们有力量;但是,你们必须能够感觉到美,因为正像今天你们当中谁也不

---

* 本文作为单行本于1846年出版。

能没有权势一样,任何人也不能够没有诗。

你们可以三日无面包,但绝不可能三日无诗,你们当中对此持相反意见的人错了,因为他们不了解自己。

精神贵族、褒贬的分配者和精神事物的垄断者对你们说,你们没有权利感觉和享受。他们是伪君子。

因为你们治理着一座城市,那里居住着世界的公众,所以你们必须无愧于你们的任务。

享受是一门学问,五种感官的运用需要特殊的启蒙,只能通过善意和需要来完成。

因此,你们需要艺术。

艺术是一种极其珍贵的财富,是一种使人凉爽、使人温暖的饮料,在理想之自然的平衡中恢复胃口和精神。

资产者啊——立法者们,或商人们,当七点或八点的钟声使你们疲倦了的头转向炉中的炭火和扶手椅的靠枕时,你们就想到了功利。

一种更强烈的欲望,一种更活跃的梦幻,这时将为你们解除日间活动的疲劳。

但是,那些垄断者却想使你们远离学问的果实,因为学问是他们唯恐失去的银行和店铺。如果你们否认制作艺术品或懂得制作方式是一种力量,他们就会肯定一个事实,而你们并不感到受了侮辱,因为公共事务和商业活动占去了你们每日四分之三的时间。至于余暇时间,应该用于享受和快感。

但是，垄断者们禁止你们享受，因为你们并不像了解法律和商业那样了解艺术的技巧。

然而，如果你们的时间有三分之二用于学问，那么三分之一被感情占据也是公正的，而你们只应通过感情来理解艺术，这样，你们的灵魂之力的平衡就将建立起来。

真理虽然是复杂的，却不是两重的，由于你们已经在你们的政治中扩大了权利和善行，你们就在艺术中确立了更大更多的一致性。

资产者们——国王、立法者或商人，你们建立了图书馆、博物馆、画廊。有些在十六年前只向垄断者开放，现在已向群众敞开了大门。

为了在各种形式上，政治的、工业的和艺术的形式上，实现关于未来的设想，你们联合了起来，建立了公司，进行了借贷。你们从未在任何高尚的事业上让抗议的、痛苦的少数占先，他们是艺术的天然的敌人。

因为在艺术上和政治上让人超过，就是自杀，而多数是不能自杀的。

你们为法国做过的，你们也为其他国家做了。西班牙美术馆[1]增加了你们对于艺术应该具有的一般观念的分量，因为你们清楚地知道，正如一个本国的美术馆是一个团体，其潜移默化的影响使心灵受到感化，使意志变得顺从，而一个外

---

[1] 当时卢浮宫内辟有专馆，藏有大量西班牙绘画。

国的美术馆则是一个国际性的团体，两个民族可以更为方便地互相观察和研究，从而相互了解，友好相处而不生争执。

你们是艺术的天然的朋友，因为你们由富有者和博学者组成。

当你们把你们的学问、你们的工业、你们的辛劳和你们的金钱给予社会的时候，你们就要求在肉体、理性和想象力的享受方面给你们报酬。如果你们得到了为恢复你们本身所有部分的平衡所必需的足够数量的享受，你们就会是幸福的、满足的、仁慈的，正如社会找到了它的普遍的绝对的平衡，它就会是幸福的、满足的、仁慈的一样。

因此，资产者们，本书自然是献给你们的，因为任何一本书，如果不对拥有数量和智力的大多数人说话，都是一本愚蠢的书。

1846年5月1日

一　批评有什么用

有什么用？当批评刚想迈出第一步时，这巨大而可怕的问号就一把揪住了它的领子。

艺术家首先指责批评不能教给资产者任何东西，它既不愿描绘，也不愿谐韵，甚至也不能教给艺术任何东西，因为它出自艺术的内部。

然而，现在有多少艺术家的可怜的名声是完全得力于批评的呀！或许对它的真正指责正在于此。

你们见过加瓦尔尼[1]的一幅画，画的是一位画家正俯身在画布上，身后有一位先生，庄重、干瘪、僵硬，系着白领带，手里拿着他的最近一篇专栏文章。"如果艺术是高贵的，批评就是神圣的。""这是谁说的？""批评！"如果艺术家如此容易地扮演了好角色，那是因为批评家肯定是一位很普通的批评家。

在作品本身的方式方法上[2]，公众和艺术家都没有什么可学的。这些东西是在画室里学的，而公众则只关心结果。

我真诚地相信，最好的批评是那种既有趣又有诗意的批评，而不是那种冷冰冰的代数式的批评，以解释一切为名，既没有恨，也没有爱，故意把所有感情的流露都剥夺净尽。一幅好的画是通过某一艺术家所反映的自然，因此，最好的批评就是一个富于智力和敏于感觉的心灵所反映出来的这幅画。因此，对于一幅画的评述不妨是一首十四行诗或一首哀歌。

但是，这种类型的批评是针对诗集和诗歌读者的。至于就本义而言的批评，我希望哲学家们明白我的意思：公正的批评，有其存在理由的批评，应该是有所偏袒的、富于激情的、带有政治性的，也就是说，这种批评是根据一种排他性

---

[1] Paul Gavarni（1801 或 1804-1866），法国漫画家。
[2] 我知道现今的批评有别的抱负；因此，它总是劝告色彩家画素描，劝告素描家画色彩画。这是一种很合理很卓越的趣味！——原注

的观点做出的，而这种观点又能打开最广阔的视野。

颂扬线条而损害色彩，或颂扬色彩而牺牲线条，这肯定是一种观点，然而这既不很开阔也不很公正，这暴露出对每个人的特殊情况的巨大的无知。

你们不知道自然在每个人身上是以怎样的比例融合了对于线条的爱好和对于色彩的爱好，以及它是通过怎样的神秘方式进行了这种融合，其结果是一幅画。

因此，更开阔的观点是恰如其分的个性，即：艺术家必须具有一种真率的品质，并借助于他那一行所提供给他的一切方法来真诚地表现他的性情。模仿者，尤其是折中派，已经使我们够了，谁没有性情，谁就不配作画，应该去给有性情的画家打下手。我将在最后的某一章中对此加以说明[1]。

这样，批评家就有了一个确定的标准，取诸自然的标准，他应该满腔热情地完成他的任务，因为批评家也还是人，而热情会使类似的性情接近，将理性提到新的高度。

斯丹达尔在某个地方说过："绘画不过是构建的道德而已！"如果你们对"道德"一词给予一种多少自由一些的理解，那么可以说，所有的艺术都可作如是观。由于所有的艺术总是通过每个人的感情、热情和梦想而得到表现的美，也就是同一之中的差异，或绝对的不同面相，所以，批评时刻

---

[1] 关于恰如其分的个性，请看《1845年的沙龙》中有关威廉·奥苏里埃一章。尽管我为此受到种种指责，我一直坚持我的感情；但是，应该理解文章的意思。——原注

都触及形而上学[1]。

每个时代和每个民族都拥有自己的美和道德的表现，如果人们愿意把浪漫主义理解为美的最新近、最现代的表现，那么，在理智而热情的批评家看来，伟大的艺术家就是那种将真率——最大可能的浪漫主义——与上述条件结合在一起的艺术家。

二　什么是浪漫主义

今天很少有人愿意赋予这个词以一种实在的、积极的意义，不过他们敢说一代人同意进行好几年的论战是为了一面没有象征意义的旗帜吗？

我们回忆一下近年的混乱就不难看到，假如留下的浪漫主义者为数不多，那是因为他们中间很少有人找到了浪漫主义，但是他们都曾真心实意老老实实地找过。

有些人只在选择题材上下功夫，但他们并没有与他们的题材相合的性情。有些人还相信天主教社会，试图在作品中反映天主教教义。自称浪漫主义者，又系统地回顾过去，这是自相矛盾。这些人以浪漫主义的名义，亵渎希腊人和罗马人，不过，当我们自己成了浪漫主义者的时候，是可以使希腊人和罗马人成为浪漫主义者的。艺术中的真实和地方色彩

1　近似于今日所谓广义的哲学。

使另外许多人迷失方向。在这场大论战之前，现实主义早就存在了，再说，为拉乌尔·洛谢特[1]先生写一出悲剧或画一幅画，等于甘冒任人否认的危险，假如此人比拉乌尔·洛谢特先生更为博学的话。

浪漫主义恰恰既不在题材的选择，也不在准确的真实，而在感受的方式。

他们在外部寻找它，而它只有在内部才有可能被找到。

在我看来，浪漫主义是美的最新近、最现时的表现。

有多少种追求幸福的习惯方式，就有多少种美。

这一点，有关进步的哲学已经解释清楚了；因此，正如有多少种理想，民族就有多少种理解道德、爱情、宗教等等的方式一样，浪漫主义并不存在于完美的技巧中，而存在于和时代道德相似的观念中。

正因为有人把它归入技艺的完善之中，我们才有了浪漫主义的洛可可[2]，这确实是世上最难忍受的东西。

所以，首先必须认清自然的面貌和人的处境，过去的艺术家对此不是不屑一顾就是一无所知。

谁说浪漫主义，谁就是说现代艺术，即各种艺术所包含的一切手段表现出来的亲切、灵性、色彩和对无限的向往。

据此，浪漫主义和它的主要宗派的作品之间，存在着明

---

1 Raoul Rochette（1789-1854），法国考古学家。
2 一种纤细、轻巧、华丽、繁琐的艺术风格。

显的矛盾。

色彩在现代艺术中扮演着一个很重要的角色，这有什么可奇怪的呢？浪漫主义是北方的儿子，而北方是个色彩家；梦幻和仙境是雾霭的孩子。英吉利，这愤怒的色彩家的祖国，弗朗德勒，这法兰西的一半，都笼罩在一片雾中；就是威尼斯，也浸泡在一片潟湖之中。至于西班牙画家，他们与其说是色彩的，不如说是对比的。

相反，南方是自然主义的，那里的自然是如此美丽和明亮，人心满意足，创造不出什么比他之所见更美的东西。这里，艺术是露天的，几百里之外；画室中深沉的梦幻和幻想的目光就被淹没在灰色的天际。

南方像一个进行最精细的制作的雕塑家，是鲁莽而讲究实际的；痛苦不安的北方在想象中得到慰藉，如果它做雕塑的话，其雕塑更多是优美的，而非古典的。

拉斐尔，不管他多么纯粹，也只不过是个不断地追求实在的世俗的人；但伦勃朗的下等人却是个强有力的理想主义者，令人想入非非、思接冥冥。前者画出了处在崭新的、原初的状态中的人，如亚当和夏娃；而后者却使褴褛的衣衫在我们眼前晃动，向我们讲述着人类的痛苦。

然而，伦勃朗不是一个纯粹的色彩家，而是一个和声学家。如果一位强有力的色彩家用一种适合主题的色彩表达我们的感情和梦想，那么效果将是何等的新，而浪漫主义将是何等的值得崇拜啊！

在考察浪漫主义迄今为止最当之无愧的代表之前，我想写下一些有关色彩的思考，这对于完整地理解本书并不是没有用处的。

三　论色彩

让我们想象大自然中一个美丽的地方，一切都自由自在地呈现出绿色和红色，尘埃浮动，绚丽多彩。各种东西，根据其分子结构被染上了不同的颜色，随着明暗的移动而变化，因热质的内部作用而骚动，都处于不断的震颤之中，这种震颤使线条变动不居，充分体现出永恒的、普遍的运动法则。广袤无垠的一片，有时是蓝色的，经常是绿色的，一直伸展到天际，这是大海。树是绿的，草地是绿的，苔藓是绿的；绿色在树干上蜿蜒，不成熟的茎是绿的；绿色是大自然的基调，因为绿色容易和其他色调配合。首先使我感到惊奇的是，到处都是红色在歌唱绿色的光荣，例如草地上有虞美人、罂粟、鹦鹉等等。当有黑色的时候，这黑色也是孤零零的、无足轻重的，需要请求蓝色或红色的帮助。蓝色，即天空，被切割成轻盈的白色碎片或灰色的大块，巧妙地冲淡了它的阴郁的生硬，仿佛因时而生的雾气，如冬季或夏季，笼罩万物，使其轮廓变得柔和或模糊，大自然像是一个陀螺，转得越来越快，看起来是灰色的，尽管它集中了所有的色彩[1]。

活力上升，它本质上是一种混合，也就以混合的色调茁壮生长。树、悬崖、花岗岩倒映在水中，并在其中留下了它们的映象。一切透明的东西都能抓住或近或远的过往的光与色。随着太阳的移动，色调发生明暗浓淡的变化，但是它们永远尊重它们的天然的同情和仇恨，继续通过相互的让步而生活在和谐之中。阴影缓缓移动，驱赶着色调或使之消失，而亮光也在移动，又使之再度鸣响。这些色调互相反射出它们的映象，通过涂上透明的、外来的素质来改变原有的素质，同时也就无限地增加了它们的富于旋律性的结合，并使这种结合变得容易。当大火炉降入水中时，红色的号声从四面八方响起，一种血红的和谐出现在天际，而绿色被染得通红，绚烂无比。然而很快，巨大的蓝色的阴影有节奏地追逐着那一片仿佛是光亮之遥远而微弱的回声的橙色和粉红色的色调。这一阕白昼的宏伟的交响乐，它是昨日的交响乐的永恒的变奏，这种旋律的更替，其变化永远来自于无限，这一曲繁复的颂歌，就叫作色彩。

在色彩中有和声、旋律和对位。

如果要在一个规模不大的东西上详尽地考察细节的话，例如一个有些多血质、瘦削、皮肤很细腻的女人的手，人们

---

[1] 它所由产生的颜色除外，即黄色和蓝色；不过我这里说的仅仅是纯色调。因为这条规则不适用于卓越的色彩画家，他们精通对位的学问。——原注

将会看到，在纵横其上的大血管的绿色和接合处的鲜红色调之间有一种完美的和声，粉红色的手指在具有某种灰色和褐色色调的第一节手指节上显得突出。至于手掌，生命纹更具有粉红色和红葡萄酒色，彼此间被一些穿越其间的绿色或蓝色的血管分开。用放大镜对同一件东西进行研究，将会在任何一块无论多么小的地方上提供一种灰色、蓝色、褐色、绿色、橙色和因些许的黄色而变暖的白色诸色调的完美的和声；这种和声在阴影的配合下，就产生了色彩家的突出部分，它在本质上是有别于素描家的突出部分的，后者的困难降而为差不多是临摹一个石膏像。

因此，色彩就是两种色调的协调。全部理论存在于暖调和冷调的对立之中，而暖调和冷调的确定并不是绝对的，它们的存在只是相对的。

放大镜，这是色彩家的眼睛。

我不想由此得出结论：一个色彩家应该细致地研究在一个很有限的空间中混合在一起的色调。因为如果承认每个分子都具有一种特殊的色调，那么物质就应该是无限可分的；况且，艺术不过是细节对整体的抽象和牺牲，因此重要的是首先关心主体部分。但是，可能的话，我打算证明的是，合乎逻辑地叠合在一起的色调无论多么繁多，都会在支配它们的规律的作用下自然地融合。

其原因在于化学的亲和力。因此，自然在安排色调方面是不可能搞错的，对它来说，形式和色彩是合而为一的。

真正的色彩家也是不可能搞错的，他可以为所欲为，因为他生来就知道色调的系列、各种色调的力量、混合的结果以及对位的全部技巧，因此，他可以调和二十种不同的红色。

这是千真万确的，假使一个反对色彩协调的有产者敢于以一种荒谬的方式和不协调的色彩重新给他的庄园上色的话，那一重浓厚、透明的气氛和委罗内塞的内行的眼睛也能使一切恢复原状，并在一块画布上画出令人满意的协调的整体，这一整体肯定是传统的，但合乎逻辑。

这就解释了一个色彩家何以能够在表现色彩的方式上是不合常情的，以及对自然的研究何以常常导致一种与自然完全不同的结果。

距离在色彩理论中所起的作用是如此之大，以至于一个风景画家若把树叶按照他之所见着色，他将得到一种错误的色调；因为观者与画之间的距离远远小于观者与自然之间的距离。

假象经常是必要的，甚至为了达到逼真也是如此。

和谐是色彩理论的基础。

旋律是色彩或一般色彩中的单位。

旋律需要有结尾，这是一个整体，各种效果都是为了达到总效果。

这样，旋律就给人留下了深刻的回忆。

我们的大部分年轻的色彩家都缺乏旋律。

要知道一幅画是否富有旋律感，有一个正确的方式，那就是站在相当远的地方看它，既不管主题，也不管线条。如果它有旋律，它就已经有了一种意义，它就已经在回忆的宝库中有了它的位置。

在色彩中，风格和感情来自选择，而选择来自性情。

有的色调既欢快又顽皮，有的既顽皮又忧郁，有的既丰富又欢快，有的既丰富又忧郁，有的则既寻常又独特。

因此，委罗内塞的色彩是平静而欢快的，德拉克洛瓦的色彩常常是悲哀的，凯特林[1]先生的色彩则常常是可怕的。

有很长一段时间，我的窗前有一个一半刷成强烈的绿色、一半刷成强烈的红色的小酒馆，这使我的眼睛感到一种美妙的痛苦。

我不知道是否某个类推论者已经牢固地建立起色彩和感情的完整的系列，但是我想起了霍夫曼的一段话，这段话圆满地表达了我的思想，并使一切真诚热爱自然的人们感到高兴："不仅仅在梦中，在睡眠之前的轻微的幻觉中，而且也在醒着的时候，当我听见音乐的时候，我就发现颜色、声音和香味之间有一种类比性和隐秘的融合。我觉得所有这些东西都产生于同一条光线，它们应该汇聚在一种美妙的合奏之中。褐色和红色的金盏花的气味尤其对我有一种神奇的效果，它使我陷入深深的梦幻之中，于是我就仿佛听见了远处

1　George Catlin（1796-1872），美国画家。

有双簧管庄严而深沉的声音。"

人们常常问，一个人能否同时是大色彩家和大素描家。

也能，也不能；因为有不同类型的素描。

一个纯粹的素描家的素质首先在于精细，这种精细是排斥笔触的；不过是有一些巧妙的笔触的，但是以用色彩来表现自然为己任的色彩家在取消巧妙的笔触时常常要比寻求一种更朴素无华的素描时损失更多。

色彩肯定不排斥卓越的素描，例如委罗内塞的素描，它是从全局和主体部分着眼来进行的；不过，那仍然是细节的外形，小件东西的轮廓，笔触总是要吃掉线条。

对距离的喜爱和对运动着的题材的选择需要运用飘动的、隐没的线条。

专门的素描家根据一种相反然而类似的方式行事。他们全神贯注地在最隐秘的波动中跟随和捕捉线条，没有时间观察距离和光亮，即它们的效果，甚至对此竭力视而不见，以免损害他们那一派的原则。

因此，一个人可以同时是色彩家和素描家，不过这只是从某种意义上来说的。一个素描家可以在主体上是个色彩家，同样，一个色彩家可以在线条总体的完整的逻辑上是个素描家，但是，这些素质中的一种总是要吃掉另一种的细节。

色彩家像自然一样画素描，所画的形象自然而然地由色块之间的和谐的斗争来界限。

纯粹的素描家是哲学家和提炼精华的术士。

色彩家是史诗诗人。

四 欧仁·德拉克洛瓦

浪漫主义和色彩把我直接引向欧仁·德拉克洛瓦。我不知道他是否对于他的浪漫派的身份感到自豪，但他的位置是在这里，因为大部分公众，甚至从他的第一幅作品起，早就把他当作现代派的领袖了。

写到这一部分的时候，我的心中充满了一种宁静的快乐，我有意地选用了最新的笔尖，我多么想写得明白清晰，着手这个我最珍贵最喜欢的主题，我感到多么惬意啊！为了让人正确地理解本章的结论，我必须稍稍回溯一下这个时期的历史，把已经被先前的批评家和历史学家引述过的但对于全面论证仍然是必要的几段批评文字再度置于公众的眼前。总之，欧仁·德拉克洛瓦的无条件的崇拜者们是不会不怀着强烈的乐趣重读1822年《宪政报》的一篇文章的，这篇文章出自新闻记者梯也尔[1]先生之手。

> 我认为，没有一幅画能像德拉克洛瓦先生的《但丁和维吉尔游地狱》那样清楚地显露出一位大画家的前

---

[1] Adolphe Thiers（1797-1877），法国政治家、记者。

途。人们特别在这幅画中看到了天才的喷涌，看到了初生的优势所具有的冲劲，其余的作品过于一般的价值使人们有些失望了，但这股冲劲又带来了希望。

但丁和维吉尔在卡隆的引导下渡过地狱之河，艰难地冲开拥挤在渡船周围想上船的一大群人。但丁被想象成活人，脸上是一种青鳕鱼的可怕颜色。维吉尔头上戴着暗色的桂冠，脸上是死亡的颜色。那些不幸的人被判处把到达对岸作为永远的希望，他们紧随着渡船。一个人没有抓牢，因动作过快而翻倒，又沉入水中；另一个人抱住了船，用脚蹬开那些想像他一样抱住船的人；还有两个用牙咬住了一块木板，又滑脱了。这里有困境中的自私和地狱中的绝望。在一个如此邻近夸张的主题中，人们却发现了一种严格的趣味和某种局部的契合，后者突出了轮廓，对此，严厉的但未经深思熟虑的评判者们可能会指责其缺乏高雅。画法雄浑有力，色彩简洁刚劲，尽管略显强烈。

除了这种对画家和对作家都是一样的诗的想象力之外，作者还具有这种艺术的想象力，在某种意义上可以称之为素描的想象力，它和前一种想象力是截然不同的。他抛出形象，聚合之，随意驱遣之，大胆如米开朗琪罗，丰富如鲁本斯。看到这幅画，我不知道对于那些伟大的艺术家的一种什么样的回忆攫住了我；我又看到了这种野性的、热烈的，但是自然的力量，它毫不费力地被自己裹挟而去。

…………

我不相信我看错了，德拉克洛瓦先生是有天才的。让他坚定地前进吧，让他投身于巨大的工程吧，这是天才的不可缺少的条件。而应该给予他更多的信心的是，我关于他所表达的意见是这一派的一位大师的意见。

阿·梯也尔

这些热情的文字，因其不成熟和大胆，的确令人惊愕。如果报纸的主编自诩为绘画行家，这是可以推定的，他会觉得年轻的梯也尔是有些发疯的。

《但丁和维吉尔游地狱》这幅画在当时人们的思想中引起了深刻的骚动，惊讶、震惊、愤怒、欢呼、谩骂、热情和包围着这幅美丽的作品的放肆的哄笑，这是一场革命的真正的信号。为了对此有个明确的概念，应该记得，在盖兰先生（他是一个有很大价值的人，但像他的老师大卫一样专制而排外）的画室里，只有为数不多的几个被排斥和被蔑视的人在关注着遭到冷落的旧的大师们，敢于在拉斐尔和米开朗琪罗的庇护下腼腆地策划着什么。那时鲁本斯还谈不上。

盖兰先生对他的年轻的学生既粗暴又严厉，只是因为这幅画引起了议论，才去看了看。

席里柯刚从意大利归来，据说他面对米兰和佛罗伦萨的大壁画，放弃了他的好几种几乎是具有独创性的优点，他极力赞扬还很腼腆的新画家，弄得后者几乎不知如何是好。

画家杰拉尔似乎更是一个有才智的人，正是在这幅画前，或者稍后在《希奥岛的鼠疫患者》[1]面前，他喊道："一个画家诞生了！这是一个在屋顶上奔跑的人！"为了在屋顶上奔跑，应该有结实的脚和被内心的光明照亮的眼睛。

光荣和公正归于梯也尔先生和杰拉尔先生！

从《但丁和维吉尔游地狱》到为贵族院议员和国民议会议员作的室内画之间，距离显然是很大的，但是，欧仁·德拉克洛瓦的生平却是很少曲折的。对于这样一个人来说，天生有如此的勇气和激情，他的最有意思的斗争是针对自己进行的斗争。为了进行重要的战斗，战场并不需要广阔，革命和最有趣的事件在头盖骨底下进行，在大脑这狭窄而神秘的实验室里进行。

他理所当然地露出了头角，并且声誉日隆（寓意画《希腊》、《萨达纳帕尔王》、《自由》等等），新福音的传染愈演愈烈，倨傲的学院派也不得不对这位新的天才感到不安了。索斯岱纳·德·拉罗什福柯先生当时是美术学院的院长，有一天，他召见德拉克洛瓦先生。一阵恭维之后，他说他很难过，一个想象力如此丰富、才能如此卓越的人，政府很愿意给予好处的人，却不愿意在他的酒里掺点儿水。他最后问他

---

[1] 我用"鼠疫患者"一词取代了"大屠杀"，是为了向轻率的批评家们解释经常受到指责的肉体的色调。——原注

能否改变一下画法。欧仁·德拉克洛瓦对这种奇特的条件和这些官方的建议感到非常惊讶,就带着一种几乎是滑稽的愤怒回答说,显然,如果他这样画,那是因为应该这样画,他不能用别的方式画。他彻底地失宠了,七年间什么工作也没有,这种状况到1830年梯也尔先生在《地球》上又写了一篇很华丽的文章才结束。

摩洛哥之行似乎在他的思想上留下了深刻的印象。在那里,他可以在独立而富有天趣的举止中研究男人和女人,并通过一个血统纯粹、健康、筋肉自由发育的种族的面貌理解古代的美。《阿尔及尔女人》和一大批画稿大概画于这个时期。

直到现在,人们对待欧仁·德拉克洛瓦还是不公正的。批评对他是尖刻而无知的;除了几个罕见的例外,赞扬也常常使他觉得刺耳。对大多数人来说,提到欧仁·德拉克洛瓦,就等于在他们的思想中投入某些有关乱冲乱撞的激情、好动爱闹、盲目的灵感、杂乱无章等无以名之的模糊概念;而对于组成公众的多数的那些先生们来说,偶然这个天才的正直而殷勤的仆人是在他最成功的作品中起着重要作用的。在那个我刚才谈到的并记述了许多误解的不幸的革命时代里,人们常常把欧仁·德拉克洛瓦比作维克多·雨果。既然有浪漫派诗人,就得有浪漫派画家。这种非要在不同的艺术中找出对应物和相似物的做法常常带来很奇怪的错误,这也证明了人们之间的理解是何等的少。肯定,欧仁·德拉克洛瓦会对这种比较感到难受的,也许两人有同感,因为根据我对浪漫主义所下的定义(亲切、灵性等等),如果将德拉克洛瓦置于浪漫主义之首,那就自然而然地将维克多·雨果先生排除在外。平行存在于俗见的平凡领域之中,而这两种成见还困扰着许多智力贫弱的头脑。应该一劳永逸地和这些咬文嚼字的蠢话一刀两断。我请求一切感到需要为自己建立某种美学并从结果中推断出原因的人们仔细地比较这两位艺术家的作品。

我当然不想贬低维克多·雨果先生的崇高与威严,但他作为一个创造者来说,其灵巧远胜于创造,他在很大程度上是个循规蹈矩的匠人,而非创造者。德拉克洛瓦有时是笨拙的,但他本质上是个创造者。维克多·雨果先生在他全部的抒情和戏剧的画面中让人看到的是一整套排列整齐的直线和匀称划一的对照。在他那里,怪诞本身也具有对称的形式。他彻底地掌握和运用着韵脚的所有色调、对比的一切表达能力和同位语的各种花招。这是一位没落的或过渡的撰写者,他使用工具之巧妙的确令人赞叹称奇。雨果先生是生就的学士院院士,如果我们还在童话时代,我完全相信,当他走过愤怒的圣地前面的时候,学士院的绿狮子会常常对他低声预言道:"你将进入学士院!"

对德拉克洛瓦来说,公正姗姗来迟。他的作品是诗篇,天真地构思而成的伟大的诗篇,以一种天才惯有的放肆写了出来。在他的最初的作品中,没有什么可供猜测的,因为他那么喜欢表现他的灵巧，他不放过一根草、一个路灯的反射。他的第二阶段的作品为最变动不居的想象打开了一条通衢大道。让我们说得更准确些，初期的作品透着某种安详，某种旁观者的自私，这使得他的诗意之上飘荡着一种说不出的冷静和节制；第二阶段的执着而暴躁的热情在与职业的耐心进行的搏斗中，并不总能使他保持这种冷静和节制。一个是从细节开始，另一个是从对主题的深刻的理解开始，因此，一个只抓住了皮毛，而另一个则掏出了内脏。过于具体，过于注意自然的表面，维克多·雨果成了诗中的画家；而德拉克洛瓦始终尊重自己的理想，常常不自知地成为绘画中的诗人。

至于第二个成见，即关于偶然的成见，并不比第一个更有价值。跟一个学识渊博、思想丰富如德拉克洛瓦的伟大艺术家谈论他可能受过偶然之神的恩惠，再没有比这更无礼更愚蠢的了，这充其量只能使人出于怜悯而耸一耸肩膀。在艺术中没有偶然，正如在机械上一样。一种东西被巧妙地发现了，这只不过是正确的推理的结果而已，只是人们有时候越过了其间的推论过程，正如错误是错误的原则的结果一样。一幅画就是一架机器，对于有经验的眼睛来说，其任何系统都是可以理解的。如果是一幅好画，其任何成分都有它存在的理由，其中任何一种色调都使另一种色调显出价值。而为了不牺牲某种更重要的东西，一个偶然的素描错误有时候也是必要的。

在德拉克洛瓦的绘画中，偶然的这种作用是似是而非的，这尤其是因为他是那种从真正的源泉中汲取过营养之后仍然保持了独创性的少数几个人中的一个，他的不可驯服的个性轮流地挣脱了所有大师的束缚。看到他的一幅临摹拉斐尔的画，那是一件耐心而艰难的模仿杰作，感到相当惊讶的怕不止一人，而很少有人今天还记得他根据徽章和雕石所作的那些石版画。

这里有一段海因里希·海涅的文字，相当好地解释了德拉克洛瓦的方法，像一切健全的人一样，这种方法是他的性情的结果："在艺术上，我是个超自然主义者。我认为艺术家不能在自然中找到他的一切典型，而最引人注目的典型是在他的灵魂中显露出来的，正如先天的观念和先天的象征一样，而且是在同时。一位现代的美学教授[1]，他写过《意大利研究》，他想要重新提倡模仿自然这个古老原则，主张造型艺术家应该在自然中找到他的一切典型。这位教授在展示他的造型艺术的最高原则的时候，恰恰忘了这种艺术中的一类，最原始的一类，我指的是建筑。有人试图在事后从树林的叶子和峭壁的岩洞上找出建筑的典型，而这些典型根本不在外部的自然中，恰恰在人的灵魂中。"

因此，德拉克洛瓦是从这一原则出发的：一幅画首先应

---

[1] 指卡尔·弗里德里希·冯·鲁莫尔（Carl Friedrich von Rumohr, 1785-1843），德国美学家。

该再现艺术家的隐秘的思想，这种思想支配着模特儿，正如创造者支配着创造一样。从这个原则产生出第二个原则，初看似乎是与之相反，例如，应该特别注意实行的物质手段。他主张对于工具的洁净和作品的成分的准备要具有一种狂热的尊重。事实上，绘画是一种深刻的推理的艺术，要求一大堆素质的直接的帮助，当手开始工作时，碰到的障碍要尽可能地少，应该驯服而快速地完成大脑的神圣的命令，这是很重要的，否则，理想就会逃之夭夭。

伟大艺术家的构思越慢、越认真、越自觉，实现起来就越快。这种素质，他倒是和公众认为是他的对立面的安格尔先生所共有。分娩不是怀胎，这些画坛巨擘表面上懒散，可在画画时却是惊人的灵巧。《圣西姆弗里昂的苦难》重画了好几次，实际上那里面的人物少得多。

对于欧仁·德拉克洛瓦来说，自然是一本巨大的词典，他目光敏锐而深邃地一页页翻检查阅，而他的画主要是通过回忆来作的，也主要是向回忆说话。在观众的灵魂上产生的效果和艺术家的方法是一致的。一幅德拉克洛瓦的画，例如《但丁和维吉尔游地狱》，总是给人留下深刻的印象，其强烈的程度随距离而增加。他不断地为整体而牺牲细节，唯恐因作业更清晰更好看而产生的疲劳减弱他的思想的活力，他因此而完全获得了一种难以察觉的独创性，这就是主题烂熟于心。

要发挥一种特点，就要损害其他的东西。非常的趣味就需要牺牲，而杰作永远只是自然的各种提取物。所以，必须承担一种伟大的热情的后果，不管是什么，必须接受一种才能的命运，而不能和天才讲价钱。嘲笑德拉克洛瓦的画的那些人没有想到这一点，尤其是那些雕塑家，他们是些不公正的独眼龙，超过了可以允许的程度，他们的判断至多等于一个建筑师的判断的一半。雕塑不能运用色彩，难以表现运动，是跟一位主要关心运动、色彩和氛围的艺术家没什么关系的。这三种成分必然要求轮廓要有些模糊，线条要轻盈飘动，笔触要大胆。今天，唯有德拉克洛瓦的独创性还没有为直线体系所侵蚀，他的人物总是骚动不安，衣褶总是飘舞不定。在德拉克洛瓦看来，线条是不存在的，因为不管它多么细，一位爱戏弄人的几何学家总会认为它粗到能容纳一千根其他的线；而对于试图模仿自然的永恒的颤动的色彩家来说，线条永远像虹一样，是两种颜色的密切的融合。

再说，有好几种素描，正如有好几种色彩一样：准确的或糊涂的，外表的和想象的。

第一种是消极的，因过于真实而不正确，自然但是可笑；第二种是一种自然主义的素描，但已被理想化，是懂得选择、安排、修正、猜测、驾驭自然的天才的素描；最后，第三种是最高贵的、最奇特的，它可以忽视自然，它表现出另一个自然，与作者的精神和性情一致。

一般地说，外表的素描是属于多情者的，例如安格尔先生，创造的素描是天才的特权[1]。

最高级的艺术家的素描的大优点是运动的真实，而德拉克洛瓦从不违反这个自然的规律。

让我们来考察一些更普通的优点吧。大画家的主要特点之一是普遍性。因此，史诗诗人，如荷马或但丁，能够把抒情、叙述、谈话、描写、颂歌等写得同样好。

同样，如果鲁本斯画水果，他会把水果画得比任何一位专家更美。

欧仁·德拉克洛瓦是普遍的。他画充满了亲切感的风俗画，也画气魄雄伟的历史画。在我们这个不信神的时代，也许只有他才能构思出那些宗教画来，它们不像参加竞赛的作品那样空洞冷漠，也不像那些艺术哲学家们的作品那样迂腐、神秘或有新基督教主义气息，这些艺术哲学家把宗教变成了一门过时的学问，认为要拨动宗教的琴弦并使之发出歌声就必须首先掌握一切象征和原始的传统。

这是不难理解的，假如人们考虑到，德拉克洛瓦像一切大师一样，是学问（即一个全面的画家）和真率（即一个全面的人）的令人赞叹的混合。去到马莱区的圣路易教堂看看圣母哀痛耶稣之死的那幅画吧：痛苦庄严的王后把她死去的孩子的身体抱在双膝上，两臂水平地伸开，表现出极度的绝望和母亲的神经所受到的打击。两个人物中有一个经受

---

[1] 这就是梯也尔先生称为素描的想象的那种东西。——原注

并缓解着她的痛苦，他满面忧伤，就像《哈姆雷特》中最可怜的人物一样，这两幅画之间的联系并非仅此一端。两个圣女中，第一个痉挛着匍匐在地，身上还戴着首饰和奢华的东西；另一个生着金黄的头发，不堪绝望的重负，更加无力地倒下。

群像是分段布置的，全部安排在一个均匀的暗绿色背景上，既像一堆山岩，又像一片被风暴搅动的大海。这背景是令人难以置信的简洁，欧仁·德拉克洛瓦肯定是像米开朗琪罗一样，为了不损害他的思想的明晰而取消了陪衬。这幅杰作在人的思想中留下了一条忧郁的深沟。反正这并不是他第一次处理宗教题材。《持橄榄枝的基督》、《圣塞巴斯蒂安》已经证明他知道如何显示出庄严和深深的诚挚。

但是，为了解释我刚才指出的那一点，即只有德拉克洛瓦善于画宗教画，我要提醒观察者注意，如果说他的最有趣的画几乎总是他自己选择题材，即幻想题材的画，他的才能所具有的那种严肃的忧郁却是完全适合我们的宗教的，深深忧郁的宗教，普遍痛苦的宗教，而且由于天主教教义本身（这种宗教使个人具有充分的自由）只要求以每个人的语言来加以颂扬，如果他有痛苦并且是个画家的话。

我想起了一个朋友，一个优秀的小伙子，一个已经受到欢迎的色彩家，他是那种一生都给人以希望的早熟的年轻人，远比自己所认为的更学院派，他把这种绘画称为吞噬同类的绘画！

肯定，我们的年轻朋友是不会在堆得满满的调色板上的稀罕物中，也不会在规则大全中感到这种血淋淋的、野蛮的毁灭，希望的暗绿色给这种毁灭以勉强的补偿！

这支唱给痛苦的可怕的颂歌对于他的古典的想象力、对于一个习惯于梅多克省的苍白的紫色堇的胃产生了安茹、奥弗涅或莱茵的可怕的葡萄酒的作用。

这就是感情的普遍性，现在我们来谈学问的普遍性！

很久以来，画家们可以说不再会画所谓的装饰画了。美术学院的半圆室的壁画是一件幼稚而笨拙的作品，其意图自相矛盾，活像一套历史肖像画。《荷马天花板画》[1]是一幅很美的画，但装饰天花板则不佳。最近由安格尔先生的学生们完成的装饰小教堂的大部分画都是按照早期意大利人的方式画的，也就是说，这些画想要通过取消光的效果和采取一系列温和的着色来得到整体性。这种系统可能更合乎理性，但是回避了困难。在路易十四、路易十五、路易十六时代，画家们把装饰画画得轰轰烈烈，但在色彩上和构图上缺乏整体性。

欧仁·德拉克洛瓦也要作装饰画，他解决了大问题。他在外观上获得了整体性而并未损害他的色彩家的职业。

议会大厅[2]证明了这场特殊的较量。光线的分配很经

---

[1] 即安格尔的《荷马颂赞》，作于 1827 年。
[2] 其中的一系列寓意画，作于 1837 年至 1848 年间。

济，从所有的人像上掠过，而并不使眼睛感到一种强制性的困惑。

卢森堡图书馆的环形天花板画是一件更令人惊奇的作品，画家不仅并未取消这些画所特有的色与光的素质，使其达到了一种更柔和更统一的效果，并且还显露出一种新的面貌：风景画家德拉克洛瓦！

欧仁·德拉克洛瓦没有画阿波罗和缪斯们这些图书馆的一成不变的装饰，而是顺从了他对但丁的不可抗拒的兴趣，在他的心目中，怕只有莎士比亚可以与但丁相抗衡。他选择了但丁和维吉尔在一个神秘的地方遇见了古代的主要诗人们那个片断：

"他说话的时候，我们并没有停步；但我们一直在森林里走着，我是说一座幽灵形成的浓密的森林。我看见火光穿透了一片黑暗，我们离深渊的入口处不远了。我们离那儿还有几步路，但我已经能够影影绰绰地看见有一些光荣的幽灵住在那个地方。

"'为一切科学和一切艺术增光的你呀，请问这些幽灵是谁，人们竟给他们那么多的荣誉，使他们跟其他人享有不同的命运？'

"他对我说：'他们的高贵的名声在你们的世界上回荡，又在天上获得恩惠，使他们有别于他人。'

"但是我听见了另一个声音：'尊敬那崇高的诗人，他那离去的影子回来了。'

"那声音消失了,我看见四个大影子朝我们走来,他们的样子既不悲哀也不快乐。

"善良的老师对我说:'看那持剑走在其余三个前头的,好像是个王,他就是荷马,诗之王;跟着他的是讽刺诗人贺拉斯;第三个是奥维德;最后一个是琉善。由于他们每个人都与我分享人类声音所播扬的声名,所以他们对我表示欢迎,而他们做得对!'

"这样,我就看见了这颂歌之祖的高贵流派荟萃一堂,那颂歌像雄鹰凌驾一切。他们谈了片刻,转身向我致意,我的向导微微一笑。但他们对我还要尊敬有加,因为他们把我纳入他们的队中,于是,我在那么多的天才之中也就名列第六了[1]……"

…………

我不会因为欧仁·德拉克洛瓦如此巧妙地填补了他的画的空白并在其中安置了正直的形象,就对他进行夸大了的赞扬,那将是不公正的。他的才能远在这类东西之上。我主要是关心这幅画的思想。用散文不可能表达它焕发出来的全部非常幸福的宁静和荡漾在这种气氛中的深刻的和谐。这使人想起《忒勒玛科》中绿意最浓的篇章,传达了精神从描绘乐土的故事中获得的全部回忆。风景虽说是附属的部分,但从我刚才所取的角度去看,即大师的普遍性,仍是一桩极重

---

[1] 但丁《地狱篇》,第四篇。

要的事情。这环形的风景覆盖着巨大的空间，是以一种历史画家的镇定和风景画家的细腻及柔情画出来的。一丛丛月桂树，巨大的阴影分布和谐；一片片柔和均匀的阳光躺在草地上；蓝色的或林木环绕的山峦形成了一道极为悦目的天际。天空则是蓝色的和白色的，这在德拉克洛瓦倒是一件令人惊奇的事情；云彩一条条地向四面八方舒展，宛若撕开的薄纱，极其轻盈；蓝色的天顶，深邃而明亮，仿佛飞向了极高远的地方。波宁顿[1]的水彩画也没有这般透明。

依我看，这幅杰作超过了委罗内塞的最好的画。为了理解它，需要一种精神上的巨大的宁静和很柔和的目光；否则，明亮的日光一旦离开画布和平台，就会从正面墙上的大窗中急速射进，将会使欣赏难以进行。

今年，德拉克洛瓦的画是取材于《艾凡赫》的《劫持吕蓓卡》、《罗密欧与朱丽叶的永诀》、《玛格丽特在教堂里》以及水彩画《狮子》。

《劫持吕蓓卡》的可赞叹之处是色调完美的布局，那色调是强烈的、急促的、紧凑的和合乎逻辑的，从中产生出一种激动人心的面貌。在几乎所有的非色彩家的画家身上，人们总是可以注意到有空白，即可以说是由不够水准的色彩产生的大漏洞；德拉克洛瓦的绘画如同自然一样，是厌恶空白的。

1　Richard Parkes Bonington（1802–1828），英国画家。

寒冷明亮的早晨，罗密欧和朱丽叶站在阳台上，身体的中部虔诚地拥抱在一起。在这永别的猛烈的拥抱中，朱丽叶两手搭在情人的肩上，头向后仰，像是喘气一样，或是出于一种骄傲和愉快的激情的动作。这种不寻常的姿态却是很自然的，而几乎所有的画家都让两个情人嘴对着嘴接吻，这后脖颈的有力的动作是狗和猫受到爱抚时所特有的动作。朝霞的淡紫色的空气笼罩着这个场面，补足这个场面的浪漫派的景物。

这幅画所获得的普遍成功和它所引起的好奇证明了我在别处已然说过的东西，即不管画家们说什么，德拉克洛瓦是通俗的，只要不使公众远离他的作品，他就可以像那些逊于他的画家们一样通俗。

《玛格丽特在教堂里》属于已经为数众多的可爱的风俗画一流，德拉克洛瓦似乎想据此向公众解释他那些受到那样辛辣批评的版画。

对我来说，这幅用水彩画的狮子除了线条和姿态的美之外，还有一大长处：它被画得十分淳朴。水彩画被局限在它的平凡的角色之中，而不想变得和油画一样重要。

为了结束这一分析，我还要指出德拉克洛瓦的最后一种素质，最引人注目的素质，它使他成为真正的19世纪的画家，这就是那种特殊的、顽固的忧郁，它从他的每一幅作品中散发出来，通过题材的选择，形象的表情、动作和色彩的风格表现出来。德拉克洛瓦喜欢但丁和莎士比亚这另外两位描绘人类痛苦的伟大画家,他对他们有彻底的认识,知道如何自由地表现他们的思想。静观他的一系列绘画,就好像参与对某种神秘的痛苦所进行的赞颂:《但丁和维吉尔游地狱》、《希奥岛的大屠杀》、《萨达纳帕尔王》、《持橄榄枝的基督》、《圣塞巴斯蒂安》、《美狄亚》、《溺水者》和受到如此奚落、如此不被理解的《哈姆雷特》。在好几幅画中,由于一种我说不清楚的经常的偶然,人们发现了比其他人更痛苦更沮丧的形象,集中了周围所有的痛苦,这就是《十字军进入君士坦丁堡》前景中的头发下垂、跪倒在地的那个女人,《希奥岛的大屠杀》中那样忧愁、有那样多皱纹的那个老妇人。这种忧郁一直渗透到《阿尔及尔女人》中去,这是他最娇媚最绚丽的一幅画。这首内心的小诗充满了闲适和寂静,拥塞着绫罗绸缎和装饰的小玩意儿,散发出一种难以名状的下流处所的强烈馨香,相当快地把我们引向忧郁的深不可测的边缘地带。一般地说,他不画漂亮女人,即上等人眼中的漂亮女人。他笔下的女人几乎都是有病的,蕴涵着某种内在的美。他绝不通过肌肉的粗大,而是通过神经的紧张来表现力量。他最善于表现的不仅仅是痛苦,他尤其善于表现精神的痛苦!这正是他的绘画的不可思议的神秘。这种高度的严肃的忧郁闪烁着一种沮丧的光,甚至在他的雄浑、简单、有着大量和谐的色块的色彩中也是如此,这种色彩是所有的大色彩家所共有的,但他的色彩还是哀怨的、深沉的,有如韦伯[1]的乐曲。

每一位古代的大师都有自己的王国，自己的采地，但他常常不得不与一些卓越的敌手分享。拉斐尔有形式，鲁本斯和委罗内塞有色彩，鲁本斯和米开朗琪罗有素描的想象力。这王国还剩下一块地方，只有伦勃朗偶尔涉足过，那就是悲剧，自然的、由活人组成的悲剧，可怕的、忧郁的悲剧，常常由色彩，但总是由动作来表现。

在崇高的动作方面，德拉克洛瓦只在他的艺术之外才有敌手。我差不多只知道有弗雷德里克·勒迈特和麦克里迪[2]。

正是由于这种完全现代的、新颖的素质，德拉克洛瓦才成为艺术中的进步之最高的表现。他继承了伟大的传统，即构图的雄浑、高雅和夸张，他是古代大师的名副其实的接班人，比他们却多了对痛苦的控制、激情和动作！正是这些东西造成了他的崇高。设想一位卓越的古代大师的作品遗失，差不多总有类似的作品来加以解释，可以让历史学家的思索猜度出来；但是，去掉德拉克洛瓦，历史的大链条就断了，便会散落在地。

在一篇说是批评却更像预言的文章中，指出细节的错误和微小的疵点有什么用呢？整体是这样美，我简直没有这个勇气了。再说，这又是那么容易，谁都干得来！从好的方

---

1 Carl Maria von Weber（1786-1826），德国作曲家。
2 当时著名的两位悲剧演员，后者为英国人。

面看人，这不是更时兴吗？德拉克洛瓦先生的缺点有时候是那样明显，最没有经验的眼睛都能一下子看出来。人们可以随意打开一幅画，如不用我的方法，就会长时间地看不到形成他的独创性的那些美好的素质。大家知道，伟大的天才犯错误也不是半途中止的，他们在各个方向上都有趋于极端的特性。

在他的学生中间，有几位成功地掌握了他的才能中可以学习的部分，即他的某些方法，他们已经赢得了一些声誉。一般地说，他们的色彩都有只重生动和效果这种毛病。理想与他们无缘，尽管他们要摆脱自然，但他们并没有因为努力研究老师而取得摆脱自然的权利。

今年，人们注意到普拉耐先生没有到，他的《圣女泰莱兹》在上届画展中曾经吸引了内行人的目光；里埃斯奈先生也没有到，他常常画些色彩雄浑的画，人们还可以在贵族院大厅中愉快地看到他的几幅很好的装饰天花板的画，尽管挨着可怕的德拉克洛瓦的作品。

雷杰·谢莱尔[1]先生送来了《圣女伊莱娜的殉难》。画上只有一个人和一杆长矛，长矛的效果相当令人不快。不过，一般地说，色彩和躯体的突出还是好的。但是，我觉得雷杰·谢莱尔先生已经向观众展示过这幅画了，只是稍有变化

1　Léger Chérelle（1816-？），法国画家。

而已。

在拉萨勒-波尔德[1]先生的《克娄巴特拉之死》中有一种相当奇特的东西，即人们发现他并不专注于色彩，这也许是个长处，姑且说色调是暧昧的，但这种苦涩并非没有魅力。

克娄巴特拉在她的王位上咽气，屋大维的使者俯身端详着她，她的一个侍女刚刚死在她的脚旁。构图不乏庄严，制作上具有一种相当大胆的淳朴。克娄巴特拉的头很美，一个黑女人的绿衣和粉衣的配合巧妙地从她的肤色上突现出来。这幅巨画画得很成功，没有丝毫的模仿，其中肯定有某种令人愉快、吸引公正的闲逛者的东西。

五　论爱情题材和塔萨埃先生

你们是否也曾像我一样，在长时间地翻看放荡的铜版画之后，堕入巨大的忧郁之中？你们是否想过为什么人们搜寻这些埋藏在图书馆里或失落在商人的文件夹中的淫荡的编年史有时候会发现魅力，或者为什么有时候它们会使你们不快？快乐和痛苦的混合，嘴唇始终渴望着的苦涩！快乐，是因为看到了自然最重要的感情在各种形式下被表现了出来；愤怒，是因为它常常被模仿得如此拙劣或者被如此愚蠢地诋毁。无论是在严冬无尽的夜晚守在火旁，还是在炎夏沉闷的

---

[1] Gustave Lassalle-Bordes（1814-1848），法国画家。

闲时待在有玻璃窗的铺子的一角，看到这些图画总是使我如身处一场大梦的斜坡之上，差不多就像一本猥亵的书把我们推向蓝色的神秘的海洋。有好几次，面对着这人皆有之的感情的无数标本，我真希望诗人、好奇者、哲学家能够给自己造一座爱情博物馆，其中，从圣女泰莱兹的未曾施与的柔情到无聊时代的没有节制的放荡，都能各得其所。《发舟西苔岛》[1]和妓女房间里挂在裂缝的罐子和跛脚的桌子上方的那种拙劣的彩画之间的距离显然是巨大的。然而，对于这样一个如此重要的题材来说，什么也不应该被忽略。再说，天才使一切事物变得圣洁，如果怀着一种必要的忧虑和思索处理这些题材，它们一点儿也不会被这种令人反感的猥亵所玷污，后者与其说是真理，还不如说是吹嘘。

道学家不要过于害怕，我将保持适当的节制，况且我的梦想仅限于希望得到这首由最纯洁的手，由安格尔、华托、鲁本斯、德拉克洛瓦勾勒的巨大的爱情之诗！华托的顽皮而优雅的公主们，安格尔的庄严而安详的维纳斯，鲁本斯和约尔丹斯[2]的辉煌的白皙的肉体，以及人们可以想象的德拉克洛瓦的闷闷不乐的美人，那些裹着绸缎的高大而苍白的女人[3]！

因此，为了使读者受到惊吓的贞洁完全放心，我要说，

---

[1] 华托的著名油画。
[2] Jacob Jordaens（1593—1678），弗朗德勒画家。
[3] 有人对我说，德拉克洛瓦曾经为《萨达纳帕尔王》这幅画作过许多奇妙的女性画稿，姿态各异，最富肉感。——原注

我列入爱情题材的不仅有所有那些专门处理爱情的画,而且还有一切洋溢着爱情的画,哪怕是肖像画[1]。

在这范围极广的陈述中,我想到的是第一流艺术家表现的各地方的美和爱情,从小华托[2]在他的时装式样版画中留给我们的那些疯狂的、轻浮的、美妙的尤物到伦勃朗的像普通的凡人一样修指甲、用一把粗大的黄杨木梳梳头的维纳斯。

这种题材如此重要,从儒勒·罗曼[3]到德维里亚和加瓦尔尼,画家们无论大小,无不秘密或公开地致力于此。

一般地说,他们的大缺点是缺乏天真和诚挚。不过,我倒想起一幅版画,表现了——可惜不够细腻——放荡的爱情的一个巨大的真相。一个年轻人乔装成女人,他的情妇打扮成男子,他们并肩坐在沙发上,就是你们知道的那种带家具的旅馆或单间里的沙发。少妇想掀开她的情人的裙子[4]。在我所说的那个理想的博物馆里,这一淫荡之页将由许多爱情只以最优雅的形式出现的其他篇章加以补偿。

看到塔萨埃先生的两幅画:《埃里戈涅》和《奴隶贩

---

[1] 有两幅画本质上是爱情画,而且令人赞赏,正作于这个时期,它们是安格尔先生的《大宫女》和《小宫女》。——原注

[2] François-Louis-Joseph Watteau(1758–1823),安东尼·华托之子。

[3] 即朱利奥·罗马诺(Giulio Romano,约1492–1546),意大利画家、建筑家。

[4] 在妓院的告示和灯下,坐着一些小伙子和姑娘,前者穿着女人的长外衣,后者穿着男子的长袍,头发也梳成小伙子的样子。表面上是一种性别,实际上是另一种性别。肉体的道路完全被腐蚀了(《墨修斯》)。——原注

子》，这些思考又浮现在我的脑际。

我去年没有充分地评论塔萨埃先生，这是个严重的错误。他是位具有最大的长处的画家，他的才能最适于表现爱情题材。

埃里戈涅半卧在一个葡萄掩映的小山丘上，姿态撩人，一条腿几乎蜷着，另一条腿伸直，身体前倾。描画精细，线条呈波浪状，配合巧妙。但是我要责备作为色彩家的塔萨埃先生画躯体时所用的色调过于缺少变化。

另一幅画表现的是一个市场上正等待着买主的女奴。这是些真正的女人，开化的女人，双脚因穿鞋而发红，她们有些平庸，肤色稍稍过红，一位野蛮而好色的土耳其人将把她们当作高等美女买走。只看得见背的那个女人，臀部裹在一片透明的空气中，头上还戴着一顶女工的便帽，一顶从维维埃街上或当普尔商场买来的便帽。这可怜的姑娘大概是被海盗掠来的。

这幅画的色彩因其细腻和色调的透明而极为出色。似乎他很注意德拉克洛瓦的方法，不过，他仍然善于保持一种独特的色彩。

这是一位杰出的艺术家，只有爱闲逛的人才欣赏，而公众则认识不足。他的才能与日俱增，当人们想到他从何处起步又到达何处的时候，是有理由指望他画出一些迷人的作品的。

六　论几位色彩家

画展上有两幅相当重要的珍品，这就是野蛮人的向导凯特林先生画的两幅肖像画：《小狼》和《水牛背的油脂》。当凯特林先生带着他的依阿威人[1]和他的作品来到巴黎的时候，人们传说这个诚实的人既不会画油画也不会画素描，如果说他画了几幅过得去的草稿，那全仗着他的勇气和耐心。这是凯特林先生的无伤大雅的狡黠还是新闻记者的荒唐？现在已经证实，凯特林先生既擅长油画，也擅长素描。如果我的记忆没有使我回想起许多其他同样美的作品，这两幅肖像画也足以向我证明这一点。尤其是他画的天空，那透明与轻灵使我十分惊讶。

凯特林先生卓越地表现了这些诚实的人的骄傲和自由的性格及其高贵的表情，他们的头脑的构造也得到了圆满的理解。这些野蛮人以其高贵的态度和悠然自得的动作使人理解了古代雕塑。至于色彩，更有一种难以尽述的神秘的东西。红色，血的颜色，生命的颜色，在这阴暗的画面上是那样丰富，真令人沉醉。至于景物，林木葱茏的山，广袤无垠的草原，荒无人迹的河流，都是一片单调的不变的绿色。红色，这种如此晦暗、如此浓重的颜色，比蛇的眼睛更难看透；绿色，自然的这种安静、愉快和笑眯眯的颜色，我觉得甚至在

---

[1] 北美印第安人的一支。

两位主人公的脸上,这两种颜色都在歌唱着它们的富有旋律的对立。有一点可以肯定,他们的文身和着色都是根据自然而和谐的色彩系列来进行的。

我认为使公众和新闻记者看错凯特林先生的,是他不画充好汉的画,我们所有的年轻人都已经十分习惯于这种画了,而这正是当今的经典绘画。

去年我就已经抗议过针对德维里亚两先生[1]的众口一词的哀悼经和忘恩负义的人们的阴谋。今年证明了我是对的。他们的许多过早的声誉已被取代,还没有给他们带来真正的声誉。阿西勒·德维里亚先生主要以《神圣之家的休息》在1846年的沙龙上引起注意,这幅画不仅蕴涵着那些迷人的、亲切的天才的全部风韵,而且还让人想起那些旧画派的真正的长处,这些流派可能是第二流的,并不特别以素描或色彩取胜,但其布局和优良的传统仍然使它们远远地超过了过渡时期所特有的混乱。在浪漫主义的大战中,德维里亚兄弟是站在色彩家的神圣阵营一方的,他们的位置因此就在这里。阿西勒·德维里亚先生的画的构图是很好的,此外,柔和协调的外观也给人极深的印象。

布瓦萨先生也有一个引人注目前程远大的开端,他属于那种从过去的大师那里汲取营养的优秀人物之列,他的《玛

---

[1] 指德维里亚兄弟,阿西勒·德维里亚和欧仁·德维里亚(Eugène Devéria,1805-1865),都是画家。

德兰在荒野中》是一幅色彩正确而健康的油画，只是肉体的色调有些凄惨，幸好姿态找得很准。

在这个没完没了的画展上，差别从未被抹得这样干净过，人人都画了一点儿，但又都不够，甚至不值得分一分优劣，这时我们发现了德邦先生这样坦率的、真正的画家，真是喜出望外。也许他的《画室里的音乐会》是一幅有些过于艺术化的作品，瓦朗丹[1]、约尔丹斯，还有其他几位都参加了，但至少这是美的、健康的绘画，表明了作者是一个对自己有着十足的信心的人。

杜沃[2]先生画了《暴风雨后》。我不知道他能否成为一个纯粹的色彩家，但他的画的某些部分让人产生这种希望。初看之下，人们就会在记忆中搜寻这幅画要表现什么历史场面。的确，差不多只有美国人才敢让风俗画有这样大的规模。总之，这幅画构图清晰，素描一般来看是好的。一眼即可看出，色调有些过于缺少变化。这大概是自然的一种效果，被雨水洗过之后，各部分都显得特别强烈。

列姆莱[3]先生的《仁慈》画的是一个可爱的女人，用手把各种孩子，白种的、黄种的、黑种的，等等，抱在胸前。显然，列姆莱先生有正确的色彩感，但这幅画有一个重大的缺点，即那个中国孩子那么漂亮，他的袍子产生的效果那么

1　Valentin de Boulogne（1591-1634），法国画家。

2　Louis-Jean-Noël Duveau（1818-1867），法国画家。

3　Alexandre Laemlein（1813-1871），法国画家，生于德国。

讨人喜欢，竟使他差不多独自占据了观者的目光。这个小中国人在人们的记忆中转来转去，使许多人忘了其余的一切。

德康先生是那些长期以来霸占着公众的好奇心的人中的一个，而这是理所当然的。

这位艺术家具有一种奇妙的分析能力，常常巧妙地借助于一些小手法获得一个强烈的效果。如果说他过分地回避线条的细节，经常满足于运动或一般的轮廓，如果说有时这种素描近乎时髦，但他对于主要从光的效果中加以研究的自然所抱有的细腻的趣味却总是挽救了他，并使他居于高超的境界之中。

如果德康先生完全不是一个一般意义上的素描家的话，他却是一个有个性的、特殊的素描家。谁也没见过他用素描画过伟大的人像，但他肯定画过素描，他的那些普通人的轮廓就显示出一种大胆的素描，恰如其分，十分出色。他们的身体的特点和习惯总是可以看得出来的，因为德康先生知道如何用几条线就让人理解一个人物。他的速写令人愉快，具有一种深刻的滑稽。这是一种有才智的人画的素描，近乎漫画家画的素描，因为它含有一种我说不出来的愉快情绪或带有讽刺意味的幻想，十分宜于表达自然的嘲讽，因此，他的人物的姿态和穿着总是跟他们的个性的真实和永恒的风俗习惯相一致。只是这素描中有一种静止的东西，但是这并不令人不快，反而补充了它的东方情调。他习惯于让他的模特儿处于休息状态，而当他们跑动起来，他们就常常像一些悬空的影子或在跑动中急停的身影，他们就像在浮雕上跑动一样。色彩是他的长处，是他的唯一的大事。无疑，德拉克洛瓦先生也是个大色彩家，但他并不狂热；他有别的要关心的事情，他的画的规模要求如此。对德康先生来说，色彩是一桩大事，可以说是他想得最多的事情，他的辉煌灿烂的色彩具有一种非常特殊的风格。容我借用一下伦理方面的词汇，他的色彩是血腥的、辛辣的。最开胃的菜肴，最费脑筋想出来的东西，加了最辛辣的调料的食品，对于一个贪吃的人的鼻子和味觉器官都不像德康先生的画对一个绘画爱好者产生那么多的吸引力和刺激性，散发出那么多的野性的快感。这些画的外观的奇特会让您停下脚步，牵住您，使您产生一种不可遏止的好奇心。这也许是来源于艺术家经常运用的奇特而细致的方法，有人说，这种方法使他怀着一种炼金术士的不知疲倦的意志来磨他的画。他的画对观者的灵魂产生的印象是那么突然，那么新颖，使人难以想象他师承何人，谁是这位奇特的艺术家的教父，这孤独的、独特的天才出自哪一个画室。一百年后，历史学家们肯定难以发现谁是德康先生的老师。他时而隶属于过去的弗朗德勒画派的那些用色大胆的大师们的门下，但比他们更有风格，人像组合得更为和谐；他时而又热衷于伦勃朗的夸张与粗俗；有时候人们又在他画的天空中发现一种对于洛林的天空充满爱情的回忆。因为德康先生也是一位风景画家，是最优秀的风景画家之一：他的风景和他的人像浑然一体，相互为用，一个并不比另一个更重要。在他那里,什么都不是附属的,画面的每一部分都被精心加工过,每一个细节都为整体的效果服务!什么都不是无用的,甚至一只游过水塘的耗子,我忘了是哪一幅画土耳其的画了,它浑身懒洋洋地充满了宿命感,还有那一群在一幅杰作的背景上翱翔的猛禽,这幅画叫《钧刑》。

太阳和光在德康先生的画中起着很大的作用。谁也没有像他那样细心地研究过氛围的结果。明暗的最奇怪最似是而非的作用使他最感兴趣。在德康先生的一幅画中,太阳真的烧着了白色的墙和白垩质的沙子,一切着色的东西都有一种热烈的、充满活力的透明性。水有一种前所未见的深度,巨大的阴影切过房屋的墙壁,拉长了,躺在地上或水上,透出一种懒散和影影绰绰的闲适。在这激动人心的自然中,有一些小人物骚动不已或想入非非,他们自成一个小小的世界,有着自己的天然的、可笑的真实。

因此,德康先生的画充满诗意,也常常充满梦幻,但是其他人,例如德拉克洛瓦,通过一种宏伟的素描、一种对于独特的模特儿的选择或一种雄浑而容易的色彩所得到的东西,德康先生却是通过对细节的熟稔来得到的。事实上,人们可以对他进行的唯一的指责,就是过于注重物体的具体作业,他的房子用的是真的石膏,真的木头,墙壁用的是真的灰浆。面对着这些杰作,人们常常因痛苦地想到为此所花费的时间和辛劳而感到难受。这些画的制作要是多一些淳朴,会更美到什么程度啊!

那些酷爱平原与山脉的闲逛者,那些有着一颗像世界一样宽广的心的人们,他们不想在橡树枝上摘南瓜,他们都把德康先生当作创造的最罕见的产物之一来崇拜。去年,当德康先生凭着一支铅笔想同拉斐尔和普桑较量的时候,他们都互相说道:"如果拉斐尔不让德康睡觉,我们可就再也看不见德康的画了!以后还有谁来画呢?""唉!那就是吉涅先生和沙卡东先生了。"

然而,今年德康先生又露面了,带着一些土耳其题材的东西,风景画,风俗画和一幅《雨的效果》,不过这些画得找,它们不再那么引人注目了。

德康先生善于画太阳,却不善于画雨,并且他还让鸭子在石头上游泳,等等。但是,《土耳其学校》这幅画还很像他的那些优秀的画,那些美丽的孩子正是我们所熟悉的,还有那个阳光充足的教室,里面空气明亮,尘埃浮动。

我觉得我们是那么容易地可以从装饰着画廊的德康出色的画中得到安慰,我真不愿意再分析它们的缺点了。那将是一件幼稚的营生,反正谁都能做得很好的。

邦吉·拉尔东[1]先生的画都是精心之作,画幅不大,着色雄浑,却不失细腻,其中《彼埃罗向观众介绍他的同伴阿尔勒干和波里希奈》一幅尤其令人瞩目,吸引了人们的注意。

---

1 Octave Penguilly L'Haridon(1811-1870),法国画家。

彼埃罗睁着一只眼，闭着一只眼，带着那种传统的狡黠神气，向公众介绍阿尔勒干，阿尔勒干感激地伸直了胳膊走上前去，一条腿大胆地放在前面。波里希奈跟随其后，有些醉意，眼睛里有一股自命不凡的神色，两条可怜的小腿，一双巨大的木鞋，一张可笑的脸，一只大鼻子，一副大眼镜，一把两端向上翘曲的小胡子，出现在两道幕布之间。这一切都具有一种漂亮、细腻、简单的色彩，而这三个人在灰色的背景上显得十分突出。这幅画的动人之处不仅来自外观，更来自画的结构，而这结构又是极其简洁的。波里希奈本质上是喜剧性的，令人想起英国的《喧闹》[1]，他把食指放在鼻子尖上，以此来表示他是多么自豪或是多么窘迫。我要责备邦吉先生没有采用德布罗这个典型，这是真正的现代丑角，现代历史的丑角，他应该在一切招贴画中占据一席之地。

现在这里又有一件新奇的作品，远非那么巧妙、深奥，而它也许越是画得不经意，越是显得美，这就是孟佐尼[2]先生的《乞丐打架》。我从未见过粗暴得如此富有诗意的东西，即便在弗朗德勒派的最有特色的描绘狂欢的画中也未见过。以下是从这幅画前经过的人的六种不同的印象：一、强烈的好奇；二、多可怕呀！三、画得不好，却是一幅奇特的作品，不乏魅力；四、画得不像开始时想的那么坏；五、再看

1　指英国漫画《笨拙》。
2　Ignazio Manzoni（1799-1888），意大利画家。

看这幅画吧；六、持久的回忆。

这幅画中有一种与题材相适应的残酷和粗暴，令人想起戈雅[1]的那些狂暴的画稿。总之，这是可以见到的最凶恶的面孔，是破帽子、木腿、碎杯子、被打倒的醉汉的奇特的大杂烩，是搅动着他们的褴褛衣衫的淫荡、残忍和酗酒。

那个挑动起这些先生们的欲望的脸色红红的美人，笔触巧妙，画得很好，令内行愉快。一个倒霉的家伙，被他旁边的一个人打败，被用叉子叉在墙上，我很少见过比这更富有喜剧性的东西。

第二幅画《夜间的谋杀》，看起来不那么奇特。色彩暗淡庸俗，幻想的东西只存在于场面的表现方式之中。一个乞丐一边举刀对着一个人，一边搜他的身，这不幸的人则吓得要死。硕大无朋的鼻子组成的白色面具只占脸的一半，十分滑稽，给这个可怕的场面打上了最奇特的印记。

维拉-阿米尔[2]先生的《王宫》是在马德里画的。初看之下，这幅画似乎画得很淳朴，但细细打量，就会看出这幅装饰画在布局和整个的着色上是非常巧妙的。也许色调不那么细腻，但是色彩比罗伯茨[3]先生喜欢的同类画更为有力。不过有一个缺点，天花板更像一方真正的天空。

瓦吉埃先生和佩莱兹先生通常处理差不多相似的题材，

1　Francisco de Goya（1746-1828），西班牙著名画家。
2　Jenaro Perez Villa-Amil（1807-1854），西班牙画家。
3　David Robert（1796-1864），英国画家。

即身在花园古树的绿荫之下的穿着古代服装的美丽妇人。但是佩莱兹先生有他个人的特点，他的画法要朴素得多，他的名字也不要求他非模仿华托不可[1]。尽管瓦吉埃先生的人物画得精细考究，佩莱兹先生还是以创造性胜过他。总之，他们的作品之间的差别就等于路易十五时代的虚情假意的风流和路易十三时代的老老实实的风流之间的差别。

库图尔一派（应该以他的名字称呼这一派）今年送交的画太多了。

迪亚兹·德·拉贝纳先生是这个小派别的缩影，调色板就是画，这是他的出发点。至于说普遍的和谐，迪亚兹先生认为随处可见，而素描，运动的素描，色彩家的素描，就更谈不上了。他画的那些小人儿的肢体几乎就像一团团破布或者像被火车头爆炸弄得四散飞扬的胳膊和腿。我更喜欢万花筒，因为它变不出《弃妇》和《爱神的花园》；它只呈现出披巾或地毯的图案，其作用是很小的。的确，迪亚兹先生是一位色彩家，但只要越出他的范围一步，他就无能为力了，因为他不懂得一种普遍色彩的必要性。因此，他的画不会留下回忆。

你们说，各人有各人的作用。伟大的绘画绝不是为所有人而作的。一顿美餐总有耐吃的东西和小吃。你们敢对阿尔

---

[1] 瓦吉埃（Wattier）的画风深受华托（Watteau）影响，其姓亦与之相近，佩莱兹虽常与瓦吉埃合作，画风却大不同，故有此玩笑。

勒香肠、辣椒、鲲鱼、蒜泥蛋黄酱等等忘恩负义吗？你们管这个叫开胃的小吃吗？不，这是令人作呕的糖果和甜食。谁愿以点心果腹？当人们晚餐吃得满意时，对那些东西不过动动嘴而已。

塞莱斯坦·南特伊先生知道用笔，但不知道如何建立起一幅画的比例与和谐。

维尔狄埃先生画得有条不紊，但我认为他本质上是厌恶思想的。

穆勒先生是《气精》的作者，他非常喜欢富有诗意的题材，诗意淋漓的题材，他作了一幅画叫作《春天》。不懂意大利文的人还以为是《十日谈》的意思呢。

福斯坦·贝松[1]先生的色彩由于不再受到德福日画店的玻璃窗的打扰和反照而所失很多。

至于封泰纳[2]先生，这显然是个严肃的人；他为我们画了被男女孩子们围着的德·贝朗瑞先生，向青年们传授了库图尔画派的秘密。

巨大的秘密，天哪！一道粉红或桃色的光，绿色的阴影，全部的困难就在其中。这种画的可怕之处，在于它引人注意，人们老远就看得见它。

在这些先生中，最不幸的要算是库图尔先生了，他在这

---

[1] Faustin Besson（1821–1882），法国画家。
[2] Alexandre-Victor Fontaine（1815–?），法国画家。

一切中扮演了受害者的有趣角色。一个模仿者就是一个冒失鬼，出卖了一件使人惊讶的东西。

在关于下布列塔尼、卡塔卢尼亚、瑞士、诺曼底等题材的不同专长中，阿尔芒·勒乐先生和阿道夫·勒乐先生被吉勒曼先生超过，吉勒曼先生又低于艾杜安[1]先生，而艾杜安先生则居于阿弗奈先生之后。

我好几次听见有人对勒乐兄弟进行这样奇怪的指责，说他们的人物不管是瑞士人、西班牙人或布列塔尼人，都是一副布列塔尼人的神气。

艾杜安先生肯定是一位优秀的画家，他的笔触遒劲，懂得色彩，他无疑会形成特殊的独创性。

至于阿弗奈先生，我怪他只有一次以浪漫的、卓越的方式画了一幅肖像画，而未画其他的画。我本以为他是一位满怀诗情和创造性的大艺术家，第一流的肖像画家，只是在闲暇时画过几幅拙劣的油画，但他好像只不过是个画家而已。

七 论典型[2]和模特儿

由于色彩是最自然最明显的东西，所以色彩家的队伍人数最多，也最为重要。使作业方法易行的分析将自然分解为

---

[1] Pierre-Edouard-Alexandre Hédouin（1820-1889），法国画家。
[2] 原文是idéal，按此词具有理想、典型、理念等义，这里译为典型，似较直接显豁。

色彩和线条，在考察构成第二支队伍的人之前，我认为有必要在这里解释一下引导他们——有时是在他们不知道的情况下引导他们——的若干原则。

本章的标题是一个矛盾，更确切地说，是矛盾的统一；因为伟大的素描家的素描应该概括典型和模特儿。

色彩是由色块组成的，色块是由无限的色调形成的，其和谐产生了统一，因此，有着自己的主体和概括性的线条就分解成许多个别的线条，每一根线条都是模特儿的一种特点。

圆是曲线的典型，可以比作一种类似的形象，这形象由无限的直线组成，它应该和圆混而为一，其内部的角越来越钝。

但是，由于没有完美的圆，所以绝对的典型是一种蠢话。过分喜爱单纯使愚蠢的艺术家模仿同一种类型。如果典型这荒谬之物、这不可能之物被发现了，那将是诗人、艺术家和人类的大不幸。从此每个人的可怜的我，他的折线，还有什么用呢？

我已经指出回忆是艺术的重要标准，艺术是美的记忆术，而准确的模仿破坏回忆。有那么一些可悲的画家，对他们来说，一个最小的疣子都是一桩好运，他们非但念念不忘，还一定要画得四倍那样大，因此，他们使情人们绝望，而一个让人为其国王画像的民族就是一个情人。

过于特殊化或过于一般化都同样地阻止回忆。我喜欢安提弩斯雕像[1]要胜过伯尔维多宫的阿波罗雕像和格斗士雕像[2]，因为安提弩斯雕像是可爱的安提弩斯的典型。

尽管宇宙原则是唯一的，自然却并不提供任何绝对的东西，甚至也不提供完整的东西[3]。我只看见个体，任何动物，在一种相似的种类中，都在某些方面与它的相邻者有所不同，而在同一棵树产出的成千上万个果实中，不可能找出两个完全一样的，否则它们就会是一回事了。二元性既是统一性的矛盾，也是其结果[4]。尤其是在人类中间，花样翻新以至无穷，到了骇人的程度。且不说自然分配在各种气候中的那些大类，我每天看见打我窗下经过的就有相当数量的卡尔梅克人[5]、奥萨奇人、印度人、中国人和古希腊人，他们多少都巴黎化了。每一个个体都是一种和谐，因为你们多次发生这样的事：你们听见一个熟识的说话的声音，回头一看，却惊讶地发现原来是一个不相识的人，这就是对另一个有着类似的动作和声音的人的生动回忆。事实确是如此，拉瓦特曾经胪列过发誓长在一张脸上的鼻子和嘴，指出古代艺术家所犯的好几个这类的错误，他们有时候使宗教或历史人物具有

---

1 著名雕像，现藏梵蒂冈伯尔维多宫。
2 著名古希腊雕像，现藏梵蒂冈鲍格斯宫。
3 没有任何绝对的东西，故圆规的典型是最为愚蠢的；没有完整的东西，故应补充一切，寻求各自的典型。——原注
4 我说矛盾而不说反面，因为矛盾是人类的一种发明。——原注
5 Kalmouks，古代蒙古人的一支，居住在亚洲中、西、北部。苏联曾有卡尔梅克自治共和国，在伏尔加河下游。

与他们的性格相反的形体。拉瓦特在细节上搞错过,这是可能的,但是他抓住了根本。什么样的手需要什么样的脚,什么样的皮肤生什么样的毛。因此,每个个体都有其各自的典型。

我并不认为有多少个体就有多少原始典型,因为一个模子可以翻出好几个复制品,但在画家的思想中典型和个体是一样多的,因为一幅肖像画是一个模特儿再加上一位艺术家。

因此,典型并不是那个模模糊糊的东西,那个讨厌的、摸不着的、在学士院的天花板上飘荡的梦幻,一个典型,是经由个体矫正过的个体,是由画笔和凿子根据它的天然的和谐所具有的显著的真实再造和表现的个体。

所以,一个素描家的首要素质是仔细地、认真地研究他的模特儿。艺术家不仅要对模特儿的特点有一种深刻的直觉,还要稍许归纳一下,有意地夸大某些细节,才能增强外貌的特点,使表情更为清晰。

根据崇高应该回避细节这一原则,艺术为了自我完善又回到了它的童年,注意到这一点是很有趣的。最初的艺术家是不表现细节的。全部的差别在于,在一气呵成地画出他们的人物的胳膊和腿时,不是他们回避细节,而是细节回避他们;因为要选择,先要占有。[1]

---

[1] 取自斯丹达尔《意大利绘画史》。

素描是自然和艺术家之间的一种搏斗，艺术家越是理解自然的意图，就越是容易取得胜利。对他来说，问题不在于模仿，而在于用一种更单纯更明晰的语言来说明。

在历史、宗教或幻想的题材中，引入肖像，即引入典型化的模特儿，首先需要精心选择模特儿，这肯定能够使现代绘画返老还童，重新活跃起来，现代绘画像我们的所有其他艺术一样，是有一种过分的倾向，即满足于模仿古人。

关于典型，我所能说的更多的话，我觉得都包含在斯丹达尔的一节文章里了，其标题既明确又放肆：

怎样超过拉斐尔？[1]

"在激情产生的动人场面中，现代的大画家将会赋予他的人物以一种发自性情的典型的美，这性情生来就是为了最强烈地感受到这种激情的效果。

"维特[2]的冲动或忧郁与众不同，洛佛莱斯[3]则是冷漠无情或烦躁不安的；善良的普莱莫罗斯神甫[4]、可爱的凯西奥，都不是肝火旺的脾气，可犹太人夏洛克、阴险的伊阿古、麦克白夫人、理查三世就不同了；可爱而纯洁的伊摩琴[5]是有些

---

1 斯丹达尔《意大利绘画史》第一〇九章的标题。
2 Werther，歌德小说《少年维特的烦恼》的主人公。
3 Lovelace，英国小说家理查生小说中人物，用情不专的花花公子的典型。
4 Primerose，英国小说家哥尔斯密小说中人物。
5 凯西奥、夏洛克、伊阿古、麦克白夫人、理查三世、伊摩琴分别为莎士比亚戏剧《威尼斯商人》、《奥瑟罗》、《麦克白》、《理查三世》和《辛白林》中的人物。

冷冰冰的。

"根据最初的观察，艺术家制作了伯尔维多宫的阿波罗雕像。但是，难道他每次想表现年轻而漂亮的神的时候，他就要冷冰冰地模仿阿波罗雕像吗？不，他将把动作和美的种类联系起来，使土地摆脱大蛇皮东[1]的阿波罗，更强壮一些，试图取悦达夫尼[2]的阿波罗的线条就更为柔和一些。"[3]

八　论几位素描家

在上一章，我根本没有谈想象的素描或创造的素描，因为一般地说那是色彩家的特长。从某种观点看，米开朗琪罗是现代派中的典型创造者，唯有他不是色彩家而在最高的程度上掌握了素描的想象力。纯粹的素描家是些具有极好的感觉的自然主义者，他们作素描是通过理性，而色彩家，大色彩家，作素描则是通过性情，几乎是不知不觉地。他们的方法类似于自然。他们作素描，因为他们要着色，而纯粹的素描家们想忠于他们的公开申明的主张并与之相一致，他们就得满足于黑铅笔。然而，他们却怀着一种不可思议的热情

---

[1] Python，为土地之神所生，受命折磨阿波罗之母勒托，终为阿波罗所杀。
[2] Daphné，希腊神话中的女神。阿波罗追求她，她为了逃避，就请她父亲把她变为一棵月桂树。
[3] 引自斯丹达尔《意大利绘画史》第一〇一章，该书出版于1817年。——原注

致力于色彩，而对他们的矛盾竟毫无察觉。他们开始是以一种严酷而绝对的方式界出形状，然后把这些空间填满。这种重复的方法不断地妨碍他们的努力，给他们的所有作品带来一种说不出的苦涩、难受和争吵。这些作品是一场打不完的官司，具有一种讨厌的二重性。一个素描家是一个失败的色彩家。

这是千真万确的，自然主义素描画派最杰出的代表安格尔先生就一直力求掌握色彩。这种顽强精神令人钦佩，却终属徒劳！又是一些人的那种说不完的故事，他们想用自己应得的声誉去换取他们不可能得到的声誉。安格尔先生像一个女时装商一样崇拜颜色。看到他为了选择和配合他的色调而做出的努力，真让人又难受又愉快。结果并非总是不协调的，但却是刺眼的、过火的，常常令堕落的诗人们高兴；而且当他们的疲倦的精神在这些危险的搏斗中娱乐已久的时候，他们一定想在委拉斯开兹[1]或者劳伦斯的作品前休息一下。

安格尔先生所以在德拉克洛瓦之后占有最重要的位置，那是因为他那十分特殊的素描。我刚才分析了他的素描的神秘之处，迄今为止，他的素描将典型和模特儿概括得最好。安格尔先生画得极好，而且又快。在他的速写稿中，他很自然地画出了典型。他的素描常常是很简练的，线条不多，但

---

[1] Diego Velázquez（1599-1660），西班牙画家。

每根线条都表现了重要的轮廓。请看看旁边那些画匠（常常是他的学生）的素描吧，他们首先表现的是些细枝末节，正是为此他们才使庸夫俗子们心花怒放，在各个艺术领域中，这些人的眼睛只盯着末流的东西。

从某种意义上说，安格尔先生画得比家喻户晓的素描家之王拉斐尔要好。拉斐尔在大墙上画壁画，但他却不会像安格尔先生那样出色地画出你们的母亲、你们的朋友、你们的情妇的肖像。安格尔先生的勇气非同凡响，再加上使他不惧怕任何丑陋和怪异的那种手段，他就画出了莫雷先生的燕尾服、凯鲁比尼[1]的多层领外套，并在画有荷马的天棚上——这件作品比其他任何作品都更着意于典型——画进了一个瞎子、一个独眼人、一个没有胳膊的人和一个驼背。自然因这种异教的崇拜而大大地酬报了他。他可以把麦约[2]画成一种崇高的东西。

凯鲁比尼的美丽诗神还是一幅肖像画。可以这样公正地说，如果说安格尔先生由于缺乏素描的想象力而不会画油画，至少不会画大幅的油画，可他的肖像画却几乎等于油画了，也就是说，是一些感情亲切的诗篇。

他是个吝啬严酷的天才，易怒而坚忍，是一个某些对立的素质的奇特混合物，而这些素质又都服务于自然，并且他

---

1 Luigi Chérubini（1760-1842），意大利作曲家。
2 Mayeux，漫画家特拉维埃创造的一个艺术典型，丑陋、驼背，但运气很好。

的怪异还颇具魅力。在技巧上、他是个弗朗德勒派；在素描上，他是个人主义者和自然主义者；在感情上，他是个古代派；而在理智上，他是个理想主义者。

使如此多的相反的东西协调一致，并非一件易事。因此，为了展示他的素描所包含的宗教神秘，他采用了有利于他更清晰地表达思想的人造光，这并非没有道理。这种人造光很像薄明的晨曦，其时大自然尚未醒透，光线显得微弱而生硬，原野呈现出一种神奇的、激动人心的面貌。

在安格尔的才能中，有一种独特的、我认为尚未被注意到的现象，这就是他更喜欢画女人。他看到什么样就把她们画成什么样，因为他太喜欢她们了，不愿意有所改变。他带着一种外科医生的严厉竭力揭示她们的最微小的美丽之处，他像情人一样谦卑地对待她们的最细微的曲线。《安吉莉卡》，两幅《宫女》，奥松维里夫人的肖像，这些作品都洋溢着一种深刻的精神上的满足。然而，这些东西仿佛都呈现在一种几乎是骇人的光线中，因为这既不是弥漫在理想的原野之上的金色氛围，也不是月光下安详静谧的朦胧。

安格尔先生的作品是一种非常的注意力的结果，也要求以同等的注意力来理解。它们是痛苦的产物，它们自己也产生痛苦。正如我以上所述，这是因为他的方法不是统一的、单纯的，他更多的是交替使用不同的方法。

安格尔先生的教学有一种说不出的严峻性，令人入迷，他身边聚集了一些人，其中最有名的是依波里特·弗朗德兰、莱赫曼、阿莫里－杜瓦尔[1]诸先生。

然而老师与学生之间的距离何其遥远！安格尔先生还是他那一派的孤家寡人。他的方法是他的天性的结果，不管这天性是多么古怪、多么固执，它毕竟是坦率的，也可以说是不由自主的。他是古风及其典范的热烈的情人，是自然的恭敬的仆人，他所画的肖像可与最好的罗马雕刻相匹敌。而上述那些先生们只是刻板地、冷冰冰地、拘泥地、学究式地表现了他的天才中令人不快和不得人心的部分，因为他们最显著的特点就在于学究气。他们在老师身上看到和研究的是新奇和博学，那些对瘦削、苍白及各种可笑的俗套的追求，不经检验和并无诚意的接受，其源盖出于此。他们远远地，远远地回到过去，怀着一种卑躬屈膝的幼稚模仿一些可悲的错误，心甘愿地放弃世世代代的经验为他们准备的制作及成功的手段。人们还记得《杰弗特的女儿哭她的童贞》这幅画，手脚过分的修长，脑袋夸张的椭圆，可笑的矫揉造作——画法的俗套和习惯或许刚刚说得上熟练，在形式的狂热崇拜者看来都是些特别的缺点。从贝尔吉奥若索公主的肖像开始，莱赫曼先生所画的眼睛都过分的大，眼珠像是在盘子里游动的牡蛎。今年，他送来了肖像画和油画。油画是《海洋女仙》、《哈姆雷特》和《奥菲莉》。《海洋女仙》是

---

1 Amaury Duval（1808-1885），法国画家。

一幅弗莱克斯曼[1]式的画，看上去如此丑陋，使人没有心思再去察看素描。在《哈姆雷特》和《奥菲莉》的肖像中有一种追求色彩的明显意图——这一派津津乐道的得意之作！这种对于色彩的可悲的模仿使我感到难受，就像一位月球人模仿委罗内塞和鲁本斯一样使我不愉快。至于这两个形象的姿态和精神，则令我想起了险剧时代的老波比诺剧团的演员们的夸张。哈姆雷特的手无疑是美的，但是一只画得好的手并不能造就一位素描家，就是对一位安格尔派来说，毫无疑问，这也是滥用局部。

我认为卡拉玛塔夫人也是属于厌恶阳光一党的，但她画的油画有时相当成功，它们具有一点儿女人（哪怕是最有文才最富艺术气质的女人）仿效男人的那种威严的神气，她们仿效男人的可笑却不那么容易。

让莫先生画了一幅耶稣受难像——《戴十字架的基督》，构图有特点，颇为严肃，但色彩并不是更神秘，也并非更具信仰的狂热，却不幸使人想到一切可能的耶稣受难像的色彩。看见这幅生硬而闪光的画，人们一下子就猜到让莫先生来自里昂。的确，这正是适合这个商业城市、这个笃信宗教和谨小慎微的城市的绘画，在那里，有关宗教的一切东西都应该像登记簿的字迹一样清晰。

---

[1] John Flaxman（1755-1826），英国雕塑家、素描家，新古典派代表人物之一。

公众在思想上已经常把居尔宗先生和布里万先生的名字联系在一起,只是因为他们的开端预示过更多的独创性。今年,布里万先生和以前大不一样,他送来的是《姑娘们梦想着什么》,而居尔宗先生则满足于模仿布里万。他们的画法令人想到麦茨画派,那是个矫饰的、神秘主义的、德国气的流派。居尔宗先生经常画出色彩丰富的美丽的风景画,他是可以不那么渊博、不那么守旧地表达霍夫曼的。尽管他显然是个有才智的人,题材的选择足以证明这一点,可是人们感觉到他的画毫无霍夫曼的气息。德国艺术家的旧方式和霍夫曼的方式毫无相似之处,后者的作品具有一种更现代更浪漫的特点。为了防止这一重大缺点,艺术家选择了一篇最少幻想的故事,《马丁师傅和他的徒弟们》,但这没有用,霍夫曼本人都说:"这是我的作品中最平庸的一幅;它既不可怕也不怪诞,而这正是我最擅长的两种东西!"尽管如此,与居尔宗先生曾经画过的相比,《马丁师傅和他的徒弟们》的线条仍然更为飘逸,氛围中有更多的思想。

严格地说,维达尔先生的位置根本不在这里,因为他并不是一位真正的素描家。但是这位置选得也并不错,因为他有着安格尔派的先生们所具有的某些怪癖和可笑之处,即狂热地崇拜琐碎和俏丽,酷爱漂亮的纸和上等的画布。这根本不是一个强有力的精神所具有的那种条理,也不是一个通情达理的人所具有的那种足够的清洁,这是洁癖。

上面说到的维达尔先生,我想是三四年前开始画画的;

那时候，他的素描倒不像今天这般学究气和矫揉造作。

今天早晨我读到泰奥菲尔·戈蒂耶先生的一篇专栏文章，他在文章中盛赞维达尔先生善于表现现代的美。我不知道泰奥菲尔·戈蒂耶先生今年何以拾起慈善家的衣钵，因为他颂扬一切人，没有什么可悲的蹩脚画家的作品没有经过他的品鉴。他已是这样的老好人，假如学士院的时钟，庄严的催眠的时钟，为他敲响，那会是偶然的吗？文学的繁荣有这样不祥的后果，竟强迫公众提醒我们守规矩，把我们过去的浪漫派证书重新放在我们眼前吗？戈蒂耶先生天赋思想敏锐，开阔，富有诗意。人人皆知，他一贯对坦率流畅的作品表现出一种狂放不羁的赞美之情。画家先生们今年在他的酒里放了什么药？他为了完成任务选用了什么样的望远镜？

维达尔先生知道现代的美！算了吧！感谢自然，我们的女人没有那么多的思想，也不那么附庸风雅，但她们的确是另一种方式的浪漫派。请看看自然吧，先生，人们是不能用思想和仔细削尖的铅笔作画的，我不知道为什么，有些人把你们放进画家的高贵家庭中。你们尽可把你们画的女人叫作法蒂尼萨、斯黛拉、瓦奈萨、玫瑰时节，一大堆脂粉气十足的名字，但这没有用，这一切并不能造就有诗意的女人。你们曾经想画《钟爱自己》，这是一个高尚的、美好的想法，一种十足女性的想法，但是你们不会表达这种对奉承的渴望和这种崇高的利己主义。你们只不过落得个幼稚晦涩而已。

总之，这些矫揉造作将被看作是些有哈喇味儿的香脂，只要一道阳光就能把全部臭味发散出来。我宁愿待之以时日，而不愿浪费我自己的时间来向你们解释这类可怜的画所具有的一切小家子气。

九　论肖像画

有两种方式理解肖像画：历史的和小说的。

一种是忠实地、严格地、纤毫毕露地表现模特儿的轮廓和凹凸，这并不排斥理想化，对于明智的自然主义者来说，这种方式就在于选取最有特征的姿态，最能表现精神的习惯的那种姿态。此外，这种方式还在于对每个重要的细节进行合理的夸张，表明本来就是突出、强调和主要的东西，在于忽略或在整体中融入一切无足轻重的东西以及由于偶然的光线或色彩逐渐减弱而形成的东西。

历史派的领袖是大卫和安格尔，最好的例子是大卫的肖像画，这在福音市场的画展上可以看到，还有安格尔先生的肖像画，例如贝尔丹和凯鲁比尼的画像。

第二种方法专属色彩家，是使肖像画或油画成为一首包括其附属部分在内的充满了空间和梦幻的诗。这种艺术更难，因为它雄心更大。必须知道如何使头部笼罩在一片热烈的氛围所产生的柔和的雾气之中，或使它从一片朦胧的深处突现出来。这里，想象力起着更大的作用，但是，由于小说经常比历史更真实，所以，要表现一个模特儿，色彩家的流畅、富于表现力的画笔也往往比素描家的铅笔来得更清晰。

浪漫派的领袖是伦勃朗、雷诺兹、劳伦斯。著名的例子是《戴草帽的女人》和《兰普顿少爷》。

一般地说，弗朗德兰、阿莫里·杜瓦尔和莱赫曼诸先生是具有这种优秀的素质的，他们的模特儿的凹凸是真实的、细腻的，局部也构思得好，画得流畅，而且是一气呵成，但他们的肖像画常因一种自负而笨拙的矫饰而受到损害。他们对于优雅的过分喜爱每时每刻都在捉弄他们。人们知道他们是怀着一种多么令人钦佩的天真追求着优雅的色调，这些色调在强烈的时候，就会像魔鬼和圣水、大理石和醋一样不能相容。但是，由于这些色调过分暗淡，所用之量又微乎其微，所以，产生的效果与其说是痛苦的，还不如说是令人吃惊的，这真是一大胜利！

素描中的优雅在于赞同某些装腔作势、略知一点文学的女人的偏见，她们讨厌小眼睛、大脚、大手、窄额头和因快乐和健康而容光焕发的脸颊，总之是所有可以很美的东西。

色彩上和素描上的这种学究气总是给这些先生的作品带来损害，尽管它们还是很值得推荐的。因此，在阿莫里·杜瓦尔先生的蓝色的肖像画以及许多其他安格尔派或安格尔化的肖像画面前，不知道是通过什么样的联想，我感到思想中掠过了雄犬贝尔因查[1]的这些明智的话，这条狗逃避女才子是

---

[1] Berganza，霍夫曼作品中的人物，是一条雄犬。

和那些先生们追求她们一样急切的:'柯丽娜从未使你觉得不堪忍受?''一想到看见为真正的生活所鼓舞的她走近我,我就感到仿佛受到一种痛苦的感觉的压迫,在她的身边我不能保持我的平静和精神自由。'……'无论她的手臂或手多么美,我绝不能忍受她的抚摸,我总有某种厌恶之情,有某种总是使我失去食欲的内心的颤抖。我在这里完全是以狗的身份说话!'"

面对着弗朗德兰、莱赫曼和阿莫里·杜瓦尔诸先生过去或现在所画的几乎所有的女性肖像,我和聪明的贝尔冈查有相同的感觉,尽管他们知道如何使她们有一双美丽的手,也确实画得很好,尽管某些细节是优雅的。即便是托波索的杜尔西妮[1]本人,打这些先生们的画室一过,也要变得像一首哀歌一样苍白和一本正经,也要因美学的茶和黄油而消瘦下来。

但是,必须反复指出,伟大的老师安格尔先生并不是这样理解事情的!

在按照第二种方法理解的肖像画中,老杜布夫、温特哈尔特[2]、雷保罗诸先生和弗雷德里克·奥康奈尔夫人[3]若是具有一种对自然的更真诚的兴趣和一种更庄重的色彩的话,本来

---

1 《堂吉诃德》中的人物。
2 François-Xavier Winterhalter(1805-?),德国宫廷肖像画家。
3 Frédérique O'Connel(1823-约1885),法国肖像画家。

是可以赢得正当的光荣的。

杜布夫先生还会有很长时间在高雅的肖像画方面独擅胜场，他的自然的、几乎是诗意的趣味帮助他掩盖了无数的缺点。

需要指出的是，关于杜布夫先生，大叫大嚷反对资产者的那些人正是对佩里农先生的木刻头像着迷的那些人。要是人们能够预见到佩里农这样的画，人们会原谅德拉罗什多少东西啊！

温特哈尔特先生确实处在衰退之中。雷保罗先生总是老样子，他有时是个极好的画家，但总是缺乏趣味和理智。他画的眼睛和嘴是迷人的，手也很成功，然而衣饰使正派人望而却步！

奥康奈尔夫人知道如何自由而生动地作画，但她的色彩不坚实，这是英国绘画的一种不幸的缺点，过于透明，总是具有一种过分的流畅。

我刚才试图说明其精神特征的那种肖像画有一个极好的例子，这就是阿弗奈先生的一幅女人肖像，这幅画笼罩着一片灰色，充满神秘，在上届画展中使所有的内行人都产生了巨大的希望。但是，阿弗奈先生还不是一位风俗画家，他试图冶迪亚兹、德康、特洛瓦庸于一炉。

据说欧·戈蒂耶小姐试图使她的画法变得柔和些。她错了。

蒂西埃先生和让·吉涅[1]先生保持了稳健有力的笔触和色彩。一般地说，他们的肖像画具有特别是以外观使人愉快的那种优点，外观能给人最初的和最重要的印象。

维克多·罗贝尔先生是一系列关于欧洲的寓意画的作者，他肯定是一位好画家，手法坚实有力。但是，一位给名人画肖像的艺术家不应该满足于一种恰当和表面的颜色，因为他也是在给一种精神画像。格拉尼埃·德·卡萨涅克先生更丑得多，或者也可以说，更美得多。首先，鼻子更宽大，多变而易怒的嘴巴具有一种为画家所忽略的狡黠和灵敏。格拉尼埃·德·卡萨涅克看起来更矮小更强健，甚至也表现在额头上。画上的姿态与其说洋溢着真正的力量，还不如说是一种夸张，而前者正是他的特点。他对待生活及其一切问题所采取的好战和挑衅的姿态根本不表现在这个地方。只要见过他勃然大怒，笔和椅子剧烈地跳动，或者只要读到过关于他勃然大怒的描写，就足以明白画没有表现出他的全部。《地球报》的色调朦胧，是一幅幼稚之作，它应该处在明亮的光线之中。

我一直认为路·布朗热先生应该成为一个优秀的雕塑家，他是一个天真而缺乏创造性的匠师，加工别人的作品使他获益很多。他的浪漫的油画是拙劣的，而他的肖像画则是好的，明朗，坚实，画得轻松而简练。奇怪的是，它们常常

---

[1] Jean-Baptiste Guignet（1810-1857），法国画家。

看起来像是根据凡·戴克的肖像画制作的优秀版画，具有强力腐蚀铜版画的那种密实的阴影和白色的光线。路·布朗热先生再次想使自己升得更高一些，他便做作起来。我认为他是一个正派、平静、坚强的人，唯有诗人们的夸大的颂扬才能使他迷失方向。

对莱·科尼埃先生我说些什么呢？这位可爱的折中派，这位怀有那么多善意、精神那么不安的画家，为了很好地表现格拉奈先生的肖像，竟想到使用格拉奈先生的油画所特有的色彩，而人人早就知道，那通常都是黑色。

德·米尔贝尔夫人是知道如何解决趣味和真实这一难题的唯一的艺术家。正是由于这种独特的真诚，也由于她的细密画的迷人的外观，她的细密画具有绘画的全部重要性。

一〇　论漂亮和公式化

"漂亮"，这个可怕的、古怪的、产生于现代的词，我甚至不知该怎么写[1]，但我不能不用，因为它已被艺术家们接受来表达一种现代的丑恶。它意味着：没有模特儿，没有自然。"漂亮"是滥用记忆，这不是脑的记忆，而是手的记忆，因为有些艺术家对于特征和形式有着非凡的记忆力，例

1　奥·德·巴尔扎克在某处曾写作 le chique。——原注

如德拉克洛瓦或杜米埃[1]，而他们与"漂亮"并不相干。

"漂亮"可以比作那些书法家的工作，他们写得一手好字，有一支修得适于写斜体字或草体字的笔，他们能闭着眼睛，像签名时带出长缀一样，大胆地画出基督的头或皇帝的帽子。

"公式化"这个词的含义和"漂亮"这个词的含义有许多相似之处，但它特别用于表现头部和神态。

有"公式化"的愤怒、"公式化"的惊奇，例如，用手臂平伸、拇指张开来表示惊奇。

在生活中，在自然中，都有些"公式化"的事和人，也就是说，它们概括了人们对这些事和人所持有的庸俗平凡的想法，因此，伟大的艺术家对它们也是深恶痛绝的。

一切守旧的、传统的东西都来源于"漂亮"和"公式化"。

当一位歌唱家把手放在胸口，这通常就意味着：我永远爱她！如果他握紧拳头瞪着提台词的人或天花板，那就是说：他得死，这个叛徒！这就是"公式化"。

一一　论奥拉斯·维尔奈先生

这就是在美的追求中指引这位高度民族的艺术家的严格

---

[1] Honoré Daumier（1808-1879），法国画家。

原则，他的作品既装饰着贫苦村民的茅屋，也装饰着快乐的大学生的阁楼、最悲惨的妓院和我们的国王们的宫殿。我知道此人是个法国人，也知道法国人在法国是一桩神圣不可亵渎的事情，据说在外国也是如此，然而，正是因为这个我才恨他。

从公认的最广的意义上说，法国人的意思就是通俗笑剧作者，而通俗笑剧作者就是一个米开朗琪罗使之眩晕、德拉克洛瓦使之充满野兽般的惊愕的人，正如雷声之于某些动物。一切不可测知的事物，无论是高峰还是深渊，都使他谨慎小心，逃之夭夭。崇高总是对他产生一种骚乱的作用，他甚至读莫里哀也是战战兢兢，因为人们使他相信这是一位快活的作者。

因此，法国的一切正派人，除了奥拉斯·维尔奈先生之外，都憎恨法国人。这个好动的民族需要的不是思想，而是行动，是故事，是歌曲，是《箴言报》[1]！总之，绝不要抽象。他做过大事，但他从不思想。这些大事是别人让他做的。

奥拉斯·维尔奈先生是一位作画的军人。我憎恨这种在战鼓咚咚之中即兴进行的艺术，这些在战马奔驰中涂抹而成的油画，这种用手枪制造的绘画，正如我憎恨军队、武装的力量和一切在和平的地方拖着嘈杂的武器的东西。这种广泛

---

[1] 即《政府公报》。

的名声不会比战争持续得更久,随着人民有了其他乐趣就会衰落,我说,这种名声,这种vox populi, vox Dui[1],对我来说是一种压迫。

我恨这个人,因为他的作品根本不是绘画,而是一种灵活的、频繁的手淫,是对法国皮肤的一种刺激。正如我同样恨着另一位伟大的人物[2],他的露骨的虚伪使他梦想着当领事,他对人民对他的爱报以拙劣的诗句,那不是诗,而是一些强挤出来的拙劣的韵文,语言芜杂,错误百出,却充满着公民责任感和爱国主义。

我恨他,因为他运气好[3],艺术对于他是一桩清晰的、容易的事情。可他向你们讲述你们的光荣,这是一件大事。唉!这跟热情的闲逛者,跟那些爱美甚于爱光荣的四海为家的人,又有什么关系?

一言以蔽之,奥拉斯·维尔奈先生是艺术家的绝对的反面。他用"漂亮"取代了素描,用混乱取代了色彩,用片断取代了整体,他把梅索尼埃之流捧上了天。

总之,为了完成他的官方使命,奥拉斯·维尔奈先生具有两种卓越的素质,一种最小,一种最大:毫无激情和历书

---

1 拉丁文,人之声,神之声。
2 指诗人贝朗瑞。
3 这是马克·福尼埃先生的说法,这可以用于几乎所有流行的小说家和历史学家,他们差不多只是些专栏作家而已,如同奥拉斯·维尔奈先生一样。——原注

般的记忆力[1]！谁比他更清楚地知道每一件军装上有几个纽扣，经过多次行军而变形的护腿和鞋子是什么样子，武器的铜制件在牛皮带的哪个位置上留下灰绿的色调。这赢得了多么广泛的观众！这是何等的快乐！需要与观众同样多的不同职业来制造服装、帽子、剑、枪和炮！而为了对于光荣的一致的爱，所有这些行会都聚集在一个奥拉斯·维尔奈面前！这是何等壮观的景象！

由于我有一天责备几个德国人喜欢斯克里布[2]和奥拉斯·维尔奈，他们就回答我说："我们是把奥拉斯·维尔奈当作他那个时代的最全面的代表而由衷地钦佩的。"——但愿如此！

据说有一天奥拉斯·维尔奈先生前去看望彼埃尔·德·考纳留斯，并对他颂扬备至；但是回报却久候不至，因为在整个会见过程中，彼埃尔·德·考纳留斯只称赞过他一次，而且还是说他喝了那么多香槟酒竟未感不适。是真是假，这故事颇像一首诗。

人们还得说德国人是一个天真的民族！

---

[1] 我想，从哲学的观点看，真正的记忆力，只能是一种活跃的、容易被激起的想象力，因此，这种想象力也能够凭借每一种感觉唤起过去的场面，并神奇地赋予每个场面以相应的生命和特征；至少我听见过我的一位先师支持这种观点，他有着非凡的记忆力，尽管他记不住一个日期、一个专名。老师说得有理，肯定有别样的话语和表达深深地钻进灵魂，只能通过牢记在心的词汇才能抓住它们的隐藏的、神秘的意义（霍夫曼语）。——原注
[2] Eugène Scribe（1791-1861），法国剧作家。

许多人并不比我更喜欢奥拉斯·维尔奈先生，但他们主张在抨击的时候采用曲线方式，因此会指责我笨拙。但是，毫不掩饰的直言和开门见山并非是不慎重，因为每个句子中的我都隐藏着我们，人数众多的我们，沉默的、看不见的我们，我们。这是整个新的一代，战争和民族蠢举的敌人；这是健康的一代，因为它年轻，它已经追上来了，左推右挤，打开了缺口；这是严肃的、嘲讽的、咄咄逼人的一代[1]！

另两位画小画片的、"漂亮"的大崇拜者是格拉奈先生和阿尔弗莱·德·德勒先生，但他们的即兴能力分别用于不同的方面：格拉奈先生用于宗教，德·德勒用于上流社会的生活。一个画僧侣，一个画马；一个是黑色的，一个是明亮而闪光的。阿尔弗莱·德·德勒先生还是会画的，他的画具有一种舞台装饰画的强烈而新鲜的外观。可以设想，他在他所专长的题材中是更加注意研究自然的，因为他对奔跑着的狗的研究更为真实和坚实。至于说他的《打猎》，却有可笑之处，狗演了主角，每一条都能吃掉四匹马。它们令人想起儒弗奈[2]的《卖教堂者》中有名的绵羊，它们吃掉了耶稣基督。

---

1 因此，可以在奥拉斯·维尔奈先生的所有油画前唱道：你们的光阴多短暂，／朋友们，快及时行乐。这是法国式的快乐。——原注
2 Jean-Baptiste Jouvenet（1644—1717），法国画家。

一二　论折中主义和怀疑

正如人们所见，我们是在绘画的医院中。我们谈的是伤和病，而这一种并非是最不奇特和最少传染的。

现代如同古代，今日如同往昔，强壮健康的人们各自依其趣味和性情，分占了艺术的不同领土，根据有吸引力的工作的必然律，自由自在地活动着。一些人在色彩的秋天的金色葡萄园里轻松地、大把大把地收获着葡萄；另一些人则耐心地耕耘着，艰难地犁开素描的深沟。每个人都明白，他的王位是一种牺牲，而只有在这个条件下他才能够安全地统治到边界。他们每个人都在王冠上有一个标记，标记上刻的字有目共睹。他们谁都不怀疑自己的王权，而他们的光荣和宁静就存在于这种不可动摇的信念之中。

奥拉斯·维尔奈先生这位"漂亮"的丑恶的代表有一个优点，即他不是个怀疑者。这个人有一副快活的、爱闹着玩儿的脾气，他住在一个做作的国家里，其演员和后台都是同一种材料制成的；但他以主人的身份统治着他的炫耀和消遣的王国。

在今日的精神世界中，怀疑是一切病态的情感的主要原因，其祸患比以往任何时候都严重。这种怀疑借以产生的主要原因我将在倒数第二章中加以分析，其标题是：《论流派和工匠》。怀疑产生了折中主义，因为怀疑者有着获救的良好愿望。

怀疑主义在各个不同的时代总是自以为比旧理论伟大，因为它产生得最晚，可以有一个最为深广的视野；但是，这种不偏不倚证明了折中派的无能，如此慷慨地拿出时间来思考的人不是全面的人，他们缺乏激情。

折中派没有考虑过，人的注意力越是有所限制、越是自己限制其观察的范围，才越是集中。谁抱得太多，谁就抱得不紧。

尤其是在艺术中，折中主义的后果最为明显、最为具体，因为艺术要深刻，就要求一种不断的理想化，而这只能通过牺牲、无意的牺牲来获得。

一个折中派无论多么机灵，也是个软弱的人，因为他是个没有爱情的人。因此，他没有理想，没有偏见，既无星辰，也无罗盘。

他把四种不同的方法混在一起，产生的是一种丑恶的效果，即否定。

一个折中派是一条想在四面风中行驶的船。

一件从排他性的观点出发制作的作品，无论其缺点多么大，总是对与艺术家的性情相类似的性情具有一种巨大的魅力。

折中派的作品留不下回忆。

一个折中派不知道艺术家的第一件事就是用人取代自然，并向自然提出抗议。这种抗议并不像一种规则或一种修辞学那样冷冰冰地来自于某种规定，它是激烈的、天真的，像恶习，像激情，像食欲。因此，一个折中派不是一个人。

怀疑使得某些艺术家恳求其他艺术的援助，试验相互矛盾的方法，一种艺术侵犯另一种艺术，在绘画中引入诗、思想和感情，所有这些现代的灾难都是折中派独具的毛病。

一三 论阿里·谢佛尔先生和感情的模仿者

如果无方法可以称为一种方法的话，那么，阿里·谢佛尔先生就是这种方法的一个令人不快的例子。

阿里·谢佛尔先生在模仿了德拉克洛瓦，滑稽地学了色彩家、法国的素描家和奥佛贝克[1]的新基督教派之后，他终于意识到——当然是有些晚了——他不是一个天生的画家，他得求助于其他的手段，于是，他向诗请求帮助和保护。

这是个可笑的错误，其原因有二：其一，诗不是绘画的直接目的。诗介入绘画，画只能更好，但是，诗并不能因此而掩盖其弱点。带着框框在一幅画的构思中寻求有偏见的诗，这是找不到这种诗的最可靠的方法。诗应该在艺术家的不知不觉中产生。

它是绘画本身的结果，因为它沉睡在观者的灵魂中，天才即在于唤醒它。绘画仅仅因其色彩和形式而有趣，它像诗，只是因为诗能在读者心中唤起画意。

---

[1] Friedrich Overbeck（1789-1869），德国画家。

其二，这也是以上所述的结果，值得注意的是，那些始终处于天性的正确引导之下的伟大的艺术家们只从诗人那里取用色彩强烈、形象鲜明的题材。因此，他们喜欢莎士比亚要胜于阿里奥斯托[1]。

为了选择一个明显的例子来说明阿里·谢佛尔先生的愚蠢，让我们来考察一下《圣奥古斯丁和圣莫尼克》这幅画的主题。一位正直的西班牙画家会怀着艺术和宗教的双重虔敬，天真地、尽可能地画出他对圣奥古斯丁和圣莫尼克的一般印象。但这里并非如此，特别应该表达的却是这一段文字——用画笔和色彩来表达："我们私下里探讨着什么是这种永恒的生活，眼睛看不见、耳朵听不见、人心达不到的生活！"[2] 这真是荒谬至极！我仿佛看见了一位舞者跳着数学般的步子！

以前，公众对阿里·谢佛尔是很宽厚的，他们在那些诗意的画前重新产生了对伟大诗人们的最亲切的回忆，这对他们来说就够了。阿里·谢佛尔的短暂的流行是对歌德表示的一种敬意。但是，艺术家们，甚至那些才气平平的艺术家们，早就向公众展示出了真正的绘画，手法稳健、符合艺术的最简单的规则，所以，公众逐渐厌恶起这种看不见的绘画了，今天，它对待阿里·谢佛尔先生是冷酷的、忘恩负义

1　Ludovico Ariosto（1444–1533），意大利诗人。
2　出自圣奥古斯丁的《忏悔录》，略有改动。

的，正如一切公众一样。确实如此！它做得对。

总之，这种绘画是如此可悲、如此可鄙、如此灰暗、如此讨厌，许多人竟把阿里·谢佛尔的画当成了亨利·谢佛尔的画，后者也是一个艺术上的吉伦特派[1]。而对我来说，他的画和被大雨冲过的德拉罗什的画具有同样的效果。

要了解一位艺术家的意义，考察他的观众是个简单的方法。欧仁·德拉克洛瓦的观众是画家和诗人，德康先生的观众是画家，奥拉斯·维尔奈先生的观众是军人，而阿里·谢佛尔的观众则是美学女人[2]，她们为她们的白带进行报复，就演奏宗教音乐[3]。

一般地说，感情的模仿者们是些拙劣的艺术家。如若不然，他们就会去干别的事了。

他们之中最强的是那些只知道漂亮的人。

由于感情是一种变化无穷、花样繁多的东西，像风尚一样，所以有不同种类的感情的模仿者。

感情的模仿者特别依靠说明书。应该注意的是，画的题目从不涉及主题，尤其是那些因巧妙地混合了恐怖而混合了感情和思想的人，更是如此。这样一来，将这方法扩展一

---

1 Girondin，法国大革命时期代表大工商业资产阶级的政治集团。这里指折中派。
2 指那些对艺术有看法的女人，含贬义。
3 我的善意的愤怒有时大概会得罪一些人，我劝他们读一读狄德罗的《沙龙》。除去适当的仁慈之外，他们会看到这位伟大的哲学家谈到一位因有家口要养活而被推荐给他的画家时说，要么不要画，要么不要家。——原注

下，人们得到的就是感情的画谜了。

例如，你们在说明书中看到：《可怜的纺织女》，可是，那幅画画的可能是一条雌性的蚕或一条被小孩踩死的毛毛虫。真是一个没有怜悯心的时代。

《今天和昨天》，这是什么意思？也许是白旗和三色旗，也许是一位议员获胜和他被免职，但都不是，原来是一个年轻的处女被选作美女，玩着首饰和玫瑰花；而现在，她憔悴干瘪，满脸皱纹，一贫如洗地忍受着她的轻佻的后果。

《守不住秘密的人》[1]，请你们去想吧。原来画的是一位先生无意中发现两个姑娘害羞地拿着一本黄色画册。

这幅画属于路易十五时代的感情画之列，我认为，这种画是继《十小时的休假》[2]之后流入沙龙的。正如人们所见，这完全是另一种感情，这种感情少些神秘主义。

一般地说，感情画源于某个女才子的最拙劣的诗，这是忧郁含蓄型；或是对于穷人对富人的抱怨的一种形象的表达，这是抗议型；或是借用箴言，这是精神型；有时则取材于布依[3]先生或贝纳丹·德·圣彼埃尔[4]的作品，这是说教型。

这里还有几个感情画的例子：《乡间的爱情》，幸福，宁静，闲适；《城里的爱情》，嘈杂，混乱，翻倒的椅子和书

---

[1] 德国画家施莱辛格（Henri-Guillaume Schlésinger，1814–1893）的作品。
[2] 法国画家吉罗（Eugène Giraud，1806–1881）的作品，曾经风行一时。
[3] Jean-Nicolas Bouilly（1763–1842），法国作家，其作品多为说教。
[4] Bernardin de Saint-Pierre（1737–1814），法国作家。

本——这是一种适合普通人的理解力的玄想。

《一个姑娘在四个房间中的生活》[1]，这是对那些想做母亲的姑娘们的忠告。

《一个疯处女的施舍》。她拿出了她辛苦地从那个在费利克斯[2]的店铺门口站岗的永恒的萨瓦人[3]手中挣来的一个苏。店里面富人们已在狼吞虎咽。这幅画显然来自《玛丽蓉·德·洛尔莫》[4]这部文学作品，后者宣扬的是杀人犯和妓女的美德。

让法国人有思想吧！让他们费尽力气去自己欺骗自己吧！当这个可爱的民族要自己哄自己的时候，书、画、抒情歌曲，什么都不是无用的，任何手段也没有被忽略。

一四　论几个怀疑派

怀疑具有许多种形式，它是一位普洛透斯[5]，常常自己也不认识自己。因此，怀疑派变化无穷，而我不得不一股脑儿谈好几个人，他们的共同之处仅仅在于缺乏健全的个性。

1　此画的标题实际上是《一个姑娘在五个房间中的生活》，即"约会"、"舞会"、"奢华"、"苦难"、"监狱"。作者夏尔·里夏尔。
2　Félix，巴黎的一个糕点商。
3　萨瓦是法国东南部一地区，以穷著称。
4　Marion Delorme，维克多·雨果的剧本。
5　Proteus，希腊神话中变幻无常的海神波塞冬和忒提斯的儿子。他能知未来，只有中午才从海中出来，到岩石的阴影下睡午觉。谁能见到他，他就可以向这个人预告未来。

其中有一些严肃的、充满着善良愿望的人，这些人，还是让我们可怜他们吧。

帕波蒂先生，有些人，尤其是他的朋友们，自打他从罗马回来之后，就把他当作是一位色彩家，他画了一幅外观极其令人不快的画：《梭伦口授法律》。这幅作品令人想到皇家学派的可笑的尾巴，这也许是由于它挂得太高看不清细节的缘故。

连续两年，帕波蒂先生在同一届沙龙中展出了外貌截然不同的画。

风格平庸、构图混乱的作品损害了格莱兹先生的开端。除了画女人，每当他要画别的东西时，他总要失败。格莱兹先生以为通过专门选择某些色调就可以成为色彩家。布置橱窗的人和剧团的服装员也喜欢丰富的色调，但这并不能形成对和谐的鉴赏力。

在《维纳斯的血》这幅画中，维纳斯是漂亮的、优雅的，动作也好，但是蹲在她面前的仙女却是可怕的公式化的人物。

关于色彩，可以对马图先生进行同样的指责。此外，一个曾经以素描家出现而思想又主要致力于线条的和谐的艺术家，应该避免赋予人物一种颈部和手臂不大会有的动作。如果自然要这样，理想主义的艺术家为了忠于自己的原则，也不应该同意。

谢那瓦尔[1]先生是一位十分博学而刻苦的艺术家，数年前，他与科麦拉[2]先生合作的《圣波吕卡普的殉难》引起过人们的注意。这幅画表明了一种真正的结构技巧和对于意大利的大师们的深刻的认识。今年，谢那瓦尔先生仍然在主题的选择和素描的圆熟方面表现出鉴赏力，但是，当一个人要同米开朗琪罗较量的时候，不是至少应该在色彩方面胜过他吗？

阿德里安·吉涅先生的头脑中始终有两个人：萨尔瓦托和德康先生。萨尔瓦托—吉涅先生用乌贼墨颜料作画。吉涅—德康先生是一个因两重性而缩小了的实体。《佣兵队长们在抢劫之后》是根据第一种方式画出来的，《泽尔士一世》则近乎第二种方式。总之，这幅画画得相当好，只是对于博学和珍奇的兴趣使观众感到惊奇好玩，从而使他们偏离了主要的思想，这也是《法老》一画的缺点。

布吕纳先生和吉古先生早已闻名。即便在他的好时候，吉古先生也差不多只是画些大画片儿。经过多次失败之后，他终于向我们拿出一幅画来，这幅画即使还不很有独创性，至少看起来还是相当美的。《圣母的婚姻》像是出自一位佛罗伦萨颓废时代为数众多的大师之手的作品，作者仿佛突然

1　Paul-Marc-Joseph Chenavard（1807-1895），法国画家。
2　Philippe Comairas（1803-1875），法国画家。

间为色彩所吸引。

布吕纳先生令人想到卡拉齐兄弟[1]和第二期[2]的那些折中派画家们：手法坚实，但缺少灵魂或者根本就没有灵魂，没有大错误，但也没有大优点。

如果说还有些怀疑者使人发生兴趣的话，就是那些怪诞的怀疑者了。公众每年都带着一种刻毒的喜悦看见他们。这种刻毒的喜悦为百无聊赖的闲逛者所专有，过分的丑陋给他们提供了一时的消遣。

巴尔先生是个有着冷静的疯狂的人，他似乎确确实实被自己加在自己身上的重负压倒了。他时不时地也回到自然的方式上去，即人人都有的方式上去。有人对我说《加隆的船》的作者是奥拉斯·维尔奈的学生。

比亚尔[3]先生是全才人物，这似乎说明他丝毫也不怀疑，说明没有人比他更对自己所做的事有把握。但是请注意，在他多得可怕的作品中有历史画、旅行画、感情画、精神画，但有一种画被忽略了；比亚尔先生在宗教画面前退却了，他对自己的价值还没有足够的信心。

---

1 洛多韦科·卡拉齐（Lodovico Carracci，1555-1619）及其从弟阿果斯丁诺·卡拉齐（Agostino Carracci，1557-1602），阿尼巴·卡拉齐（Annilbale Carracci，1560-1609），意大利波伦亚派画家，西欧绘画中学院派的创始人。他们主张用调和折中的方法学习文艺复兴兴盛期的遗产。
2 指文艺复兴末期。
3 François Biard（1798-1882），法国画家。

一五　论风景画

在风景画中和在肖像画、历史画中一样，也可以根据不同的方法进行分类，因此，有色彩风景画家、素描风景画家和想象的风景画家，有不知不觉中进行理想化的自然主义者，也有公式化的一派，他们致力于一种特殊的、奇怪的种类，叫作历史风景画。

在浪漫主义革命时期，风景画家们以最著名的弗朗德勒派的画家们为榜样，专心致志地研究自然，正是这一点救了他们，给现代风景画派带来一种特殊的光彩。他们的才能特别表现在对于可见物的崇拜，崇拜它们的一切面貌和一切细节。

另一些人更有哲学头脑，更喜欢推理，他们尤其关心的是风格，也就是说，基本线条的和谐，自然结构的和谐。

幻想的风景画是人类沉思的表现，由于人类的利己主义取代了自然，这种风景画还很少得到发展。这是一种特殊的品种，伦勃朗、鲁本斯、华托和某些英国的纪念品提供了最好的例子。缩小来看，它与歌剧院的美丽装饰画相类似，这一特殊品种表达了人类对于神奇的东西的自然的需要。这是素描的想象力被引入了风景画中：神话般的花园，无边无际的远景，河流比自然界中的更清澈，流动也不根据地形学的原理，巨大的峭壁具有理想化的比例，浮动的雾仿佛一个梦。在我国，热衷于幻想的风景画的人不多，也许因为它不是一种法国的产物，也许因为流派首先需要投入纯粹自然的源泉之中。

至于历史风景画，我要作为追思祭礼说几句话，它既不是自由的幻想，也不是自然主义者的可钦佩的恭顺，而是应用于自然的道德。

怎样的矛盾，怎样的丑恶啊！自然除了事实没有别的道德，因为自然本身就是道德；尽管如此，还是要依据更健康更纯粹的规则重建并整理道德，这种规则并不存在于理想所具有的纯粹的热情之中，而是存在于信徒的秘而不宣的章程之中。

因此，悲剧就在于剪出某些永恒的图样，如爱、恨、骨肉之情、野心等等，并系于线上，根据某种神秘而神圣的程式使之走动、敬礼、坐下和说话。这种悲剧已被人们遗忘，只有在天下最冷落的剧院法兰西喜剧院中还可看到几个标本。哪怕是用楔子和木槌，你们也休想把无限的多样性这种概念打进一位悲剧诗人的脑子里去；哪怕是打他或杀他，你们也休想让他相信应该有不同的道德。你们可曾见过悲剧人物吃喝？显而易见，这些人用道德代替了自然的需要，他们创造自己的性情，而不是像大部分人那样顺应自己的性情。我听见过法兰西喜剧院的一位悲剧诗人说，巴尔扎克的小说使他心里难受，产生反感，他难以设想一对情侣除了花香和晨露还能以别的东西为生。我觉得，政府进行干预的时候到了，因为虽然文人们自然而然地逃避悲剧，他们各有自己的梦想和工作，也没有什么礼拜日，但总还有相当数量的人，有人使他们相信法兰西喜剧院是艺术的圣殿，他们的可钦佩的善良愿望七天中有一天被人扒窃了。允许某些公民变得愚蠢、沾染上错误思想难道是合理的吗？然而，悲剧和历史风景画似乎比神还要强大。

你们现在知道一幅好的悲剧风景画是什么了。那是把树的图样、泉的图样、坟的图样和骨灰盒的图样配置在一起。狗是依据某种历史上的狗的图样进行加工的，一个历史的牧童不能有别的狗，否则就是不体面。任何一棵不道德的树竟敢独自并且随意地生长，都要被砍倒；任何有癞蛤蟆或蝌蚪的池塘都要被无情地填死。历史风景画家们犯过一些不可避免的小错之后感到悔恨，就按照一片真正的风景、一片纯净的天空和一种自由而丰富的自然的样子想象出地狱，例如一片草原或一座原始森林。

保尔·弗朗德兰、德高夫[1]、谢旺迪埃[2]和泰多[3]诸先生赢得了同整个民族的趣味进行斗争这样的光荣。

我不知道历史风景画从何而来。肯定，它不是来自普桑，因为环绕着这些先生们的，是一种堕落而放荡的精神。

---

1 Alexandre Desgoffe（1805—1882），法国画家。
2 Paul Chevandier de Valdrôme（1817—1877），法国画家。
3 Alphonse Teytaud，法国画家。

阿里尼[1]、柯罗、卡巴[2]诸先生很关心风格，但是，在阿里尼先生那里是一种激烈的、哲学的偏见的东西，在柯罗先生那里却是一种天真的习惯和自然的气质。不幸的是，他今年只拿出了一幅风景画：一群奶牛到枫丹白露树林中的一个水塘中饮水。柯罗先生与其说是一位色彩家，不如说是一位和声学家，他的作品始终与学究气无缘，具有一种因色彩的简洁而产生的迷人的外貌。他的作品几乎全部表现出一种协调的特殊禀赋，这是记忆力的一种需要。

阿里尼用腐蚀铜版画展现了科林斯和雅典的很美的风光，完满地表现了人们想象中的这两个地方。总之，这些石头的和谐的诗篇非常适合于阿里尼先生的严肃而理想主义的才能，他为了表达而采用的方法也是如此。

卡巴先生完全放弃了他曾在其中取得巨大声誉的那条道路。他过去远比现在出色和天真，自然主义的风景画家所特有的那种自吹自擂跟他没有关系。他不像过去那样相信自然了，这的确是错误的。这个人的才能太大，他的作品不能都具有一种特殊的性质；但是，这种新时代的詹森主义[3]，这种方法的减少，这种自愿的放弃，并不能增加他的光荣。

一般地说，安格尔派的影响不能在风景画中产生令人满

---

1 Claude-Félix-Théodore Caruelle d'Aligny（1798—1871），法国画家。
2 Louis Cabat（1812—1893），法国画家。
3 Jansénisme，17世纪天主教中詹森派教会的神学主张，崇尚虔诚和严格持守教规。

意的结果。线条和风格代替不了明暗、反射和可以染色的氛围，在自然的诗中，这些东西起的作用太大了，使得自然的诗不能听从这种方法的摆布。

相反的派别，即自然主义者和色彩家们，更得人心，发出了更多的光彩。丰富流畅的色彩，透明灿烂的天空，使他们接受自然所给予的一切的那种特殊的真诚，这是他们主要的优点；只是他们中有些人，例如特洛瓦庸先生，过于喜欢卖弄用笔的技巧了。这些手法事先就已为人所知，学起来颇费力气，成功的方式千篇一律，有时候比景物本身还要使观者感兴趣。在这种情况下，有时竟会有这样的事，一个料想不到的学生，例如夏尔·勒鲁先生[1]，把安全和大胆推得更远，因为只有一种东西是不能模仿的，那就是淳朴。

瓜尼阿尔[2]先生画了一大幅风景画，看起来相当美，颇为吸引公众的目光。前景是许多奶牛，背景是一座森林的边缘。奶牛很美，画得很好，画的全局看起来很好；但是，我认为那些树不够壮，支撑不了那样的天空。这使人设想到，如果取消了奶牛，这风景画就会变得很难看。

弗朗赛先生是最出色的风景画家之一。他善于研究自然，并在其中融入一种品质优良的浪漫派的芳香。他的《圣克鲁的自修室》是一件迷人之作，充满了情趣，除了梅索尼

---

[1] Charles Le Roux（1814—1895），法国画家，柯罗的学生。
[2] Louis Coignard（1810—1883），法国画家。

埃先生补画的小矮人，那是一个趣味错误。这些小矮人过于引人注目，开心的是那些傻瓜。总之，这位艺术家在所有这些小玩意儿中表现出一种特殊的完美，他就是以此来画出这些小矮人的。[1]

弗莱尔先生不幸只送来了色粉画，公众和他都在这上面吃了亏。

埃鲁[2]先生是那种特别关心光和氛围的人，他很善于表现晴朗的、笑意盈盈的天空，有阳光穿过的浮动着的雾。他感受到了北方国家所特有的全部诗意。但他的色彩有些软弱，捉摸不定，透出一种水彩画的习惯，如果说他知道如何避免其他风景画家所有的那种大胆，他却并不是总能够拥有足够坚定的笔触。

一般地说，若瓦扬、沙卡东、洛吉埃[3]、波尔杰诸先生是在遥远的国度里寻找题材，他们的画具有一种读游记时所感到的魅力。

我不反对专长，但我不愿有人像若瓦扬先生那样滥用专

---

[1] 我终于发现了一个人，他能够以最合理的方式表达他对梅索尼埃们的钦佩，其热情与我的热情一般无二。这个人就是伊波利特·巴布先生。我像他一样认为，应该把他们都吊在健身房的门楣上。"《热纳维埃夫或父亲的嫉妒》是一个可爱的小梅索尼埃，斯克里布先生把它挂在了健身房的门楣上。"（《法兰西通讯》，4月6日）这在我看来是如此高尚，以至于我料想到，这段引文只能使斯克里布先生、梅索尼埃先生和巴布先生受到更大的尊重。——原注
[2] Antoine-Désiré Héroult（1802–1853），法国画家。
[3] Louis Lottier（1815–1892），法国画家。

长，他从不走出圣马克广场，从不越过利多[1]。如果说若瓦扬先生的专长比另一个人的专长更吸引观众的目光，那是因为他表现出单调的完美，而这种完美总是得之于同样的方法。我觉得若瓦扬先生永远不会有所进步。

波尔杰先生越过了中国的边界，他向我们展示了墨西哥的、秘鲁的、印第安的景色。他并不是第一流的画家，但他的色彩辉煌而流畅，他的色调新鲜而纯净。若是少一些艺术，少想一些风景画家，而更多地以旅行者的身份作画，波尔杰先生也许会取得更有意思的结果。

沙卡东先生专门致力于东方，早已是最熟练的画家之一，他的画是愉快的，充满了笑意。不幸的是，人们几乎总把他说成是缩小了的或失去光彩的德康和马里拉[2]。

洛吉埃先生没有寻找炎热地方的灰色和雾霭，而是喜欢突出强烈和耀眼的灼热。那些阳光灿烂的全景具有一种神奇而严峻的真实性，它们似乎是由达盖尔[3]彩色照相机拍摄而成的。

我认为，有一个人比所有上述的人，甚至比那些最有名的未参加展出的人都更好地满足了风景画中美的条件，他还很少为群众所知，以往的失败和暗中的烦扰把他拒之于沙龙门外。我觉得现在已是泰奥多尔·卢梭先生（人们已经猜到

---

1 Lido，威尼斯与亚得里亚海之间的一段狭长地带。
2 Prosper Marilhat（1811-1847），法国画家。
3 Louis-Jacques Daguerre（1787-1851），法国画家，现代摄影的发明者。

我要谈的就是他）再度出现在公众面前的时候了，其他的风景画家已经渐渐习惯于一些新的面貌了。

用文字来使人理解卢梭先生的天才，是和用文字来使人理解德拉克洛瓦的天才一样困难的，而且，他与后者之间也存在着某种联系。卢梭先生是个北方的风景画家，他的画洋溢着一种巨大的忧郁。他喜欢近乎蓝色的景物，暮色，奇异的、水淋淋的落日，巨大的、微风荡漾的阴影，明暗的强烈变化。他的色彩是壮丽的，但并不鲜艳。他的天空是无与伦比的，显出一种棉絮般的柔软。读者请回想一下鲁本斯和伦勃朗的某些风景画，在其中融进对英国画的某些回忆，在控制和调整这一切的同时再设想一种对于自然的深沉而严肃的爱，这样你们也许可以对他的画的魔力有一个概念。他像德拉克洛瓦一样，在很大的程度上把灵魂融入画中，他是一个不断地趋向理想的自然主义者。

居丹[1]先生日益败坏着他的声誉。公众在看到好的绘画的同时，就渐渐摆脱那些最孚众望的艺术家，如果他们不能提供出同等数量的快乐的话。在我看来，居丹先生属于那种人之列，他们用人造的肉堵他们的伤口；他属于那种拙劣的歌唱家之列，人们说他们是大演员；他也属于那种诗意的画家之列。

1　Théodore Gudin（1802-1880），法国画家。

儒勒·诺埃尔[1]先生画过很美的海景画，色彩美丽、明朗、灿烂、欢快。一艘斜桅帆船，颜色和形状都很奇特，停泊在一个大港中，那里流动漂浮着东方的阳光。也许设色有过，而整体性则有不及。但是，儒勒·诺埃尔先生显然是才华横溢的人物，他不能不有过分的地方，但他无疑是那种天天有所进步的人。总之，这幅油画所取得的成功证明，在各个画种里，今日的公众随时准备热烈地欢迎一切新的名字。

齐奥尔波埃先生属于那种旧时的喜画豪华场面的画家之列，他们善于装饰典雅的餐厅，使观者想象里面坐满了饥饿而自豪的猎人。齐奥尔波埃先生的画愉快，有强烈的感染力，其色彩流畅而和谐。《捕狼陷阱》这幅画的戏不那么容易理解，这也许是因为陷阱不完全在明处；边吠边退的狗的屁股画得不够有力。

有人说圣若望先生画出了里昂城的快乐和光荣，其实他在一个画家很多的国家里永远只能获得中等的成功。那种过分的琐细具有一种令人不堪忍受的学究气。每次有人对你们谈论里昂画派的画家的天真，你们都不要相信。长久以来，圣若望先生的画的基本色彩就是像尿一样发黄。似乎他从未见过真正的水果，他也不加理会，因为他像机器一样画得很好。大自然中的水果不仅是另外一副样子，而且还不如他画的水果那么光滑精细。

---

[1] Jules Noël（1815-1881），法国画家。

阿隆代尔先生就不是这样了,他的主要优点是一种真实的淳朴。他的画也有某些明显的缺点,但他的成功的部分是画得很好的,有些其他部分画得过暗,似乎作者在作画时没有考虑到沙龙的一切不可避免的意外,周围的画、观者的距离以及由此引起的色调的变化。再说,只画得好是不够的。所有那些有名的弗朗德勒派的画家都知道如何配置猎物,翻来覆去地摆布,就像是摆布一个模特儿一样;必须发现适当的线条和丰富而明朗的色调之间的协调。

菲·卢梭先生正在获得重大的进步,大家都经常地注意到他的充满颜色和光彩的画。他的确是一个优秀的画家,但他现在更加注意地观察自然,竭力表现出它的面貌。最近,我在杜朗—吕埃尔看见了卢梭先生画的鸭子,它们具有一种奇妙的美,确实有鸭子的习性和动作。

一六 为什么雕塑使人厌倦?

雕塑的起源湮没在蒙昧时代之中,因此这是一种加勒比人的艺术。[1]

事实上,我们看到所有的民族都曾在接触绘画很久之前就刻制过偶像,而绘画是一种具有深刻推理性的艺术,其乐

---

[1] 狄德罗在《1767年的沙龙》中说,人们在"马拉巴海岸和加勒比的树丛中"发现的那样的雕塑要比毕加尔和法尔考耐的杰作更能引起群众的崇敬。——原注

趣本身就需要一种特殊的启蒙。

雕塑更接近自然，所以，我们的农民看到长得很巧妙的一段木头或一块石头就感到愉快，而在最美的绘画面前却要发愣。绘画中有一种特别的神秘，用手指头是摸不着的。

雕塑有好几种弊病，都是其手段的必然结果。它像自然一样粗暴和实在，同时又模模糊糊和不可捉摸，因为它同时显示出过多的面。雕塑家竭力使自己站在一个角度上，但是徒然，观者围着雕像转圈，可以选择一百种不同的角度，而没有一种是正确的。使艺术家感到屈辱的是，一道偶然的光线，一种灯光的效果，常常显露出一种他未曾想过的美。一幅画仅仅是他所希望的那个样子，而除了在受光合适的情况下是无法观看一幅画的。绘画只有一个角度，是排他的、专制的，因此，画家的表现力强烈得多。

这就是为什么雕塑搞得好坏是一样的难。我听雕塑家普雷欧[1]说过："我深知米开朗琪罗、让·古荣[2]、杰尔曼·皮隆[3]，但是我对雕塑却一窍不通。"显然，他想说的是雕刻匠的雕刻，换句话说，是加勒比人的雕刻。

雕塑走出野蛮时代之后，在它最辉煌的发展时期也不过是一种补充的艺术而已。这时已不再是巧妙地刻制可以携带的人像了，而是谦卑地附属于绘画和建筑并为它们的意图效

1　Auguste Préault（1810-1879），法国雕塑家。

2　Jean Goujon（1510-1566？），法国雕塑家、建筑家。

3　Germain Pilon（1537-1590），法国雕塑家。

劳了。大教堂直刺天空，用与建筑物融为一体的雕塑来填满它的万丈深渊，请注意，是着色的雕塑，其纯粹的色彩按照一种特殊的系列加以配置，与其余的一切相协调，补足伟大作品的诗的效果。凡尔赛宫荫护着它的那一群雕像，阴影当作背景，一束束活水向它们喷射出光线的万千宝石。在任何伟大的时代里，雕塑都是一种补充，从始至终，这种艺术都是孤立的。

一旦雕塑可以就近观看，就没有什么琐细和幼稚的东西是雕塑家所不敢为的了，他们胜利地超越了烟斗[1]和偶像。当雕塑成为一种客厅的艺术或卧室的艺术时，人们就看见出现了带花边的加勒比人，如盖拉尔先生[2]；还出现了有皱纹、毛发、疣子的加勒比人，如大卫[3]先生。

还有使用壁炉柴架、挂钟、文具盒的加勒比人，如康伯沃思先生，他的《玛丽》是一个样样都能做的女人，在卢浮宫和絮斯的铺子里展出，当作雕像或当作枝形大烛台；如佛舍尔先生，他具有一种讨厌的广博：巨大的人像，火柴盒，金银器图案，胸像和浅浮雕，他无所不能。今年他根据一位著名演员做的胸像并不比去年更像，那总是一些差不多的东西。那个好像耶稣基督，这个又干枯猥琐，根本表现不出模特儿独特的、瘦削的、嘲讽而犹豫不决的外貌。总之，不应

---

1 指北美印第安人用的长烟斗。
2 Paul-Joseph Gayrard（1777—1858），法国雕塑家。
3 指大卫·丹杰尔（David d'Angers）。

该以为这些人缺乏技巧，他们像通俗笑剧的作者们和学士院的院士们一样博学，他们利用一切时代和一切画种，他们发展了一切流派。他们很乐意把圣德尼的墓化为雪茄盒或开司米盒，把所有的佛罗伦萨铜像变成值两个苏的小玩意儿。为了得到关于这个爱闹的、炫目的流派更多的情况，应该向克拉格曼[1]先生请教，我认为他是那个巨大的工作室的主人。

普拉迪埃先生现在是雕塑之王，这证明了雕塑的可悲境况。他总算知道如何雕塑肉体了，用刀也还有些特殊的细腻之处，但是，他没有伟大作品所必需的想象力，也没有素描的想象力，他的才能是冷冰冰的、学院式的。他毕生在为某些古人的躯体加肥，并在她们的脖子上配上妓女的发式。《轻快的诗》越是做作，越显得冷漠；形象并不像在普拉迪埃先生过去的作品中那么肥胖，但是从背后看来，外观仍然非常难看。他还做了两座铜像：《阿那克里翁》和《智慧》，这是对古代雕像的厚颜无耻的模仿，它们有力地证明了，普拉迪埃先生若是没有这副高贵的拐杖的话，步步都要踉跄的。

与大型的但并非不精细的雕塑相比，胸像是个对想象力和才能要求不那么高的品种。这是一种更亲切、更狭窄的艺术，其成功更不为人所知。正如在按照自然主义者的方式所作的肖像画中一样，必须深入地了解模特儿的基本特点并表

---

[1] Jules Klagmann（1810-1867），法国雕塑家。

现出他的诗意，因为很少有模特儿是完全没有诗意的。几乎所有出自当唐先生之手的胸像都是根据最好的学说做出的。它们都有一种特殊的印记，细节并不排斥一种雄浑而流畅的手法。

相反，朗格莱[1]先生的主要缺点是工作中的某种胆怯、幼稚和过分的真诚，这使他的作品显得枯燥，但是，使一个人像具有更真实更可靠的性格却是不可能的。这一尊小胸像，紧凑、严肃、双眉紧锁，具有罗马优秀作品的卓越的特点，是在自然本身之中发现的理想化。此外，我在朗格莱先生所做的胸像中还注意到一种古代人像所特有的标志，那就是深沉的注意力。

一七　论流派和工匠

你们常常被闲逛者的好奇心卷进一场骚乱，当你们看见一个治安警察或保安警察（这是真正的军队）殴打一个共和派，你们是否跟我同样感到快乐？你们是否也像我一样心里暗暗地说："打吧，重一点儿，再打，我心爱的保安警察；因为这至高无上的殴打，我崇拜你，我认为你很像朱庇特，那伟大的审判者。你打的那个人是玫瑰花和芳香的敌人，是用具的狂热崇拜者，他是华托的敌人，拉斐尔的敌人，是豪

1　Amand Lenglet（1791-1855），法国雕塑家。

华、美术和文学的顽强敌人，是个破坏艺术品的死硬派，是维纳斯和阿波罗的刽子手！这卑微的、无名的工匠不愿再为公众的玫瑰花和芳香工作了，他想自由，这无知的家伙，他没有能力建立一个生产新的鲜花和香料的工厂。怀着宗教的虔诚朝这个无政府主义者的肩胛骨打吧！"[1]

因此，哲学家和批评家应该无情地斥责艺术的模仿者，那些行为放任的工匠，他们憎恨天才的力量和统治权。

请比较一下现在和过去吧；当你们走出客厅或一座新装饰过的教堂的时候，请到一座陈列古物的博物馆里休息一下眼睛吧，分析一下其间的差别吧。

前者，是喧闹、风格和色彩的混乱，色调的不调和的拼凑，极其粗俗，动作和姿态的平庸，崇敬俗套，各式各样的公式化，而这一切都是显而易见清清楚楚的，不仅表现在放在一处的许多画中，而且表现在单独的一幅画中，一句话，完全缺乏统一性，其结果是使人的精神和眼睛感到可怕的疲倦。

而后者，那种能使儿童脱帽的崇敬抓住了你们的灵魂，就像坟墓的尘埃使你们的喉咙发紧一样；这种崇敬绝不是由于黄色的清漆和岁月的积垢的作用，而是由于统一性、深刻的统一性的作用，因为威尼斯画派的伟大作品放在儒勒·罗

---

[1] 我常听见人们抱怨现代戏剧，说是缺乏独创性，因为没有典型了。可共和派呢！你们作何感想？这不是一出想使人快活的喜剧所必需的东西吗？这不是一个装出贵族气派的人物吗？——原注

曼的作品旁边，并不像我们的某些作品（并不是最坏的）放在一起那么不调和。

这种服饰的豪华、动作的高雅，这种常常是做作的但却是威严而高傲的高雅，这种对小手法和矛盾的方式的摈除，这些素质都包含在一个词中，这个词就是：伟大的传统。

过去有的是流派，而现在有的却是些行为放任的工匠。

路易十五时代还有一些流派，帝国时代也还有一个。一个流派，就是一种信念，也就是怀疑之不可能。一些学生被一些共同的原则联系在一起，服从一个强有力的首领的规则，并在他的一切工作中帮助他。

怀疑，或者说缺乏信念和天真，是这个时代特有的毛病，因为谁都不服从；而天真是性情对方式的统治，这是几乎所有的人都不具备的一种神圣的特权。

很少有人有权统治，因为很少有人有巨大的激情。

而今日人人都想统治，却没有人能够自治。

在人人都放任自己的今天，一个老师有许多不认识的学生，他对他们并不负有责任，因此他的暗中的、不由自主的统治大大越出他的画室，直到那些他的思想不能被理解的地方。

那些离权威的圣言更近的人还保持着学说的纯洁性，他们出于服从和传统做着老师出于自身构造的必然性而做的事情。

但是，在这个亲密的小圈子之外，有一大群平庸之辈，他们是不同品种和杂种的模仿者,是混血的、摇摆不定的一群;他们每天都从一个国家到另一个国家,从别人那里带走适合于他们的一些习俗,试图通过一系列矛盾的借用来形成一种特点。

有些人从伦勃朗的一幅画中偷来一部分,加到一幅意思并不相同的画上,竟不加改动、消化,也不寻求将其粘上去的粘接剂。

有些人一日之内由白变黑:昨天还是"漂亮"派的色彩家,即无爱又无独创性的色彩家,明天就成了安格尔先生的渎圣的模仿者,其实并未发现什么趣味和信念。

今日厕身模仿者(哪怕是最灵巧的模仿者)之流者,只不过,也永远只能是一个平庸的画家罢了,而在过去,他还可能成为一个优秀的工匠。因此,不论对他自己还是对大家来说,他都完了。

因此,热情不高的人应该处于一种强有力的信念的严格控制之下,这对他们的解放甚至对他们的幸福更好些,因为强者总是罕见的,在今天,必须成为德拉克洛瓦或安格尔,才能在一种令人疲倦、毫无结果的自由这种大混乱中幸存并浮现出来。

模仿者是艺术中的共和派,而绘画的现状是一种无政府的自由的结果,这种自由颂扬个人,而不管他是多么软弱,损害的却是个人的联合,即流派。

在流派中,流派不过是组织起来的创造力,真正无愧于这称号的个人会消融弱者,这是天经地义的事,因为大量的创作不过是一种有一千只手臂的思想而已。

对个人的这种颂扬必然造成对艺术这块领土的无限分割。每个人的绝对而分歧的自由、努力的分散和人类意志的分裂导致了这种软弱、这种怀疑和这种创造性的匮乏;几个卓越而痛苦的离经叛道者并不能补偿这种充斥着平庸的混乱。个性这个小小的特性吃掉了集体的独创性,正如在一部浪漫派小说[1]的著名一章中证明过的那样:书籍毁灭了宏伟的建筑物;人们可以说,现在是画家毁灭了绘画。

一八 论现代生活的英雄

许多人会把绘画的堕落归罪于风气的堕落[2]。这种偏见出自画室,流传于公众之中,这是艺术家的一种无力的辩白;因为他们喜欢永远代表过去,这样事情更容易些,也可以偷懒。

的确,伟大的传统业已消失,而新的传统尚未形成。

这伟大的传统是什么?无非是古代生活的使人感到习以为常的理想化。那是一种坚强而好战的生活,人人都处于自卫状态,因而产生了严峻的行动的习惯,养成了庄严或暴烈

---

[1] 指雨果的《巴黎圣母院》,其第五部第二章名为《这个要消灭那个》。
[2] 不应该混淆这两种堕落,后一种关系到公众及其感情,而前一种只与艺术家有关。——原注

的举止。此外再加上反映在个人生活中的公共生活的排场。古代生活代表着许多东西，它首先是为了悦目而存在的，这种日常的异教作风对艺术大为有利。

在寻找哪些东西可以成为现代生活的史诗方面以及举例证明我们的时代在崇高主题的丰富方面并不逊于古代之前，人们可以肯定，既然各个时代、各个民族都有各自的美，我们也不可避免地有我们的美。这是正常的。

如同任何可能的现象一样，任何美都包含某种永恒的东西和某种过渡的东西，即绝对的东西和特殊的东西。绝对的、永恒的美不存在，或者说它是各种美的普遍的、外表上经过抽象的精华。每一种美的特殊成分来自激情，而由于我们有我们特殊的激情，所以我们有我们的美。

除了俄忒山上的赫丘利[1]、乌提卡的加图[2]、克娄巴特拉，他们的自杀不是现代的自杀[3]，你们在古代的画上见过什么样的自杀？在一切以生理欲念为目的的异教的生活方式

---

1 Hercules，罗马神话中的人物，即希腊神话中的赫拉克勒斯。他完成过十二件英雄业绩，后来因误穿染有毒血的长袍，在俄忒山上自焚。
2 Caton d'Utique（前93—前46），古罗马政治家，斯多葛派哲学信徒，支持元老院共和派，反对恺撒。后去乌提卡（在北非），得悉恺撒再胜于塔普斯，自杀。
3 赫丘利自杀，是因为袍子燃烧起来，不堪忍受；加图自杀，是因为他对争取自由再也无能为力了；而那位淫荡的女王自杀，是因为她失去了王位和情人；他们当中没有一个人是为了脱胎换骨以求灵魂转生而自毁的。——原注

中,你们见不到让-雅克那样的自杀[1],甚至也见不到拉法埃尔·德·瓦仑丹[2]那样的自杀。

至于说服装,这是现代英雄的一张皮,尽管拙劣的画家们一身妈妈姆齐[3]的打扮,用长管烟斗抽烟的时代已经过去,画室里和上流社会中仍然到处有人想用一件希腊大衣或一件颜色各半的衣服来诗化安托尼[4]。

然而,这种多少次被当作牺牲的衣服难道不具有一种土生土长的美和魅力吗?难道这不是我们这个痛苦的、在黑而瘦的肩上扛着永恒的丧事的时代所必需的一种服装吗?请注意,黑衣和燕尾服不仅具有政治美,这是普遍平等的表现,而且还具有诗的美,这是公众的灵魂的表现;这是一长列殡尸人,政治殡尸人,爱情殡尸人,资产阶级殡尸人。我们都在举行某种葬礼。

一套阴沉的制服表现出平等,至于说分明而强烈的色彩使之赫然在目的那些离经叛道者,他们今天满足于素描中和轮廓中的色调甚于色彩中的色调。那些怪模怪样的像蛇一样缠绕在苦行的肉体上的褶皱不是有其神秘的风致吗?

欧仁·拉米[5]先生和加瓦尔尼先生虽不是大天才,却很

---

[1] 卢梭之死曾被误传为自杀。
[2] 巴尔扎克小说《驴皮记》中的主人公。
[3] Mama-mouchis,莫里哀在《贵人迷》一剧中杜撰的土耳其爵位。
[4] Antony,大仲马的现代题材的戏剧《安托尼》中的主人公。
[5] Eugène Lami(1800-1890),法国画家。

明白这一点：后者是正式的浪荡派诗人，而前者是逢场作戏的浪荡派诗人！重读儒勒·巴尔贝·多尔维利先生的《论浪荡》，读者将会清楚地看到，浪荡是一种现代的东西，其产生的原因是前所未见的。

色彩家们请不要过于愤慨，因为任务越是艰巨，就越是光荣。伟大的色彩家善于使色彩化为白领带和灰色的背景，与黑衣相配。

为了回到主要的、基本的问题上来，即我们是否拥有一种特殊的、新的激情所固有的美，我注意到大部分接触现代题材的艺术家都满足于公共的、官方的题材，满足于我们的胜利和我们的政治英雄气概，尽管他们一边满足一边表示厌恶，因为政府向他们订货，付给他们钱。但是，还有些个人的题材，具有另一种英雄气概。

上流社会的生活，成千上万飘忽不定的人——罪犯和妓女——在一座大城市的地下往来穿梭，蔚为壮观，《判决公报》和《箴言报》向我们证明，我们只要睁开眼睛，就能看到我们的英雄气概。

一位部长，被反对派的放肆的好奇纠缠不休，他以他特有的傲慢而威严的雄辩一劳永逸地表现出他对所有无知而爱找麻烦的反对派的轻蔑和厌恶。你们晚上可以在意大利人街听到这样的话："今天你去议会了吗？你见到部长了吗？他妈的！他真美！我从未见过这样骄傲的人！"

所以，是有一种现代的美和英雄气概的！

你们还可以听到:"是K或F受命为此制一枚勋章,可是他不会做;他不懂得这些事情!"

所以,有些艺术家多多少少是适于理解现代的美的。

还有:"崇高的B……拜伦的海盗也没有他那么高尚,没有他那么倨傲。你相信吗?他推了一把蒙泰斯神甫,向断头台冲过去,一边还喊道:'把我的勇气全部留给我吧!'"

这句话影射的是一个罪犯临死时的豪言壮语,他是一个伟大的抗议者,非常健康,很有条理,他的非凡的勇气使他没有向那座至高无上的机器[1]低头。

你们脱口而出的这些话说明你们相信有一种新的特殊的美,它既不是阿喀琉斯[2]的美,也不是阿伽门农[3]的美。

巴黎的生活在富有诗意和令人惊奇的题材方面是很丰富的。奇妙的事物像空气一样包围着我们,滋润着我们,但是我们看不见。

裸体,这种艺术家们如此珍爱的东西,这种成功所必需的成分,在古代生活中是同样常见和必要的:床上,浴中,剧场里。绘画的手段和主题也同样是丰富多彩的,但是,有一种新的成分,这就是现代的美。

---

[1] 指断头台。
[2] Achilles,希腊神话中的英雄,在特洛伊战争中击毙特洛伊主将赫克托尔,使希腊联军转败为胜。
[3] Agamemnon,希腊神话中阿耳戈斯王和迈锡尼王,发动了特洛伊战争,并被选为希腊联军统帅。

啊，伏脱冷，拉斯蒂涅，皮罗托[1]，《伊利亚特》中的英雄们只到你们的脚脖子；而您，丰塔那莱斯[2]，您不敢向公众讲述您那些隐藏在我们大家都穿着的阴郁、紧紧箍在身上的燕尾服下面的痛苦；而您哪，奥诺雷·德·巴尔扎克啊，您是您从胸中掏出来的人物中最具英雄气概、最奇特、最浪漫、最有诗意的人物！

---

1 以上三人都是巴尔扎克《人间喜剧》中的人物。
2 Fontanarès，轮船的发明者，因其发明被窃而破产。

论笑的本质并泛论造型艺术中的滑稽[*]

一

我不想写一篇漫画论，我只想把我对这种特殊的体裁常有的一些想法告诉读者，这些想法如鲠在喉，不吐不快。我尽力说得有些条理，以便更易于消化。因此，本文纯粹是一篇哲学家和艺术家的文章。一部叙述漫画与政治或宗教事件的关系的通史肯定是一部辉煌的、重要的著作，这些政治或宗教事件有重大的，也有细小的，但都关系到民族精神或时尚而使整个人类受到震动。这件工作还有待完成，因为迄今为止发表出来的论文差不多只是些材料；然而我认为这项工作应该分而为之。很清楚，一部关于漫画的这种意义上的著作是一连串的事实，是一条巨大的逸事的画廊。比之艺术的

---

[*] 本文最初发表于 1855 年 7 月 8 日。

其他分支，漫画中更是存在着两种从不同的甚至几乎相对立的方面看都是珍贵的、值得称道的作品。一种作品的价值在于它所表现的事实。这些作品无疑会受到历史学家、考古学家甚至哲学家的注意，它们应该在国家档案、人类思想的履历中占有一席地位。它们像报刊的活页一样，一阵阵风吹走了旧的，又吹来了新的。而另一种作品则具有一种神秘的、持久的、永恒的成分，我想专门谈谈这后一种，并想引起艺术家们的注意。在这种旨在向人表现人自身的精神和肉体之丑的作品中引入美的此种难以把握的成分，这真是一种确实值得注意的奇事！而且还有一件更神秘的事情，就是这种可悲的现象还在人身上引起一种持久的、不可抑制的欢笑！这就是本文的真正主题。

我忽然产生了顾虑。应该用合乎规矩的证明来回答某些庄重至极的教授肯定会狡猾地提出的先决问题吗？他们是些道貌岸然的江湖骗子，是从学院冰冷的地下坟墓中出来的卖弄学问的死尸，活像某些吝啬的幽灵，回到活人的土地上，向一些慈善机构讨几文小钱。"首先，"他们会问，"漫画是一种体裁吗？""不，"他们的同事会答道，"漫画不是一种体裁。"我在学士院院士的晚宴上听见过这样的胡说八道。这些老实人让罗贝尔·马凯尔[1]的滑稽擦身而过却看不出其

---

[1] Robert Macaire，当时的一个滑稽讽刺的人物形象，曾经出现在舞台上和漫画中。

中有关道德和文学的重大征兆。他们如果生活在拉伯雷的时代，会把他当作一个低级粗俗的小丑。在哲学家的眼中，与人有关的东西中没有什么是毫无意义的，这难道还需要证明吗？肯定，迄今为止尚未经任何一种哲学深入分析过的东西正是这种深刻而神秘的成分。

因此，我们就来谈谈笑的本质和漫画的构成元素；然后，我们也许要考察一下这种体裁产生过的几件杰作。

二

智者发抖的时候才笑。这奇特而惊人的格言出自哪一张德高望重的嘴？出自哪一支完全正统的笔？它来自犹大[1]的哲学家国王吗？应该把它归于约瑟夫·德·迈斯特，这圣灵鼓舞着的士兵吗？我隐约记得在他的一本书中读到过，大概也是引文。这思想与风格的严峻与博叙埃[2]的崇高的圣洁相合，然而，思想表达的简练和过细的精妙更使我将其归在布尔达鲁[3]这个无情的基督教心理学家的名下。自从我想写这篇文章以来，这条奇特的格言常萦回脑际，我愿先吐为快。

我们且来分析这奇怪的命题。

智者即受到上帝的精神激励的人，知道如何执行上帝

---

1 Judée，古代巴勒斯坦南半部统称。
2 Jacques-Bénigne Bossuet（1627-1704），法国作家、神学家。
3 Louis Bourdaloue（1632-1704），法国著名讲道者。

的意旨的人，他只在发抖的时候才笑，才纵情大笑。智者发抖，是因为他笑了；他害怕笑，正如他害怕尘世的景象，害怕欲念。他在笑前停步，正如他在诱惑前停步。因此，依智者看，在其智者的特性和笑的首要特性之间存在着某种隐秘的矛盾。事实上，一些不止于庄严的回忆从我脑际闪过，我顺便指出：化为肉身的圣子就是杰出的智者，他从未笑过。这完全证实了这条格言的正式的基督教性质。在全知全能的他[1]的眼中，不存在滑稽。然而，化为肉身的圣子却有过愤怒，他甚至哭过。

因此，请记住这一点：首先，这里有一位作者，自然是基督徒，他像有些人一样认为智者在笑之前要仔细地观看，就好像他感到有某种无以名之的不适和不安似的；其次，从绝对的知识和力量的角度看，滑稽消失了。这样，将这两个命题颠倒过来，就会得出如下结论：一般地说，笑是疯子的特性，其中多少总是意味着无知和贫弱。我绝不想贸然驶入神学的海洋，我显然没有罗盘和足够的帆；我只想用手向读者指出这种奇特的远景。

根据正统思想的观点，人类的笑肯定是和昔日的堕落及肉体和精神的退化紧密相连。表达笑和痛苦的是那些与遵守戒律及知善恶有关的器官，即眼睛和嘴。在人间天堂里（神学家说过去有过，是一种回忆；社会主义者说将来会有，是

---

[1] 指上帝。

一种预言），在人间，在天堂，就是说在人觉得一切创造出来的东西都尽善尽美的环境里，愉快并不在笑之中。他没有任何痛苦，因此他的脸是天真的、平静的，现今激动着各个民族的笑丝毫也改变不了他面部的线条。在极乐的天堂里是看不到笑和眼泪的。笑和眼泪是痛苦的产物，它们之产生是因为神经紧张的人缺乏足够的体力来控制它们。根据这位基督教哲学家的观点，人的嘴唇上绽出的笑标志着一种灾难，和他的眼泪流露出的灾难同样深重。上帝想使自己的形象千变万化，他并未在人的口中置入狮子的牙齿，但人却用笑来啮咬；他的眼中并没有蛇的魅力，然而他用眼泪来诱惑。请注意，人也用眼泪来消除人的痛苦，有时也用笑来软化人的心，吸引人的心；因为堕落引起的现象将成为赎罪的方式。

请允许我提出一个诗的假设，我将用它来验证这些说法的正确性，许多人大概会觉得这些想法被神秘主义的先验推理打上了污点。既然滑稽是一种可恶的、源于魔鬼的成分，那就试将一个绝对原始的、可以说是出于自然之手的灵魂放在它的面前吧。请以薇吉妮[1]的伟大典型的形象为例，这一形象完美地象征着绝对的纯洁和天真。薇吉妮来到巴黎，身上还裹着海上的雾，披着赤道的金色的阳光，眼睛里充满着海浪、高山和森林的崇高的原始形象。她跌进了喧闹的、放荡的、有毒的文明之中，而她还浑身浸透着印度的纯粹而丰富

---

[1] Virginie，贝纳丹·德·圣彼埃尔的小说《保尔和薇吉妮》的主人公。

的香气。使她与人类联系在一起的是家庭和爱情，是母亲和情人。她的保尔，跟她一样也像个天使，在一种不自觉的爱情未得到满足的强烈欲望中，保尔的性别可以说与她的性别并没有什么区别。她是在邦布勒姆斯教堂里认识上帝的，那是一座很简陋的小教堂，她也是在难以描述的广阔的热带蓝天中和在森林及溪流的永恒的音乐声中认识上帝的。当然，薇吉妮很聪明，但她只需要很少的形象，很少的回忆，正如智者只需要很少的书一样。于是有一天，在王宫广场，在一个玻璃匠的窗前，在一张桌子上，在一个公共场所，薇吉妮偶然地、无意地看见了一幅漫画！一幅我们认为很有味的漫画，充满了痛苦和怨恨，一种敏锐的、无聊的文明是很会制造这种痛苦和怨恨的。让我们假定那是些拳击手的玩笑，不列颠式的丑恶，满是凝血，加上一些可恶的goddamn[1]；或者，如果您的好奇的想象力愿意的话，那就让我们假定出现在我们纯洁的薇吉妮眼前的是某种可爱的、撩人的猥亵，是当时的加瓦尔尼，并且是当时最好的东西，是某种针对王家游乐园的侮辱性的讽刺，某种以造型艺术的形式出现的抨击，其对象是羚羊公园，某宠姬的污秽的行止，或是著名的奥地利女人[2]的夤夜出逃。漫画是双重的：有画，有思想；画的线条粗暴有力，思想尖锐而隐蔽；一个思想天真的人会

---

[1] 英文，可厌的，该死的。本是形容词，这里用作名词。
[2] 指法王路易十六的妻子玛丽－安托瓦内特。《保尔和薇吉妮》出版于1787年。

觉得有许多难以理解的成分纠结在一起，因为他习惯于凭直觉理解像他一样简单的事物。薇吉妮看见了，现在她在仔细端详。为什么？她在端详未识之物。尽管如此，她仍然不大明白那有什么含义，也不大明白那有什么用。不过，您看见了翅膀的这种突然收拢，一个隐蔽的、想要退缩的灵魂的这种颤抖吗？天使感觉到那里有愤慨。我要说，不管她懂与不懂，实际上这种印象留给她的是某种不适，某种类似恐惧的东西。肯定，如果薇吉妮留在巴黎，有了知识，她也会笑的，我们会看到那是为什么。不过现在，作为分析家和批评家的我们肯定不敢宣称我们的智力高于薇吉妮的智力，且让我们确认无瑕的天使在漫画前感到的恐惧和痛苦吧。

三

关于这种丑恶现象的原始理由，笑的生理学家们是一致的，这足以证明滑稽是人的魔鬼性的最明显的标志之一，是包含在象征苹果中的许多籽仁之一。但是，他们的发现还不很深刻，且行之不远。他们说笑来自优越。生理学家在这一发现面前想到了自己的优越而发笑，对此我并不感到惊奇。所以应该说：笑来自对自己的优越的意识。如果有的话，那是一种魔鬼的意识！那是骄傲和谬误！众所周知，医院里所有的疯子都意识到他们的过度发展的优越。我几乎没有见过谦卑的疯子。请注意，笑是疯狂的最频繁最大量的表现之一。请看这一切是多么一致：当薇吉妮堕落了，在纯洁性上降下一级的时候，她就会开始意识到自己的优越，她在世人眼中就会更有知识，于是她就要笑。

我说过笑中有软弱的征兆，事实上，神经质的抽搐，看到别人的不幸就产生一种可与打喷嚏相比的不由自主的痉挛，软弱的标志还有比这更明显的吗？这种不幸几乎总是一种精神的贫弱。软弱取笑软弱，还有比这更可悲的现象吗？然而还有更坏的。这种不幸有时是一种很低等的不幸，是肉体方面的一种缺陷。举一个生活中最庸俗的例子吧。一个人在冰上或马路上跌倒，在人行道的尽头打了个趔趄，还有比这更可乐的吗？于是他的兄弟般的同类的脸便杂乱无章地扭作一团，那脸部肌肉便像正午的时钟或弹簧玩具一样突然动作起来。这可怜的家伙至少脸走了样，也许还摔断了胳膊腿。可是，笑声已起，不可抗拒，突如其来。可以肯定的是，如果有人愿意深入地探索一下这种状况，他会在发笑者的思想深处发现某种无意识的骄傲。这就是出发点：我，我没有跌倒；我，我走得正；我，我的脚坚定稳当。看不见人行道断了，或看不见铺路石挡住了去路，干出这种傻事的可不是我。

浪漫派，或者更确切地说，浪漫派的一个分支，恶魔派，是很懂得笑的这条首要的原理的。如果不是人人都懂的话，至少人人都感觉到了，并且运用得很正确，即使在他们最粗野的怪诞和夸张中也是如此。一切感情夸张的异教徒，受诅咒的人，该下地狱的人，都不可避免地带着嘴巴咧到耳根的笑容，他们都符合笑的纯粹的正统；而且他们几乎都是可敬的马图林[1]创造出来的伟大的恶魔、著名的旅行者梅莫特[2]的合法或不合法的孙子。对可怜的人类来说，还有什么比那个苍白而厌倦的梅莫特更伟大更有力的人物？但是，他身上有软弱的、卑鄙的、反神的、反光明的一面，因此，他笑啊，笑啊，不断地自比做人类的毛毛虫，但他是那么强，那么聪明，对他来说，人类在肉体上和精神上的一部分限制不存在了！而这笑是他的愤怒和痛苦的不断的爆发。请听明白，他是他的矛盾的两重本性的必要的结果，对人来说，这结果是无限的伟大；对绝对的真实与正义来说，这结果又是无限的卑鄙和下流。梅莫特是一个活生生的矛盾。他来自生命的基本条件，他的器官承受不了他的思想，因此他的笑令人胆寒肠断。这是一种从不睡觉的笑，正如一种疾病，总是在发展，执行着上天的命令。因此，作为骄傲的最高表现的梅莫特的笑永远在完成着它的职责，一边撕裂和烧灼着不可饶恕的笑者的嘴唇。

四

现在让我们概括一下，使主要的命题更加明确，使之

1　Charles Maturin（1782-1824），爱尔兰小说家。
2　Melmoth，马图林小说的主人公，他以灵魂为代价向魔鬼换得了生命的延长。

成为某种关于笑的理论。笑是邪恶的,因而是深具人性的。在人来说,笑是意识到他自己的优越的产物;同时,由于笑本质上是人性的,所以它本质上是矛盾的,也就是说,它既是无限的高贵的标志,也是无限的灾难的标志,无限的灾难是针对人所设想的绝对上帝而言,而无限的高贵则是针对动物而言。笑从这两种无限的不断的撞击中爆发出来。滑稽,即笑的力量在笑者,而绝不在笑的对象。跌倒的人绝不笑他自己的跌倒,除非他是一位哲学家,由于习惯而获得了迅速分身的力量,能够以无关的旁观者的身份看待他的自我的怪事。但这种情况是很少的。最滑稽的动物是最严肃的,例如猴子和鹦鹉。此外,假使剥夺了人的创造,那就不再有滑稽了,因为动物并不自认比植物优越,植物也不自认比矿物优越。针对动物的优越感,我从这种说法下面看到了智力中的许多贱民,对智者来说,笑是劣势的标志,智者因其思想具有观照的单纯而接近于儿童。我们可以把人类与人相比,我们看到,原始的民族像薇吉妮一样,是想不到漫画的,他们也没有喜剧(不管哪个民族的圣书都是从来不笑的),但当他们渐渐走向智力的云雾迷蒙的悬崖或俯身向着玄学的幽微难明的火炉时,他们就开始像梅莫特一样邪恶地笑了;而如果在这些极端文明化的民族中,有一种智力受到一种高尚的雄心的推动,想超越世俗的骄傲的限制而勇敢地奔向纯诗,并投入这种像自然一样清澈深刻的诗中,那么,笑就没有了,如同在智者的灵魂中一样。

由于滑稽是优越的标志，或者是自以为优越的标志，那么自然就可以相信：各民族在达到某些神秘的预言家许诺的绝对净化之前，将会看到他们身上滑稽的动机随其优越增加而增加。但是同时滑稽也改变了性质。因此，天使的成分与魔鬼的成分平行地起作用。人类在上升，它为恶及对恶的认识获得了一种力量，同时它也为善获得了一种相应的力量。所以，我们作为一种比古代宗教法则更优秀的法则的子孙，作为耶稣心爱的门徒，是比异教的古代拥有更多的滑稽成分的。这不足为奇。这一点也是我们全部精神力量的一个条件。那些坚决的反驳者可以征引那个讲述一位哲学家看见一头驴吃无花果大笑而死的传统小故事[1]，甚至也可以举出阿里斯托芬和普拉图斯[2]的喜剧。我的回答是，除了这些时代本质上是文明时代以及信仰已然消失之外，那种滑稽与我们的滑稽并不完全一样。其中甚至有某种野蛮的东西，我们差不多要做出思想倒退的努力才能化为己有，其结果就是模仿。至于古代留给我们的那些怪诞的形象，例如面具，青铜小塑像，各种筋肉暴突的赫丘利，向空中卷舌头、两耳尖尖的小普里阿普斯[3]，均呈小脑状和阳具状，那些洛摩罗斯[4]的

---

1 这是若干古代作家讲过的一个故事，也曾出现在拉伯雷的《巨人传》之中。
2 Platus（约前254—前184），拉丁喜剧诗人。
3 Priapus，希腊罗马神话中男性生殖力和阳具之神。
4 Romulus，罗马神话中玛斯和瑞亚·西尔维亚所生的儿子，是罗马的创建者和第一个国王。

白皙的女儿们无邪地骑在上面的神奇的阳具，那些挂着铃铛长着翅膀的繁衍后代的丑恶的器具，我认为所有这些东西都是十分严肃的。维纳斯、潘、赫丘利，他们都不是可笑的人物。耶稣来了之后人们才笑，再加上柏拉图和塞涅卡。我认为古代人对鼓手长和各种耍把戏的人是充满敬意的，我上面提到的各种怪诞的偶像不过是些崇拜的标记，或最多是力量的象征，它们根本不是有意滑稽的思想的产物。印度和中国的偶像并不知道它们自己是可笑的，滑稽存在于我们基督徒身上。

五

我们还不能认为一切困难都已克服。最不习惯于这种美学精妙之处的那些人很快会向我提出这种狡诈的反驳，即笑是多种多样的，人们并不总是从不幸、软弱和劣势中取乐。许多引我们发笑的场面都是无邪的，不单是儿童的娱乐，就是许多作为艺术家的消遣的东西也都与撒旦的精神了无干系。

表面上看，这也有些道理。但是，首先应该区分愉快和笑。愉快是自存自在的，但有不同的表现，有时几乎是看不见的，有时则以哭来表现。笑只不过是一种表现，一种征兆，一种判断。什么征兆？问题就在这里。愉快是单一的；笑是双重的或矛盾的感情的表现，因此而有抽搐。所以，用儿童的笑来反驳我是徒劳的。儿童的笑,即使作为肉体的表现,作为形式,也是和目睹一幕喜剧或观看一幅漫画的成人的笑判然有别的,或是和梅莫特的可怕的笑判然有别的;梅莫特是一个不得其位的人,处于人类疆土的最后边缘和高尚生活的边界之间,他总是自以为快要摆脱魔鬼契约了,不断地希望用这种造成他的不幸的超人能力来换取他所羡慕的无知者所拥有的纯粹意识。儿童的笑仿佛鲜花的开放,那是获取的愉快,呼吸的愉快,开放的愉快,观照、生活、成长的愉快,那是一种植物的愉快,因此,一般地说,那应该称微笑为宜,是某种与狗的摇尾或猫的呼噜相类似的东西。不过,请注意,如果说儿童的笑还有别于动物的满意的表示,那是因为这笑并非完全与愿望无关,所以它仍然与某些小人相合,也就是说,与成长中的撒旦相合。

有一种情况,问题更为复杂。那也是人的笑,然而是真正的笑、强烈的笑,其对象并不是同类的软弱或不幸的迹象。大家很容易就能猜到我想说的是由怪诞[1]引起的笑。那些令人惊奇的创造,那些其理由与正当性不能由常识的规范来证明的东西,常常在我们身上引起一种疯狂的、过分的大笑,这种笑表现为无休止的痛苦和昏厥。很明显,应当加以区别,而且又多了一个层次。从艺术的观点看,滑稽是一种模仿,而怪诞则是一种创造。滑稽是一种混有某种创造能

---

[1] "怪诞"一词在原文中是 le grotesque,"滑稽"一词在原文中是 le comique。

力的模仿，即混有一种艺术的理想性。那么，总是占上风并且是滑稽中的笑的自然原因的人类骄傲就变成了怪诞中的笑的自然原因，而怪诞是一种混有某种模仿自然中先存成分的能力的创造。我的意思是，在这种情况下，笑是优越感的表现，但不是人对人，而是人对自然。不应该认为这种想法过于细腻，这不是排斥这种想法的充足的理由。问题在于找出另一种可以接受的解释。如果这种解释看起来离得很远，有些难以接受，那是因为怪诞产生的笑本身含有某种深刻的、公理的、原始的东西，远比由于风俗的滑稽引起的笑更接近无邪的生活和绝对的愉快。撇开实用问题不谈，这两种笑之间存在的差别和功利派文学与为艺术而艺术派之间存在的差别是一样的。这样，怪诞也就成比例地高居于滑稽之上。

此后，我将把怪诞称为绝对滑稽，作为普通滑稽的反题；而普通滑稽，我将称之为有含义的滑稽。有含义的滑稽是一种更清晰的语言，易于被普通人理解，尤其是更易于分析，它的成分明显地具有两重性：艺术和道德意识。但是，绝对滑稽却更接近自然，表现出一种单一性，通过直觉来把握。怪诞只有一种验证方式，就是笑，而且是突然的笑，面对着有含义的滑稽，是可以事后发笑的，这并得不出与它的价值相对立的结论，问题在于分析要快。

我说过"绝对滑稽"，但应注意，从最后的绝对这个角度看，只有愉快；滑稽只是在针对堕落的人类时才能够是绝对的，我就是这样来理解的。

六

绝对滑稽所具有的高雅本质造成了优秀艺术家的特性，这些艺术家拥有接受任何绝对观念的足够的能力。因此，迄今对这些观念感觉最敏锐并将其一部分运用在他的纯美学和创造性的著作中的人，是岱奥多·霍夫曼。他总是明确区分普通的滑稽和他称之为天真的滑稽的那种滑稽。他常常试图把他辩证提出的或以有灵感的谈话和批评性的对话的方式抛出的那些艰深的理论化为艺术品。当我要应用上面提出的原则并给每一类别提供一个样品的时候，我就是从这些作品中得到最显著的例子的。

同时，绝对滑稽和有含义的滑稽还分为属、亚属和族。这种划分可以在不同的基础上进行。可以首先根据一种纯哲学的法则来划分，就像我已开始进行的那样，然后再根据一种创造艺术的法则来划分。第一种划分是由绝对滑稽和有含义的滑稽之间的简单分离造成的，第二种划分则建立在每个艺术家的特殊才能的类型之上。最后，人们也可以根据各国家的气候和不同的纬度来对滑稽加以分类。应该看到，每一种类别的每一种术语可以因增加另一种类别的一种术语而变得完整或具有细微的差别，正如语法规则告诉我们可以通过形容词使名词发生变化。因此，某一位德国或英国的艺术家或多或少地更适应于绝对滑稽，而同时他又或多或少地是一个理想化的艺术家。我试着就绝对滑稽和有含义的滑稽举几个精选的例子，并扼要地指出几个主要是艺术型的民族所独具的喜剧精神的特征，然后再更为详细地讨论和分析那些把绝对滑稽和有含义的滑稽作为研究和生活的人的才能。

把有含义的滑稽夸大并推到极限，人们就得到了冷酷的滑稽；同样，天真的滑稽的同义表现再进一步就成了绝对滑稽。

在法国这个讲求思想和论证明晰的国家里，艺术自然地、直接地以实用为目的，因此，滑稽一般地说是有含义的。在这方面，莫里哀是法国精神的最好的表现。但是由于我们性格的本质是远离一切极端的东西，一切法国式的激情、一切科学和一切法国艺术的特殊判断之一是逃避过度、绝对和深刻，因此在法国很少有冷酷的滑稽；同样，我们的怪诞也很少上升至绝对。

拉伯雷是法国在怪诞方面的大师，他在最为诡奇的幻想中还保留了某种实用的、合乎理性的东西。他的滑稽几乎总是具有寓言的明晰。我们还在法国漫画中，在滑稽的造型表现中发现了这种主导的精神。应该承认，真正的怪诞所不可缺少的那种诗意的奇妙的愉快情绪很少在我们身上是等量的和持续的。远远地，人们看得见它的脉络重新露头，但是它本质上不具备全民性。其中，应该提出莫里哀的某些幕间插剧，可惜人们读得太少、演得太少了，例如《心病者》和

《贵人迷》的幕间插剧，还有卡洛[1]的滑稽可笑的人像。至于伏尔泰的故事所包含的滑稽，本质上是法国的，但它总是从优越感中获得存在的理由，完全是有含义的。

耽于幻想的德意志给了我们绝对滑稽的最好标本。在那里，一切都是严肃的、深刻的、富有表现力的。要发现冷酷的、很冷酷的滑稽，必须渡过海峡，去造访忧郁的雾王国[2]。快乐的、吵闹的、健忘的意大利富于天真的滑稽。岱奥多·霍夫曼让《布朗比娅公主》的古怪故事发生在意大利，在狂欢节高潮和彩车行列中间，这是很明智的。西班牙人在滑稽方面很有才能，他们很快就达到残酷的程度，而他们最怪诞的幻想常常包含着某种阴郁的东西。

我将长久地记得我第一次看见的英国哑剧演出，那是在游艺场，时间是几年前。大概已经很少有人记得了，因为似乎很少有人喜欢这种娱乐方式，那些可怜的英国哑剧演员在我们这里受到了冷遇。法国观众不大喜欢离开习惯的轨道。他们没有四海为家的兴趣，视野的变动会使他们的目光模糊。为了解释这种失败，有人说，而且还是那些宽容的人说，他们是些粗俗平庸的演员，是些替身演员。然而问题并不在这里。他们是英国人，这才是关键。

我觉得这种类型的滑稽的明显标记是过火。我就记忆所

---

1 Jacques Callot（1592-1635），法国雕塑家。
2 指英国。

及举出几个例子作为证据。

首先,彼埃罗,这个为奇特的弹簧所驱动的不自然的人,不是令人惋惜的德布洛[1]使我们习以为常的那个人物,像月亮一样苍白,像寂静一样神秘,像蛇一样灵活沉默,像绞架一样又直又高。英国的彼埃罗来时如风暴,倒下如包袱,笑起来大厅为之震动,那笑像是一阵快乐的雷声。那是一个矮胖子,他用以修饰仪表的是一件系满了带子的衣服,那些带子对于他那欢蹦乱跳的身体来说,就等于鸟身上的羽毛和绒毛,就等于安哥拉兔身上的毛。在他涂在脸上的白粉上面,他直截了当地、没有层次和不经过渡地贴上了两个纯红的大圆点。嘴唇周围涂成胭脂红色,使嘴变大,笑起来时,嘴巴好像一直咧到耳根。

至于说精神,其实质与人们所知道的彼埃罗是一样的:无忧无虑,不偏不倚,因此,馋和贪的古怪事儿占了个全,时而阿勒甘倒霉,时而卡桑德拉或雷昂德[2]遭殃。只是德布洛蘸蘸手指尖然后再舔的那个地方,他伸进去的是两个拳头或两只脚。

在这种奇特的戏中,一切都是这样表现的,而且很强烈,这是令人眼花缭乱的夸张。

彼埃罗从一个女人前面走过,那女人正在刷门板;他掏

---

1 Jean-Gaspard Debureau(1796–1846),著名喜剧演员。
2 这里提到的是喜剧中常出现的几个人物。

空了她的口袋之后，还想把她的海绵、扫帚、水桶和水也装进自己的口袋。说到他试图向她表白爱情的方式，人们只要去过植物园，见过那个有名的笼子里猴子的赤裸裸的习性，就能想象得出来。应该补充的是，女人一角是由一个很高很瘦的男人扮演的，其羞耻心被侵犯之后就高声大叫。那的确是一种如醉如痴的笑，是某种可怕的、不可抗拒的东西。

我不知他干了什么坏事，彼埃罗最后得上断头台。为什么是上断头台而不是吊死，而且是在英国？……我不知道，大概是为了引出大家要看到的东西吧。于是那杀人的刑具立在那里，在法兰西舞台上，后者对这种浪漫主义的新玩意儿不禁大为吃惊。经过一番像牛被送进了屠宰场一样的挣扎和吼叫之后，彼埃罗终于认命了。脑袋离开了脖子，噼里啪啦地滚到提词人的小孔前面，那个红白杂然的脑袋露出带血的圆脖腔和斩断的脊椎，还带着刚刚剔好准备上案的一块肉的一切细部。可是突然那变短的躯干由于一种不可抗拒的偷性的驱使，站了起来，得意地藏起自己的脑袋，仿佛那是一只火腿或一瓶酒，装进了自己的口袋，真比伟大的圣者德尼[1]想得还周密啊！

一经写出，这一切就变得苍白了，失去了热力。笔怎能敌得过哑剧呢？哑剧是喜剧的净化，是喜剧的精华，是纯粹

---

[1] Saint Denis，著名圣徒，据说是巴黎第一任大主教，他被肢解后，仍找到脑袋，并将其捧在手中。

的、超脱的、浓缩的滑稽要素。所以，英国演员在夸张方面的特殊才能使这些极可怕的闹剧获得了一种异常激动人心的真实。

作为绝对滑稽，换句话说，作为绝对滑稽的纯粹精神，最可注意的显然是这出卓越的戏的开头，那是一段充满着高度的美的开场白。主要人物彼埃罗、卡桑德拉、阿勒甘、哥伦比那、雷昂德出现在观众面前，十分温和，十分安详。他们差不多是通情达理的，和剧场里看戏的那些老实人区别不大，将要使他们做出怪异举动的奇妙的气息还未曾吹拂他们的头脑。彼埃罗的一些快活举动只能使人们隐约地想到他将要干些什么。阿勒甘和雷昂德的竞争刚刚露出端倪。一位仙女对阿勒甘感兴趣，那是恋爱的贫穷的凡人的永恒保护者，她答应保护他，为了立即给他一个证明，她神秘而威严地在空中挥动她的小棍。

立刻，眩晕来了，眩晕在空气中穿行，人们呼吸着眩晕，眩晕充满了肺，更换着心脏里的血液。

这眩晕是什么？是绝对滑稽，它攫住了每一个人。雷昂德、彼埃罗、卡桑德拉做出怪异的动作，清楚地表明他们感到被一种力量引入一个新的生命之中。他们并没有生气的神情，他们锻炼着适应巨大的灾难和等待着他们坎坷的命运，就仿佛某人在着手一桩壮举之前，往手上吐口唾沫，搓搓手掌一样。他们抡着胳膊，就像一架被风暴吹打着的风车。这大概是为了活动关节吧，他们着实需要活动活动。这一切伴随着十分满意的开怀大笑，然后，他们相互在对方的身上跳来跳去。在他们的灵敏和能力得到充分的验证之后，接着就是一阵拳打脚踢扇耳光，犹如炮声轰鸣，火光闪闪，令人眼花缭乱，但是，这一切都与怨恨无涉。他们的动作，他们的喊叫，他们的怪相，都在说：仙女要这样，命运推动着我们，我不难过；走啊！跑啊！冲啊！于是，他们通过幻想的作品冲上去了，确切地说，作品就从这里开始，也就是说，从神奇的边界开始。

阿勒甘和哥伦比那趁着这一阵疯狂跳着逃走了，他们以轻快的步伐冒险去了。

还有一个例子，取自一位奇特的作家，不管人们说什么，这位作家是个很普通的人，他在法国的有含义的嘲讽上面加上了阳光之国[1]的疯狂的、夸大的、轻佻的快活，同时也加上了日耳曼人的深刻的滑稽。我还想谈谈霍夫曼。

在那篇题为 Daucus Carota[2]，即《胡萝卜国王》（有人译作《国王的未婚妻》）的故事中，当胡萝卜大军来到那位未婚妻的庄园的院子里时，真是再好看也没有了。这些小人儿穿着鲜红的衣服，活像一队英国兵，头上插着像车骑兵一样的巨大的绿羽毛，他们骑在小马上，又是腾空跳跃，又是飞快地转圈，动作之灵活令人惊叹。他们越是灵活，就越容易

---

1 指欧洲南部意大利诸国。
2 拉丁文。

头朝下地栽下马,因为那脑袋比身体的其他部分更大更重,就像用接骨木的髓质做成的士兵,帽子里有一点儿铅。

那不幸的姑娘整日梦想着伟大,被这种武力的炫耀迷住了。然而,一支游行的军队和一支在营房驻扎的军队是多么不同!后者擦亮武器,磨光装备,更坏的是,躺在发臭肮脏的行军床上打呼噜!这是奖章的背面,那一切只不过是妖术,是诱惑的工具罢了。她的父亲是谨慎的、深通妖术的人,他想让她看看所有那些华丽之物的反面。于是,当那些胡萝卜不加戒备地睡着的时候,当他们想不到他们会暴露在间谍的目光之下的时候,那位父亲就轻轻打开这支辉煌的军队的一顶帐篷的大门,这时,那位可怜的爱梦想的姑娘就看见了那一堆红绿相间的士兵一丝不挂,奇丑无比,横七竖八地睡在泥巴里,他们原是从那里出来的。这支戴着睡帽的辉煌军队成了一片散发恶臭的泥塘了。

我还可以从值得赞赏的霍夫曼那里举出有关绝对滑稽的其他许多例子。要想很好地理解我的意思,应该仔细读一读《胡萝卜国王》、《波勒格里纽斯·提斯》、《金罐》,尤其应该读《布朗比娅公主》,它被看作高度的美的入门书。

使霍夫曼特别与众不同的是,他无意地、有时是很有意地把一定程度的有含义的滑稽同最绝对的滑稽混在一起。他的最超自然的、最瞬间的滑稽观常常像是醉意陶然的幻象,具有一种很明显的道德感,使人觉得是在和一位生理学家或严重精神病医生打交道。他喜欢把这种深刻的才能包上一种诗的形式，就像是一位学者用寓言和比喻来说话。

如果你们愿意，就把《布朗比娅公主》中的那个叫齐格里奥·法瓦的人物，即那个具有持久的二重性的演员拿出来做例子吧。这个人物不断地改变人格，当他叫齐格里奥·法瓦的时候，他声称是亚述[1]亲王科那里奥·齐亚波里的敌人；当他是亚述亲王的时候，他又对他在王妃身边的情敌、对一个据说叫齐格里奥·法瓦的笑剧演员发泄最深最大的轻蔑。

应该补充的是，绝对滑稽的特殊标志之一是它并不自知。这不仅明显地表现在某些滑稽的动物身上，庄重是其本质的一部分，如猴子，表现在我已经说过的某些古代漫画雕塑上，而且表现在使我们极为愉快的中国式的畸形之中，其滑稽的意图要比通常人们认为的少得多。一尊中国神像尽管是一件尊崇的对象，却与摆在壁炉上的不倒翁或瓷人差不太多。

谈过了这些微妙的东西和这些定义之后，作为结论，我要最后一次提请大家注意：人们将会像我长时间地（也许太长了）解释过的那样，既在绝对滑稽中也在有含义的滑稽中看出优越感是居主导地位的；为了有滑稽，即有滑稽的发生、爆发和分离出来，必须同时有两种存在；滑稽特别存在于笑者身上，存在于观者身上。然而，就不自知原理来说，应该把一些人除外，他们的职业是在自己身上培植滑稽感，

---

1 Assgria，古代东方的奴隶制国家。

然后提取出来娱乐同类，此种现象属于一切艺术现象之列，这些艺术现象表明人类中存在着一种永恒的两重性，即同时是自己又是别人的能力。

为了再回到我最初的定义，为了表达得更清楚些，我要说，当霍夫曼造成了绝对滑稽的时候，他的确是知道的；然而他也知道，这种滑稽的本质是显得不自知，是在观者，更确切地说，是在读者身上加强他感到自己优越的快乐和感到人比自然优越的快乐。艺术家创造滑稽，在研究和汇集滑稽的成分的同时，他们知道某人是滑稽的，知道他在不知道自己的本性的条件下才是滑稽的；同样，根据相反的法则，艺术家只有在具有二重性并且了解他的二重本性的所有现象的条件下才是艺术家。

论几位法国漫画家[*]

卡勒·维尔奈,毕加尔,夏莱,杜米埃,莫尼埃,格朗维尔,加瓦尔尼,特里莫莱,特拉维埃,雅克

这个卡勒·维尔奈[1]真是个非凡的人。他的作品是一个世界,是个小《人间喜剧》,因为粗俗的形象,芸芸众生和街头巷尾的速写、漫画,常常是人生最忠实的镜子。漫画甚至常常和时装式样图一样,越是过时越是具有夸张讽刺的意味。因此,当时的人物形象的僵硬和笨拙使我们感到惊奇,同时又奇怪地刺痛了我们。不过那些人远非人们通常以为的那样有意显得奇怪,当时的风气就是那样,当时的人就是那样:人像画,世界在艺术的模子里脱胎。人人都僵硬、

---

[*] 本文最初发表于 1857 年 10 月 1 日。
[1] Carles Vernet(1758—1835),法国漫画家。奥拉斯·维尔奈之父。

挺直，穿着过窄的燕尾服和有翻口的靴子，头发垂在额上，每个公民都像是照裸体模特儿画出来的，可以进旧货店的。卡勒·维尔奈的漫画不仅因为深刻地保留了那个时代形象的烙印而具有巨大的价值，即不仅从历史的角度看具有巨大的价值，它还具有一种确定无疑的艺术价值。姿态和动作具有一种真实的色彩，头部和面部的风格，我们中间许多人只要想想小时候常进我们的父亲的客厅的那些人，就能加以证实。他的风俗漫画是绝妙的。谁都记得那幅表现赌场的巨幅版画。在一张椭圆形的大桌子周围，聚集了一群性格各异年龄不同的赌徒。妓女自然是少不了的，她们贪婪地窥伺着好运气，她们是走运的赌徒的永恒的邀宠者。那里有快乐，有强烈的绝望；有暴躁的运气不佳的青年赌客；有老人，在狂风中甩掉已见稀疏的头发。当然，这幅作品像其他出自卡勒·维尔奈及其一派的作品一样，失之拘谨，不过，它很严肃，具有一种讨人喜欢的冷峻，手法的呆板也相当适合主题，因为赌博是一种既猛烈又克制的情欲。

后来，最引人注目的人物之一是毕加尔[1]。毕加尔的早期作品可以追溯到很久以前，而卡勒·维尔奈活的时间也很长。但是，人们常常可以说这两个同时代的人代表了两个不同的时代，尽管他们的年龄相差不远。这位逗人的、温和的漫画家现在不是还给我们一年一度的画展送一些具有天真

1　Edme-Jean Pigal（1798-1872），法国漫画家。

的滑稽的小画吗？而这些画在比亚尔先生看来是不行的。起决定作用的是性格，不是年龄。所以，毕加尔完全不同于卡勒·维尔奈。他的画法是后者所设想的漫画与夏莱[1]的更为现代的漫画之间的一种过渡。现代一词指的是画法，而不是时间。夏莱与毕加尔同时，我对他也作如是观，我一会儿还要详谈。毕加尔对群众的描绘是好的。这不是说他的独创性很强，甚至也不是说他画得很滑稽。毕加尔是一位温和的滑稽家，但他的作品的感情是善良的、公正的。这是普通的真理，然而是真理。他的大部分作品是写实的，他采用的方法简单而朴实：他看，他听，然后讲出来。一般地说，他所有的作品都具有一种高度的纯朴和某种天真：几乎总是老百姓、民间谚语、醉汉、夫妻吵架，尤其是不由自主地偏爱老人。因此，毕加尔在这一点上很像其他许多漫画家，不善于表现青年，他笔下的年轻人常常是老气横秋的。一般地说，线条是流畅的，比卡勒·维尔奈的要更丰富、更朴实。毕加尔的几乎全部的优点可以概括为：可靠的观察习惯，良好的记忆力，表现上的足够的自信；他缺少或者没有想象力，但是有理智。他既没有意大利式的快活所具有的那种狂欢的激情，也没有英国人那种疯狂的粗暴。毕加尔本质上是一位理智的漫画家。

以一种适当的方式表达我对夏莱的看法，我感到相当

---

[1] Nicolas Charlet（1792-1845），法国漫画家。

为难。他的名声很大，可以说名闻全国，他是法国的一大光荣。他使现在还活着的整整一代人感到愉快和高兴，据说，他也使他们受到了感动。我认识一些人，他们真心实意地为夏莱未进学士院感到愤愤不平。在他们看来，这是一桩和学士院缺了莫里哀一样的大丑闻。我知道，对一些人说他们不该以某种方式寻开心或受感动，这是在扮演一个卑鄙的角色；与举世公认的东西发生争执是很痛苦的一件事。然而，必须有勇气说出夏莱并不属于不朽的人物和世界性的天才之列。他不是一位作为世界公民的漫画家；如果有人反驳说一位漫画家永远不能做到这样，我将说他能够或多或少地做到。他是一位应时的漫画家，是一位专一的爱国者，这是成为天才的两大障碍。他在这方面与另一位名人是一样的，我不愿说出他的姓名，因为时机尚未成熟[1]，因为他只从法国尤其是只从军人贵族中获得荣耀。我说这不好，表明了一种狭隘性。他像那一位大人物一样，严重地污辱了教士，这是不好的，我说的是，不好的迹象。这些人在海峡、莱茵河和比利牛斯山以外的地方是不可理解的。过一会儿，我们将谈谈艺术家，也就是说，谈谈才能、手法、构思和风格，我们要把问题谈透。现在，我只谈思想。

夏莱总是讨好人民。他不是自由的人，而是奴隶：不要在他身上寻找无利害之心的艺术家。夏莱的画很少是一种真

---

[1] 指贝朗瑞，当时仍健在。

理，却几乎总是给予某个他喜欢的社会集团的脉脉温情。只有军人才是美的、善的、高贵的、可爱的、有才智的。在地球上吃喝的几十亿微小动物被上帝创造出来并被赋予器官和感觉，只是为了出神地观看军人和夏莱的光辉灿烂的绘画。夏莱声称丘八和掷弹兵是创造的终极原因。毫无疑问，这不是漫画，而是阿谀和吹捧，这个人是多么奇怪地干着与他的本行相反的事情啊！夏莱带着某种俏皮描绘他赋予他那些新兵的粗野的天真，这种俏皮为他们增了光，使他们变得有趣了。这有点儿杂耍的味道，在这些杂耍中，农民的口误是最动人的、最聪明的。他们有着天使般的心肠，具有学院精神，只是联诵[1]不行。显出农民的本来面目，这是巴尔扎克的一种无用的幻想[2]；精确地描绘人心的丑恶，对霍格思[3]来说是好的，他是一个爱戏弄人、多愁多虑的人；如实地描绘军人的腐化堕落，啊！多么严酷！这会使他们灰心丧气的，著名的夏莱就是这样理解漫画的。

关于教士，指引我们这位偏心的艺术家的是同一种感情。问题不在于以独特的方式描绘和勾勒圣器室的精神丑恶，应该使军人—农夫感到愉快：军人—农夫吃过耶稣会会士。正如资产者所说，在艺术中，问题只在于使人愉快。

戈雅也攻击过僧侣。我猜想他不喜欢僧侣，因为他把

---

[1] 法语发音的一种规则，一般没有文化的人并不遵守这个规则。
[2] 暗指巴尔扎克的小说《农民》。
[3] William Hogarth（1697-1764），英国画家、作家。

他们画得很丑。但是，他们在丑中是美的，他们在其僧侣的卑劣荒淫中是得意扬扬的！这里，艺术占主导地位，艺术如同火一样有净化作用；而在那里，卑躬屈膝腐蚀了艺术。现在，请比较一下艺术家和奉承者吧：这里是卓越的绘画，而那里是伏尔泰式的说教。

人们就夏莱笔下的孩子谈得很多，那是些可爱的小天使，装扮成漂亮的士兵，他们是那样喜欢老兵，拿着木剑玩战争游戏。他们像红皮小苹果一样滚圆、新鲜，待人真诚，目光清澈，笑盈盈地望着大自然。然而，淘气鬼呢，大诗人笔下的苍白的小流氓呢，他们声音沙哑，脸色黄得像一枚旧铜板[1]，夏莱的心太纯洁了，看不到这些。

应该承认，他有时怀着良好的意图。森林里，几个强盗和他们的女人在吃饭，靠近一棵橡树休息，树上吊着一个人，已经变得又长又瘦了，正在高处乘凉，吸着露水，鼻子朝下，脚尖并拢如舞蹈演员一般。一个强盗指着他说：星期天我们大概就会这样！

唉！他给我们这样的画太少了。而且，即令立意是好的，画得也不行，脑袋没有鲜明的个性。这种画本来可以是很美的，肯定，他的画抵不上维永[2]描写他和伙伴们在昏黑的平原上，在绞架下面晚餐的那些诗句。

---

[1] 奥古斯特·巴尔比埃的诗句。
[2] François Villon（1431-1463），法国诗人，他的作品中有一首诗名为《被绞死者之歌》。

夏莱的线条几乎只讲漂亮，总是圆形和椭圆形。感情呢，他从歌舞剧中拿现成的。这是一个不自然的人，专门模仿流行的思想。他移印舆论，根据时髦的样式剪裁他的才智。公众的确是他的老板！

不过，有一次他也搞出了一些相当好的东西。那是一组青年和老年卫士的服装，不要把它与最近发表的一件类似的作品混为一谈，我认为，后者是一件遗作。人物具有真实的性格。他们彼此大概很相像。但是，举止、动作、面部表情却画得极好。那时夏莱还年轻，尚未自认为是一位大人物，他的名声还不大，他必须正确地画人像，平稳地加以安置。后来他就越来越不自重，最后竟反复地画起庸俗的铅笔画来了，一个稍微有点儿自尊的艺徒都是不屑于此的。还应该提请注意，我谈的这幅作品属于简单而严肃的一类，它不要求任何后来人们无故地归之于一位在滑稽方面如此不完全的艺术家的那些品质。如果我在谈漫画时顺着我的思想直走下去，我是不会把夏莱放在我的名单上的，他不比皮奈利[1]强；但是果真如此的话，人们会指责我有严重的遗忘的。

总之，他是一个民族愚蠢的制造者，一个缴纳营业税的政治格言商人，一个其生活并不比其他偶像更艰难的偶像，他很快就会知道遗忘的力量，他将和那位大画家及那位大诗

1　Bartolomeo Pinelli（1781—1835），意大利漫画家。

人[1]，他在无知和愚昧方面的两位堂兄弟，一起睡在冷漠的废纸篓中，正如那些被无谓地糟蹋了的纸张一样，只配用来造新纸。

现在我想谈一个人，他是最重要的人物之一，我不仅要谈漫画，还要谈现代艺术；我要谈的这个人每天早晨使巴黎居民开心，每天都满足公众在娱乐方面的需要，给他们提供精神食粮。资产者、商人、孩子、女人，他们都开怀大笑，却常常对他的名字看也不看，这些忘恩负义的人！到现在，只有艺术家才理解其中严肃的含义，才知道这的确是值得研究的。人们猜得出这里说的是杜米埃。

奥诺雷·杜米埃的开端并不很轰动。他画，因为他需要画，这是一种不可避免的使命。最初，他在威廉·杜凯特[2]办的一份小报上发表一些速写。后来，当时做版画生意的阿希尔·里古[3]买了他另一些速写。像所有的革命一样，1830年的革命引起了漫画热。对漫画家来说，那的确是个美好的时代。在那场反对政府特别是反对国王的斗争中，人们由衷地感到十分激动。今天看来，人们称作漫画的那一长串历史诙谐作品的确值得凝神细看，那是有关滑稽的巨大档案，所有多少有些价值的艺术家都做出了各自的贡献。那是一片混乱，那是一个杂物堆，那是一出恶魔的奇妙喜剧，时而诙

---

[1] 指奥拉斯·维尔奈和贝朗瑞。
[2] William Duckett，时任《画报》主编。
[3] Achille Ricour，法国记者。

谐,时而血腥,所有的政界名流都在其中亮相,穿着五颜六色的、怪诞的服装。在这些新生王朝的大人物之中,有多少名字已被人遗忘了!使这篇神奇的史诗达到顶峰的是那只引起诉讼的金字塔形的、奥林匹斯山形的梨子[1]。人们记得,那位时刻都与王朝的司法发生争执的菲利朋[2],有一次想向法庭证明没有什么东西比那只恼人的倒霉的梨子更无辜的了,就向旁听者画了一系列速写,第一幅准确地表现了国王的模样,然后一幅比一幅远离最初的原型,也就越来越接近最后阶段:一只梨子。"你们看,"他说,"在最后一幅速写和第一幅之间有什么关系?"人们还在耶稣和阿波罗的头上进行类似的试验,而我相信人们是做到了使其中的一个像一只癞蛤蟆的脑袋。这绝对证明不了什么。象征是通过一种好意的类比而被发现的。从此,有象征也就够了。有了这种造型的行话,人们就完全有权向人民说出想说的话,并使他们理解。正是围绕着这只专制的、受诅咒的梨子,聚集了一大群吵吵嚷嚷的爱国者。事实是,人们把一种奇妙的激烈和一致带进了这件事中,而司法又是多么顽强地予以反击。翻翻这些诙谐的材料,就可以看到,一场如此狂暴的斗争能够持续数年之久,这在今天是一件令人万分惊讶的事情。

我想,我刚才说过"血腥的诙谐"。事实上,这些画常

---

[1] 路易-菲力普的头像个倒置的梨子。波德莱尔曾因此句获渎上罪。
[2] Charles Philippon(1800-1862),法国漫画家。

常是鲜血淋漓,激烈狂暴。屠杀,监禁,逮捕,搜查,诉讼,警察的镇压,1830年政府的初期的这些插曲时时刻刻都在反复地出现,请判断吧:

年轻美丽的自由女神,头戴弗里吉亚小帽[1],危险地睡着了,不大去想那威胁着她的危险。一个居心不良的男人小心翼翼地朝她走去。他长着中央菜市场的小贩或大有产者那样的粗脖子,他那梨形的脑袋上有一绺高高蓬起的头发,一把大络腮胡子。这怪物只给人一个背影,他的姓名一猜即出,这种快乐使这幅画增值不少。他朝那年轻女人走去。他要强奸她。

"今晚您做过祈祷了吗,夫人?"这个奥瑟罗-菲力普[2]闷死了天真的自由女神,尽管她喊叫、抵抗。

顺着一座极可疑的房子,走过来一个头戴弗里吉亚小帽的年轻姑娘。她戴着那顶小帽,显出一种民主派的小女工的无邪的媚态。某两位先生(模样认得出来,肯定是两位最尊贵的部长)正在那儿干着一种古怪的营生。他们哄骗那个可怜的孩子,凑着她的耳朵说着温存话或肮脏话,轻轻地把她朝狭窄的走廊里推。门后影影绰绰站着那个人。他的侧影看不见,可那正是他!看那一绺头发和络腮胡子。他在等着,等得心焦。

---

1 一种红色锥形高帽,帽尖向前倾折,流行于法国资产阶级革命时期。
2 即莎剧中的奥瑟罗,这里借用来暗指路易-菲力普的罪恶。

这里是自由女神被带上重罪法庭或其他什么哥特式的法庭，上面画着一大排穿着旧时服装的现时人物的画像。

这里是自由女神被带进刑讯室。人们要轧碎她的纤细的踝骨，要用水灌满她的肚子，或者在她身上干出其他坏透了的事情。这些壮汉赤裸着胳膊，筋肉发达，渴望着酷刑，他们很容易被认出来。那是某某，那是某某，那是某某，都是舆论的眼中钉。

在所有这些画中（大部分都画得十分严肃认真），国王总是扮演一种吃人妖魔、杀人犯、贪得无厌的卡冈都亚[1]的角色，有时候还更坏。自二月革命以来，我还没有见过一幅漫画，其残酷的程度令我回想起那个充满着巨大政治狂热的时代；因为与我刚才说到的那个时代的产物相比，呈现在画面上的总统大选时的那些政治辩护词只提供了一些苍白无力的东西。这是在悲惨的鲁昂大屠杀[2]之后不久，画的前景是一具尸体，躺在担架上，身上弹痕累累。他后面站着城里的所有大人物，身着制服，头发精心地卷起，紧束着腰身，打扮得衣冠楚楚，小胡子两端向上翘起，透着傲气；其中大概有资产阶级的花花公子，正准备上岗或去镇压一次骚乱，上衣的扣眼里插着一束紫罗兰；总之，正如我们最著名的煽动家[3]

1　Gargantua，拉伯雷《巨人传》中人物。
2　1848年4月，鲁昂发生工人起义，受到政府血腥镇压。
3　可能指拉法耶特。

所说，他们是理想的资产阶级自卫军。F. C.[1] 跪在担架前，他身披法官袍，张着嘴，露出两排鲨鱼似的、磨成锯齿状的牙齿，正用他的爪子在尸体上慢慢地摸着，他已经怀着极大的乐趣把那尸体抓得血肉模糊了。"啊！诺曼底人！"他说，"他装死想逃避审判！"

《漫画》正是这样激烈地向政府开战。杜米埃在这种不断的冲突中起了重要作用。人们想出一个办法来贴补《漫画》被判处的罚款，就是在《漫画》上刊登额外的画，其收入用以支付罚款。面对悲惨的特朗斯诺南街大屠杀[2]，杜米埃的表现证明自己的确是一位伟大的艺术家。由于没收和销毁，他的画已经相当少了。那不完全是漫画，而是历史，是平凡的可怕的现实。在一间贫穷愁苦的屋子里，无产者的传统的屋子里，几件普通的、必需的家具，四仰八叉地平放着一具工人的尸体，只穿着背心，戴着布帽。屋子里大概有过一场恶斗，因为椅子、床头柜和便壶都翻倒了。在父亲的尸体下面还压着他的幼儿的尸体。这个冰冷的顶楼里只有寂静和死亡。

也是在这个时期，杜米埃创作了一系列政界人物的讽刺肖像。其中有两组，一组是全身的，另一组是半身的。我认为后一组为时更晚些，只包括一些法国贵族院议员。艺术家

---

[1] 据考证，F. C. 指的是弗朗－卡雷，当时鲁昂法院的第一检察长。
[2] 杜米埃以此为题材画了一组画，二十四幅。

表现出对肖像画具有一种卓越的理解。他在突出和夸张像主的独特性的同时，仍然真诚地保持了自然，以至于这些画可以成为一切肖像画家的典范。一切思想的贫乏，一切可笑之处，一切智力的怪癖，一切心灵的罪恶，都从这些兽性化的脸上清楚地流露出来，并且历历如在目前；同时，一切又都是画出来的，被一种雄浑有力的手法加以突出。杜米埃既像艺术家一样灵活，又像拉瓦特一样精确。总之，他那个时期的作品与他现在的作品大不相同。他那时还没有现在这样的即兴能力，也没有他后来出现的画法上的粗率和轻快。那时他有时稍嫌笨重，不过这种情况很罕见，却总是很完美、很认真、很严肃。

我还记得一幅属于同一水平的极美的画：《新闻自由》。一位印刷工人站在他的解放工具和印刷材料中间，那顶神圣的纸帽扣在耳朵上，他挽着衬衣袖子，身体健美，一双大脚，站得稳稳的，握着双拳，皱着眉头。这个人身体结实，筋肉发达，正像大师笔下的人物形象。在画的背景上，是永恒的菲力普和他的治安警察。他们不敢靠前。

但是，我们的伟大的艺术家搞的东西是极为丰富的。我将描述几幅不同类型的，给人印象最深刻的版画，然后，我分析这位奇人的哲学和艺术价值，最后，在我与他告别之前，我将提出他的不同类型的作品的名单，至少要尽力而为，因为现在他的作品还是一座迷宫，一座稠密得盘根错节的森林。

《最后一次洗澡》，一幅严肃而悲惨的漫画。在岸边的护墙上，一个人直挺挺地往河里栽，他还站着，但已经倾斜了，与地面成了锐角，像一座雕像失去平衡一样。他肯定是下了决心，他的胳膊安详地交叉着，脖子上用绳子捆着一块大石头。他发誓非死不可。这不是那种诗人的自杀，为了让人救起来，谈论他。应该注意的是那薄薄的、皱巴巴的礼服，下面是一把嶙峋瘦骨！还有那破损的、蛇一样扭曲的领带，突出的、尖尖的喉头！人们说什么也不敢埋怨这可怜的家伙为了逃避文明的闹剧而投水。背景上，在河的对岸，一个肚子圆鼓鼓的资产者正出神地望着，沉浸在垂钓的无邪乐趣之中。

请想象一个偏僻的角落吧，它在一座无人知晓、行人稀少的城门旁，阳光直射下来。一个样子阴郁的人，一个埋死尸的人或医生，正在没有叶子的树丛下，靠着满是尘土的木栅栏，与一具丑恶的骷髅面对面地喝酒，旁边放着小罐和石灰。我想不起来这幅版画的题目了。这两个虚荣的人物大概正在打赌杀人或正在就必死性进行一场深奥的讨论吧。

杜米埃把他的才能分散在许多不同的地方。他负责为一种相当低劣的医学—诗的出版物——《医学的涅墨西斯[1]》——画插图，倒是画了不少美妙的画。其中有一幅是关于霍乱的，展示了一个充满了光亮和炎热的公共广场。巴黎

---

[1] Nemesis，希腊神话中的报应女神，专司报应。

的天空灿烂辉煌，忠于它在巨大的灾祸和巨大的政治动乱时所特有的那种嘲讽的习惯；天空是白色的，因热情洋溢而白热化了。阴影黑而清晰。一具尸体横在门口。一个女人捂着鼻子和嘴急忙回屋去。广场上空无一人，热气升腾，比一个因骚乱驱散了人群而显得僻静的广场更加荒凉。在背景上，惨淡地显出两三辆小柩车的轮廓，拴着滑稽的瘦马。在这凄凉的广场中央，有一条迷失方向的可怜的狗，既无目的又无念头，瘦得皮包骨头，嗅着干燥的马路，尾巴夹在两条腿之间。

现在是苦役犯监狱了。一位很博学的先生，慈善家，爱打抱不平的侠客，着黑衣，系白领带，出神地坐在两个面目可憎的苦役犯中间，他们像傻子一样愚蠢，像猛犬一样凶恶，像破布一样疲惫不堪。其中的一个向这位先生说他谋害了自己的父亲，强奸了自己的妹妹，或干出了其他光辉的业绩。"啊！我的朋友，您组织得多么好啊！"欣喜若狂的学者喊道。

这些例子足以显示出杜米埃的思想常常是多么严肃，他处理主题是多么生动。翻翻他的作品吧，您将会看到一个大城市所包含的一切活生生的丑恶带着幻想的、动人的真实性——呈现在您的眼前。它所蕴藏着的一切骇人的、怪诞的、阴森的、滑稽的珍宝，杜米埃都知道。活着的、饥饿的行尸，肥胖的、吃饱的走肉，家庭的可笑的苦难，各种愚蠢的东西，各种骄傲，各种热情，资产者的各种绝望，一应俱全。没有人像他那样（以艺术家的方式）了解和喜欢资产者，他们是中世纪最后的遗迹，是哥特式的废墟，他们的生活如此艰难，他们是一种既平凡又古怪的典型。杜米埃跟他们亲密地生活过，日夜观察过他们，他知道他们家庭的秘密，认识他们的妻儿，知道他们的鼻子的形状和脑袋的构成，知道是一种什么精神使一家子上上下下都活着。

对杜米埃的作品进行全面的分析，这是一件不可能的事情，我将提出他的主要作品的题目，但不做过多的判断和评论。所有这些作品中都有一些绝妙的组成部分。

《罗贝尔·马凯尔》，《夫妇风俗》，《巴黎人》，《侧影和轮廓》，《浴者》，《浴女》，《巴黎的划船者》，《女才子》，《牧歌》，《古代历史》，《善良的资产者》，《法官》，《考克莱先生的一天》，《时下的慈善家》，《时事》，《所有的愿望》，《被代表的代表》。再加上我谈过的两组肖像[1]。

关于这些画中的两组，即《罗贝尔·马凯尔》和《古代历史》，我有两点重要的意见。《罗贝尔·马凯尔》是风俗漫画的决定性的开端。巨大的政治斗争稍稍平静下来了。坚持不懈的追捕，态度强硬起来的政府，人们精神上的某种厌倦，都往这场大火上浇了不少冷水。必须发现新鲜的东西。

---

[1] 他不断地均衡地作画，使这份名单更加不完整。有一次，我想和他编一份完整的目录，可是靠我们两个人，我们没有搞成。——原注

喜剧取代了抨击。梅尼贝[1]式的讽刺给莫里哀让出了地盘，杜米埃以一种光彩夺目的方式讲述的罗贝尔·马凯尔的宏伟史诗接续了革命的义愤和影射的绘画。漫画从此具有了一种新的姿态，不再专门是政治性的了；它成了对公民的普遍的讽刺，它进入了小说的领域。

在我看来，《古代历史》是一件重要作品，因为可以说它最好地画出了这句著名的诗句："谁将把我们从希腊人和罗马人的手中解放出来？"杜米埃勇猛地扑向古代，扑向虚假的古代，因为谁也不能比他更深切地感到古代的伟大，他唾弃这个古代；吵吵闹闹的阿喀琉斯，谨慎的尤利西斯，贞洁的珀涅罗珀，忒勒玛科这个大傻瓜，断送了特洛伊的美丽的海伦，所有这些人都在一种滑稽的丑陋中表现了出来，使我们想起那些在后台吸鼻烟的悲剧演员的一把老骨头。这是一种对神明的很逗人的冒犯，而它有它的用处。我记得我的朋友中有一位异教的抒情诗人对此感到大为恼怒。他称这个为大逆不道，并且谈到美丽的海伦就像别人谈到圣母马利亚一样。但是，那些对奥林匹斯山和悲剧并不很尊重的人自然而然地会感到高兴。

总之，杜米埃使他的艺术达到了很高的水平，使之成为一种严肃的艺术；他是一位伟大的漫画家。要恰当地评价

---

[1] Ménipée，公元前4世纪至公元前3世纪的希腊哲学家和诗人，他善于写作滑稽的讽刺作品，韵文和散文相间，后来以此为基础形成一种体裁，被称为梅尼贝式的讽刺。

他，必须从艺术家的角度和道德的角度来对他进行分析。作为艺术家，使他异于众人的是可靠性。他画得跟大师们一样好。他的素描线条丰富、流畅，是一种连贯的即兴之作，但从来也不是什么漂亮。他有奇妙的近乎神奇的记忆力，为他充作模特儿。他的所有人物都画得很稳，动作总是很真实。他有一种很可靠的观察的才能，人们在他的笔下绝找不出一个与托着它的身子吵架的脑袋。什么样的人有什么样的鼻子，什么样的额头，什么样的眼睛，什么样的脚，什么样的手。这是学者的逻辑，被搬进了一种轻巧的、瞬间的艺术之中，而艺术面对的是变动不居的生活。

说到道德，杜米埃与莫里哀有一些联系。他和他一样，也是直奔目标，思想一下子显露出来，人们一看就明白。有人在他的画的下面写上说明文字，其实没有什么用处，因为一般地说，他的画不需要说明文字。他的滑稽可以说是不由自主的。艺术家并不去寻找，人们甚至可以说他想都没想。他的漫画题材极为广阔，但其中没有仇恨和敌意。他的全部作品中都蕴涵着正直和纯朴。请注意，他常常拒绝处理某些很美很有力的题材，他说因为这些东西超出了滑稽的界限，可能会伤害人类的良心。因此，当他是令人痛心或令人害怕的时候，他几乎总是不情愿的。由于他很热烈地、很自然地爱自然，达到绝对滑稽对他来说是很困难的。他甚至小心地避开一切对法国公众不是一目了然的东西。

还有一句话。杜米埃的杰出特点的最后一点并使之作为特殊的艺术家置身于大师的光辉行列中的是,他的素描天然地具有色彩,他的石版画和木版画有色彩感,他的铅笔除了界定轮廓的黑色之外还有别的东西。他让人看出思想,也看出颜色。这是一种高级艺术的标志,一切聪明的艺术家都在他的作品中清楚地看到了这一点。

几年前,亨利·莫尼埃引起了很大的反响,他在资产者的世界和作坊的世界这两类村庄中取得了很大的成功。原因有二:其一,他像尤利乌斯·恺撒一样,一身而三任:演员,作家,漫画家;其二,他的才能本质是资产阶级的。作为演员,他是准确的、冷淡的;作为作家,他过分讲求细节;作为艺术家;他有办法根据实物搞一些漂亮玩意儿。

他恰恰是我们刚才谈过的那个人的反面。亨利·莫尼埃不是完整地一下子抓住一个形象或一个主题的整体,而是对细节进行缓慢地、不断地研究。他从来也不知道伟大的艺术为何物。因此,普吕多姆先生[1]这个极其真实的典型并没有被构思成一个伟人。亨利·莫尼埃研究过活生生的、真实的普吕多姆先生,在很长时间里天天研究他。为了达到这种神奇的结果,我不知道他喝了多少杯咖啡,玩了多少次多米诺骨牌。研究之后,他把他表现出来,不,我说错了,他把他移印出来。乍一看,结果似乎不同凡响;但是,当普吕多姆先生的事讲完了,亨利·莫尼埃也就没什么可说的了。他的

---

[1] Prudhomme,莫尼埃创造的一个人物形象,代表法国资产阶级。

《民间场景》当然是很可爱的，否则就该否认达盖尔照相所具有的严酷而惊人的魅力了；然而，莫尼埃根本不会创造，不会理想化，不会处理。他的画，这是我们的重要话题，一般来说是冷漠的、生硬的。说来奇怪，尽管笔触极为精确，它们在人们的思想中却总是模模糊糊的。莫尼埃有一种奇特的能力，然而他只有这一种，那就是冷漠，是镜子的清澈，一面不思想、只满足于反映行人的镜子。

至于说格朗维尔[1]，那就是另外一回事了。格朗维尔是一个具有病态的文学天赋的人，他总是在寻找折中的方法使他的思想进入造型艺术的领域，因此我们看见他经常运用那种陈旧的方法，即在他的人物的嘴上画一面写着话的小旗子。关于格朗维尔，哲学家或医生是很可以做出很好的心理学或生理学研究的。他毕生在寻找思想，有时也曾找到过；但是，由于他职业上是艺术家而头脑里是文人，因此他从未能很好地表达出来。他当然触及好几个重大的问题，但都以空谈告终。他既不完全是哲学家，又不完全是艺术家。他一生中有很大一部分用于研究相似性的一般思想。他甚至是从这里起步的：他写过《日光的变化》。但是，他不知道如何从中得出正确的结果，他像一个脱轨的火车头一样颠簸摇晃。这个人带着超人的勇气，一生都在重复创作。他把创作抓在

1　Jean-lgnace-Isidore Gérard, dit Grandville（1803-1847），法国漫画家。

手里，扭着，摆弄着，解释着，评论着，而自然于是变成了世界末日。他把世界弄得一团糟。他不是写过一本有插图的书，叫作《颠倒的世界》吗？格朗维尔使一些肤浅的人感到开心，却使我感到害怕；因为不幸的是，我感兴趣的是艺术家，而不是他的画。进入格朗维尔的作品中，我有某种不舒服，就像是进入一间屋子，其中的混乱被安排得有条不紊，荒唐的突饰挤在天花板上，绘画通过光学家的手段变了形，器物由于角碰角而受到损坏，家具的腿朝天，抽屉不是往外拉，而是往里推。

格朗维尔无疑也搞了些美的、好的东西，他的固执、细心的习惯帮了他很大忙；但是他不灵活，因此他从来也不会画女人。格朗维尔所以重要，是在于他的才能的异常方面。他在死前还运用他那总是顽强的意志通过造型的形式来记录梦幻和噩梦的交替，精确得像速记员记录演讲者的演说。是的，作为艺术家的格朗维尔希望铅笔能够解释观念联合的规律。格朗维尔是很滑稽的，但他常常是个不自知的滑稽家。

现在我们来谈一位艺术家，他有古怪的魅力，其重要性与上述诸公不同。加瓦尔尼开始是画机械图的，后来画时装式样，我觉得这种烙印在他身上留存了很久，不过，应该说加瓦尔尼一直在进步。他并不完全是位漫画家，甚至也不仅仅是位艺术家，他也是位文学家。他总是点到即止，留待别人猜出。他的滑稽的特点是观察的细腻，有时到了细微的程度。他像马里沃[1]一样，知道缄默的全部威力，而缄默既是公众智力的诱饵，又是对它的奉承。他自己给自己的画写说明，有时还很复杂。许多人喜欢加瓦尔尼胜过喜欢杜米埃，这毫不奇怪。由于加瓦尔尼艺术家的成分少一些，对这些人来说，他更容易理解。杜米埃是一个坦率直截的天才，去掉说明文字，他的画仍然是美的、清晰的。加瓦尔尼就不同了，他是双重的：先是画，然后是说明文字。其次，加瓦尔尼并非本质上是讽刺的，他常常是讨好，而不是咬人；他不指责，他鼓励。他本人是个文人，像所有的文人一样，他也轻微地染上堕落的习气。凭着他思想的迷人的虚伪和话只说到一半这种强有力的策略，他无所不敢。有时候，当他的犬儒主义的思想坦率地暴露出来时，他就给它穿上一件优雅的外衣，用它来讨好偏见，并使众人成为它的同谋。出名的原因何其多也！仅举一例：你们还记得吗？那个高大美丽的女人做出一副倨傲的样子看着一个年轻人，年轻人合着双手在她面前哀求："请给我一个小小的吻，我的慈悲的好太太，看在上帝的分上！""晚上再来吧，今天早晨已经给了您的父亲了。"人们的确会说，那位太太是一幅肖像。这些家伙那么漂亮，青年人肯定想模仿他们。还请注意，最妙的还在说明文字里，因为画无力说出这么多东西。

1　Pierre de Chamblain de Marivaux（1688-1763），法国剧作家、作家。

加瓦尔尼创造了罗莱特。她的确在他之前即已存在，但是，他使她更加完整了。我甚至认为是他创造了这个名字。有人已经说过，罗莱特不是那种由情人供养的姑娘，那种帝国时代的东西，不得不愁眉苦脸地与她依靠的那具金属般的行尸走肉，将军或银行家，相对为生；罗莱特是个自由的人，来去无牵无挂。她的房门洞开。她没有主人，往来于艺术家和新闻记者之间。她尽可能地要获得一些思想。我说是加瓦尔尼使她更完整了，实际上，他的文学想象力使他至少创造出与他的所见相等的东西，因此，他对风气有很大影响。保尔·德·考克创造了小女工，加瓦尔尼创造了罗莱特；有些同类的姑娘由于向她学习而得到改进，正如拉丁区的年轻人受到那些大学生的影响，许多人竭力使自己像时装式样图一样。

加瓦尔尼就是这样，作为艺术家，他不仅仅有趣，他还有许多其他的东西。要了解王朝最后几年的历史，必须翻翻他的作品。共和国有点儿使加瓦尔尼失色了，这是残酷的然而却是自然的规律。他生于平静，隐于风暴。加瓦尔尼和杜米埃的真正光荣和真正使命在于补充巴尔扎克，后者自己也知道，所以把他们看作是辅助者和评论者。

加瓦尔尼的主要创作是:《信箱》、《大学生》、《罗莱特》、《女演员》、《后台》、《淘气鬼》、《男女作家》以及大量的零散组画。

剩下要谈的是特里莫莱[1]、特拉维埃[2]和雅克。特里莫莱的命运令人伤感。看到他的作品散发出来的那种优美而天真的滑稽，人们不大会想到他可怜的一生会有那么多巨大的痛苦和强烈的悲哀。他亲自使用硝镪水，为《法国民歌》丛书和奥贝尔[3]的滑稽年鉴刻了一些极美的画，更确切地说，刻了一些速写，其中充满了最疯狂、最天真的快乐。特里莫莱不画草图，直接在木版上作画，构图很复杂，应该承认，这种方法产生了一些混乱。显然，他对刻吕克山克[4]的作品印象很深，但是无论如何，他保持了自己的独创性，他是一位配享有特殊地位的幽默家。对于味觉灵敏的人来说，他的作品有一种独特的味道和有别于其他人的精美的风味。

有一天，特里莫莱画了一幅画，构思很好，思想崇高：在一个阴暗潮湿的夜里，一个看起来像是活动的废墟和一包飘动的破衣裳的老人躺在一堵破墙下。他朝着无星的天空抬起一双感激的眼睛，喊道："我感谢您呀，我的上帝！您给了我这堵墙来遮蔽我，您给了我这张席子来裹着我！"像一切备受痛苦的贫苦人一样，这个正直的人要求不高，他心甘情愿地什么都相信万能的上帝。不管那些乐观主义者们说什么，有些天才是有过这样的夜晚的！而德佐吉埃说那些乐观

---

1 Joseph-Louis Trimolet（1812-1843），法国漫画家。
2 Charles-Joseph de Villers Traviès（1804-1859），法国漫画家。
3 Aubert，法国出版家。
4 George Cruikshank（1792-1878），英国漫画家。

主义者有时候喝醉了酒跌倒在地，就可能会压扁一个没吃晚饭的可怜人。特里莫莱死了，他在曙光已经照亮他的天际的时候死了，他在更为宽厚的命运想要对他微笑的时候死了。他的才能日渐增长，他的精神机器是好的，起劲地运转；可他的肉体机器受到了往日风暴的严重损坏。

特拉维埃也是运蹇命乖。据我看，他是一位杰出的艺术家，生前未得到正确的评价。他画得很多，但他缺乏可靠的表现。他想讨人喜欢，但他显然没有做到。有时候，他发现了一件美的东西，他自己并不知道。他在变好，不断地自我修正；他转过来，又转过去，追求着一个不变的理想。他是厄运之王。他的缪斯是一位郊区的仙女，苍白而忧郁。在他的所有的蹰躇之中，到处都有一条隐线穿过，其色彩和特点都是相当显著的。特拉维埃对人民的欢乐和痛苦有着深切的感受。他深知下层人，我们可以说，他以一种温柔的慈悲心爱着他们。因此，他的《饮酒场景》将作为杰作流传后世。不过，他画的拾破烂者一般来说都很相像，那些破烂衣衫又宽又大，具有一种现成风格的几乎不可捉摸的高贵，就像是变动不居的自然提供的一样。不应忘记特拉维埃是麦约的创造者，这个古怪而真实的典型是那样地使巴黎人感到愉快。麦约是属于他的，正如罗贝尔·马凯尔属于杜米埃，普吕多姆先生属于莫尼埃。很久以前，在巴黎有一个滑稽可笑的变相狂，名叫勒克莱，他出入小咖啡馆、小酒吧间和小剧场。

他表演面部表情，在两根蜡烛之间[1]，他接连不断地在脸上表现出各种激情。这在《御前画家勒布仑先生谈激情的性质》一书中有记载。这个人是怪人中的例外，比人们所想象的有怪僻的人更接近常人，他很忧郁，酷爱友谊。他除了研究和进行怪诞的表演之外，就是找朋友。他喝了酒，就唰唰地流下孤独的眼泪。这不幸的人有着极高的变形的本领，非常善于化装，他模仿驼子，那驼背，皱纹密布的额头，猴子一样的大手，刺耳的、口沫四溅的说话声，简直可以乱真。特拉维埃见过他，那正是7月的爱国热情蓬勃高涨的时候，他灵机一动，于是，麦约被创造出来了。此后很久，不安分的麦约一直在巴黎人的头脑中说呀、喊呀，高谈阔论，指手画脚。从此，人们承认了麦约的存在，人们相信特拉维埃认识他，照着他的样子把他画了下来。好几个其他有名的创造都是这样产生的。

特拉维埃近来从画坛上消失了，不知为什么，因为今天和以往一样，滑稽画册和刊物的出版仍很可观。这确是一大不幸，因为他很善于观察，尽管他有犹豫和失误，但他的才能中有某种严肃和温柔的东西，使他特别地给人以好感。

应该提醒收藏家们注意，在与麦约有关的漫画中，众所周知，有一些女人在那个多情而爱国的拉高坦[2]的英雄业绩中

---

[1] 指极短的时间。
[2] 法国作家斯卡龙（Paul Scarron，1610-1660）的《滑稽故事》中的人物。

扮演了重要角色，这些女人不是出自特拉维埃的手笔，她们出于菲利朋之手，他有一些极其滑稽的念头，以一种诱人的方式画女人，以至于他喜欢在特拉维埃的麦约组画中画上女人。这样，每幅画中就有了两种风格，但并不能真的有两种滑稽的意图。

雅克是一位优秀的艺术家，具有多方面的智慧，偶尔也是一位值得推荐的漫画家。他在油画和腐蚀版画中总是庄重的、富有诗意的，此外，他画过很好的怪诞画，其思想通常总是表达得很清晰直接，请看他的《米利太里亚娜》和《病人和医生》。他的线条丰富而有才气，他的漫画也像他的其他作品一样，具有长于观察的诗人那种犀利和敏锐。

论几位外国漫画家[*]

霍格思，刻吕克山克，戈雅，皮奈利，布吕格尔

一

一个不仅在艺术家中间，而且也在上等人中间家喻户晓的名字，一个在滑稽方面出类拔萃的艺术家，像格言一样占据了人们的记忆，他就是霍格思。我常听人这样说起霍格思："这简直是埋葬了滑稽。"我正求之不得。这句话可以被理解为机智，但我希望它被理解为赞扬；我从这种不怀好意的说法中看出有一种特殊优点的迹象和判断。的确，只要留心，就可以看到霍格思的才能本身包含着某种冰冷的、收敛的、阴郁的东西。这令人难受。他是粗鲁的、暴躁的，

---

[*] 本文最初发表于1857年10月15日。

但他首先是一个道德家，总是关心他的作品的道德感。他像我们的格朗维尔一样，使作品充满寓意的、影射的细节，其作用，在他看来，是补充和阐明他的思想。对于观众，我刚才差一点说对于读者，有时候事与愿违，他的作品延缓了理解，并使之陷入混乱。

不过，霍格思像一切喜欢探索的艺术家一样，有着相当丰富的手法和作品。他的方法并不总是那么生硬、那么显露、那么琐细。举一个例子。请比较一下《入时的婚姻》这组版画和其他组版画如《纵欲的危险及其后果》、《豪华酒店》、《音乐家的苦恼》、《诗人在家里》吧，人们就会承认后者具有多得多的从容和自然。其中有一幅表现的是一具扁平、僵直、躺在解剖台上的尸体，这显然是最稀奇的一幅。系在顶棚上的滑轮或其他机械把这放荡的死人的肠子拉出来。这个死人很可怕，而最能和这具尸体（当然是唯一的尸体）形成奇特对照的却是那些披着大得异常的、打着卷儿的假发的英国医生的脸，这些形象有高的、长的、瘦的、胖的，都庄严得古怪。在一个角落里，一条狗贪吃地把鼻子伸进一只桶里，偷吃人的某种残留物。霍格思，埋葬了滑稽！我更想说这是埋葬中的滑稽。那条吃人肉的狗总是使我想到那只历史性的猪，正当一架手摇风琴为不幸的福阿代斯[1]的葬礼演奏的时候，它却厚颜无耻地大喝垂死者的血。

1　Fualdès，1817年在罗岱被暗杀的一位参议员。

我刚才说过，画室中的那句俏皮话应该被当作一种赞扬。事实上，我的确在霍格思身上发现了某种我说不准的阴森、狂暴和果决的东西，这个忧郁之国的几乎所有的作品中都散发着这种气息。在《豪华酒店》这幅画中，除了布满醉汉的生活和道路之上的那些无尽的厄运和古怪的事故之外，人们还发现一些以我们法国人的观点看来并不滑稽的可怕情况：几乎总是一些暴死。我不想在这里详细地分析霍格思的作品，针对这位奇特的细心的道德家，已经有过许多评价了，我只想指出每个重要艺术家的作品中占主导地位的一般特点。

谈论英国而不提到西摩[1]，那将是不公正的，人人都看见过他对钓鱼和打猎都有瘾的人的两大业绩所进行的绝妙讽刺。蜘蛛的奇妙寓意最先就是从他这里借用的，那只蜘蛛在钓线和钓鱼者的从不会因焦急而抖动的手臂之间结了一面网。

西摩和其他英国人一样，作品中有一种粗暴和对极端的爱好，揭示主题的方式是简单的、极其突然的和直接的。在漫画方面，英国人是些极端论者。"啊，深深的、深深的大海呀！"一个肥胖的伦敦人在一种怡然自得的凝视中喊道，他平稳地坐在一只小艇的凳子上，离港口只有四分之一里[2]

---

1 Robert Seymour（1798-1836），英国画家。
2 Lieue，法国古里，约合四公里。

远。我甚至相信人们还可以在背景上看到几片屋顶。这个蠢家伙过于出神了,看不见他亲爱的妻子的两条粗腿,这两条腿直直地伸出水面,脚趾指向天空。看起来是这位胖妇人头朝下栽进了水里,而水的样子却使这个头脑迟钝的家伙欣喜若狂。那个可怜的人呢,人们只看到她的两条腿。过一会儿,这个酷爱自然的人将冷静地寻找他的女人,不过他再也找不到她了。

乔治·刻吕克山克的特殊优点(我略过他的其他优点,如表现的细腻、对幻想的领悟等)是在怪诞方面具有取之不尽的丰富性。那种激情简直不可想象,要是没有证据,那将会被认为是不可能的,而证据就是大量的作品,如无数的小画片集、长套的滑稽画册,总之,令观察家记也记不清的大量人物、场面、面貌和古怪的图;怪诞从刻吕克山克的雕刻针下不断地、必然地流出来,就像丰富的韵律从天生的诗人笔下流出来一样。怪诞是他的习惯。

假使人们能够可靠地分析一种像艺术上的感情那样转瞬即逝不可触摸的东西,假使人们能够可靠地分析那种不管两位艺术家看起来联系多么密切而总能把他们区分开来的说不上来的东西,那我就要说,构成刻吕克山克的怪诞的,首先是行为和动作的过分的猛烈,是表现上的爆发。他的所有那些小人物都像哑剧演员一样激烈而喧闹地模仿。他可以受到指责的唯一缺点是,在他身上才智之士或拙劣的画家常常超过了艺术家,也就是他并不总是以一种足够认真的方式作画。可以说，他在感到沉醉于他那神奇的激情之中的快乐时，作为作者他忘了赋予他的人物一种足够的活力。他作画有些过于像那些以信手涂抹为乐的文人了。那些动人的小人儿生下来并不总是能够成活的。这些小人儿你推我挤，坐立不安，以一种不可名状的活跃搅作一处，他不大关心他们的胳膊腿是否长对了地方。他们常常是略具人形，能怎么动就怎么动。总之，即令如此，刻吕克山克也是一位具有丰富的滑稽才能的艺术家，所有的画集他都会入选的。然而，对那些现代的法国剽窃者又能说些什么呢？他们无耻到了这种程度，不仅用了他的一些主题和草图，而且竟使用了他的手法和风格。幸好纯真是偷不来的。他们在装出来的天真中做到了无动于衷，但他们的画法却更加贫乏了。

二

在西班牙，有一个奇人在滑稽方面打开了新的眼界。

关于戈雅，我首先应该请读者们去读泰奥菲尔·戈蒂耶在《爱好者的珍品橱》上写的那篇出色的文章，此文后来被收进一本文集。泰奥菲尔·戈蒂耶极有理解类似气质的天赋。此外，关于戈雅的手法，例如模仿水彩画的蚀刻和腐蚀铜版法混用，再以铜版雕刻术进行修饰，应该谈的东西那篇文章都谈到了。我只想就戈雅引入滑稽中的那种极罕见的成分补充几句：我指的是幻想。确切地说，从法国方式的角度看,戈雅毫无特殊个别的地方,既没有绝对滑稽,也没有纯粹有含义的滑稽。他无疑常常深入到冷酷的滑稽中去,甚至达到了绝对滑稽的高度,但是,他所看见的事物的一般面貌却主要是幻想的,更确切地说,他投向事物的目光是一个天生富于幻想的翻译者的目光。《幻想曲》从构思的独特和从构思的实现上看,都是一件奇妙的作品。面对《幻想曲》,我想象出一个人,一个好奇的人,一个业余爱好者,对这些画中的几幅所影射的历史事实一无所知,他是一位思想淳朴的艺术家,他不知戈多伊[1]、国王查理、王后为何物;然而他在头脑的深处会感到强烈的震动,其原因在于独特的方式,艺术家圆满而可靠的手法,也在于笼罩着他的主题的那种幻想的氛围。总之,在出于深刻的个性的作品中,有某种东西很像通常包围着我们的睡眠的那些周期性或持久性的梦。这就是真正的艺术家所特有的那种东西,即使在那些昙花一现的作品,即依附于时事、人们称之为漫画的作品中,这种东西也总是持久的、活跃的,我认为,这就是区别历史漫画家和艺术漫画家、短暂的滑稽和永恒的滑稽的那种东西。

戈雅始终是一位伟大的艺术家,常常使人感到可怕。他在塞万提斯时代的快活、乐观和西班牙式讽刺里融进了一种非常现代的精神,或至少这种精神在现代是被人们迫切地追求着的,这种精神就是对难以觉察的东西的喜爱、对强烈

---

[1] Godoy Alarez de Faria(1767-1851),西班牙政治家,戈雅曾为之作画。

的对比、对大自然的恐怖以及对环境使之奇特的兽性化的人脸的感觉。所有这些关于僧侣的漫画——打呵欠的僧侣，贪吃的僧侣，准备晨经的杀人犯似的方脑袋，狡猾的、伪善的、尖细的、像猛禽的侧面一样凶恶的脑袋——流露出来的精神是一种很值得注意的怪东西，它出现于18世纪的讽刺和破坏的伟大运动之后，如伏尔泰在世，肯定会对它感激不尽，但他仅仅为的是思想（这位可怜的伟大人物对其余的一切都不大懂）。说它怪，就怪在这位憎恨僧侣的人是那么频繁地梦见巫婆、巫魔夜会、魔法、用铁钎烤熟的孩子，还有什么？总之是梦的放纵、幻象的夸张，还有那些白皙苗条的西班牙女人，她们被那些永恒的老太婆洗干净、打扮好，或是去参加巫魔夜会，或者晚上去卖淫，这文明的巫魔夜会！明与暗的变化贯穿了这些怪诞的恐怖。多么奇特的快活！我特别记得两幅非凡的版画。其中一幅表现的是一片幻想的风景，乌云和悬崖混成一片。这是无人知晓无人到过的塞拉利昂的一角吗？这是一个混沌的标本吗？在这个丑恶的舞台上，有两个悬在空中的巫婆正进行一场恶战。一个骑在另一个的身上，打她，制伏她。这两个怪物滚在昏暗的空气中。人类理解所能想象出来的一切丑恶、一切精神上的污秽、一切罪恶都在她们的脸上暴露无遗，而根据艺术家经常的习惯和一种不可解释的方法，这两张面孔介于人和兽之间。

  另一幅表现的是一个人，一个不幸的人，一个孤独绝望的单子[1]，他竭力想从坟墓里出来。一些恶鬼和一群矮小的地精协力拼命压住开了缝的坟盖。这些警觉的死亡守护者联合起来对付这颗消耗在一切无望的斗争中的不屈灵魂。这场噩梦在朦胧与模糊的恐怖中骚动不已。

晚年的戈雅视力衰退，据说到了不得不让人替他削铅笔的地步，但是就在这时，他仍然作了很重要的大幅石版画，其中有表现人群拥塞、万头攒动的斗牛场面。那是一组惊人的版画，大幅的工笔画，这又一次证实了那一条控制着伟大艺术家的命运的奇特法则，即生命的航向与智力相反，他们在一个方面赢得了在另一个方面失去的东西，他们就这样随着一种渐进的青春，越来越有力，越来越振奋，胆子越来越大，直到坟墓的边缘。

在这些形象的前景上，充满了一种惊人的喧闹和混乱，那些疯狂的公牛怀着仇恨猛烈地攻击着敌人，其中有一头已经把一个斗牛士的裤子在屁股那儿撕掉了一块。这斗牛士只是受了伤，艰难地跪在地上爬着。可怕的畜生用角掀起了那不幸的家伙的已经破碎的衬衣，使他露出了屁股，而它重新低下了它那咄咄逼人的鼻尖。不过，这场屠杀中的这种不雅并未怎么使看客有所触动。

戈雅的巨大优点在于创造畸形的逼真。他的怪物是和谐

---

[1] Monade，旧哲学术语，莱布尼茨把单子看作精神的实体，此处应指个人。

的，生下来就能活。在可能的荒谬这个方向上，谁也不如他有胆量。他的一切扭曲，那兽样的面孔，那狰狞的鬼脸，都渗透着人性。即便从自然史的特殊角度看，也难以对它们提出指责，它们的生命的各部分是那么相似与和谐。一句话，真实与幻想之间的连接线与结合点是不可能把握的，这是一条最细微的分析也划不出的模糊的界线，因为他的艺术既是超验的，又是自然的。

三

意大利的气候虽然也是南方的气候，却与西班牙的气候不同，因此，滑稽的发酵也就产生不出相同的结果。意大利的学究气（我用了这个词，是因为没有合适的词）在莱奥那多·达·芬奇的漫画和皮奈利的风俗画中得到了表现。所有的艺术家都知道莱奥那多·达·芬奇的漫画，那是一些真正的肖像。这些漫画丑恶、冷漠、不乏残酷，但是缺少滑稽；没有感情的表露，也没有感情的放纵。伟大的艺术家画漫画时并不是在消遣，他是以学者、几何学家、自然史教授的身份画漫画的。他留心不漏掉最小的疙子，最细小的毛发。总之，也许他并不想画漫画，他在身边寻找丑得古怪的典型，然后模仿下来。

不过，一般地说，这并不是意大利的特点。那里的玩笑是低级的，但也是坦率的。巴桑[1]的那些表现威尼斯狂欢节的画给了我们一个正确的概念。那种快活充满了香肠、火腿和通心粉。一年一度，意大利的滑稽在林荫大道上爆发出来，并达到了疯狂的极限。大家都才智横溢，人人都成了滑稽艺术家；马赛和波尔多也许能够为我们提供一些有关这种气质的例证。应该通过《布朗比娅公主》看看霍夫曼是多么好地理解了意大利性格，在希腊咖啡馆喝咖啡的德国艺术家谈论得多么细致，他们缺乏深度，但他们全都真正地陶醉在这种全民性的愉快中了。他们像一般南方人一样是追求物质享受的，他们的玩笑总是有一股厨房和下流去处的味道。总的来说，是一位法国艺术家，即卡洛，通过我国特有的那种思想的凝练和意志的坚强给予这种类型的滑稽以最完美的表现。意大利最好的滑稽家一直是一位法国人。

我刚才说到了皮奈利，古典的皮奈利，现在他的光荣已经小多了。我们并不说他是一位十足的漫画家，他更多的是一位有趣场面的速写家。我提到他，只是因我年轻时老是听人赞扬他是高贵漫画家的典型。实际上，滑稽进入其中的只是极微小的一部分。在这位艺术家的所有习作中，我们都发现他在坚持不懈地关心着线条和古式构图，系统地追求着风格。

---

[1] 指意大利画家莱昂德洛·巴萨诺（Leandro Bassano，1557-1622）。意大利有四个巴萨诺是画家，有人认为这里提到莱昂德洛·巴萨诺是很奇怪的。

但是，皮奈利的生活远比他的才能更为浪漫，这大概对他的名气贡献不小。他的独创性表现在性格中远甚于表现在作品中，因为他是老实市民所想象的那种艺术家的最完全的典型之一，也就是说，传统的放荡，通过不端行为和暴烈的习惯表现出来的灵感。皮奈利拥有某些艺术家的一切江湖骗术：他有两条巨犬，像心腹和伙伴似的到处跟着他，他还有一根疙疙瘩瘩的粗木棍，他的头发编成辫子垂在两侧脸颊上，酒馆，狐朋狗友，如果价钱不满意就决心阔绰地毁掉作品，所有这一切都是他的名气的组成部分。皮奈利的家庭生活也不比家长的行为更有条理。有时候他回到家里，看见妻子和女儿正瞪着眼睛，互相揪住头发，处于意大利式的冲动和疯狂之中，皮奈利觉得妙不可言，就对她们喊道："停住！别动，就这样停住！"于是，这番斯打就变成了一幅画。人们看到，皮奈利是那种艺术家，他们漫步在物质的自然之中，让它来弥补思想的懒惰，他们随时都准备抓起画笔。这样，他就在一个方面靠近了不幸的雷奥波德·罗贝尔[1]，后者也是想在自然中，而且只在自然中发现现成的题材；而对于更有想象力的艺术家来说，这些题材只不过具有笔记的价值罢了。就是这些题材，甚至全民公认的最滑稽最别致的题材，皮奈利也要像雷奥波德·罗贝尔一样，要过过筛子，经过趣味的严格挑选。

1　Léopold Robert（1794-1835），法国画家。

皮奈利是被恶意中伤过吗？我不知道，不过，他的传说就是这样，而我觉得这一切标志着一种弱点。我希望人们创造一个新用语、制造一个新词来谴责此类陈词滥调，这种风度和行为中的陈词滥调，它进入了艺术家的生活之中，也进入了他们的作品之中。再说，我也注意到历史上不乏与之相反的事情，最有创造性、最令人吃惊、构思最古怪的艺术家往往是些生活平静、井然有序的人，他们中的许多人具有很高的家庭美德。难道你们没有经常注意到，克制的天才艺术家最像完美的资产者吗？

四

佛来米人和荷兰人从一开始就搞出了一些很美的东西，的确具有独特性和地方特色。人人都见过怪人布吕格尔[1]从前的奇特的作品，但不要像好几位作家那样，把他和魔鬼布吕格尔混为一谈。他的画中有着某种系统化，某种古怪的偏见，某种奇怪的方法，这是不容置疑的；然而这个奇特的天才具有一个比那种艺术上的打赌更高的起点，这也是可以肯定的。在怪人布吕格尔的幻想画中，幻象表现出全部的威力。如果不是一开始就受到某种不为人知的力量的推动，哪

---

1 有两个布吕格尔，这里是老布吕格尔（Pierre Brueghel，约 1525-1569），下面提到的是小布吕格尔（Pierre Brueghel，约 1564-1638）。

个艺术家能创作出如此极度反常的作品？在艺术上，受命于人的意志的部分要比人们以为的小得多，这是一件人们注意得不够的事情。布吕格尔似乎追求过的那种古怪理想与格朗维尔的理想有很多的联系，尤其是人们如果愿意仔细考察这位法国艺术家晚年表现出的倾向的话，就更是如此，例如脑病患者的幻象，高烧引起的幻觉，梦的瞬息万变，观念的古怪联合，偶然的、怪诞的形式的组合。

怪人布吕格尔的作品可以分为两类。一类包含着今天几乎不可解的政治寓意，正是在这一类画中，人们看见房屋的窗户是眼睛，风车的翼是手臂，千百种可怖的作品，其中自然不断地变成字谜。不过，人们常常弄不清这类作品是属于政治寓意画还是属于第二类，而第二类显然是最令人感兴趣的。我觉得，这第二类画包含着一种神秘，而我们这个时代由于怀疑和无知这种双重性格认为什么都不难解释，会简单地将这类画冠之以幻想和心血来潮。有几位医生已经模糊地感到有必要用不同于伏尔泰派的方便办法——这一派只是到处将欺骗认作巧妙——对大量历史的和神奇的事实做出解释，但他们还没有搞清楚所有的心理奥秘。因此，我不相信能够不用一种特殊的撒旦的恩赐而对怪人布吕格尔的魔鬼般的滑稽可笑的大杂烩做出解释。如果你们愿意的话，可以用疯狂或幻觉等词来取代特殊的恩赐一词，但是，其神秘将几乎同样幽微难明。对所有那些画的收集散发出一种传染性，怪人布吕格尔的滑稽令人头晕目眩。一个人的智力怎么能包含这么多的魔法和奇迹，产生并描绘出这么多骇人的荒诞？我不能理解，也不能确切地指出其原因；但是，我们常常在历史上，甚至在现代历史的若干阶段中发现证据，证明道德氛围的传染和禁锢具有巨大的威力，而且我不能不注意到（但我并不装模作样，卖弄学问，想证实布吕格尔可能见过魔鬼显灵，也确实没有此种意图），极端恐怖的这种神奇的繁荣最为奇怪地和著名的历史性的巫师流行病同时发生。

论 1855 年世界博览会美术部分*

一 批评方法，论应用于美术的现代进步观，活力的转移

对于一个批评家来说，对于一个沉思者（其思想既倾向于普遍化，又倾向于细节研究，更确切地说，倾向于整理分类和在世界范围内排定等级）来说，很少有什么事情跟比较各个民族及其产品那样有趣、那样吸引人，充满着惊奇和启示。我说排定等级，意思不是说某个民族比某个民族优越。尽管大自然中有些植物多少是崇高的，有些形式多少是空灵的，有些动物多少是神圣的，尽管根据世界的广泛相似性，人们有理由认为某些民族——数量众多的动物，其机体与环

---

* 本文的第一、第三部分最初发表于 1855 年 5 月 26 日和 6 月 3 日，第二部分发表于 1855 年 8 月 12 日。

境相适应——受过上帝的培养和教育,有一个明确的目标,一个多少是高尚的、接近上天的目标,但我在这里所做的,只不过是肯定他们在难以确定的他[1]的眼中有着同样的用途,并指明他们在世界的和谐中相互给予的神奇的支援。

一个由于孤独(而远非由于书籍)而稍许习惯于深广的沉思的读者可能已经猜到我的用意何在了,我也以此要求一切真诚的人们,只要他们稍微思想过和稍微旅行过。为了避免拐弯抹角的、游移不定的笔法,我要用一个几乎等于一个公式的问题三言两语地把事情说清楚。这个问题是:一位现代的温克尔曼[2](我们有的是,各国都有的是,懒汉们爱之若狂)将做些什么、说些什么?面对一件中国作品,他会说什么呢?那作品奇特、古怪,外观变形,色彩强烈,有时又轻淡得近乎消失,然而那却是普遍美的一个样品;不过,为了理解它,批评家、观众必须在自己身上进行一种近乎神秘的变化,必须通过一种作用于想象力的意志的现象,自己学会进入使这种奇异得以繁盛的环境中去。很少有人全面地具有这种非凡的世界性的恩惠,但是,人人都可以不同程度地获得它。这方面最有天赋的是那些孤独的旅行者,他们多年生活在密林深处,无垠的草原腹地,除了枪之外没有别的

---

[1] 指上帝。

[2] Johann Joachim Winkelmannn(1717-1768),德国启蒙运动的领袖之一,他认为古典艺术的理想是"高贵的单纯,静穆的伟大"。

伙伴，他们沉思冥想，仔细分析，写作，没有任何学校的帷幔、大学的奇谈怪论、教育的乌托邦横亘在他们和复杂的真理之间。他们深知形式和功能之间的奇妙、永恒、不可避免的关系。这些人并不批评，他们凝视，他们探索。

假如我找来的不是一位教书先生而是一个上等人，一个聪明人，假如我把他带到一个遥远的地方，我确信，如果到达时的惊讶是巨大的，适应的阶段多少是长期的、艰难的，那么，好感早晚会变得如此强烈、如此深入，以至于会在他身上创造出一个具有新观念的世界，这世界将成为他不可分割的一部分，将以回忆的形式一直陪伴他到死。那些建筑物的形式会使他的学院式（任何民族在评判其他民族时都是学院式的，任何民族在被人评判的时候都是野蛮的）的眼睛感到不快，那些植物使他的充满着故乡的回忆的记忆感到不安，那些女人和男人，他们的肌肉并不根据他的国家的传统方式颤动，他们的举措并不和他所习惯的节奏合拍，他们的目光也不射出同样的磁力，那些气味不再是他母亲的小客厅的那种气味了，那些神秘的花朵的深邃的色彩不由分说地进入他的眼帘，而其外形也在挑逗着他的目光，那些果实的味道使感官错乱，在味觉上引起嗅觉的概念，这整个的具有新的和谐的世界慢慢地进入他的身上，耐心地渗透，仿佛一间加了香料的浴室里的蒸汽一样。所有这陌生的活力将和他自身的活力合在一处，几千种观念和感觉将丰富他那凡人的词典，他甚至可能超越界限，将正义变成反叛，像西康布里人[1]一样改宗，烧毁他曾经崇拜的东西，而崇拜他曾经烧毁过的东西。

我再说一遍，这位才子面对异常现象会说些什么、写些什么？他是一位亨利·海涅所说的宣过誓的现代的美学教授，如果他朝拜神祇更勤一些，他会成为一个天才吗？这位发了疯的美学空谈家大概会胡说八道，他关在他那体系的令人眼花缭乱的堡垒里，咒骂生活和自然，他那希腊的、意大利的或巴黎的狂热将促使他禁止这异常的民族用不同于他自己的方法去享受、梦幻或思想，而他自己的方法却是满纸涂鸦的学问，混杂的趣味，比野蛮人还要野蛮；他忘记了天空的颜色、植物的形状、动物的动作和气味，他的手指痉挛，被笔弄成瘫痪，再也不能灵活地奔跑在应和的广阔键盘上了！

我像我的朋友们一样，也不止一次地想把自己封闭在一个体系之内，以便舒舒服服地进行鼓吹；但是，一种体系就是一种可以入地狱的罪过，促使我们发誓永远弃绝；因此总需要不断地创造出另一种体系，这种疲劳是一种残忍的惩罚。并且我总觉得自己的体系是美的，巨大、开阔、便利，尤其是它既干净又光滑，至少我自己这样觉得。但是，又总

---

[1] Sicambre，日耳曼人的一支，公元前 12 世纪被罗马人征服，并被迁移至高卢地区，公元 3 世纪并入法兰克人，故有改宗之说。

有一件出自普遍活力的自发而意外的作品来否定我那幼稚然而陈旧的学问，这乌托邦的可悲的女儿。我也曾交换或扩大标准，却终属徒劳，它总是落后于普遍的人，不断地尾追着形式众多、五光十色、在生活的无限螺旋中运动的美。我总是不断地经受改换门庭的屈辱。我终于痛下决心，为了避免哲学上的背弃所造成的恐惧，我骄傲地自甘谦逊：我满足于感觉，我又返身到完美的天真中求一栖身之处。我向各式各样的学院派请求原谅，他们现正住在我们的艺术生产的各种作坊之中。我的哲学良心是在天真之中得到平静的，我至少可以说，像一个人可以为他的美德担保一样，我的思想现在具有更多的公正。

任何人都可以很容易地想象到，如果所有要表达美的人都遵守那些宣誓教授的清规戒律，那么美本身就要从地球上消失，因为一切典型、一切观念、一切感觉都混同在一个巨大的统一体中，这个统一体是单调的、没有个性的，像厌倦的虚无一样巨大。多样化，这个生活的必要条件，将从生活中销声匿迹。在艺术的多种多样的产品中总有某种新东西永远不受规则和学派的分析的限制！惊奇是艺术和文学所引起的巨大愉快之一，它取决于典型和感觉的这种多样化。而宣誓教授这种专横的名士，总是使我觉得像是一种妄想取代上帝的大逆不道之徒。

请那些从书本中讨生活的极其傲慢的诡辩家们不要见怪，我的看法还不止于此。无论我的思想表达起来多么微妙、多么困难，我并未放弃表达清楚的希望。美总是古怪的。我不是说它之古怪是自愿的、冷漠的，如果这样的话，它就将是一个脱离生活轨道的怪物；我是说，它总是包含着一点儿古怪，天真的、无意的、不自觉的古怪，正是这种古怪使它成为美。这是它的笔调，它的特点。把这种看法倒过来试试看，努力想象一种平凡的美试试看！因此，这种不可缺少的、不能压缩的、变化无穷的，取决于环境、气候、风俗、人种、宗教以及艺术家本人气质的古怪怎么能由在地球上某个科学的小教堂里炮制出来的空想规则来支配、改善、修正而不危及艺术本身的生命呢？这种古怪的成分组成并决定了个性，而没有个性，就没有美。这种古怪成分在艺术中（请看在下面这个比喻的准确性的分上而原谅它的粗俗吧）起到了滋味或作料在菜中的作用，而各种菜之间的区别除了它们的功用或所包含的营养物质的多少之外，就是它们显露给舌头的观念。

这次美好的画展在内容上是丰富多彩的，从它的多样化来看是令人不安的，而对教学来说则是使人难以应付的，所以我要尽可能地摆脱任何学究气。说画室的行话以及打击艺术家抬高自己的人已经够多的了。我觉得，博学在许多情况下都是幼稚的，不能真正表现它的本质。巧妙地论述对称或均衡的构图、色调的和谐、暖调和冷调等等，对我来说是太容易了。这是哗众取宠啊！我更喜欢以感情、道德和快感的名义来谈一谈。我希望某些博学而无学究气的人会认为我的无知是富有情趣的。

有人讲，巴尔扎克（谁不是恭恭敬敬地倾听一切有关这位伟大的天才的哪怕是再小的故事呢？）一天站在一幅很美的画前，这幅画画的是冬景，气氛忧郁，遍地白霜，星星点点的几个窝棚和瘦弱的农夫。他凝视着一座飘出一股细烟的小房子，喊道："多美啊！可他们在这间窝棚里干什么？他们在想什么？他们在愁什么？收成好吗？他们大概是有到期的票据要支付吧？"

谁愿意笑德·巴尔扎克先生就笑去吧。我不知道是哪一位画家有幸使得伟大的小说家的灵魂颤动、猜测和不安，但是我想他通过他的令人赞赏的天真为我们上了一堂极好的批评课。我赞赏一幅画经常是单凭着它在我的思想中带来的观念或梦幻。

绘画是一种展现，一种神奇的活动（在这方面，我们若是能够察看一下儿童的灵魂就好了！），当被展现的人物、被重新唤起的观念在我们面前站立起来，面对面地看着我们的时候，我们是无权——否则就是幼稚到了极点——过问巫师的召唤方式的。对于学究气和诡辩来说，除了要知道在方法上彼此最相对立的艺术家们根据什么法则为我们唤起同样的观念和激起类似的感情之外，我不知道还有什么更加令人窘困的问题。

还有一种很时髦的错误，我躲避它犹如躲避地狱。我说的是关于进步的观念。这盏昏暗的信号灯是现代诡辩的发明，它获得了专利证书，却并未取得自然或神明的担保，这盏现代的灯笼在一切认识对象上投下了黑影，自由消逝了，惩罚不见了。谁想看清楚历史，谁就应该首先熄灭这盏阴险的灯笼。这种荒唐的观念在现代狂妄的腐朽土地上开花，它使每个人推卸自己的义务，使每个灵魂摆脱自己的责任，使意志挣脱对美的爱所要求于它的一切联系。如果这种悲惨的疯狂长久地继续下去，人种就要退化，就会枕在宿命的枕头上，陷入衰败的颠三倒四的睡眠之中。这种自命不凡标志着一种已经很明显的颓废。

问问任何一个每天都在他的小咖啡馆里读他的报纸的好法国人进步是什么意思，他会回答说，进步就是蒸汽机、电、煤气照明，这都是罗马人所不知道的奇迹，这些发现充分地证明了我们胜过古人。这个可悲的头脑里是多么黑暗，那里面物质的东西和精神的东西是多么古怪地混在一起啊！这可怜的家伙被他的那些动物至上和工业至上的哲学家们美国化了，以至于失去了区分物质世界和精神世界、自然界和超自然界的概念。

如果一个民族今天在一种比上个世纪更微妙的意义上理解精神问题，这就是进步，这是很清楚的；如果一位艺术家今年产生出一件作品，证明他比去年有更高的技巧或想象力，他肯定是进步了；如果今天的食品比昨天质量更好、价格更便宜，这在物质方面是一个不容置疑的进步；然而请问，明天的进步的保证何在？因为蒸汽哲学和化学火柴哲学的信徒们是这样理解进步的：进步总是以一种无限定的连续这种形式出现的。这种保证何在？我说，它只存在于你们的轻信和自负之中。

这种不确定的进步越是给人类带来新的享受，就越使人类变得爱挑剔，与此同时，它是否也是对人类的最巧妙、最残酷的折磨？它在通过一种顽强的自我否定来发展的同时，是否也是一种不断更新的自杀方式？它被封闭在神的逻辑的火圈中，是否也像蝎子一样用自己可怕的尾巴、那个造成它永恒的绝望的永恒desideratum[1]，来把自己刺伤？这些问题，我且置之不论。

进步的观念被植入想象的范围（有些鲁莽的人和逻辑狂人企图这样做）就显得荒谬并进而变成骇人听闻的东西。此论可以休矣。事实太明显了，尽人皆知。事实嘲弄着诡辩，并坚定地对抗着它。在诗和艺术的领域内，启示者是很少有先行者的。任何繁荣都是自发的、个人的。西涅莱利[2]果真是米开朗琪罗的创造者吗？佩鲁吉诺[3]蕴涵着拉斐尔吗？艺术家只属于他自己，他答应给后世的只是他自己的作品。他只为自己作保。他无后而终。他是他自己的君主、他自己的教士和他自己的上帝。正是在这样的现象中，彼埃尔·勒鲁引起

---

1 拉丁文，愿望。
2 Luca Signorelli（约1450-1523），意大利画家。
3 Perugino（1445-1523），意大利画家。

轩然大波的著名说法得到了真正的应用。[1]

对于那些愉快地、成功地培育着想象艺术的民族来说，情况也是如此。目前的繁荣只是一时有了保证，可惜这段时间太短了。从前曙光出现在东方，光明射向南方，而现在，曙光在西方喷薄而出。法国由于处在文明世界的中心，的确像是被选定来收集周围的观念和诗，并使它们在其他民族看来被加工打磨得美妙非凡；但是，永远不应忘记，民族是一种巨大的集体存在，个人服从于同一的法则。童年时期，它啼哭，说话结结巴巴，一天天长大；青年和壮年时期，它产生出明智而大胆的作品；到了老年，它就睡在已经获得的财富上面。常常是原则本身给它力量，使它发展，而这种发展又带来了衰颓，尤其是当这种曾经从征服的热情中得到活力的原则在大多数民族那里已经变成某种常规的时候。于是，像我刚才隐约指出的那样，活力转移了，它要光顾其他地区和其他民族了；而且不应认为，新来者全盘地继承前人，从他们那里获得一种现成的理论。常常是（中世纪即是如此），一切都失去了，一切都得从头做起。

带着这种先入之见——想在意大利发现达·芬奇、拉斐

---

[1] 据考证，波德莱尔这里影射的是彼埃尔·勒鲁的《撒马雷的沙滩》。勒鲁在这首诗中猛烈地攻击了"为艺术而艺术"的文学主张，其中讽刺道："艺术家是一颗星，一道光，一朵玫瑰，一只夜莺。他自己发光，自己生香，他歌唱不需缪斯启发，他就是缪斯……他是太阳……美就是我……艺术就是艺术家。""诗人遗世独立，诗人就是上帝……""艺术家就是上帝。"对于勒鲁的这些讽刺性说法，波德莱尔显然是反其意而用之。

尔、米开朗琪罗的后代，在德国发现阿尔布莱希特·丢勒的精神，在西班牙发现苏尔瓦兰和委拉斯开兹的灵魂——参观世界博览会的人，将会感到无益的惊讶。我没有时间，也许也没有足够的学问来研究艺术活力转移的法则，为什么上帝对一个民族的剥夺有时是暂时的，有时是永久的；我只满足于指出历史上常见的一个事实。我们生活在一个必须重复某些平庸的东西的时代，这是一个自以为摆脱了希腊和罗马的不幸的骄傲的时代。

英国画家的展览很美，出奇的美，值得进行长久而耐心的研究。我原想首先颂扬我们的邻居，这个如此令人惊叹的盛产诗人和小说家的民族，这个拥有莎士比亚、克雷布[1]、拜伦、马图林和葛德汶[2]的民族，颂扬雷诺兹、霍格思和庚斯博罗[3]的同胞们，但我想再研究研究，我有极好的借口，我出于极端的礼貌推迟这项如此悦人的工作。推迟是为了做得更好。

因此，我以一件更容易的工作开始：我将很快地研究一下法国学派的主要大师，并分析它自身所包含的进步的因素或毁灭的原因。

---

1 George Crabbe（1754-1832），英国诗人。
2 William Godwin（1756-1836），英国小说家。
3 Thomas Gainsborough（1727-1788），英国画家。

二　安格尔

法国的展览范围很广，一般来说，展品也很有名，对巴黎的好奇心来说已经足够不新鲜了，批评与其详尽地分析和叙述每一件作品，还不如深入到每个艺术家的性情以及促使他行动的动机中去。

大卫，这颗冰冷的星，以及他的历史卫星盖兰和吉罗代，这几个炼金术士一样的人物，当他们在艺术的地平线上升起的时候，就发生了一场巨大的革命。这里且不去分析他们追求的目标，不去检验他们目标的正当性，也不去考察他们是否超越了目标，我们只需看到，他们有一个目标，一个针对着过于活跃、过于可爱的轻佻的伟大目标，对于这种轻佻，我也不愿意进行评价及确定其特点。他们坚持不懈地瞄准着这个目标，他们在自己的人造阳光照耀下前进，其坦率、决心和协调使他们不愧为真正的有派别的人。当激烈的观念在柯罗的笔下软化并且变得温情脉脉的时候，它早已消失了。

我清楚地记得，在我们的童年时代，所有这些透出不自觉的幻想的面孔，所有这些学院派的幽灵都笼罩着神奇的崇敬；而我自己则不能不怀着一种宗教的恐惧凝视着所有这些古怪的瘦高个儿，所有这些瘦削庄严的美男子，所有这些假正经的贞洁、传统的淫荡的女人，他们中有的人靠古剑拯救自己的羞耻心，有的人则躲在学究式的透明的帷幔后面。所有这些人都是真正地离开了自然，在一片发绿的光线（真正的阳光的一种奇怪表达）下扭动着，或者更正确地说是在装腔作势。但是，这些过去受到过分的颂扬而今天受到过分的轻蔑的大师们还是有巨大的优点，假如人们不过分地关心他们的方法和古怪的体系、不过分地把法国性格引向英雄主义的趣味的话。无论如何，这种对希腊和罗马历史的永恒观照只能带来一种健康的斯多葛派的影响，不过，他们并不总是如他们所愿的那样是希腊人或罗马人。的确，大卫总是那个充满英雄气概的、不可动摇的大卫，专制的启示者。至于说盖兰和吉罗代，虽然总是像预言家一样念念不忘夸张精神，却不难在他们身上发现某些轻微的腐化成分，某种未来的浪漫派的不祥的、有趣的征兆。那个狄多[1]，服装如此做作夸张，无精打采地躺在一片落日的余晖中，你们不觉得比诸维吉尔的构思，她与夏多布里昂的最初的看法有着更多的亲属关系吗？你们不觉得她那淹没在纪念册的气氛中的湿润的眼睛几乎预告了巴尔扎克的某些巴黎女子吗？不管某些很快就会衰老的轻薄人想些什么，吉罗代的《阿达拉》是一出远远超过无数现代的无聊之作的悲剧。

但是今天我们面对着的是一个有着极大的无可争辩的名声的人，他的作品更难理解和解释。关于这些不幸的名画

---

[1] Dido，希腊神话中迦太基女王和建国者，与特洛伊王埃涅阿斯相爱，当众神命埃涅阿斯返回时，她因失望而自杀。

家我刚才斗胆使用了一个不恭敬的词：古怪的。为了解释某些具有艺术个性的人在接触安格尔先生的作品时的感觉，我认为他们面对着的古怪远比共和派和帝国派的古怪更为神秘和复杂，我这样说并没有不好的意思，尽管前者是他的出发点。

在明确地进入本题之前，我一定要指出一种最初的印象，这是许多人感觉得到的，而且他们一进入奉献给安格尔先生的作品的圣殿，就不可避免地要想起来。这一印象难以明确，不知有多大成分是来自不适、无聊和恐惧，它让人隐约地、不由自主地想到由空气稀薄、化学实验室的气氛或意识到一个幻觉的环境（确切地说，是一种模仿幻觉的环境）所引起的难以支持的感觉；意识到一群机械人，当它们过分明显、过分实在的外表扰乱我们的感官的时候，我们也会有这种感觉。这已经不是我刚才谈到的我们在《萨宾女人》、躺在浴缸里的《马拉》、《洪水》、夸张的《布鲁图斯》面前强烈感到的那种幼稚的崇敬了。的确，那是一种强有力的感觉，我们为什么要否认安格尔先生的力量呢？不过，那是一种低等的、几乎是病态的感觉。那几乎是一种否定的感觉，如果可以这样说的话。实际上，应该立刻承认的是，这位著名画家、独特的革命者，还是有许多长处的，他的魅力是无可争辩的，我一会儿将分析其来源，如果我在这里不指出在精神能力的活动中有一种空白、匮乏和减弱，那将是幼稚的。支持着这些在学院派的智力锻炼中迷失方向的大师们的想象力，这各种能力的皇后，已经消失了。

没有想象力，就没有运动。我不会不敬和不诚到这样的程度，说安格尔先生身上有一种屈从；我猜得出他的性格，更相信那是一种英勇的奉献，是他真诚地认为更崇高、更重要的能力的祭坛上的一件牺牲。

不管看起来多么不合情理，在这一点上，他接近于一位年轻的画家，这位画家最近打响了第一炮，显示出一种造反的姿态。库尔贝[1]先生也是一位强有力的创造者，一个离经叛道、有耐心、意志坚强的人，他取得的成就对某些人来说已经比这位拉斐尔派传统的大师的成就更有魅力了，那无疑是因为内容的坚实和爱情上的犬儒主义；他的这些成就也具有那种特别的东西，即表现出他是一个有派别精神的人，是一个糟蹋才能的人。政治和文学也产生着这样的有力的气质、抗议者和反超自然主义者，他们被承认的唯一理由在于一种有时是健康的反抗精神。主宰画事的神意把所有那些对占主导地位的叛逆的观念感到厌倦和压抑的人给了他们做同谋。区别在于，安格尔先生的英勇牺牲是为了对传统和拉斐尔派的美的观念表示敬意，而库尔贝先生却是为了外部的、实在的、直接的自然。在他们与想象的战斗中，他们服从于不同的动机，然而两种相反方向的狂热，使他们做出了同一种自我牺牲。

1　Gustave Courbet（1819-1877），法国画家。

现在，我们回过头来继续我们的分析，安格尔先生的目标是什么？毫无疑问，那不是表达感情、激情及其不同的变化形式，也不是再现巨大的历史场景（尽管油画《圣辛福里安》具有意大利式的美，甚至有些过分，意大利化到了堆砌人物形象的程度，它显然并未揭示出一个基督教受难者的崇高，也未揭示出保守的异教徒的既残忍又冷漠的兽性）。那么，安格尔先生追求什么、梦想什么呢？他来到世上说些什么呢？他为绘画的真谛补充了什么新东西呢？

我从内心里以为，他的理想是一种半由健康半由平静（近乎冷漠）形成的理想，是某种与古典理想相类似的理想，而他又在其中加入现代艺术的好奇和精细，这种结合常给他的作品带来一种古怪的魅力。这种理想把拉斐尔的平静的坚实和妖冶少妇的刻意修饰掺和在一种令人不快的拼合之中，安格尔先生喜欢这种理想，因此，他应该特别在肖像画方面获得成功，果然，他在这方面获得了最大的、最正当的成功。但是，他绝不是时下流行的那种画家，不是那种一个俗人拿着钱袋就可以去要求复制其尊容的平庸的肖像画匠。安格尔先生选择模特儿，应该承认，他选择时极有分寸感，选出最适于表现他在这方面的才能的模特儿。美丽的女人，丰富的性格，平静而健康的身体，这就是他的成功和快乐！

不过，这里出现了一个争论不休的问题，而讨论这个问题又总是有益的。安格尔先生的素描的长处是什么？它具有一种高超的素质吗？它是绝对的聪明吗？凡是比较过主要的大师们的素描方式并说安格尔先生的素描是一个有条理的人的素描的人，都会明白我的意思。他认为自然应该被修正、被改善，巧妙的、可爱的、目的在于愉悦眼睛的弄虚作假不仅是一种权利，而且是一种义务。人们一直在说，自然应该被全面地、合乎逻辑地加以解释和表达；但是在眼下这位大师的作品中，有的却常常是欺诈、诡计、暴力，有时还是弄虚作假和下绊子。看那些手指，细长作纺锤状，过于千篇一律了，狭窄的指端挤压着指甲，拉瓦特从那宽阔的胸、肌肉发达的小臂、有些男子风的全身来判断，会认为那些手指是方形的，标志着画主是一个爱好男性活动以及艺术对称和均衡的人。看那些细腻的面孔，仅只是肩膀高贵，与之相配的胳膊却过于粗壮，过分洋溢着拉斐尔式的新鲜。拉斐尔喜欢粗壮的胳膊，应该首先服从大师并取悦于他。这里我们看到肚脐太靠近肋了，那里一只乳房的尖太偏向腋窝；这里——此处更不可原谅（因为一般地说，这种种作假多少总可谅解，根据对风格的过分趣味，又总是可以猜到的）——我们就完全糊涂了，一条叫不出来的腿，精瘦，没有肉，没有形，足踝处也没有褶皱（《朱庇特和安提俄珀》）。

我们也要注意到，在这种对风格近乎病态的关注的驱使下，画家经常取消隆起，或者减少到看不见的程度，希望这样能赋予轮廓以更多的价值，以至于他画的人像都有一副老板的样子，外形很正确，充满了软绵绵的物质，但是没有活力，与人类的肌体不相干。有时候，眼睛看到了迷人的东西，这些东西无可争议是活生生的，但是人们头脑中闪过这种刻薄的念头，即安格尔先生没有寻找自然，而是自然强迫了他，是那位高大强壮的太太用她的不可抗拒的巨大影响征服了他。

根据以上所说，人们不难明白，安格尔先生可以被看作是一个具有很高素质的人，是一个动人的美的爱好者，但是他缺乏那种造成天才的必然性的坚强气质。他的压倒一切的忧虑是古代的趣味和对流派的尊重。总之，像所有缺乏必然性的人一样，他相当易于受到赞赏，性格也相当折中。所以，我们看到他在一个个古人间徘徊：提香（《宣道的庇护七世》），文艺复兴时期的珐琅艺人（《阿纳迪奥门的维纳斯》），普桑和卡拉齐（《维纳斯和安提俄珀》），拉斐尔（《圣辛福里安》），德国的早期艺术家（所有那些讲故事的小画片式的小油画），古玩和波斯及中国的稀奇玩意儿（《小宫女》），都在争夺他的宠爱，对古代的爱以及古代的影响随处都感觉到；但是我觉得，安格尔先生和古代的关系，常常有如高雅的趣味在他暂时的心血来潮之际和风度的自然文雅的关系，而这种风度的自然文雅出自个人的尊严和慈悲之心。

尤其是在市政厅送展的那幅《拿破仑一世颂》中，安格尔先生更显露出他对伊特鲁里亚人[1]的兴趣。然而，伊特

---

1 Etrusque，古代居住在意大利半岛上的一个民族。

鲁里亚人虽以简化著称，却并未到不把马拴在车上的程度。难道画中的那些超自然的马（这些马是用什么做成的？它们像是用一种光滑而坚实的材料做成的，如同攻占特洛伊城的木马一样）拥有一种磁力，不用套具和鞍具就能拖走后面的车吗？关于拿破仑皇帝，我很想说，我在他身上丝毫也没有发现他的同时代人和为他写史的史家通常赋予他的那种史诗的、命运的美。我看到伟大人物的外部的、传说的特征没有被保留总是感到难受，而群众在这一点上和我是一致的，他们心目中的心爱的英雄总是穿着盛典上的正式服装的，或者戴着那顶铁灰色的历史性的帽子，请酷爱风格的人们不要生气，这丝毫也不会使现代的赞颂减色。

但是，人们还可以对这幅作品提出更严重的指责。赞颂的基本特征应该是超自然的感情，向高处上升的力量，一种冲动，不可阻挡地飞向天空，那里是人类一切希望的目标和伟大人物的传统居所；而这里的赞颂却是向下的，更确切地说，是马的挽具掉了，这种下落的速度是与它的重力成比例的。马拉着车冲向地面。一切都像一个泄了气的气球，本来可以保住压载物的，现在却不可避免地要碰碎在地球的表面上。

至于《圣女贞德》，暴露出过分地卖弄方法，我简直不敢谈了。不管在他的狂热崇拜者看来，我对安格尔先生是多么缺乏好感，我还是认为，最崇高的天才也总是有犯错误的权利的。在这里，一如在《拿破仑一世颂》之中，错误就在于完全没有感情和超自然主义。那个高贵的少女在哪里？根据善良的德雷克吕兹先生的许诺，她应该为自己也为我们对伏尔泰的放肆进行报复。总而言之，我认为，使安格尔先生成为今天这样一个强有力的、无可争辩的、无法控制的统治者的才能，除了他的博学、他对美的偏执几乎是放纵的爱好之外，就是意志，更确切地说，是极度地滥用意志。说到底，他一如既往，从一开始就是这样。由于他的毅力，他也将这样继续下去。因为他不进步，所以他也不会老。他的过于热情的欣赏者也将一如既往，一直爱到盲目的程度。在法国什么都不会变，甚至向一位大艺术家吸取只属于他个人的那些古怪优点以及模仿不能模仿之事等怪癖也不会变。

千百种时势，当然是有利的，也有助于巩固他的巨大的名声。他通过一种对古代和传统的夸张的爱使上流社会人物敬服，他又以古怪使怪人、过来人、千万个总是在寻求新奇甚至是苦涩的新奇的爱挑剔的人感到愉快；不过，他身上好的东西，或至少是有吸引力的东西，却对那一大群模仿者产生一种可悲的结果，而这一点我以后还有机会加以论证。

三　欧仁·德拉克洛瓦

欧仁·德拉克洛瓦先生和安格尔先生分享着公众的爱和恨。很久以来，舆论就围绕着他们形成了圈子，就像围绕着两个角斗士一样。我们不赞同这种对于对照的共同的幼稚的爱好，而应该首先考察一下法国的这两位大师，因为在他们周围，在他们之下聚集排列着组成我们的艺术队伍的所有人物。

面对德拉克洛瓦先生的三十五幅画，抓住观众的第一个念头，就是他面对着一个充实的生命，一种对艺术的执着的、持续的爱。哪一幅画最好？找不出来；哪一幅画最有趣？拿不定主意。人们以为这里那里发现了进步的证据，但是，如果说某几幅更近些的画证实某些重要素质有了彻底的发展，那么，一个公正的人也会隐约看出，从他最初的作品开始，从他年轻时开始（《但丁和维吉尔游地狱》作于1822年），德拉克洛瓦就是伟大的。他有时更精细，有时更独特，有时画得更像，但他总是伟大的。

面对着一个如此高贵如此美满地完成了的命运，一个得到自然恩典和被最令人赞叹的意志带到光辉的终点的命运，我感到伟大诗人的诗句不断地在我脑海中浮动：

> 高贵的造物在太阳底下诞生，
> 在地上把人的一切梦想聚集：
> 铁的身，火的心；可赞叹的精英！
>
> 上帝造他们像是为证明自己，
> 塑造时取用的泥土更为细软，
> 大功告成往往用去一个世纪。

他像一个雕塑家，把指痕印遍
他们那闪着天上荣光的脑门，
那里生出金灿灿火样的光环。

这些人走了，安详而精神振奋，
时时刻刻都保持姿态的庄严，
眼睛凝视不动，举止宛若天神。

…………

只给他们一天，或给他们百年，
给他们色彩或剑，风暴或静谧：
他们都会把辉煌的意图实现。

他们奇特的存在是梦的真实！
他们会实现您的理想的计划：
渊博的老师完成学生的草图。

您秘密的愿望骑着他们的马，
您的精神托梦把那门拱撑圆，
稳稳地走过了那凯旋的门下。

…………

>这种人每个民族以五六为限，
>
>在繁荣的时代也只有五六个，
>
>人们讲述着这些永生的典范。

泰奥菲尔·戈蒂耶把这称为《补偿》[1]。德拉克洛瓦先生能够独力填补一个世纪的空白吗？

没有任何艺术家像他那样受到这样的攻击、嘲笑和束缚，但是，政府的犹豫（我说的是从前）、几个资产阶级沙龙的抱怨、几个咖啡馆学士院的充满仇恨的宏论以及玩多米诺骨牌的人的卖弄，能把我们怎么样呢？铁证如山，问题永远地解决了；成绩在此，明显，巨大，光彩夺目。

德拉克洛瓦先生处理过所有的体裁，他的想象力和他的学识漫游在绘画的一切领域之中。他画过（多有感情，多么细腻！）迷人的小画，充满了亲切和深刻；他使我们的宫殿生辉，他用巨大的画幅充实了我们的美术馆。

今年，他理所当然地利用机会展示了他毕生创作的作品中相当大的一部分，并可以说是让我们重新审阅了他的案卷。这批作品是精心选出的，给我们提供了有关他的思想和才能的具有结论性的丰富多彩的样品。

请看《但丁和维吉尔游地狱》，这幅出自年轻人之手的油画当时是一场革命，人们长期把一个人像归于席里柯（一

---

[1] 戈蒂耶的一首诗的题目。

个跌倒的人的半身像）。《图拉真的惩罚》和《十字军进入君士坦丁堡》这两幅油画，究竟哪一幅可入巨作之列，是可以斟酌一番的。《图拉真的惩罚》是一幅明亮得出奇的油画，它是那么疏朗，又那样地充满喧闹和排场！皇帝如此的美，人群弯弯曲曲围着柱子或跟着队伍流动，是如此的喧闹，那个忧伤的寡妇又是如此的悲惨！这就是那幅有幸受到卡尔[1]先生嘲笑的画，他是一个墨守成规的人，嘲笑玫瑰色的马，好像不存在略微有些玫瑰色的马似的，总之，好像画家没有权利画那样的马似的。

而《十字军》一画，且不说主题，它那激烈而凄惨的和谐就是如此深刻地动人心魄！怎样的天，怎样的海啊！一切都是既喧嚣又平静，如同一场大变动之后。城市一段段地被十字军攻占，显出一种动人的真实。那些闪亮的、翻卷着的旗帜，在一片透明的氛围中，伸展开来，闪动着明亮的褶皱！活跃不安的人群，纷乱的武器，衣着的豪华，生活的重大场合里举止的夸张的真实！这两幅画本质上有一种莎士比亚式的美。因为在莎士比亚之后，没有人像德拉克洛瓦那样善于把悲剧和梦幻融入一种神秘的整体之中。

观众还可以激动地回想起那些表现起义、角斗和凯旋的画：《马林诺·法里埃罗总督》(1827年画展。值得注意的是，《查士丁尼制订法律》和《持橄榄枝的基督》作为同一

---

[1] Alphonse Karr（1808-1890），法国作家、记者。

年），《列日主教》，这幅画绝妙地表达了沃尔特·司各特的作品，充满了人群、骚动和光亮，《希奥岛的大屠杀》，《锡庸的囚徒》，《塔索在狱中》，《犹太人的婚礼》，《丹吉尔的痉挛病人》，等等，等等。但是，骷髅一场中的《哈姆雷特》和《罗密欧与朱丽叶的永诀》这类迷人的画，该如何确定其特征呢？这类画如此动人，如此吸引人，目光一旦落入那忧郁的世界中就再也无法摆脱，精神就再也无法回避了。

离去的画缠着我们，紧跟不舍。[1]

那不是鲁维埃[2]最近让我们看到的轰动一时的哈姆雷特，尖刻，悲哀，狂暴，把不安推到了喧闹的地步。这正是伟大的悲剧演员的浪漫主义的古怪。德拉克洛瓦也许更为忠实，他展现给我们一个敏感、有些苍白的哈姆雷特，生有一双白皙的、女人似的手，性情优雅，但是懦弱，稍微有些优柔寡断，眼睛几乎没有表情。

关于《罗密欧与朱丽叶的永诀》，有一点我认为很重要的意见要谈。我多次听人取笑德拉克洛瓦笔下的女人丑陋，我不能理解这类的玩笑，现在我利用这个机会来驳斥这种偏见。有人对我说，维克多·雨果先生同意这种看法，雨果曾

---

1 戈蒂耶的一句诗。
2 Philibert Rouvière，当时很有名的一位法国演员、画家。

抱怨——那是在浪漫派的极盛时期——公众舆论给予同他一样的荣光的那个人在美的问题上犯了极严重的错误，他甚至把德拉克洛瓦笔下的女人称作蛤蟆；然而，维克多·雨果先生是一位善于雕塑的大诗人，对精神的东西闭目不见。

《萨达纳帕尔王》今年没有再度被展出，我感到遗憾。这幅画上有很美的女人，明净，光亮，面色红润，至少我记得是这样。萨达纳帕尔本人就像女人一样美。一般地说，德拉克洛瓦的女人可分为两类。一类易于理解，常常是神话人物，总是很美的（阿波罗组画背景中躺卧着的、背着身的仙女）。她们华丽、健壮、丰满，富于表情，具有透明的美妙肌肤和令人赞叹的头发。

至于另一类，有时是历史上的女性（望着眼镜蛇的克娄巴特拉），更多的是任性的女人、风俗画中的女人，时而是玛甘泪，时而是奥菲莉亚、苔斯德蒙娜，甚至圣母马利亚、玛大肋纳，我很愿意称她们为私生活中的女人[1]。她们的眼中好像有一种痛苦的秘密，藏得再深也藏不住，她们的苍白就像是内心斗争的一种泄露。无论她们因罪恶的魅力或圣洁的气息而卓然不群，还是她们的举止疲惫或狂暴，这些心灵或精神上有病的女人都在眼睛里有着狂热所具有的铅灰色或她们的痛苦所具有的反常古怪的光彩，她们的目光中有着强烈的超自然主义。

---

[1] 这些都是文学作品或《圣经》中的著名女性。

无论如何，这总是一些卓然不群的女人，本质上卓然不群的女人。一言以蔽之，我觉得德拉克洛瓦先生是一位最善于表现现代女性的艺术家，他尤其善于表现在罪恶或神圣的意义上显露出英雄气概的现代女性。这些女人甚至具有现代的肉体美和梦幻的神情，胸部有些窄，但乳房丰满，骨盆宽大，手臂和大腿都很迷人。

观众未曾见过的新作是《两个弗斯卡里》、《阿拉伯家庭》、《狮子》、《老妇头像》（德拉克洛瓦先生极少画肖像）。这些不同的画使我们看到大师已进入炉火纯青的境界。《狮子》是一次真正的色彩爆炸（请从好的方面理解这个词），从来没有比这更美、更强烈的色彩通过眼睛的渠道深入到灵魂中去。

对于所有这些画，无论是匆匆第一眼望去，还是细致认真地研究，都有好几个无可辩驳的事实显露出来。首先应该注意到，而且这还很重要，从一个远到不能分析甚至不能理解其主题的距离上看，德拉克洛瓦的画就已经在人的灵魂上产生了一种丰富的、幸福的或忧郁的印象，仿佛他的画能像巫师或动物磁气疗法施行者一样远距离发射其思想。这种奇特的现象来源于色彩家的力量、色调的完美的协调以及色彩与主题之间的和谐（已经预先建立在画家的头脑之中）。似乎（请原谅我为了表达一些极微妙的思想而使用这种语言的花招）色彩自己有思想，独立于它所装饰的对象。还有，他的色彩的这种协调常常使人想到和声与旋律，他的画给人的印象往往是近乎音乐的。一位诗人[1]曾经试图用诗句表现这种微妙的感觉，其真诚可以使人不计较诗句的古怪：

> 德拉克洛瓦，恶神出没的血湖，
> 四周有常绿的松林投下阴影，
> 愁苦的天空下，有奇怪的号鼓，
> 像飘过了韦伯压抑的叹息声。

"血湖"：红色；"恶神出没"：超自然主义；"常绿的松林"：绿色，红色的补充；"愁苦的天空"：他的画动摇喧闹的背景；"号鼓"和"韦伯"：他的色彩的和谐唤起了浪漫派的音乐观。

关于受到如此荒谬和如此无聊的攻击的德拉克洛瓦的素描，我们只能说它是完全未被认识的基本真实之一。好的素描并不是僵硬的、无情的、专横的、静止的，像紧身衣一样勾出一个形象的线条，素描应像自然一样，充满活力，激动不已。素描中的简化是一种极端，正如戏剧中的悲剧一样。自然依据一种完美的生成法则为我们展示了无限的曲线，折线，流动的线，其中平行总是模糊的、弯曲的，凹凸总是互相对应和衔接。德拉克洛瓦先生绝妙地满足了所有这些条

---

[1] 指作者自己。波德莱尔有一首诗题为《灯塔》，下面的诗句即为其中的一节。

件，当然他的素描有时也露出破绽或过分之处，但它至少具有这种巨大的长处，即它是针对悲惨而刻板的直线的一种持续而有效的抗议，目前这种直线已经大规模地侵入绘画和雕塑之中了。除了这些，还能说什么呢？

德拉克洛瓦先生本质上是文学的，这是他的才能的另一个崇高而广阔的素质，并且使他成为诗人们喜爱的画家。他的画不仅跑遍，并且成功地跑遍了高等文学的田野，不仅表达和接触了阿里奥斯托、拜伦、但丁、沃尔特·司各特、莎士比亚，而且还比大部分现代绘画更善于揭示崇高的、精妙的、深刻的思想。请注意，德拉克洛瓦先生取得这样神奇的成就，依靠的绝不是怪相、精细和方法上的取巧，而是整体性、色彩、主题和素描之间的深刻全面的协调以及他的人物的激动人心的手势。

我忘了爱伦·坡在哪里说过，鸦片对感官的作用是使全部自然具有一种超自然的意义，使每一种东西都具有一种更深刻、更固执、更专横的含义。无须借助鸦片，谁不曾经历过那种奇怪的时刻呢？那是大脑的真正的欢乐，感官的注意力更为集中，感觉更为强烈；蔚蓝的天空更加透明，仿佛深渊一样更加深远；其音响像音乐，色彩在说话，香气述说着观念的世界。总之，我觉得德拉克洛瓦的绘画是精神的这些美好日子的一种表达。它具有强度，注重辉煌壮丽，犹如自然被超灵敏的神经感觉得到一样，它表现了超自然主义。

对后世来说，德拉克洛瓦先生意味着什么？后世这位错误的匡正者将如何说他？在他的极盛时期，很容易肯定他而不会有太多的反驳者。后世也会像我们一样，说他是各种最惊人的能力的卓越配合，说他像伦勃朗一样有亲切感和深刻的魔力，像鲁本斯和勒布仑一样有组合精神和装饰精神，像委罗内塞一样有神话般的色彩，等等；但它还会说，他也有一种独特的素质，其特点难以确定，但它说明了本世纪的忧郁和热情；说他有某种崭新的东西，使他成为一个举世无双的艺术家，没有创始者，没有先行者，也许没有后继者，一个不可更换的珍贵环节；说要是去掉他（假使这样的事是可能的话），就等于去掉了一个观念和感觉的世界，历史的链条就会出现一个过大的空白。

〔法〕夏尔·波德莱尔 著

郭宏安 译

美学珍玩

下册

Curiosités Esthétiques

波德莱尔作品

商务印书馆
2018年·北京

哲学的艺术*

根据现代的观念，什么是纯粹的艺术呢？就是创造一种暗示的魔力，同时包含着客体和主体，艺术家之外的世界和艺术家本身。

根据谢那瓦尔和德国派的观念，什么是哲学的艺术呢？就是一种企图代替书籍的造型艺术，也就是一种企图和印刷术比赛教授历史、伦理和哲学的造型艺术。

的确，历史上有些时期，造型艺术被用来描绘一个民族的历史档案及其宗教信仰。

但是，若干世纪以来，在艺术史上已经出现越来越明显的权力分化，有些主题属于绘画，有些主题属于雕塑，有些则属于文学。

今天，每一种艺术都表现出侵犯邻居艺术的欲望，画家

---

* 本文最初发表于1868年。

把音乐的声音变化引入绘画，雕塑家把色彩引入雕塑，文学家把造型的手段引入文学，而我们今天要谈的一些艺术家则把某种百科全书式的哲学引入造型艺术本身，所有这一切难道是出于一种颓废时期的必然吗？

任何好的雕塑、好的绘画、好的音乐都会引起它们各自想要引起的感情和梦幻。

然而，推理，演绎，那是书籍的事。

所以，哲学的艺术是向着人类童年所必需的那种形象化的一种倒退，如果它要严格地忠实于自己，它就不得不把它想要表达的一句话中所有的形象一一画出来。

而且我们还有权利怀疑，一句象形的话是否比一句印刷的话更清晰。

因此，我们将把哲学的艺术作为一种畸形加以研究，这种畸形中也有卓越的才能表现出来。

还要注意到的是，哲学的艺术设想出一种谬论来使它存在的理由合理化，例如群众对美术的理解力。

艺术愈是想在哲学上清晰，就愈是倒退，倒退到幼稚的象形阶段；相反，艺术愈是远离教诲，就愈是朝着纯粹的、无所为的美上升。

人们知道，即使不知道也很容易猜到，德国是对哲学的艺术这种谬误出力最多的国家。

我们不谈那些众所周知的事情了，例如，奥佛贝克研究古代的美只是为了更好地讲授神学，考纳留斯和考尔巴赫[1]则是为了讲授历史和哲学（我们还看到，考尔巴赫要论述一个纯粹是绘画的主题，例如《疯人院》，也不能不分门别类地加以论述，可以说是采用亚里士多德的方式，但纯粹诗的精神和教学的精神是一对坚不可摧的矛盾啊）。

今天，作为哲学的艺术的第一个标本，我谈的是一个名气小得多的德国艺术家，但在我们看来，从纯艺术的观点看，他的天赋要好得多，我要谈的是阿尔弗莱德·莱特尔[2]先生，他在不久前死于疯狂，他曾绘饰过莱茵河畔的一座小教堂，他在巴黎仅以八幅木版画知名，其中最近的两幅曾在世界博览会上展出过。

他的第一首诗（我们不得不使用这个词，因为我们谈论的这一派是把造型艺术和书面思想视同一体的），作于1848年，题为《1848年死亡的舞蹈》。

这是一首反动的诗，其主题是各种权力的篡夺和死亡女神对群众的诱惑。

［详细描写组成这首诗的六幅版画，准确地翻译每幅画的诗体说明——分析阿尔弗莱德·莱特尔先生艺术上的长处，他的独特之处（德国式的史诗讽喻天才），他的虚假之处（模仿过去的不同的大师，例如阿尔布莱希特·丢勒、

1　Wilhelm von Kaulbach（1805–1874），德国画家。
2　Alfred Rethel（1816–1859），德国画家。

荷尔拜因[1]，还有更近些的），诗的道德价值，撒旦和拜伦式的特点，悲伤感）我觉得这首诗真正独创的东西，是它产生于几乎全体欧洲人都真心实意地迷上了革命的蠢事这样一个时刻。

两幅画相互对立。第一幅：《霍乱对巴黎的第一次入侵，在歌剧院舞会上》。僵硬的假面具，散落在地上，一个丑陋的化装成丑角的女人，脚尖伸向空中，面具脱落；乐师带着乐器四散奔逃；无动于衷的祸患坐在凳子上，含有寓意；整个构图普遍地具有一种阴森森的性质。第二幅，一种好的死亡与第一幅恰成对比。一个有德行而平和的人在睡眠中突然被死神攫住；他身居高处，大概是一个他生活多年的地方；那是钟楼上的一个房间，从那里可以望见田野，视野开阔，是一个使人精神平静的地方；这位老人在一张粗糙的椅子里睡着了；死神用小提琴演奏着一首惑人的乐曲。巨大的太阳被地平线分为两半，从上面射出笔直的光线。这幅画是《这是美好的一天的结束》。

一只小鸟站在窗台上，向房间里望着。它是来听死神的小提琴曲吗？或者这是准备飞升的灵魂的一种寓意？

在解释哲学的艺术的作品时，必须十分细致、十分注意。在这里，地点、背景、家具、器皿（参看霍格思），一

---

[1] 有两个荷尔拜因，老荷尔拜因（Hans Holbein，1465-1524）和小荷尔拜因（Hans Holbein，1497-1543），都是画家，德国人。

切都是寓意、影射、象形文字、画谜。

米什莱先生曾经试图详细解释阿尔布莱希特·丢勒的《忧郁》，他的解释很可疑，特别是对灌注器的解释。

何况，即便是在哲学的艺术家的思想中，陪衬物件的出现也不是铢两悉称、纤毫毕露的，而是具有一种诗的含混的、模糊的性质，因此往往是解释者编造意图。

哲学的艺术并不像人们以为的那样和法国的本性不相干。法国喜爱神话、道德和画谜，或更确切地说，法国是一个推理的国家，喜欢精神的努力。

反对这种理性倾向的主要是浪漫派，它给予纯艺术至高无上的荣耀；某些倾向，特别是谢那瓦尔先生的倾向，为象形艺术恢复了名誉，成为一种对为艺术而艺术派的反动。

像有爱情气候一样，也有哲学气候吗？威尼斯爱好为艺术而艺术，里昂则是一个哲学的城市。有一个里昂派哲学，一个里昂诗派，一个里昂画派，总之，一个里昂哲学画派。

一座奇特的城市，既笃信宗教又做生意，既信奉天主教又信奉新教，充满了雾和煤，观念在那里穷于应付。来自里昂的一切都是精细的、慢工制作的、畏首畏尾的，努瓦洛神父[1]，拉普拉德[2]、苏拉里、谢那瓦尔、让莫。仿佛那里的头脑

1　Abbé Noireau，曾在里昂中学讲授哲学，对学生颇有影响。
2　Victor-Richard de Laprade（1812–1883），法国作家。

像鼻子伤风一般被塞住了。就是在苏拉里身上,我也发现了闪耀在谢那瓦尔的作品中的那种注重分类的精神,这种精神在彼埃尔·杜邦的歌谣中也有表现。

谢那瓦尔的头脑很像里昂这座城市,雾气腾腾,煤烟滚滚,像城市布满钟楼和烟囱一样地布满了尖刺。在这个头脑中,东西反映得不清楚,是通过一个水汽蒸腾的地方才反映出来的。

谢那瓦尔不是画家,他蔑视我们所理解的绘画。但是把拉封丹的寓言(它们对仆役来说是太青了[1])用在他身上是不公正的,因为我认为,谢那瓦尔可以画得和任何人一样灵巧,但他并未因此而不那么蔑视艺术的调料。

让我们立刻说,谢那瓦尔有一个远远超过所有其他艺术家的地方:假如说他还不够野蛮的话,他们却是太少精神性的东西了。

谢那瓦尔善于阅读和推理,所以他成了一切爱推理的人的朋友。他极有学问,知道如何进行沉思。

他从青年时代起就表现出对图书馆的喜爱。他很年轻的时候就已习惯把一种观念与任何造型形式联系起来,他翻寻版画夹和观赏美术馆,从来都是把它们当作一般的人类思想的宝库的。他对宗教很好奇,天赋一种百科全书的精神,

---

[1] 指拉封丹寓言《狐狸和葡萄》,狐狸吃不到葡萄就说:"葡萄太青,只有下贱的人才去吃它。"

他应该自然而然地得到关于一种诸说混合的体系的不偏不倚的设想。

他的思想尽管运转起来笨重而艰难，却是有吸引力的，他也很善于利用。如果说他等待了很久才扮演了一个角色，请相信，他的野心从来都不是很小的，尽管表面上显得很天真。

（谢那瓦尔的早期绘画：《德·德勒－布雷泽先生和米拉波先生》，《国民公会投票赞成处死路易十六》。谢那瓦尔很好地选择了时机来披露他的历史哲学体系，用铅笔表达的体系。）

这里，我们把工作分成两部分。在一部分中，我们将分析艺术家的内在优点，他在构图上具有惊人的灵巧，远远超过了人们的设想，如果人们过于认真对待他对他的艺术的源泉所表示的轻蔑，就会把他的灵巧——画女人的灵巧——估计得过低。在另一部分中，我们将考察我所说的外部的优点，即是说，哲学体系。

我们说过，他很好地选择了时机，这就是说，一场革命过后不久。

（赖德律－洛兰[1]先生——精神的普遍混乱，公众对历史哲学的强烈的关心。）

人类与个人是相似的。

1　Alexandre-Auguste Ledru-Rollin（1807–1874），法国政治家、律师。

它有它的年龄，与它的年龄相应的享乐、工作和观念。

（分析谢那瓦尔的象征性的时间表[1]——什么样的艺术属于人的什么样的年龄，正如什么样的情欲属于人的什么样的年龄。）

人的一生分为童年、青年、中年、老年，童年相当于人类从亚当到巴别塔那一段历史时期；青年相当于从巴别塔到耶稣基督那段时期，他被看作人类生命的顶点；中年相当于从耶稣基督到拿破仑；老年相当于我们刚刚进入的时期，其开端以美洲和工业的至上为标志。

人类的全部年龄将是八千四百年。

谈谈谢那瓦尔的几个特殊观点。谈谈伯里克利[2]的绝对优势。

风景画的低级——颓废的征兆。

音乐和工业的并立的霸权——颓废的征兆。（从纯艺术的观点分析他在1855年展出的几幅画。）

有助于最后形成谢那瓦尔本人的空想的、颓废的特点的，是他想把艺术家像工人一样聚集在他的麾下，让他们放大他的画，用野蛮的方式涂上颜色。

谢那瓦尔是一种伟大的颓废精神，他将作为时代的可怕标记永存。

---

1 原题为《一种历史哲学的时间表》。
2 Périclès（前495-前429），古希腊政治家。

让莫先生也是里昂人。

这是一个笃信宗教的悲哀的人，他大概年轻时就打上了里昂式的虔诚的烙印。

作为诗来说，莱特尔的诗是很扎实的。

谢那瓦尔的历史时间表是一种具有无可争辩的对称性的幻想，然而，《一个灵魂的历史》却是混乱模糊的。

明显的宗教性使这一组画对教会的报刊来说具有重大的价值，而当时这些画是在梭蒙胡同展出的；后来我们又在博览会上见过，它们成为一种令人敬畏的轻蔑的目标。

画家自己写了诗体的解说，这只能更清楚地暴露出他的观念的犹豫，使它面向的哲学家观众更感到思想受窘。

我所理解的一切，就是这些画代表着灵魂在不同的年龄上的相接相续的状态；但是，由于场景上总是有两个人，一个小伙子，一个姑娘，我的思想疲于琢磨诗的要义是两个年轻的灵魂的平行历史还是一个灵魂的男女两种成分的历史。

这些责难只是证明了让莫先生在哲学上是个不扎实的人，这且撇在一边，应该承认的是，从纯艺术的角度看，在这些场景的描绘中，甚至在它辛辣的色彩中，有着一种无限的难以描写的魅力，有着孤独、圣器室、教堂和隐修院所具有的某种温柔的东西，有着一种无意识的、天真的神秘。我感到了某种与观看勒絮厄[1]的某些画和西班牙的某些画的感觉

1　Eustache Le Sueur（1616-1655），法国画家、雕塑家。

相类似的东西。

（分析某些主题，特别是《不良的教训》、《噩梦》，其中闪烁着对幻想一种卓越的理解。两个年轻人在山上的某种神秘的散步，等等，等等。）

任何深刻的敏感和对艺术具有天赋的人（不应把想象力的敏感和心的敏感混为一谈）都会像我一样感觉到，任何艺术都应该是自足的，同时应停留在天意的范围内。然而，人具有一种特权，可以在一种虚假的体裁中或者在侵犯艺术的自然肌体时不断地发展巨大的才能。

尽管我把哲学的艺术家视为异端，我仍能出于我自己的理性而常常欣赏他们的努力。

特别使我看到他们的异端性的，是他们的自相矛盾。因为他们画得很好、很有灵性，假使他们在制作他们的寓教于艺术的作品时前后一致的话，他们应该勇敢地回到异端艺术的无数野蛮的传统习惯上去。

《哲学的艺术》之不同的提纲

说教的绘画。

谢那瓦尔的乌托邦的提纲。

在谢那瓦尔身上有两种人,一种是乌托邦主义者,一种是艺术家。他希望因他的乌托邦而受到赞扬,而他有时候却是个艺术家而不管他的乌托邦。

绘画产生于寺院。它来源于宗教。现代的寺院,现代的宗教,是大革命。因此,让我们搞革命的寺院和革命的绘画。这就是说,现代的万神殿将包含人类的历史。

潘神应该杀死上帝。潘神,这是人民。

空想的美学,也就是说,后天的、个人的、造作的美学,取代了不自觉的、自发的、必然的、根本的、人民的美学。

所以,瓦格纳改造了希腊悲剧,它原本是希腊人自发地创造出来的。

大革命并非一种宗教，因为它没有先知，没有圣徒，也没有奇迹，而它的目的是否定这一切。

在谢那瓦尔的主张中，有某种好的东西，就是蔑视小玩意儿，坚信伟大的绘画依靠伟大的思想。

像所有的乌托邦主义者那样，这是一种巨大的天真。它假定所有的人都对正义（神圣）有一种同等的爱和同等的谦卑。有教养的人，善良的人！

一

骄傲的孤独者，对生活一窍不通。

二

谢那瓦尔是由现代幻想所描绘的古代智慧的夸张。

思想的画家。

海的修辞学。

虚假的修辞学。

真正的修辞学。

在大城市里感到的眩晕与在自然的神处感到的眩晕是相似的。——面对混乱和巨大的快乐。——一个敏感的人在一座陌生的大城市中的感觉。

蝎子人。

魔术带来的折磨。

施舍的比喻。

三　里昂人

艺术家：

谢那瓦尔

让莫

波那封

奥塞尔

波林

孔特－卡里克斯

弗朗德兰

圣若望

雅卡尔

布瓦西厄

文学家：

拉普拉德

巴朗什（烟消云散）

A·波米埃

苏拉里

布朗·圣波耐

努瓦洛

彼埃尔·杜邦

德·杰朗多

J.-B·赛

特拉松

官僚，写作教授，阿梅德·波米埃的做作的、鼠目寸光的妄想。啊！为什么我生在一个散文的时代？作品目录。饭馆的菜单。学究。诗和绘画方面的教导。

关于饕餮的故事（拉普拉德在巴黎）。

1859年的沙龙[*]

给《法兰西评论》主编先生的信

一 现代艺术家

亲爱的先生[1]，承蒙不弃，您要我对本届沙龙做出分析，您对我说："请简短，不要开单子，概述即可，仿佛记叙一次在绘画中匆匆进行的哲理性的漫步。"那好吧，您会十分满意的；这并不是因为您的打算正与我对人们称为"沙龙"的这种如此令人厌倦的文章的看法相合（的确是相合的），也不是因为这种方法比别的方法容易，何况简短总是比冗长更费气力，而仅仅是因为不可能有别的方法，尤其是在目前情况下。当然，如果我已迷失在一片独创性的森林中，如果突然间被改变了、被净化了，变得年轻的现代法兰西气质已

---

[*] 本文最初发表于《法兰西评论》（1859年6月10日、20日，7月1日、20日）
[1] 指让·莫莱尔（Jean Morel）。

经开放出茁壮的、香气如此丰富的鲜花，以至于它们引起了不可遏止的惊奇、大量的赞扬和没完没了的惊叹，并且在批评语言中必然导致新的范畴，那么，我将更加手足无措了。然而，幸亏（对我来说）满不是这么回事。毫无爆炸性的东西，也没有不为人知的天才。纵观本届沙龙所获得的想法是如此简单、陈旧、平常，大概不多的篇幅就足以将其阐明了。所以，您不必对画家的平庸产生了作家的老生常谈这件事感到奇怪。再说，您也不会损失什么，难道还有比老生常谈更迷人、更丰富、更具有确实的刺激性的东西吗？（我很高兴地看到您在这一点上和我的意见一致。）

在开始之前，请允许我表示一种遗憾，我认为，这种遗憾难得有表示的机会。人们预先告诉我们将有一些客人要接待，确切地说，这并不是一些不相识的客人，因为蒙田街的画展已将其中的几位介绍给巴黎的公众了，而巴黎的公众早就该认识这些迷人的艺术家了。因此，我很高兴能再次见到以下诸君：莱斯利，这位丰富、天真、高贵的humourist[1]，这是最能表现不列颠精神的词语之一；两位亨特，一位是顽强的自然主义者，另一位是拉斐尔前派的热情的、意志坚强的创立者；麦克莱斯，大胆的构图能手，既热情又自信；米莱斯，这位如此细腻的诗人；约·谢伦，这位具有华托色彩的克洛德，描绘意大利的大公园中午后的美丽节日的历史家；

---

1 英文，幽默家。

格兰特，这位雷诺兹的自然的继承人；胡克，他善于用一种神奇的光笼罩着他的《威尼斯之梦》；那位奇怪的帕顿，令人想起福斯利，并且怀着另一个时代的耐心描绘着泛神时代的美妙的混沌；凯特莫尔，历史题材的水彩画家；还有一个人是那样令人吃惊，我忘了他的名字，他是个好幻想的建筑师，他在纸上建起城市，桥柱是大象，各种船从许多粗大的腿之间通过，其中还有硕大无朋的三桅船！人们甚至为这些富有想象力、色彩奇特的朋友、怪异的缪斯的宠儿准备了住房。但是，我的希望落空了，我不知道是什么原因，我认为，这原因也不能登在您的报上。因此，悲剧的热情，基恩和麦克里迪式的动作，家庭生活的亲切优雅，在英吉利精神的诗意的镜子中反映出来的东方的华丽，英格兰的青翠的草木，迷人的清新，尺寸很小、形同装饰的水彩画所具有的渐渐消失的深广，这些东西我们都不能与您共享了，至少是这一次不能与您共享了。想象力和精神最珍贵的能力的热情的代表们啊，尽管你们上一次受到如此恶劣的接待，难道你们就此认为我们不配理解你们吗？

所以，亲爱的先生，我们只能谈谈法国；而且，请相信，我用抒情的笔调谈论自己国家的艺术家是会感到一种巨大的愉悦的。然而不幸的是，在稍微有些经验的批评精神中，爱国主义并没有一种绝对专制的作用，所以我们还得承认某些令人屈辱的东西。我第一次踏进本届沙龙的时候，在台阶上遇见了一位批评家，他是我们最敏锐、最受尊敬的批评家之一，他对我的第一个问题、我自然而然地要向他提出的问题，回答道："乏味，平庸，我很少见过这样乏味的沙龙。"他说得又不对又对。一次拥有德拉克洛瓦、邦吉伊和弗罗芒坦[1]的许多作品的画展是不可能乏味的；但是总的来看，我认为他说得对。在任何时代都是平庸占上风，这是无可怀疑的；然而确实而又令人痛心的是，它从未像现在这样支配一切，变得绝对的得意和讨厌。浏览过那么多圆满成功的平庸之作、精心绘制的无聊之作、巧妙结构的愚蠢或虚假之作以后，我自然而然地在我的思路的引导之下去考察过去的艺术家，并与现时的艺术家相比较，于是，可怕的、永恒的"为什么"就像出于习惯一样，不可避免地出现在令人泄气的思考之余。似乎在美术中和在文学中一样，热情、高贵和不安分的野心之后就是卑劣、幼稚、麻木不仁和自命不凡的乏味的平静，似乎目前没有什么东西让我们希望出现复辟时代那样丰富的精神繁荣。请您务必相信，苦于这种辛酸的思考的并非我一个人，我一会儿将为您做出证明。我于是自问：在过去，艺术家是什么呢（例如勒布仑或大卫）？勒布仑，渊博，富有想象力，精通历史，热爱宏伟的东西；大卫，这位受到侏儒谩骂的巨人，不是也喜欢过去、喜欢与渊博结合在一起的宏伟吗？而今天，作为诗人的古老的兄弟的艺术家又是什么呢？亲爱的先生，为了很好地回答这个问

---

[1] Eugène Fromentin（1820-1876），法国画家、作家。

题，不应该害怕过于严厉。过分的偏袒有时也会引起同样的反响的。今日的乃至于许多年以来的艺术家只不过是个被宠坏了的孩子，尽管他并不配。那么多的荣誉、那么多的金钱慷慨地给了一些没有灵魂、没有教养的人！当然，我并不主张在一种艺术中引进对它不适合的手段，然而，我不能不对谢那瓦尔那样的艺术家抱有好感，他总是很可爱，像书一样可爱，又总是很优雅，连他的笨拙都是优雅的。至少，我肯定可以和他（他成为拙劣的画家们嘲笑的对象，这与我何干？）谈谈维吉尔或柏拉图。普雷欧具有一种迷人的天赋，那是一种本能的趣味，把他抛向美，如同猛兽扑向它的自然的猎物。杜米埃具有一种明晰的理智，使他的谈话富有色彩。里卡尔[1]尽管讲的话跳来跳去令人眼花缭乱，却随时都让人看到他知道得很多，比较过许多东西。我想，德拉克洛瓦的谈话就更不必说了，那是一种哲学的坚实、精神的轻盈和灼人的热情的令人赞叹的混合。他们之后，我想不起来还有谁配和一位哲学家或诗人谈话了。在他们之外，您差不多只能发现被宠坏了的孩子。我请求您，我恳求您告诉我，您在哪个客厅、哪个酒馆、哪个社交或私人的聚会中听见一个被宠坏了的孩子说出过一个机智的词，一个深刻的、闪光的、精练的、发人深思或令人遐想的，总之，一个富有启发性的词！如果有这样一个词被道出，那也许不是出自政治家或哲

---

[1] Gustave Ricard（1823-1887），法国画家。

学家之口，而是出自某个职业古怪的人、一个猎人、一个水手、一个修椅者之口，但绝不会出自一个艺术家、一个被宠坏了的孩子之口。

被宠坏了的孩子继承了前辈的当时是合情合理的特权。欢呼大卫、盖兰、吉罗代、格罗、德拉克洛瓦、波宁顿的那种热情仍然以一种慈悲的光芒照耀着他那孱弱的身体。正当优秀的诗人和刚劲的历史学家艰难地谋生的时候，愚蠢的金融家却慷慨地购买被宠坏了的孩子的下流无聊的小玩意儿。请注意，如果这种优惠施于值得称赞的人，我并无怨言。我并不是那种人，妒忌一位登上艺术顶峰的女歌唱家或女舞蹈家通过每日的辛劳和危险获得的财富。我害怕重犯已故吉拉尔丹[1]的错误，据我不确切的记忆，他有一天指责泰奥菲尔·戈蒂耶用他的想象力获得比一位专区区长的服务多得多的报酬。如果您还记得，正是在那不吉的日子里，受惊的公众听见他说拉丁文；pecudesgue locutoe[2]！不，我还不至于不公正到这种程度。但是，当德拉克洛瓦的一幅极美的油画难以找到一千法郎的买主，而梅索尼埃的令人无所感的人像却卖到十倍或二十倍的价钱的时候，对当代的这种愚蠢却是应该提高嗓门，大叫大喊地予以反对的。然而，美好的日子已成过去，我们已跌得更低了，梅索尼埃先生尽管有许多功

---

1 Emile de Girardin（1806-1881），法国记者、政治家。波德莱尔写作此文时，他仍健在。
2 拉丁文，说话的牲口。

劳,却不幸引入并普及了一种渺小的趣味,而在现在的小玩意儿的制作者们身旁,他毕竟还是一个真正的巨人。

我认为,对一个艺术家来说,不相信想象力,蔑视宏伟的东西,喜爱(不,这个词太美了)并专门从事一种技艺,这是他的堕落的主要原因。一个人越是富有想象力,越是应该拥有技巧,以便在创作中伴随着这种想象力,并克服后者所热烈寻求的种种困难;而一个人越是拥有技巧,越是要少夸耀、少表现,以便使想象力放射出全部光辉。这就是智慧的教导。智慧还说:只拥有技巧者是个傻子,企图丢弃技巧的想象力是个疯子。这些事情无论如何简单,却仍然在现代艺术家之上或之下。一个门房的女儿心想:"我要进音乐学院,我将在法兰西喜剧院开始演出,我将背诵高乃依的诗句,直到获得那些可以长时间地背诵这些诗句的人们的权利。"她像她说的那样去做了。她是传统上的那种乏味、讨厌和无知的女人;但是,她成功地做到了本来很容易的事,即是说,通过她的耐心获得了分红演员的特权。而被宠坏了的孩子即现代画家心想:"想象力是什么?是危险和疲劳。阅读和观照过去是什么?浪费时间。我将是传统的,不是像贝尔丹[1]那样的(因为传统换了地方和名称),而是像……比方说,特洛瓦庸那样的。"他像他说的那样去做了。他画呀,画呀,终于,他堵塞了他的灵魂,他还在画,直到像时髦的

---

[1] Jean-Victor Bertin(1775-1842),法国画家。

艺术家了，而他也通过愚昧和技巧获得了公众的赞同和金钱。模仿者的模仿者又找到了模仿者，他们个个都继续梦想着伟大，越来越堵塞了灵魂，他们尤其是什么也不读，甚至连《完美的厨师》也不读，而这本书却可能为他们打开一条不那么赚钱却更为光荣的艺术道路。当被宠坏了的孩子掌握了调汁、古色涂料、透明的淡色、薄涂、浇汁、杂烩（我说的是颜料）的艺术时，他就摆出一副自豪的样子，怀着比以往更为坚定的信念念叨说，其余的一切都没有用。

一个德国农民去找一位画家，对他说："画家先生，我想请您替我画肖像。您把我画在我的庄园的主要入口处，我坐在一张大扶手椅里，这椅子是我父亲传给我的。在我旁边，您画上我的女人，拿着她的纺纱杆；在我们身后，是我们的女儿们，她们来来往往，正在准备晚饭。左边的大路上，我的几个儿子从田里回来，把牛牵进牛圈；我的另外几个儿子正同我的孙子们把装满牧草的车子推回来。我在观望着这番景象，我求您不要忘记我的烟斗里冒出的烟，落日的余晖使它显出层次的变化。我还想让人听见邻近钟楼上发出的晚祷的钟声。我们，父亲们和儿子们，都是在那儿结婚的。重要的是您要画出我在这个时辰一边看着我的家庭、一边看着通过一天的劳动而增加的财富时我所具有的满意的神情。"

这个农民万岁！他自己还没有想到，他已经懂得了绘画。他对职业的爱提高了他的想象力。我们的时髦的艺术家当中，谁能画出这幅肖像？谁的想象力能够自称达到了这位农民的想象力的水平？

二　现代公众和摄影

亲爱的先生，如果我有时间让您开心的话，我会很容易办到的，只要概述所有那些妄图吸引人们目光的可笑的标题和滑稽的主题就行了。那就是法兰西精神。力图使用与绘画艺术无涉的使人惊讶的手段来使人惊讶，这就是那些并非天生的画家的人们的大本领。有时候，在法国则总是如此，这种恶习影响了一些人，这些人并非没有才能，但他们却用一种大杂烩糟蹋了绘画艺术。我可以在您眼前历数滑稽歌舞式的滑稽标题，只少感叹号的感伤标题，文字游戏式的标题，故作高深的哲理性的标题，迷惑人的标题，或者诱人上当的标题，例如《布鲁图斯，放开恺撒吧！》之类[1]。耶稣说："嗳！这又不信又悖谬的世代啊，我在你们这里要到几时呢？我忍耐你们要到几时呢？"[2]的确，这个世代，艺术家和公众，对绘画的信赖如此之少，竟不断地试图伪装它，仿佛在难吃的药的外面裹上一重糖衣；而且是什么样的糖啊，我的上帝！我向您指出两个标题，不过画我并没有看见：《爱

---

[1] 布鲁图斯是一个门房的名字，恺撒是一只狗的名字。
[2] 见《圣经·新约·马太福音》第十七章。

神和白葡萄酒烩肉》! 好奇心立刻便被引起来了，不是吗？我试图把爱神的概念和一只被剥光炖烂的兔子的概念紧密地联系起来。我真的不能设想画家的想象力居然能把箭筒、翅膀和蒙眼布条安在一具家畜的尸体上，寓意的确是过于隐晦了。我更相信这个标题是根据《厌世和悔恨》的秘诀拟就的。因此，真正的标题应该是：《恋爱的人正在吃白葡萄酒烩肉》。现在，他们是年轻人还是老年人？是躲在布满灰尘的棚架底下的一个工人和一个小女工还是一个残废者和一个女流浪者？那就得看画了。《王政、天主教和士兵》！这个标题属于高贵的种类，游侠骑士的种类，《从巴黎到耶路撒冷》[1]（对不起，夏多布里昂，最高贵的东西可以变成漫画的手段，王国首领的政治性的言论也可以变成拙劣的画家的爆炸性标题）。这幅画只能表现一个人同时做三件事，即打仗、授圣体和守候着路易十四起床。也许那是一位武士，身上刺着百合花和表示效忠的图案。然而这样离题有什么用？干脆就说这是一种使人惊讶的手段吧，恶毒而无用的手段。更为可悲的是，这幅画无论显得多么奇特，可能倒是一幅好画。《爱神和白葡萄酒烩肉》亦然。我曾经注意到一组极好的雕塑，可惜没有记下编号，我想知道其主题，查了四遍目录而终无所获。最后，还是您大发慈悲，告诉我那叫作《永远和从未》。看到一个确有才能的人徒劳无益地搞画谜，我真打

---

[1] 夏多布里昂的一部作品。

心眼里感到难过。

请原谅我像小报那样取笑了一番,但是,不管您觉得这内容是多么浅薄,您若仔细加以研究的话,就会从中发现一种可悲的征兆。为了以一种反常的方式简而言之,我请问你们,你们和那些比我更熟悉艺术史的朋友们,对愚蠢的兴趣、对才智的兴趣(这是一码事)是否任何时代都存在,《房屋出租》和其他过分细腻的构思是否在任何时代都激起同样的热情,委罗内塞和巴桑笔下的威尼斯是否受到隐晦的表达的损害,儒勒·罗曼、米开朗琪罗、邦迪奈利[1]的眼睛是否在类似的可怕之事面前惊慌失措,一句话,比亚尔先生是否像上帝一样永恒和无所不在?我是不相信的,我把这些可恶的东西看作是对法国人的一种特殊的恩惠。他的艺术家们给他灌输了一种趣味,这是真的;他要求他们满足这种需要,这也是真的;因为假如艺术家使公众愚蠢,公众反过来也使他愚蠢。他们是两个相关联的项,彼此以同等的力量相互影响。所以,让我们赞美我们是多么快地踏上了进步(我指的是物质的逐渐的支配作用)之路吧,共同的技巧、那种可以通过耐心获得的技巧每天都进行着多么奇妙的传播。

在我们这里,天生的画家如同天生的诗人一样,几乎是个怪物。对真(当它被限制在它的真正的用处之上时,它是那么崇高)的兴趣压迫并窒息了对美的兴趣。在应该只看

---

[1] Baccio Bandinelli(1488-1560),意大利雕塑家。

见美的地方（我设想的是一种美的绘画，人们可以很容易猜出我想的是什么），我们的公众却只寻找真。他们不是艺术家，天生的艺术家，他们也许是哲学家、道德家、工程师、教诲故事的爱好者，或随便什么东西，但绝不是自发的艺术家。他们的感觉是渐次的、有分析的，或者更正确地说，他们这样做出判断。其他有些民族更为幸运，他们的感觉是立刻的、同时的和综合的。

我刚才提到那些试图使公众惊讶的艺术家，希望使别人惊奇和自己感到惊奇，这是很正当的。It is a happiness to wonder[1]，"感到惊奇，这是一种幸福"；同样，it is a happiness to dream[2]，"梦幻，这也是一种幸福"。如果您一定要我给予您艺术家或美术爱好者的称号，那么，全部问题就在于您是通过什么方法来创造或感觉惊奇的。美总是令人惊奇的，然而，设想令人惊奇者总是美的，这却是荒谬的。而我们的公众在感到梦幻的幸福或惊奇的幸福方面是出奇的无能（这是渺小的灵魂的标记），他们希望通过与艺术无涉的手段来感到惊奇，驯顺的艺术家们则适应他们的这种趣味。艺术家用可耻的计谋打动他们、愚弄他们，使他们惊愕，因为艺术家们知道公众不能在真正艺术的自然的手法面前心醉神迷。

---

1 英文，释义即下文。
2 英文，释义即下文。

在这些可悲的日子里，产生了一种新的行业，这种行业在使愚蠢坚定信念方面，在摧毁法兰西精神中还能剩下的神圣的东西方面贡献不小。一群崇拜者要求一种与他们相称的、与他们的本性相适应的理想，这是显而易见的。在绘画和雕塑方面，目前，上流社会人士，特别是法国的上流社会人士（我不相信谁敢持相反的看法）的信条是："我相信自然，我只相信自然（这是有正当理由的）。我认为艺术是也只能是自然的准确的复制（有一个腼腆的、异端的派别要求排斥令人反感的东西，例如一把便壶或一具骷髅）。因此，给予我们一种与自然一致的结果的那种行业就是绝对的艺术。"一个复仇的上帝满足了群众的愿望。达盖尔成了他们的救世主。于是他们心想："既然摄影对准确性提供了一切所需要的保证（他们这样认为，这些失去理智的人！），那么，艺术就是摄影。"从这时起，整个卑劣的社会蜂拥而上，像那喀索斯[1]一样，在金属板上欣赏自己那粗俗的形象。一种疯狂，一种非常的狂热控制了太阳的这些新崇拜者。一些可憎的事情发生了。有人集合了一些怪男女，让他们装扮成狂欢节中的屠夫和洗衣女，请这些英雄在操作所需要的时间内继续做着环境所要求的鬼脸，于是人们就自以为再现了古代历史上的悲剧的或优雅的场面。某个民主派的作家居然从中

---

[1] Narcissus，希腊神话中的一个美少年，他只爱自己，不爱别人。爱神惩罚他，使他爱恋自己在水中的倒影，最后憔悴而死，变成水仙花。

看到一种在人民中传播对历史和绘画的兴趣的廉价方法，他因此犯下了双重的亵渎，既侮辱了神圣的绘画，又侮辱了演员崇高的艺术。不久，几千双眼睛伸向双眼照相机的窟窿，就像伸向无限的天窗一样。对猥亵的喜爱，在人的本性中是和自爱同样根深蒂固的，它没有放过这个使自己得到满足的好机会。请不要说只有放了学的孩子们对这类愚蠢的东西感兴趣，它已经使所有的人都迷恋上了。有一位美丽的太太，不属于我的世界而属于上流社会的一位太太，我听见她对那些小心地不让她看到这样的形象的人说："尽管拿来吧，对我是没有什么过分的东西的。"我发誓我听见了，然而谁相信我？大仲马说："你们看得清楚，这是些高贵的太太！"卡佐特[1]说："还有更高贵的呢！"

由于摄影业成了一切平庸的画家的庇护所，他们不是过于缺乏才能，就是过于懒惰不能结束学业，所以，这种普遍的迷恋不仅具有盲目和愚昧的色彩，而且也具有复仇的色彩。这是一种愚蠢的阴谋，在这种阴谋中和在其他阴谋中一样，人们见到的是恶人和受骗者；这种阴谋能够获得绝对的成功，我是不相信的，至少我不愿意相信。但是我确信，摄影这种进步，如同一切纯粹物质上的进步一样，错误的应用极大地加剧了本来已经很少的法国的艺术天才的贫困化。现代的自命不凡无论怎样大喊大叫，花言巧语，说出杂乱无

1　Jacques Cazotte（1719-1792），法国作家。

章的诡辩（最近有一种哲学随意地使它充斥着这种诡辩），都是没有用的；那些东西说明，闯入艺术的工业成了艺术的死敌，功能的混淆使任何一种功能都不能很好地实现。诗和工业是两个本能地相互仇恨的野心家，假如他们狭路相逢，只能是一个为另一个服务。如果允许摄影在艺术的某些功能中代替艺术，那么，它将凭借着它在群众的愚蠢中找到的天然的盟友而立刻彻底地排挤或腐蚀艺术。所以，它应该回到它的真正的责任中去，即成为科学和艺术的婢女，而且是很谦卑的婢女，正像印刷和速记一样，它们既没有创造文学，也没有代替文学。让它迅速地丰富旅行者的手册并且保存旅行者可能忘记的准确性吧，让它装饰博物学家的书橱，放大微小的动物，甚至用某些材料来加强天文学家的假说吧，仅此而已。让它从遗忘中拯救那些受到时间的吞噬的尚存的废墟、书籍、图画和手稿吧，让它从遗忘中拯救其形式将要消失、需要在我们的记忆的材料中占有一席地位的珍贵的东西吧，它将因此受到感谢和欢迎。然而，如果允许它侵犯不可触知的、想象的东西的领域，侵犯那些只因为人在其中放进了自己的灵魂才具有价值的东西的话，那我们就要倒霉了。

我清楚地知道有些人会对我说："您刚才所解释的那种毛病是蠢人们的毛病。哪个无愧于艺术家称号的人，哪个真正的艺术爱好者曾经混淆过艺术和工业？"这我是知道的，不过我要问他们是否相信善与恶的感染性、群众对个人的影响以及个人对群众的不由自主的、被迫的服从。艺术家影响公众，公众反过来影响艺术家，这是一条不容置疑的、不可抗拒的规律。何况事实，这些可怕的见证，研究起来也是容易的；人们可以看到灾难有多么大。艺术一天天地减少对自己的尊重，匍匐在外部的真实面前，画家也变得越来越倾向于画他之所见，而非他之所梦；然而，梦幻是一种幸福，表现梦幻的东西是一种光荣。但是，我还说什么！谁还知道这种幸福？

真诚的观察家会断言摄影的侵入和工业的大疯狂完全与这种可悲的结果没有关系吗？能够设想两眼习惯于把具体科学的结果看成是美的产物的民族未曾极大地减弱对更空灵和非物质的东西的判断和感觉的能力吗？

三 各种能力的王后

最近一些时候，我们听见有人以多种不同的方式说："摹写自然吧，只摹写自然吧。最大的快乐和胜利莫过于惟妙惟肖地摹写自然。"这种理论是艺术的敌人，它不仅企图应用于绘画，而且还想应用于一切艺术，甚至小说和诗。对这些如此满意于自然的空论家们，一个富于想象力的人肯定有权利这样回答："我认为描绘存在的东西是无用的，是枯燥乏味的，因为任何存在的东西都不能令我满意。自然是丑的，比诸实在的平庸之物，我更喜爱我所幻想的怪物。"如果他更富哲理性，他就会问这些空论家，他们是否确信外部自然的存在，假如这个问题过于深奥，不能引出他们的尖刻的回答，那就问他们是否肯定知道自然的全部，自然中所包含的一切。他们若回答说"是"，那可是最夸口、最荒谬的回答了。根据我对这种奇特的、恶劣的胡说的理解，这种理论的意思是，我让它相信它的意思是：艺术家，真正的艺术家，真正的诗人，只应该根据他所看到的、他所感到的来描绘。他应该确实地忠于他的本性，他应该像逃避死亡一样避免借用他人的眼睛和感觉，不管这个人多么伟大，否则，他给我们的作品，相对于他来说，就是谎言，而非真实。我说的这些学究们（在粗俗中也有学究气）在什么地方都有代表。这种理论既安慰了无能，也安慰了懒惰，如果他们不愿意事情被这样理解，那我们只能认为他们的意思是："我们没有想象力，我们宣布谁也不会有。"

这个各种能力的王后真是一种神秘的能力！它和其他一切能力有关，它激励它们，派它们去打仗。有时候，它和它们相像到化而为一的程度，但它永远是它自己。那些没有受到它鼓动的人是很容易认出来的，一种不知是什么的诅咒使他们的作品像福音书中的无花果树一样枯萎凋零。

它是分析，它是综合，但是有些人在分析上得心应手，具有足够的能力进行归纳，却缺乏想象力。它是这种东西，又不完全是这种东西。它是感受力，但是有些人感受很灵敏，或许过于灵敏，却没有想象力。是想象力告诉人颜色、轮廓、声音、香味所具有的精神上的含义。它在世界之初创造了比喻和隐喻，它分解了这种创造，然后用积累和整理的材料，按照人只有在自己灵魂深处才能找到的规律，创造一个新世界，产生出对于新鲜事物的感觉。它创造了世界（我认为即使在宗教的意义上也可以这么说），就理应统治这个世界。对一个没有想象力的武士，有什么可说的呢？他可以是个好兵，但是让他指挥军队，就打不了胜仗。这就好比说一个诗人或小说家不用想象力统率各种能力，反而让熟悉文字和观察事实来统率。对一个没有想象力的外交家，有什么可说的呢？他可以很熟悉过去历史上的条约和联盟，却设想不出未来的条约和联盟。对一个没有想象力的学者呢？他学会了一切传授给他的可以学会的东西，但他发现不了尚未被猜测到的规律。想象力是真实的王后，可能的事也属于真实的领域。想象力确实和无限有关。

没有它，一切能力无论多么坚实、多么敏锐，也等于乌有。如果某些次要的能力受到强有力的想象的激励，其缺陷也就成了次要的不幸。任何能力都少不了想象力，而想象力却可以代替某些能力。往往这些能力要经过好几种不适应事物本质的方法的连续试验才能发现的东西，想象力却可以自豪地直接地猜度出来。最后，就是在道德方面，它也扮演了强有力的角色，因为，恕我直言，没有想象力的美德能够是个什么呢？说到底，没有怜悯的美德，就是没有天意的美德，是某种冷酷的、残忍的、使人贫乏的东西。在某些国家成了过度的虔诚，而在另一些国家则成了新教。

尽管我把种种了不起的优越性给了想象力，我认为下面的说法不会使您的读者感到难堪：想象力越是有了帮手，才越有力量；好的想象力拥有大量的观察成果，才能在与理想的斗争中更为强大。想象力因其神圣的来源而能够代替某些能力，这一点我刚才已经说过，为了重谈这个问题，我想给您举个例子，一个小小的例子，我希望您不要看不起。您认为《安多尼》、《埃尔曼伯爵》、《基督山伯爵》的作者是位学者吗？不是，对吧？您认为他致力于艺术并对艺术有长期的研究吗？也不是。我认为，这甚至是与他的本性相悖的。那好，他便是一个例子，证明了想象力即便没有实践和对专门词语的了解的帮助，也不会在一个就其大部分来说是归它管辖的方面闹出异端的笑话。最近，有一次我乘火车，正想着我现在写的这篇文章，特别是想着事情的这种奇特的颠倒，在一个为了惩罚人而什么都允许他做的时代里，这种颠倒使他可以蔑视一种最可敬、最有用的道德能力，这时我忽然在邻近的座位上看见一份随便丢在那儿的《比利时独立报》。大仲马负责报道沙龙展出的作品。当时的情况使我不由得产生了好奇心。我看到我的沉思被偶然提供给我的一个例子完全地证实了，您可以猜到我是多么快乐。这个人好像代表着普遍的生命力，他盛赞一个充满了生气的时代，这位浪漫派戏剧的创造者以一种我保证不缺乏伟大的声调歌唱这个幸福的时代：在新的文学流派旁边，又兴起了新的绘画派别：德拉克洛瓦，德维里亚兄弟，布朗热，波特莱[1]，波宁顿，等等；您看，这真是一个令人惊奇的好题目！这正是他的事！Laudator temporisacti！[2] 而且他还富有才智地赞扬了德拉克洛瓦，明确地说明了他的对手们的疯狂的种类。他甚至走得更远，竟指出当今最出名的，画家中最强的几位是在什么地方犯了错误。他，大仲马，他是那样随便，那样随和，居然那样正确地指出特洛瓦庸没有才能，甚至连假冒才能的东西也没有。亲爱的朋友，告诉我，您觉得事情就这样简单吗？当然，这一切都是以一种戏剧的松散方式写出来的，他习惯于这样和他的无数听众说话，然而，在对真实的表达中有多少魅力和突然性啊！您已经得出了我的结论：假如并非学者的大仲马不是幸而拥有丰富的想象力的话，他只会说出蠢话来。他说出了合情合理的东西，而且说得那么好，因为……（应该把话说完）因为想象力凭借着它的代替的本性而包含着批评精神。

不过，我的反对者还有一着，那就是断言大仲马并非他的《沙龙》的作者。但是，这种侮辱是如此陈旧，这一着是如此平庸，应该扔给旧货爱好者们、书信和专栏文章的制造者们。如果他们还没有拾起来，他们就会拾起来的。

我们就要更深入地研究这种主要的能力（它的丰富不是

---

1 Hippolyte Poterlet（1804-1835），法国画家。
2 拉丁文，颂扬往昔者。语出贺拉斯《诗艺》。

令人想起紫红的颜色[1]吗？）的各种功能。我只是向您叙述我从一位大师口中学来的东西，当时我怀着一个正在学习的人的快乐验证过他对所看过的画的如此朴素的告诫，同样，我们可以把它像一块试金石一样依次用于我们的几位画家。

四　想象力的统治

昨天晚上，我在给您的信中不无胆怯地写道："由于想象力创造了世界，所以它统治这个世界。"我把这封信的最后几页寄给您之后，就翻了翻《大自然的黑夜的一面》[2]，一眼就看见了这几行，我将其笔录下来，完全是因为它们证明了使我不得安宁的那句话：

"By imagination, I do not simply mean to convey the common notion implied by that much abused word, which is only *fancy*, but the *constructive* imagination, which is a much higher function, and which, in as much as man is made in the likeness of God, bears a distant relation to that sublime power by which the Creator projects, creats, and upholds his universe."[3]

---

1 这里"主要的"一词用的是形容词cardinal，与名词cardinal（红衣主教）同形，故有此联想。
2 作者是科罗夫人（Catherine Crowe，1800-1876），英国作家。
3 英文，释义即下文。

"我说的想象,不仅仅是指人们用得很滥的这个词的一般概念,那只不过是幻想而已,我指的是创造的想象,那是一种高得多的功能,它因为人是仿照上帝的形象被造出来的而与这种崇高的力量保持一种疏远的联系,造物主就是通过这种力量设计、创造和维持他的宇宙。"

我与这位杰出的科罗夫人不谋而合,非但丝毫不感到羞耻,反而感到很高兴,我总是赞赏并羡慕她的信仰力,这种信仰在她身上和怀疑在别人身上发展到了相同的程度。

我说过,很久以前我听见过一个在本行的艺术中的确渊博深刻的人[1]就这个问题发表过最广博而最简单的见解。我第一次见他的时候,我唯一的经验是一种极端的喜爱给予我的经验,唯一的推理是本能。的确,这种喜爱和本能是相当强烈的,因为我那一双非常年轻的眼睛,充满着绘画或雕刻的形象,从未能得到过满足,我认为等不到我变成破坏艺术品的人,世界就会完结,impavidum ferient[2]。显然他是想满怀宽容和好意,因为我们首先谈论的是些老一套的东西,即一些最广博最深刻的问题,例如关于自然。他常说:"自然不过是一部词典。"为了很好地理解这句话到底有多广的含义,应该想一想词典的最频繁、最平常的用途。人们在其中寻找词义、词的演变、词源,最后,人们从中提取组成一句话或

---

1 指德拉克洛瓦。
2 拉丁文,对打击无所畏惧。

一篇文章的全部成分，但是从来没有人把词典看作是一种组成，在这个词的诗的意义上的一种组成。服从想象力的画家在他们的词典中寻找与他们的构思一致的成分，他们在以某种艺术调整这些成分的时候，就赋予它们以一种全新的面貌了。没有想象力的那些人抄袭词典，从中产生出一种很大的恶习，即平庸；这种恶习特别适合于某些画家，他们的专门化越是使他们接近一种所谓无生命的自然，情况就越是如此，例如风景画家，他们普遍认为不显露个性是一种胜利。他们观照和抄袭得多了，就忘记了感觉和思想。

艺术的各个部分，有人以此为主要的，有人以彼为主要的，对这位伟大的画家来说，它们都是一种无与伦比的、至高无上的能力的极恭顺的仆人。

如果说准确的制作是必要的话，那是为了使梦幻被准确地表达出来；如果说制作要很快的话，那是为了使伴随着构思的非凡的印象不丧失任何东西；如果说艺术家甚至注意到工具的物质上的干净，这也不难理解，为了使制作敏捷果断，什么都得小心。

在这样的一种本质上是逻辑的方法中，所有的人物，他们相互的位置，充作背景或远景的风景或内景，他们的服饰，总之，这一切都应为突出总的构思服务，可以说，都应穿上本色的号衣当仆人。如同一种梦幻被置于一种适当的有色彩的氛围之中，一种变成了构图的构思也需要移入一个独特的有色彩的地方。显而易见，一幅画的某一部分成为关键，统率着其他部分，它是有一种特殊的色调的。谁都知道，黄色、橘黄色、红色，引起并代表着快乐、财富、光荣和爱情的观念；然而黄或红的氛围不下千百种，所有其他的颜色也会合乎逻辑地用于相应数量的主导氛围之中。显然，从某些方面看，色彩家的艺术与数学和音乐有关系。不过，这种艺术的最精微的活动得力于一种感觉，长期的训练赋予这种感觉以一种无法形容的可靠性。人们看得出，普遍和谐这一条伟大法则反对使用许多刺眼和生硬的色彩，即使最杰出的画家也有这种情况。鲁本斯的一些画不仅使人想到五彩缤纷的焰火，而且甚至使人想到好几支焰火朝着一个地方放。画幅越大，笔触就越应宽广，这是不用说的；然而，笔触不应该实际上化成一片，而应该在一定的距离上化成一片，这个距离是由联结它们的感应法则规定的。这样，色彩就获得更多的力量，更鲜明。

一幅好的画，一幅忠于并等于产生它的梦幻的画，应该像一个世界一样产生出来。如同创造，我们所看到的创造，它是好几次创造的结果，前面的创造总是被下一个创造补充着。画也是一样，它被和谐地画出来，实际上是一系列相叠的画，每铺上一层都给予梦幻更多的真实，使之渐次趋于完善。相反，我记得曾在保尔·德拉罗什和奥拉斯·维尔奈的画室中见过一些巨幅的画，不是起草，而是开始，这就是说，有些部分已完全结束，而有些地方还只是些黑的或白的轮廓。人们可以把这比作某种纯粹手工的活计，在确定的时间内盖满一定数量的空间；或者一条分作许多阶段的长路，一个阶段完成，就没什么可做的了；当整条路完成的时候，艺术家也就从他的画中脱身了。

所有这些告诫显然已被艺术家不同的气质或多或少地改变了；然而我确信，对于丰富的想象来说，那是一种最可靠的方法。因此，离开这种方法过远则表明给予了艺术的某些次要部分一种不正常的、不合适的重要性。

我不怕有人说设想一种供许多不同的个人运用的相同的方法是荒谬的。因为很明显，修辞学和韵律学并不是任意杜撰出来的束缚，而是有精神的物体的构造本身所要求的一整套规则；格律和修辞从来也不曾妨害独创性脱颖而出。而其反面，例如它们有助于独创性的发扬，倒极大限度地更为符合实际。

为简短计，我不得不省略从基本用语中推导出来的许多结果，可以说，这个基本用语包含着真正的美学的全部公式，并且可以这样来表达：整个可见的宇宙不过是个形象和符号的仓库，想象力给予它们位置和相应的价值；想象力应该消化和改变的是某种精神食粮。人类灵魂的全部能力都必须从属于同时征用这些能力的想象力。如同熟知词典并不一定意味着知道作文的艺术一样，作文的艺术本身也不意味着普遍的想象力。因此，一个好的画家可以不是一个伟大的画家，但是，一个伟大的画家必定是一个好的画家，因为普遍的想象力包容着对一切手段的理解和获得这些手段的愿望。

显而易见，根据我刚才好歹阐明了的概念（还有许多东西要谈，特别是关于各门艺术的一致的部分以及它们的方法中的相似之处！），艺术家，也就是献身于美的表现的那些人的庞大队伍可以分为两大判然有别的阵营。有一个人自称现实主义者，这个词有两种理解，其意不很明确，为了更好地确定他的错误的性质，我们称他作实证主义者，他说："我想按照事物的本来面目或可能会有的面目来表现事物，并且同时假定我并不存在。"没有人的宇宙。另有一人，富有想象力的人，他说："我想用我的精神来照亮事物，并将其反光投射到另一些精神上去。"虽然这两种绝对相反的方法可以扩大或缩小一切主体，从宗教的场景直到最平常的景物，但是，富有想象力的人一般地说还是得在宗教画和幻想画中露面，而所谓的静物画和风景画却在表面上向懒惰的、难以激动的精神提供了丰富的资源。

除了富有想象力的人和所谓的现实主义者外，还有一种人，他们胆怯而顺从，使他们全部的骄傲听命于一种具有虚假尊严的清规戒律。正当前者想描绘自己的灵魂，后者自以为表现了自然的时候，这些人却在使自己符合一些纯粹出于习惯的规则，这些规则完全是武断的，并非出自人的灵魂，只不过是由某个有名的画室的常规强加于人的。这种人为数很多，却很少令人感兴趣，其中包括有古代的假爱好者，风格的假爱好者，一句话，所有那些因为无能而把老一套抬高为风格的人们。

五　宗教画、历史画、幻想画

批评家注意到，参加画展的宗教画越来越少了。我知道，若从数量上看，他们是对的；但是，他们肯定也不会在质量上弄错。不止一位宗教作家，像民主派作家一样，天生把美挂在信仰上，把表现信仰的东西的困难归于缺乏信仰。这是错误的，如果不是事实充分证明恰恰相反，如果不是绘画史向我们提供了画出优秀的宗教画的渎神的、不信神的艺术家的话，这种错误可以从哲学上被证实。我们只是指出，由于宗教是人类精神的最高的虚构（我故意像一位无神论的美术教授那样说话，绝不应从中得出与我的信仰相对立的结论），所以它要求致力于表现其行动和感情的那些人具有最有力的想象力和做出最紧张的努力。因此，波利厄克特这个人物就向诗人和演员要求一种精神的升高，要求一种比爱上了地上的某个平凡人物的平凡人物或者一位纯粹政治性的英雄更强烈得多的热情。对于主张信仰是宗教灵感的唯一源泉这种理论的人，人们可以合情合理地做出的唯一让步是：诗人、演员和艺术家在制作这样的作品的时候，由于受到需要的激励而相信他们所表现的东西的真实性。所以，艺术是唯一的精神领域，人在其中可以说："我愿意，我就相信；我不愿意，我就不相信。"残酷的、令人屈辱的格言：Spiritus flat ubi vult[1]，在艺术上失去了它的权利。

1　拉丁文，精神想往哪儿吹就往哪儿吹。

我不知道勒格罗[1]先生和阿芒·戈蒂耶[2]先生是否有教会所说的信仰，但他们各自画了一幅充满怜悯心的杰作，他们肯定是对所看见的东西有着足够的信仰的。他们证明了，即便是在19世纪，艺术家也能够创作出好的宗教画，只要他的想象力能够升到那个高度。尽管欧仁·德拉克洛瓦的更为重要的作品吸引着我们，向我们提出要求，亲爱的先生，我还是觉得应该首先提出两个不为人知或者鲜为人知的名字。被遗忘的或陌生的花朵为它的自然的香气平添了一种来自默默无闻的奇特香气，它的真实的价值由于发现的快乐也有所增加。我也许不应该对勒格罗先生一无所知，但我承认我还没有见过任何署着他的名字的作品。我第一次见到他的画时，是和我们共同的朋友C先生在一起，我使他注意到那幅如此谦卑、如此深刻的作品。他不能否认那些与众不同的长处，但是，那种乡村的样子，《晚祷的钟声》在晚上聚集在我们大城市的教堂的穹顶下面的穿着棉绒、棉布、印花布的那个小小的世界，还有那木鞋、雨伞、被劳动压弯了的背、岁月留下的皱纹，这被忧愁灼伤的干瘪的世界，有点儿使他们的眼睛感到慌乱，他那双眼睛像一位内行人的眼睛一样，喜爱高雅的上流社会的美。他显然是顺应了生怕受骗这种法国性格，那位最受其困扰的法国作家[3]曾经严酷地嘲笑过这种

---

[1] Alphonse Legros（1837-1911），法国画家、雕刻家。
[2] Amand Gautier（1837-1920），法国化学家、医生、画家。
[3] 指斯丹达尔。

法国性格。然而，真正的批评家的精神应该像真正的诗人的精神一样，朝着各种各样的美敞开；他可以同样轻松地享受凯旋的恺撒炫目的崇高和住在郊区的、在上帝的目光下低头的可怜居民的崇高。如果不是忘记了现时的不幸，那也是重新感到和发现了高踞于天主教教堂穹顶的清新的感觉、自得自乐的谦卑以及穷人对公正的上帝的信任和对获救的希望！勒格罗先生的题材粗俗的外表丝毫也没有损害这种题材道德的崇高，相反，粗俗在这里却像是加在仁慈和温情中的强化剂，这证明了他是一位精神坚强有力的人。由于一种精神细腻的人可以理解的神秘的联想，那个在上帝的庙宇里绞着帽子的穿着古怪的孩子让我想起了斯特恩[1]的驴和勋章。正在吃点心的驴是滑稽可笑的，这丝毫也减少不了人们看到农庄的悲惨奴隶在一位哲学家的手中得到某些温存时所感到的温柔的感觉。穷人的孩子就是这样手足无措，颤抖着品味天上的果酱。我忘了说这幅虔诚的作品的制作是非常坚实的，稍许有些阴暗的色彩和精微的细节与虔诚所具有的永远做作的性质配合得很协调。C先生让我注意背景消失得不够远，人物好像有点贴在周围的装饰上。我承认这是个缺点，但是它让我回想起古画的热烈的天真，对我来说这反而又多了一种魅力。如果是在一幅不是这样亲切深刻的作品中，那就是不可

---

1 Laurence Sterne（1713-1768），英国小说家。

容忍的了。

阿芒·戈蒂耶先生是一幅几年前就引起了批评界注意的作品的作者,从许多方面看,那都是一幅出色的作品。我想评判委员会是拒绝了它,但是人们可以在林荫大道的一位主要画商的橱窗里研究它,我指的是《疯人院》的院子,这题材他画过,不是根据哲学的、日耳曼式的方法,例如考尔巴赫的方法,那使人想到亚里士多德的范畴,而是怀着法兰西式的富于戏剧性的感情,这种感情又与忠实而聪明的观察结合在一起。作者的朋友们说作品中的一切都丝毫不差的准确:头、动作、面目,都是根据实物摹写下来的。我不相信,首先是因为我在画的布局上发现了一些相反的迹象,其次是因为实在的、普遍的准确从来是不值得欣赏的。今年,阿芒·戈蒂耶先生只展出了一件作品,题目很简单,《修女》。要有真正的力量才能挖掘出包容在一式的长外衣中、僵挺的帽子中、像教会中人的生活一样谦卑严肃的姿态中的敏感的诗意。戈蒂耶先生画中的一切都致力于展开主要的思想:那长长的白墙,那排列整齐的树、简朴到贫困的门面,方正的、没有女性媚态的姿势,被迫像士兵一样受制于纪律的女性,脸上凄惨地透出被牺牲的处女的带有红晕的苍白,这一切都使人感到了永恒、不变和单调的令人愉快的责任。研究这幅笔触像题材本身一样雄浑而简单的油画,我体验到一种说不出的东西,那是一种勒絮厄的某些画,菲利普·德·尚巴涅[1]的最好的画,即那些表现修士习惯的作品投射到人的灵魂中去的东西。假如读我的文章的人中有几位想去找这些画,我想应该告诉他们,在画廊的尽头,在建筑物的左半部的一间方形大厅里,人们放了无数的画,大部分是所谓的宗教画,他们可以在那里找到。那个大厅看起来很冷落,去的人很少,就像是园子里太阳照不到的一个角落一样。这两幅朴实的油画就被弃置在这间假还愿物的贮藏室、这条充满了石膏色的愚蠢之物的广阔的银河之中。

德拉克洛瓦的想象力!他的想象力从不畏惧攀登宗教的困难高度,上天是属于他的,正如地狱、战争、奥林匹斯山、快乐是属于他的一样。这正是画家—诗人的典型!他的确是为数不多的上帝的选民之一,他的精神之广把宗教也包容在他的领地之中。他的想象力像点满蜡烛的小教堂一样明亮、辉煌而又鲜红。激情中一切痛苦的东西都使他激动万分,教会中一切壮丽的东西都使他得到启示。他轮番在他那充满灵感的画布上倾倒着鲜血、光明和黑暗。我相信他很愿意把他的天生的豪华作为额外的东西添加在福音书的庄严之上。我见过德拉克洛瓦的小幅画《天神报喜》,拜访马利亚的天使不是一个,而是由其他两个天使庄重地引导着,这场天上的求爱的效果是有力而迷人的。他青年时代的一幅作品,《持橄榄枝的基督》("主啊,把这圣餐杯从我面前拿开

---

[1] Philippe de Champagne(1602–1674),法国画家。

吧",在圣安多尼街的圣保罗教堂里),洋溢着女性的温柔和诗的甜蜜。在宗教中发出如此高亢巨响的痛苦和壮丽,总是在他的精神中引起回声。

然而,亲爱的朋友,这个非凡的人,他可以和司各特、拜伦、歌德、莎士比亚、阿里奥斯托、塔索、但丁及福音书争雄,他用他的调色板的光辉照亮了历史,在我们的着迷的眼睛里倾注了他的汹涌的幻想,这个人虽然年事已高,却总是充满了一种顽强的青春,他从少年时代起就把全部时间用于锻炼他的手、记忆力和眼睛,以便为他的想象力准备更可靠的武器。不过这位天才最近却在一位年轻的专栏作家身上找到了一位教他画画的老师,而这位专栏作家的可敬的职业迄今为止仅限于报道太太们的裙子,例如刚刚在市政厅举行的舞会上的裙子。啊!粉红色的马,啊!淡紫色的农民,啊!红色的烟(多么大胆,一缕红色的烟!),都受到了严厉的对待。德拉克洛瓦的作品被骂得体无完肤,被当作了无用的碎纸。这类文章在所有的资产阶级客厅里被谈论着,总是以这几句话开头:"我应该说我无意自诩为行家,绘画的奥秘我是一窍不通,不过……"(既然如此,为什么还要谈?)一般是以一句尖酸刻薄的话收尾,那句话相当于投向懂得难懂之物的幸福的人们的一瞥妒忌的目光。

您会说,有什么关系,既然天才胜利了,蠢话又有什么关系?但是,亲爱的,衡量一下天才所遇到的抵抗力并非多余,这位年轻的专栏作家的重要性仅限于代表资产阶级的中等的智力，不过这也足够了。想想吧，这出反对德拉克洛瓦的闹剧从1822年就开始了，而且总是到时候就来，我们的画家每次画展都带给我们好几幅画，其中至少有一幅是杰作，不知疲倦地显示了——借用梯也尔先生的礼貌而宽容的话来说——"优势所具有的冲劲，其余的作品的过于一般的价值使人们有些失望了，但这股冲劲又带来了希望"。稍远些，他又补充道："看到这幅画（《但丁和维吉尔游地狱》），我不知道对于那些伟大的艺术家的一种什么样的回忆攫住了我；我又看到了这种野性的、热烈的，但是自然的力量，它毫不费力地被自己裹挟而去。……我不相信我看错了，德拉克洛瓦先生是有天才的。让他坚定地前进吧，让他投身于巨大的工程吧，这是天才的不可缺少的条件……"我不知道梯也尔先生一生中做了多少次预言家，不过那一天他的确是预言家。德拉克洛瓦确曾投身于巨大的工程，但这并没有使舆论变得温和。看到颜料的这种汹涌的、滔滔不绝的倾注，不难猜出他是个什么样的人。有一天晚上，我听见他说："像所有我这个年纪的人一样，我也曾有过好几种激情，但是，唯有在工作中我才感到完全地幸福。"帕斯卡尔说，长袍、红袍和羽饰被创造出来就是为了让老百姓敬服，给真正值得尊重的东西贴上标签。然而，德拉克洛瓦所受到的官方的器重却并没有封住无知的嘴巴。但是，仔细看看这件事情，像我这样的一些人希望艺术上的事情只可在贵族间谈论，并且相信是选民的稀少才造就了天堂，事情这样是再好不过了。有特权的人！上帝为他储备了敌人。有福者中的有福者！他的才能不仅克服了障碍，而且还产生了新的天才以克服更多的障碍！在一个古人无法生存的时代和国家里，他是和古人一样伟大的。因为，当我听见有人把拉斐尔和委罗内塞这些人捧到天上，而其用意明明是贬低产生在他们之后的长处时，我就一面对这些巨大的影子满怀着热情（其实他们并不需要），一面想，一种至少与他们相等的长处（让我们暂时承认低于他们吧，这纯粹是出于好意）是否更值得称赞，既然它是在一种敌对的气氛和土地上胜利地发展起来的？文艺复兴时代的那些高贵的艺术家们若不是伟大、多产、卓越，那他们就有罪了，因为鼓励和激励他们的是一大群显赫的贵族和教士，甚至还有群众，在那个黄金时代里，群众都是艺术家！而现代的艺术家却是不顾时代的阻拦而升得很高，这如果不是某种时代所不能接受的东西，或者是应该让未来去评论的东西，我们还能说些什么呢？

再回到宗教画上来吧，告诉我，您可曾见过比《下葬》表现得更好的那种必然的庄严吗？您真的认为提香能创造出这种东西吗？他可能构思和曾经构思过的东西是另外的样子，而我却更喜欢这种方式。背景是墓室，新宗教必须长期过着的地下生活的象征！外面的空气和光线顺着螺旋形的阶梯爬了进来。母亲要晕过去了，难以站立！请顺便注意，欧仁·德拉克洛瓦没有把这位圣洁的母亲画成纪念册上的懦弱女子，他赋予她一种悲剧性的动作和气魄，与这位母亲中的佼佼者十分相合。一位爱好者凝视着那几个人小心翼翼地把他们的上帝的尸体下到墓室中去，下到那个人人敬仰的墓室中去，即勒内所说的"在世界末日唯一没有什么可交代的坟墓"中去！只要这位爱好者稍微有些诗人气质，这时就不能不感觉到德拉克洛瓦的想象力，这种想象力打上的不是历史的印象，而是诗的、宗教的、普遍的印象。

《圣塞巴斯蒂安》不仅在绘画方面是个奇迹，而且也是一件表现忧郁的精品。《登上骷髅地》是一件复杂的、热情的、深奥的作品。深谙他的世界的艺术家说："这幅画本来应该画得很大，放在圣绪尔比斯教堂的施洗小教堂里，后来小教堂的用途改变了。"尽管他考虑得很周到，对公众说得很明白："我想让你们看看人家让我画的一件很大的作品的小型的草稿。"批评家们像平常一样不放过这个机会，说他只会画草图！

看那位教授《爱的艺术》的杰出诗人[1]，他躺在荒野的绿地上，带着一种女性的慵懒和忧愁。他的罗马的好朋友们能够消除皇帝的怨恨吗？他有朝一日会重新得到那个神奇城市的奢华的快乐吗？不，从这个没有荣光的地方只会流出《悲歌》[2]的长而忧郁的河；他将在这里生活，他将在这里死去。"有一天，我过了伊斯特尔河，朝它的入海口走去，稍稍离

---

1 指拉丁诗人奥维德（Publius Ovidius Naso，前43—17或18）。
2 奥维德的一部作品。

开了猎人的队伍，我看见了奥克辛海[1]的波涛。我发现了一座石头的坟墓，上面长了一棵月桂树。我拔掉了覆盖着几个拉丁字母的草，立刻就读出了一位不幸的诗人的哀歌的第一句：

"'我的书，到罗马去吧，你自己去罗马吧。'

"我不能为您描述我在这荒漠的深处发现奥维德墓时所感到的东西。对于我也经受着的流放的痛苦，对于才能之无用于幸福，我什么样的忧思没有啊！罗马，今天被它的最聪明的诗人描绘着，罗马看见奥维德的眼泪从干涸的眼中流了二十年。啊！伊斯特尔河畔的野蛮人不像奥索尼人那么忘恩负义，他们还记得到过他们的森林的俄耳甫斯[2]！他们在他的骨灰周围跳舞，他们甚至还记得他的几句话；他们对这位罗马人有着多么甜蜜的回忆，他说自己是野蛮人，因为撒尔马特人听不懂他的话！"

说到奥维德，我引述厄多尔[3]的沉思，这并不是没有用意的。《殉道者》中的诗人的忧郁口吻与这幅画一致，信仰基督教的囚徒的颓丧的悲哀被反映得恰如其分。那里面有着笔触和感情的雄浑，这正是写出《纳谢兹人》的那支笔的特点；而且我在欧仁·德拉克洛瓦的充满野性的牧歌中认出了一个十分美丽的故事，因为他在其中放上了荒原上的花，窝

---

1 Pont-Euxin，地中海古称。
2 Orphée，希腊神话中色雷斯的诗人和歌手。
3 Eudore，夏多布里昂的《殉道者》的主人公。

棚的美和一种我不敢自诩保留了下来的叙述痛苦的朴素[1]。当然，我并不试图用我的笔表达从这种绿莹莹的流放中散发出来的如此忧伤的快乐。说明书采用了德拉克洛瓦的评论的明晰简洁的语言，说得很简单，实际上这更好："有些人怀着好奇心研究他，另一些人则以自己的方式欢迎他，献给他野果和马奶。"无论他多么忧伤，高雅的诗人不能对这种野蛮人的恩惠和淳朴的款待的魅力无动于衷。在细腻而丰富的奥维德身上的一切都进入了德拉克洛瓦的画中；如同流放给了杰出的诗人所缺乏的悲伤，忧郁也把它那迷人的外衣盖在了画家的丰富多彩的景物上。我不可能说德拉克洛瓦的某幅画是他最好的画，因为那总是一个桶里的酒，沁人心脾，美味可口，风味独特；但是，人们可以说《奥维德在斯基泰人中间》是他的最令人惊奇的画之一，只有他才能构思出来，画出来。创作出这种东西的艺术家可以说自己是个幸福的人，而每天都能以此大饱眼福的人也可以说自己是个幸福的人。精神带着一种缓慢而贪食的快感深入到画中，就好像深入到天空中，海平线上，充满了思想的眼睛中，丰富的、满是梦幻的倾向中一样。我确信，对于精神细腻的人来说，这幅画是有着一种特殊的魅力的。我几乎可以打赌，它应该比其他的画更使具有敏感的、诗的气质的人感到愉快，比方说，使弗罗芒坦先生感到愉快，我将很高兴一会儿跟您谈谈他。

---

[1] 引自《阿达拉》。

我绞尽脑汁，想抓出某个提法来很好地说明欧仁·德拉克洛瓦的特殊性。优秀的素描家，神奇的色彩家，热情而丰富的构图家，这都是显而易见的，也早已说过了。然而，他那种新鲜感从何而来呢？较之过去，他多给了我们什么？他和伟大的人一样伟大，他和灵巧的人一样灵巧，但为什么他更使我们愉快呢？似乎可以说，他具有更为丰富的想象力，他尤其表现了大脑的深处，事物的惊人的一面，他的作品是多么忠实地保留了他的构思的特点和格调！这是有限中的无限，这是梦幻！我所说的梦幻指的不是黑夜中的杂物堆积场，而是产生于紧张的沉思的幻象，在那些不那么丰富的头脑中，这种幻象产生于人工的刺激物。一句话，欧仁·德拉克洛瓦主要是描绘最美好的时刻中的灵魂。啊！亲爱的朋友，这个人有时候真让我想活得和子孙满堂的老人一样长久，或者，不管为了复活而需要怀着多么大的勇气去死（"让我回地狱吧！"被色萨利女巫复活的不幸者说道），我也想适时地复活，看看他在未来激起的狂喜和赞颂。然而这有什么用？当这幼稚的愿望被满足即看到预言实现之时，我会得到什么好处呢，如果不是羞愧地承认我是一个软弱的灵魂，总是需要看到自己的信念被别人赞同？

讽刺短诗式的法兰西精神，加上一种学究气的成分，再在它那天然的轻松中去掉少许的严肃，就该产生出一种派别，宽容厚道的泰奥菲尔·戈蒂耶礼貌地称之为新希腊派；而如果您愿意的话，我却要称之为刺耳派。在这里，博学是为了掩盖想象力的缺乏。在大多数情况下，只不过是把普通的、庸俗的生活移进一种希腊或罗马的环境里去罢了。德佐布利[1]和巴泰勒米[2]可是帮了大忙，赫丘拉诺姆[3]的壁画的仿作，因不易察觉的揉擦而产生的暗淡的色调，使画家们得以逃避一幅丰富而扎实的油画的一切困难。这样，一方面是陈旧的手法（严肃的成分），另一方面是把生活中的庸俗移进古代的环境（令人惊奇和获得成功的成分），它们从此要取代好画所必需的一切条件了。因此，我们将看到古代的孩子玩着古代的弹子和古代的铁环，还有古代的玩偶、古代的玩具；牧歌风的孩子装扮成太太和先生（《我的妹妹不在那儿》）；爱神骑着水兽（《浴室装饰》）和许许多多的《爱情掮客》，她们把商品吊在翅膀上，就像一只兔子把商品挂在耳朵上一样，应该把她们送到毛格街广场上去，那儿是个很兴旺的鸟市，鸟儿要更自然。爱神，不可避免的爱神，糖果商的不死的丘比特，在这一派中起了一种支配的和普遍的作用。他是这个风流娇媚的共和国的总统，是一条适应各种调味汁的鱼。我们不是懒得看见颜色和大理石用在托马斯·胡德[4]呈现给我们的这个老色鬼身上吗？他生着翅膀，像个虫子或鸭子，他像残废人一样地蹲着，把他那一身软绵绵的肥

---

1 Charles Dezobry（1798–1871），法国作家。
2 Abbé Jean-Jacques Barthélemy（1716–1795），法国作家、学者。
3 Herculanum，意大利那不勒斯东南、维苏威火山脚下的一座古城。
4 Thomas Hood（1799–1845），英国画家。

肉压在充作坐垫的云彩上。他的左手以持剑的姿势拿着弓，弓倚在大腿上，他的右手用箭执行命令：拿起武器来！他的头发卷曲而浓密，活像车夫的假发；他的两腮鼓鼓的，压迫着鼻孔和眼睛；他的肌肉，还是说肉吧，一块块隆起，呈管状，鼓了起来，就像是挂在屠户的铁钩子上的肥肉，大概是因为千篇一律的牧歌的叹息而膨胀了；他的山一样的背上装了两个蝴蝶翅膀。

"这就是那个压住美人胸脯的梦魇吗？这个人物就是那个不相称的对手吗，正是因为他帕斯托莱拉在一张最窄的处女的床上喘息不已？主张精神恋爱的阿芒达（她完全是精神的），在她谈论爱神的时候，指的就是这个可触可摸的东西啰？他可完全是肉体的。而贝兰达真的相信这个超实体的弓手能够埋伏在她的危险的蓝眼睛里？

"传说普罗旺斯的一位姑娘爱上了阿波罗的塑像，并因此而死。然而，这位热情的小姐说过疯话吗？她是在这丑恶的形象的基座前憔悴了吗？是否更应该说，难道这不是一种不寻常的象征，说明姑娘们对爱神的接近胆怯并进行尽人皆知的抵抗吗？

"我不难相信，他只为自己才需要整个一颗心，因为他应该把它充满直到发胀。我相信他的自信，因为他像是深居简出，不大适于走路。如果他化得快，那是因为他一身肥油；如果他烧得旺，因为所有肥胖的肉体都是这样。像所有这般分量的肉体一样，他无精打采，一个这样大的风箱叹气，也是很自然的。

"我不否认他跪倒在太太们的脚下，既然这是大象的姿态；也不否认他发誓说这种敬意是永恒的；当然，如果设想它不是永恒的，那将是很不容易的。我毫不怀疑，他会因如此之胖、脖子如此之短而死！如果说他是盲目的，那是因为他那猪一般的脸上起了浮肿，挡住了视线。让他住在贝兰达的蓝眼睛里吧。啊！我太异端了，我绝不会相信的；因为她的眼睛里从不曾有过猪圈[1]！"

这些东西读起来令人愉快，是不是？也使我们对这个长着酒窝的大胖娃娃解了解恨，他是代表着群众对爱神的看法的。至于我，假使让我来表现爱神，我大概要把他画成一匹吞噬了主人的狂暴的马，或者一个因放荡和失眠而眼圈发黑的恶魔，他像幽灵或苦役犯一样脚上拖着哗啦哗啦响的铁镣，一只手摇着一小瓶毒药，另一只手挥动着杀人的血淋淋的匕首。

这一派同时和格言、画谜及旧瓶装新酒有关系，其主要特点（在我看来）就是无休止地令人不快。就画谜来说，它直到现在还逊于《爱情消磨时间》和《时间消磨爱情》，它们具有一个不害羞的、准确的、无可指责的画谜的长处。由于热衷于给现代的平庸生活穿上古代的服装，这一派不断

---

[1] 一个猪圈容纳好几口猪，而且还有用同音异义词进行的文字游戏；人们可以猜到sty（这是个英文词，其意为麦粒肿，另一意是猪圈）一词的引申意义是什么了。——原注

地干出我很愿意称为"倒置的漫画"那种事情。如果它想变得更加令人不快的话，我把爱德华·富尼埃先生的小书[1]指给它作为题材的取之不尽的源泉，我认为这是帮了它一个大忙。把全部历史、全部职业、全部现代技艺都穿上旧时的衣服，对于绘画来说，我认为这是一种使人惊奇的可靠而无穷尽的手段。可敬的博学者本人也会从中得到某种乐趣。

不可能不承认杰洛姆[2]先生具有高贵的素质，首先就是求新和对大题材的兴趣；然而，他的独创性（如果有独创性的话）常常有一种艰涩的、不明显的性质。他冷静地用一些小配料和幼稚的方法使题材活跃起来。想到一场斗鸡自然要勾起对马尼拉或英国的回忆。杰洛姆先生把这种游戏搬进某种古代的田园画中，试图以此来愚弄我们的好奇心。尽管他做出了巨大的、高尚的努力，到目前为止他仍然是刺耳精神的第一人，将来恐怕也是如此，例如《奥古斯都时代》这幅画，还是证明了杰洛姆先生的那种法国倾向，即在绘画以外的地方寻求成功。罗马人的竞技表现得很准确，地方色彩惟妙惟肖，这我丝毫也不想怀疑，我对这个题材并没有丝毫的怀疑（不过，既然有戴盔持剑执盾的角斗士，那么以三叉戟、匕首和网为武器的角斗士又在哪里呢？）；但是，把成功建立在这样的成分上，不是在进行一场如果不是不正当起码

---

[1] 《旧瓶装新酒：现代发明和发现的古代史》。
[2] Jean-Léon Gérome（1824-1904），法国学院派画家。

也是危险的赌博吗？不是会在许多人那里引起一种不信任的抵制吗？他们会摇头，心想他是否确信事情果然是这样进行的。即便假设这样的批评是不公正的（因为人们一般都承认杰洛姆先生具有一种对古代好奇和渴望获得学问的精神），也是对一位用一页博学的文章的乐趣取代纯粹绘画的享受的艺术家的一种应有的惩罚。应该说，杰洛姆先生的笔法从来也不是遒劲和独特的，相反，它是犹豫不决的，特点不明显，总是游移于安格尔和德拉罗什之间。对于这幅画，我还要加以更严厉的指责。即使是要显示罪行和放荡之中的冷酷无情，即使是要让我们猜到贪婪之中的隐秘的卑劣，也不必与漫画结盟；而且我还认为，指挥的习惯，尤其是指挥人的时候，由于缺乏美德而使人具有某种高贵的姿态，但这位所谓的恺撒、这个屠夫、这个肥胖的酒贩子距此却过于遥远了，正如他那自满的、挑衅的姿势让人想到的那样，他至多能够指望大腹便便的人[1]和志得意满的人的报纸的主编那种角色。

《康多尔王》也是一个圈套和一种消遣。许多人在家具和国王的床的装饰面前心醉神迷，原来这就是亚洲的卧室呀！多么豪华！但是，那个可怕的王后是如此珍爱自己，看她一眼就像摸她一下一样使她感到受了亵渎，她果真像那个呆板的木偶吗？何况，这种正处于悲剧和喜剧中间的题材具

---

[1] 指中间派议员。

有一种很大的危险。如果亚洲故事不是以一种亚洲的、阴郁的、血腥的方式来处理，它引起的总是喜剧性，它在人的精神中唤起的总是博杜安[1]和18世纪的比亚尔们的淫猥：一扇虚掩着的门，使睁大了的眼睛得以监视在一个侯爵夫人的夸张的诱惑力中如何使用灌注器。

尤利乌斯·恺撒！这个人的名字在想象力中射进了怎样的落日的光辉啊！假若果然有地上的人与神祇相像的话，那就是恺撒。强大而有魅力！勇敢，博学，宽宏大度！全部的力量，全部的荣耀，全部的优雅集于一身！他的英名总是超越了胜利，死后还在增加；他的胸被刀刺穿，只发出父爱的喊声，他认为铁器造成的创伤不如忘恩负义造成的创伤残酷！肯定，这一次杰洛姆先生的想象力是被激励起来了，它是经历了一次有利的危机，才构思了它的单独的、躺在被推翻的宝座前的恺撒，构思了这具罗马人的尸体，他曾经是大祭司、武士、演说家、历史家和世界的主人，他一个人占满了一座广阔的、荒凉的大厅。有人批评这种表现主题的方式，其实怎么赞扬也不过分。效果的确是宏伟的。这可怕的概括足够了。我们都相当熟悉罗马历史，足以想象得出不言中的意思，事前的混乱和接踵而至的喧闹。我们猜得出这堵墙后面的罗马，我们听见了那个愚蠢的、被解放了的对被害者和凶手都是忘恩负义的人民的喊声："让布鲁图斯成为恺

---

[1] Pierre-Antoine Baudoin（1723—1769），法国画家。

撒！"对画本身来说，还有某种不可解释的东西需要解释。恺撒不能是一个马格里布人，他的皮肤本来是很白的，这个独裁者像一个讲究的浪荡子一样注意修饰自己，那么为什么他的脸和手臂是一种土灰色呢？我听人解释说是因为死亡给面孔带来一种死尸的色调。如果是这样的话，那么是否应该设想活人变成死尸已有多长时间了呢？这种借口的提倡者应该对腐败感到遗憾。另有一些人仅限于指出手臂和头被笼罩在阴影之中。但是，这种借口意味着杰洛姆先生不会表现暗处的白皮肤，而这是不可信的。所以，我不得不放弃对这一秘密的探求。这幅油画就是这样，带着它的一切缺点，是他很久以来让我们看到的最优秀的一幅画，毋庸置疑，也是最为动人的一幅画。

法国的胜利不断地产生出大量的军事画。亲爱的先生，我不知道您对作为职业和专长的军事绘画作何感想。我不认为爱国主义一定产生出对虚假和琐事的兴趣。仔细想想，这种类型的画是要求虚假和无用的东西的。一次真正的战斗并不是一幅画，因为要看出来是一场战斗并且使人感到兴趣，它只能用白色的、蓝色的或黑色的线条来加以表现，以此来模拟一排排的军队。在这类画的构图和在现实中一样，场地变得比人更为重要。然而，在这种情况下，就没有画了，至少是只有一种表现战术和地形的画了。奥拉斯·维尔奈先生有一次，甚至好几次认为通过一系列堆积和重叠的插曲已经解决了这个难题。这样，画就丧失了整体性，仿佛一场拙劣的戏，其中过多的枝节使人看不到主题和最初的构思。因此，为战术家和地形学家画的那种画是要除外的，我们应将其排除出纯粹的艺术，一幅军事画要能看得懂并且有趣，只有一个条件，即它只不过是军事生活的一个插曲。例如，皮尔[1]先生就很明白，我们常常欣赏他那些聪明而扎实的作品，从前的夏莱和拉费[2]也是如此。然而，就是在简单的插曲中，在对于一群人在一小块确定的空间里混战的简单表现中，观众的眼睛也常常得忍受多少虚假、多少夸张和怎样的单调啊！我承认，在这类景象中，使我最感痛心的不是大量的创伤和对于残肢断体的令人厌恶的滥用，而是暴力行为中的静止和一种不动的疯狂的可怖而冰冷的怪相。还有多少正确的批评做不出来呀！首先，现代政府让军队穿清一色的制服，这种长长的单色的队伍是难以入画的，于是，艺术家们在尚武的时候就更愿意在过去中寻找可行的借口来展示五花八门的武器和服装，邦吉伊先生在《三十年战争中的一次战斗》中就是这样做的。其次，在人的心中有对于胜利的某种夸大到撒谎程度的爱，常常使这种画有一种辩护的虚假气。对于一种理智的精神来说，这是颇能够使一种随时准备爆发出来的热情冷却下来的。大仲马最近为此重提《啊！如果狮子会

---

[1] Isidore Pils（1813-1875），法国画家。
[2] Auguste Raffet（1804-1860），法国画家。

画!》[1]这篇寓言,他因此而招致一位同行的严厉指责。应该说时机选择得不好,他应该补充说任何民族都在他们的舞台上和美术馆中展示出同样的缺点。您看,亲爱的,一种排他的、与艺术不相干的激情可以把一位爱国的作家引向何等的疯狂!有一天,我翻阅了一本表现法国的胜利并附有文字说明的著名画册。其中有一幅画的是签订和平条约。画上的法国人穿着皮靴,带着马刺,盛气凌人,眼睛几乎是侮辱地看着谦卑而窘迫的外交官;而文章则赞扬艺术家善于用肌肉的力量表达前者精神上的魄力,用女人气的身体的肥胖表达后者的怯懦和软弱!不过,我们还是不要谈论这些幼稚可笑的东西吧,过长的分析会离题太远,我们只指出一个教训,即在表达最高尚最慷慨的感情时,人们是能够不知羞耻的。

有一幅军事画我们是应该赞扬的,而且应该怀着全部的热情来赞扬;不过那不是一场战斗,而差不多是一派田园风光。您已经猜到,我要谈的是塔巴尔[2]先生的画。说明很简单:《克里米亚战争,收集草料的骑兵》。那么多的绿草地,那么美的绿草地,顺着山势缓缓地起伏!灵魂在这里呼吸着一种复杂的香气,这是植物的清新,这是大自然的中静的美,与其说令人深思,不如说令人遐想,这同时也是对这种热烈的、冒险的生活的观照,在这种生活中,每一天都需要

---

[1] 拉封丹的一篇寓言,叫作《被人击败的狮子》,其中一头狮子对人说:"要是我的兄弟们也会画画,他们更有理由把我们的优势来画下。"
[2] François Tabar(1818-1869),法国画家。

不同的劳顿。这是一首战争间隙中的牧歌。草捆已经堆起，必需的收割已经进行，工作大概已经结束，因为号角在空气中发出响亮的呼唤声。士兵一队队地回来了，沿着山坡的起伏上下，带着一种懒洋洋但不失规矩的从容。根据这样简单的题材画出更好的画，那是很困难的。一切都是真实的、优美的，甚至包括军装上的杠杠或者红军裤上这儿那儿的唯一的系带。像丽春花或罂粟花一样鲜艳的军装使这一片广阔的绿海顿时变得赏心悦目。而且题材也具有启发性，尽管事情发生在克里米亚，可是我面对着这支收割的军队，在打开目录之前我就首先想到了我们的非洲部队，我们总是想象他们是那么随和、那么灵巧、那么真正地罗马化[1]了。

我的报道的开头几页是颇有章法的，紧接着出现了表面上的杂乱，您对此不必感到惊讶。这一章的题目中有三项内容，其中之一使用了幻想画一词，这并非没有几分理由。风俗画意味着某种平淡，浪漫画稍微更符合我的意思，又排除了幻想的概念。特别应该在这类画中进行认真的挑选，因为幻想越是容易和开放，就越是危险，像散文诗和小说那样危险；它如同妓女激起的爱情，很快就跌入到幼稚或卑劣之中；它也像一切绝对的自由一样危险。然而，幻想像那个能思想的生物居住的并使之丰富多彩的宇宙一样广大。它是由随便哪一个人加以表达的随便哪一种东西，如果此人的灵

---

[1] 指非洲军团的士兵们正像罗马士兵一样在当地定居。

魂不能在事物的自然的隐晦之下投下一道神奇而超自然的光亮，那它就是一种可怕的无用的东西，就是被随便哪一个人玷污了的随便哪一种东西。这样，就不再有相似性而只有偶然性了，它变得混乱矛盾，成了一块因缺乏有规律的耕作而花里胡哨的土地。

  我们可以顺便以一种欣赏和近乎遗憾的目光看一看几个人的迷人的作品，在那个我于本文开头谈到的高贵的复兴时代，他们代表了漂亮、讲究和优美，例如欧仁·拉米，他用他那些不合常情的小人物讲我们看到了一个业已消失的世界和趣味；而瓦吉埃，他是那样地热爱华托。那个时代是那么美，那么丰富，当时的艺术家没有忘记精神的任何需要。正当欧仁·德拉克洛瓦和德维里亚创造宏伟和别致的时候，别的人则不断地增加着理想的优雅的行时画册，他们在小巧方面是富有才智的、典雅的，他们是贵妇的小客厅和轻佻的美的画家。这种复兴在各方面，无论是英雄画还是小花饰，都是伟大的。今天，在更大的范围内，夏普兰[1]先生，这个优秀的画家，有时还继续着那种对漂亮的崇拜，只是稍许多了些笨重；这少了些世界气，多了些画室气。南特伊先生是最典雅最勤奋的创作者之一，他们为那个时代的第二阶段争了光。他在他的酒里掺了一指水，但他一直是有力地、富有想象地进行着描绘和布局。在这个胜利的流派的孩子们身上有

---

[1] Charles Chaplin（1825-1891），法国画家。

一种命运注定的东西。浪漫主义是一种优美，或是天堂的，或是地狱的，它给我们留下一些永恒的烙印。南特伊为他的朋友们的著作画了些黑色或白色的插图，我每次观赏，都不能不感到有一阵清凉的微风触动了回忆。还有巴龙先生，他不也是一个天赋奇特的人吗？不必过分地夸大他的长处，然而看到在任性而朴实的作品中运用了那么多的才能，不也是很令人愉快的吗？他布局精彩，组合有才气，设色有热情，他在他的所有戏剧中都投进了一种有趣的火焰，说是戏剧，因为他的布局有戏剧性和某种类似歌剧天才的东西。如果我忘记感谢他，我就是忘恩负义了，他给了我一种美妙的感觉。当一个人走出一间又脏又暗的陋室，突然被带进一个干净、摆着精巧的家具、涂着柔和的颜色的房间时，他就感到他的精神亮了起来，感情准备好接受令人愉快的东西。这就是《圣吕克饭店》使我感到的肉体上的愉快。我刚刚怀着忧伤看见了一大堆石膏色的、土灰色的可怕而庸俗的东西，当我走近这幅丰富而明亮的油画时，我感到我的心叫了起来：我们可到了上流社会了！那把一群群贵客引到披满常春藤和玫瑰花的廊下的泉水是多么清凉！那些有人陪伴的女人是多么光彩照人！她们的伴侣都是精于审美的大画家，他们为了赞美自己的主人而沉浸在这欢乐窝里！这幅画如此丰富、如此欢快，同时，其姿态又如此典雅、如此漂亮，它是绘画迄今试图表达的最美好的、充满了幸福的梦幻之一。

从规模上看，克雷辛格先生的《夏娃》是刚才我们谈到的那些迷人可爱的作品的自然的对比。在沙龙开幕前，我就听见许多人对这幅神奇的《夏娃》说长道短，在我看到它的时候，因为对它怀着那么多成见，我首先发现人们对它的嘲笑太过分了。这种反应是很自然的，但也得力于我对宏伟的一种不可救药的爱。亲爱的，我应该向您坦白，这也可能会使您发笑：在自然中和在艺术中，假定价值相等，我偏爱宏伟的东西，巨大的动物，雄伟的风景，巨大的船，高大的男人，高大的女人，宏伟的教堂，等等，把我的趣味变成原则，我认为在缪斯的眼中，规模也并不是一个无足轻重的因素。何况说到克雷辛格先生的《夏娃》，其形象还有别的优点：恰如其分的动作，符合佛罗伦萨趣味的焦虑不安的优雅，精心描绘的凸起，特别是身体的下半部，如膝盖、大腿和腹部，就像人们应该在一位雕塑家手上看到的那样，这是一件很好的作品，比人们所说的要好。

您还记得埃贝尔[1]先生的开端，幸运的几乎是轰动的开端吗？他的第二幅画特别引人注目。如果我没有弄错的话，那是一幅女人的肖像。这女人富有曲线，她不仅呈乳白色，而且近乎透明，她在一种狂喜的气氛中扭曲着身子，装模作样，不过很优雅。成功肯定是名副其实的，埃贝尔先生一开始就成了个总是受欢迎的人，仿佛一个知名人士一样。不幸的是，造成他的应得的名声的东西也许有一天会造成他

---

[1] Ernest Hébert（1817—1908），法国画家。

的堕落。这种知名过分情愿地自囿于细腻的魅力以及画册和纪念册单调的忧郁了。无可怀疑,他画得很好,但他的威望和力量还不足以掩盖构思的弱点。我试图在我所看到的他身上的一切可爱之处下面进行挖掘,我发现的却是我说不清楚的一种世俗的野心,用公众事先已经接受的方式取悦公众的既定决心,还有某种极难确定的缺点,没有更好的用语,我就把它称作文学化的拥护者所具有的缺点。我希望一位艺术家有学问,但是当我看见他用如果不是存在于他的艺术之外也是存在于他的艺术的边缘的本领来抓住想象力,我就感到难受。

波德里[1]先生作为艺术家更加自然,尽管他的画并不总是足够的扎实。在他的作品中,人们猜得到他对意大利画法有过很好的、满怀深情的研究。那个小姑娘的形象,我想那幅画叫作《吉尔梅特》,很荣幸地让不止一位批评家想到季拉斯开兹的才气横溢的、生动的肖像。但是令人担心的是,波德里先生恐怕只是一个出名的人而已。他的《悔罪的马德兰》有些浅薄,画得也轻浮。总之,比诸他今年画的画,我更喜欢他的雄心勃勃的、复杂的、勇敢的油画《贞女》。

迪亚兹先生是个令人好奇的例子,他只靠一种能力就获得了轻易的成功。他风行一时的那个时代离我们尚不遥远。他的色彩悦目,闪烁多于丰富,令人想到东方织物的

1　Paul Baudry(1828-1886),法国画家。

令人愉快的斑斓。眼睛看了的确感到很舒服，竟乐得不去注意轮廓和突起了。在像个真正的浪子那样挥霍了自然慷慨地赋予他的这种独特的能力之后，迪亚兹先生感到他身上有一种更为困难的野心苏醒了。比我们通常很喜欢的那些画规模更大的几幅画表达了这种刚刚萌发的微弱的愿望。这种野心毁了他。人人都注意到了他的精神受到对科勒乔和普吕东的妒忌所折磨的那个时期。似乎他的眼睛已习惯于注意一个小世界的闪烁，再也看不到一个大空间的鲜明的色彩了。他的闪耀的色调转向了石膏和粉笔，或者，也许他因雄心勃勃地致力于显示凹凸，情愿忘掉迄今为止造就了他的光荣的那些素质。确定如此迅速地削弱了迪亚兹先生的鲜明个性的原因是很困难的，不过，假设这种值得称赞的愿望来得过晚，这却是可以的。在某个年龄上再进行某些改革已属不可能，在艺术活动中，最危险的莫过于总是将不可或缺的学习置诸来日。一个人长期相信一种一般说来是有利的本能，当他终于想改变偶然获得的教育而掌握一直被忽略的原则时，已经晚了；大脑已养成一些不能改变的习惯，手也不听使唤，举措失度，表达新东西固然不行，就是表达曾经得心应手的东西也不如从前了。对迪亚兹先生这样公认有才华的人，说出这样的话来的确是很使人难受的；不过，我只是一记回声罢了，或高或低，或怀恶意或带悲伤，大家已经说过我今天写下来的东西了。

比达[1]先生就不是这样了，相反，人们可以说他泰然自若地放弃了色彩及其一切浮华，以便使他的铅笔所要表现的性格具有更多的价值和光彩。他表现得十分强烈和深刻。有时候，在明亮的部分上涂一重淡淡的、透明的颜色，就令人愉快地突出了素描，而并不破坏严格的整体性。比达先生的作品的突出标志是人物面部的内在表情，把这些面孔不加区分地归于这个或那个种族，或者设想人物信奉一种本不是他所信奉的宗教，都是不可能的。说明书没有加以解释（《马龙派教徒在黎巴嫩布道》、《阿尔诺特在开罗时的卫士》），但任何有经验的人都会很容易地猜出其间的区别。

希弗拉[2]先生是罗马大奖的获得者，真是奇迹！他有独创性。在永恒之城的居留没有使他的精神力量消失。说到底，这只证明了一件事，就是只有过于软弱不能在那里生活的人才会死在那里，流派只能使那些注定要受到屈辱的人感到屈辱。大家都有理由指责希弗拉先生的两幅素描（《战斗中的浮士德》、《疯狂中的浮士德》）过于阴郁黑暗，尤其是对如此复杂的素描而言；然而它们的风格的确是美丽雄浑。多么混乱的梦！靡菲斯特和他的朋友浮士德，不可战胜又无懈可击，高举着剑，飞奔着穿过战争的风雨。修长、阴郁、难以忘怀的玛甘泪自悬身死，像悔恨一样清晰地衬在巨大而

---

[1] Alexandre Bida（1823—1895），法国画家。
[2] François-Nicolas Chifflart（1825—1901），法国画家。

苍白的月亮上。我十分感谢希弗拉先生勇敢地、戏剧性地处理了这个富有诗意的题材，并且远远地丢开了因袭的忧郁中的一切无聊的东西。善良的阿里·谢佛尔不断地画着基督和浮士德，他画的基督像浮士德，而浮士德则像基督，二者又都像一个随时准备在象牙琴键上倾泻不被理解的悲哀的钢琴家，他需要看看这两幅有力的素描，以便明白要表现诗人，必须感到自己有着与诗人同等的力量才行。我不相信一支描绘过这种疯狂和这种残杀的坚实有力的铅笔会沉醉于小姐们的无聊的忧郁。

在出名的年轻人中，其名声树立得最牢固者之一是弗罗芒坦先生。他恰恰既不是风景画家，又不是风俗画家。这两个领域过于狭窄，不能容纳他那雄浑而灵活的幻想。如果我说他是个旅行的讲述者，那是不够的；因为有许多旅行者既没有诗情也没有灵魂，而他的灵魂却是我所见过的最富诗情、最为珍贵的灵魂之一。他的本来意义上的绘画是审慎的、有力的，讲究章法，显然源自欧仁·德拉克洛瓦。在他身上，我们还发现一种对于色彩的巧妙而自然的理解，这在我们当中是如此的罕见。然而，光明和热情在某些头脑中投入某种热带的疯狂，用一种不能平息的狂热使之骚动不已，跳起不知名的舞蹈，在他的灵魂中却只倾泻着一种温柔平静的观照。那是心醉神迷，而不是狂热。可以推测，我自己也多少染上了一种把我带向阳光的思乡病，因为从那些明亮的油画中升起一股醉人的雾气，很快就凝结为欲望和悔恨。我一下子羡慕起那些人的命运来了，他们躺在蓝色的阴影下，眼睛半醒半睡，只表达（如果还表达着什么的话）对休息的爱和一片巨大的光明所引起的幸福感。弗罗芒坦先生的精神有些近乎女性，其程度正好相当于为力量增添一种妩媚。但是有一种能力在他身上非常突出，那肯定不是一种女性的能力，它能抓住迷失在人世间的美的碎片，能在美溜进堕落的人性的平庸之中的任何地方跟踪美。因此，不难理解他是怀着怎样的感情热爱着古朴生活的崇高，怀着怎样的兴趣注视着那些身上还残存着古代英雄主义的某种东西的人们。他的眼睛所迷醉的不仅仅是光彩夺目的织物和制作得奇形怪状的武器，而尤其是那些强大部落的首领们所特有的那种庄严和贵族的浪荡作风。就像差不多十四年前在画家凯特林的率领下出现在我们面前的那些北美洲的野蛮人一样，他们即便在落魄的状态中也让我们想起斐迪亚斯[1]的艺术和荷马式的崇高。然而我大谈这个问题有什么用呢？为什么还要解释弗罗芒坦先生在他的两本迷人的书中已经解释得那么好的东西呢？这两本书是《撒哈拉之夏》和《萨海尔》。谁都知道弗罗芒坦先生是以双重的方式讲述他的旅行的，他写和画一样好，独具一格。古代的画家也喜欢涉足两个领域，用两种工具表达他们的思想。弗罗芒坦先生作为作家和作为艺术家都是成功的，他写的作品或画的作品是那样迷人，如果可以砍

---

1 Phidias（前490-前430），古希腊雕塑家。

倒或剪掉一枝而使另一枝更为茁壮和更有力量，那可真是很难做出选择。因为为了可能赢得什么，必须甘心失去许多。

人们还记得在1855年博览会上见过一些很好的小画，色彩丰富强烈，制作精细完美，在服装和形象中反映出一种对过去的奇怪的爱。这些可爱的油画所署的名字是利埃斯[1]。距这些画不远有一些美妙的画，制作之精细并不逊色，也表现出同样的素质和对往昔的同样的热情，所署的名字是莱斯[2]。几乎是同一位画家，几乎是同一个名字。这种一字之差就像偶然性所玩的聪明的把戏，有时候是有着像人一样的刺耳精神的。一个是另一个的学生，有人说一种热烈的友谊把他们连在一起。但是，莱斯先生和利埃斯先生升到了狄俄斯库里[3]的显赫地位了吗？我们要欣赏其中的一个就必须失去另一个吗？今年，利埃斯先生是在没有他的波吕丢刻斯的情况下出场的；莱斯先生也将在没有卡斯托尔的情况下来见我们吗？我认为莱斯先生曾经是他的朋友的老师，而且也是波吕丢刻斯愿意把他的永生的一半让给他的弟弟，这个比喻就更加合乎情理了。《战争的祸害》！怎样的标题！战败的俘虏，受到跟在后面的粗暴的战胜者的折磨；一堆堆乱七八糟的战利品；被侮辱的姑娘；一个血淋淋的世界，不幸而沮丧；强

---

[1] Joseph Liès（1821–1865），比利时画家。
[2] Henri Leys（1815–1869），比利时画家。
[3] Dioscuri，希腊神话中，卡斯托尔和波吕丢刻斯兄弟二人的总称。卡斯托尔善骑，波吕丢刻斯善战，所向无敌。

有力的粗暴的大兵，红发多毛；下等妓女，画上没有，我想她们可能是在的，中世纪的这种浓妆艳抹的姑娘得到君王和教会的允许跟随着士兵们，正如加拿大的妓女陪伴着穿海狸皮大衣的武士们，坐在虚弱者、孩子们、残废者深受颠簸之苦的火车上。所有这一切必定要产生出一种动人的、真正富有诗意的绘画来。人们首先想到了卡洛，但是我认为我在他那长长的作品系列中并没有看到任何更富有戏剧性的东西。不过，我有两点要责备利埃斯先生的：明亮的部分过于广泛，更确切地说，是过于分散，色彩明亮耀眼但很单调；其次，目光落在这幅画上不可避免地获得的第一个印象是那种格子架给人的不舒服和令人不安的印象。利埃斯先生不但用黑色勾出他的人物形象的总轮廓，而且勾出其服装的各个部分，以至于每一个人物都像是一块彩绘玻璃镶在铅制的框子里。请注意，色调的普遍的明亮更加强了这种令人不快的外表。

邦吉伊先生也是一个热爱过去的人，他具有机敏、好奇、勤奋的精神。如果您愿意的话，再加上所有那些可以用于二流诗以及不是绝对崇高、裸露、单纯的东西的最体面、最高雅的形容词吧。他具有藏书癖的仔细、极大的耐心和整洁，他的作品打磨得像古代的武器和家具，他的画有着金属的光滑和剃刀的锋利；至于他的想象力，我不会肯定地说它是宏伟的，但它是出奇地活跃、易感和好奇。那幅《骷髅小舞》使我很愉快，仿佛一帮迟归的醉汉，半爬半舞，被他们的瘦骨嶙峋的头头拖着。请研究一下所有那些灰色单色小画，它们充作主画的框子和说明，没有一幅不是极好的画。现代艺术家是太忽视这些美妙的中世纪的寓意画了，其中永恒的怪诞闹着玩似的和永恒的恐怖纠结在一起，就像它们现在一样。也许我们的过于纤细的神经再不能承受一种过于明显的可怕的象征了。也许仁慈告诫我们应该回避一切可能使我们的同类感到痛苦的东西，不过这很值得怀疑。去年年末，王家路的一位出版商投放了一种风格很讲究的祈祷书，报上登的广告告诉我们，围绕着文字的所有小画都是从同时代的著作中摹下来的，给予整体一种可贵的统一风格，但骷髅的形象是唯一的例外，被小心地略去了，因为和本时代的趣味不符；这份说明大概是由出版商起草的，他这样明智，就该增加一句，以便完全与这个时代的趣味相合。

　　时代在这方面的趣味令我害怕。[1]

　　有一家正直的报纸，那里人人什么都知道，什么都能谈，每个编辑都像旧时罗马的公民一样学贯百科，无所不知，可以轮流讲授政治、宗教、经济、美术、哲学、文学。蠢话这座巨大建筑物像比萨塔一样向着未来倾斜，那里面正在制订着人类的幸福，其中有一个很正直的人不愿意人们欣

---

[1] 出自莫里哀《恨世者》。

赏邦吉伊先生。但是理由，亲爱的先生，理由呢？因为他的作品中有一种令人疲倦的单调。这种说法大概和邦吉伊先生的极其别致、多样的想象力无关。这位思想家想说的是，他不喜欢用同一种风格处理各种题材的画家。怪哉！这正是他的风格呀！您是想让他改变吗？

这位可爱的艺术家今年所有的画都同样有意思，在提醒您特别注意《小海鸥》之前我是不愿意向他告别的：湛蓝的天和水，两大块岩石形成一个向着无限洞开的门（您知道，无限越是狭窄，就越显得深邃），云一样的、雪崩一样的、雨[1]一样的一大群白色的鸟，怎样的寂静！细细地看一看吧，亲爱的朋友，然后告诉我您是否认为邦吉伊先生缺乏诗的精神。

在结束本章之前，我还要把您的目光引向莱顿[2]先生的画，我想他是准时赴约的唯一的英国艺术家：《帕里斯伯爵到卡普莱家找未婚妻朱丽叶特，发现她已昏厥》。这幅画丰富而细致，色调强烈，制作精细，是一件十分顽强的作品，但是富于戏剧性，甚至有些夸张，因为我们的海峡对面的朋友们并不把取自戏剧的题材表现为真实的场面，而是用必要的夸张表现为装扮的场面。这一缺点，如果这是个缺点的话，使他们的作品具有一种奇特的、反常的美。

---

1 "雨"（la pluie）在原文中作"伤"（la plaie），两词字形近似，据考证可能是误植。
2 Frederick Leighton（1830-1896），英国画家。

最后，假如您有时间再去沙龙的话，别忘了研究一下马克·波[1]先生的珐琅画。这位艺术家笔下的是一种费力不讨好的、不受赏识的作品，但他显示出令人吃惊的素质，真正的画家的素质。一言以蔽之，在别人平淡地涂抹着贫乏的颜色的地方，他却画得丰富多彩，他善于小中见大。

六　肖像画

我不相信天上的鸟会管我的饮食，也不相信一头狮子肯充当我的掘墓人和埋葬人；但是，就像那些跪倒在地的隐遁者无端地指责那个仍然塞满了短暂的、必死的肉体的邪恶理由的死人头一样，我的头脑在它为自己造就的荒僻的隐居地里有时也与奇异的怪物，白日梦，街上、客厅里、公共马车上的幽灵发生争执。我看见资产阶级的灵魂就在面前，请相信，如果我不怕把我的斗室的墙纸弄脏的话，我真想用它想不到的力气把我的墨水瓶朝它脸上摔过去。以下就是这个卑劣的灵魂今天对我说的话，这可不是幻觉："事实上，诗人们真是些奇特的疯子，竟声称想象力在艺术的一切功能中都是必要的。比方说，画一幅肖像，他需要什么想象力？要画我的灵魂，如此明显、清晰、众所周知的灵魂，他需要什么想象力？我摆出姿势，实际上，是我，模特儿，同意担负

---

[1] Jean-Marc Baud，瑞士画家。

主要的工作。我是艺术家的真正供应者。我自己就是全部的材料。"然而我回答它说："Caput mortuum[1]，住嘴！旧日的极北的野蛮人啊，戴眼镜的或戴玳瑁眼镜[2]的永恒的爱斯基摩人啊，就是大马士革的显圣、惊雷和闪电也启发不了你们！材料越是看起来确实和充实，想象力的工作就越是细微和艰难。一幅肖像！还有更简单又更复杂、更明显又更深刻的东西吗？要是拉布吕耶尔没有想象力，纵使如此明显的材料俯拾即是，他能写出他的《品性论》吗？无论人们设想某个历史题材多么有限，哪一位历史学家敢自夸对它加以描绘和阐明而无须想象力？"

肖像画这个看起来如此卑微的种类需要一种巨大的理解力，其中艺术家的服从无疑占有很大的成分，但他的预见也应该是旗鼓相当的。当我看见一幅好的肖像画时，我猜得出艺术家的全部努力，他首先应该看到看得见的东西，同时他还应该猜出隐藏着的东西。我刚才把他比作历史学家，我也可以把他比作演员，他有义务接受各种性格和各种服装。如果人们愿意好好研究一下，在一幅肖像画中是没有什么无关紧要的东西的。动作、怪相、衣服，甚至背景，一切都要为表现一种性格服务。一些伟大的画家和杰出的画家，例如大卫，在他只不过是个18世纪的艺术家的时候和他成为一派

---

[1] 拉丁文，死人脑壳。意谓无价值之残留物。
[2] 与今日的眼镜无关，按古义乃指头巾之类。

的领袖之后，荷尔拜因，在他所有的肖像画中，他们都力求简洁然而强烈地表达出他们所要描绘的性格。其他人力图更进一步或者改弦更张。雷诺兹和杰拉尔增添了浪漫的成分，但总是符合人物的自然，于是就有了风雨欲来乌云翻滚的天空，淡远疏朗的背景，诗意的家具，慵懒的姿态，冒险的举措，等等……这是一种危险的方式，但并非不可行，不过这需要天才。总之，不管艺术家使用得最多的手段是什么，不管这艺术家是荷尔拜因，大卫，委拉斯开兹，还是劳伦斯，在我看来，一幅好的肖像画总像是一份戏剧化的自传，或者更确切地说，像是人所固有的自然的戏剧。有些人想限制手段，是因为无力运用所有的手段吗？是希望获得一种最强烈的表现力吗？我不知道；但我更倾向于认为，正如在许多其他的人类的事情上一样，这两种理由都是可以接受的。亲爱的朋友，这里我很害怕不得不涉及您的一个赞赏的对象了，我想谈谈安格尔画派，特别要谈谈他画肖像的方法。并非所有的学生都严格地、谦恭地遵循老师的教诲的。阿莫里－杜瓦尔先生勇敢地夸大画派的苦行，莱赫曼先生有时却用某些私通的混合来使人原谅他的画的产生。总之，人们可以说教诲是专断的，在法国绘画中留下了痛苦的痕迹。一个十分固执具有某些宝贵能力的人，却决心否认他所不具备的能力的用处，他把熄灭太阳这一非凡的、奇异的光荣归于自己，至于散落在各处的几块还冒着烟的未燃尽的木柴，这个人的弟子们则以践踏它们为己任。自然经过这些简化者的表达，显得更易于理解了，这是无可怀疑的；但是它变得不那么美，不那么令人兴奋，这是显而易见的。我不得不承认，我见过弗朗德兰先生和阿莫里-杜瓦尔先生的几幅肖像画，它们在色彩的骗人的外表下呈现的是令人赞赏的雕塑的样品。我甚至承认，这些肖像的可见的性格，除了有关色彩和光线外，是被以一种深刻的方式有力而细心地表达了出来。但是我要问通过取消一种艺术的某些部分来减少其困难，这是否光明正大？我认为谢那瓦尔先生更为勇敢、更为坦率，他只是把色彩当作一种危险的浮华，一种带有激情的、可恶的因素加以排斥，他为了表达观念的全部价值而相信单纯的铅笔，表现一个对象的外形而无须附着在它的每个分子上的不同色彩的光线。谢那瓦尔先生不能否认懒惰从这种方法中获得的全部好处，他只是认为这种牺牲是光荣的、有用的，同样能获得外形和观念。然而，安格尔先生的学生们徒然地保持了一种色彩感，他们相信或者装作相信他们从事的是绘画。

还有另一种指责更沉重地落在他们头上，也许某些人认为那是一种赞扬：他们的肖像画不是真正的像。因为我不断地要求在艺术的一切功能中运用想象力和引入诗意，所以没有人会想到我希望有一种对模特儿的有意识的改变，尤其是在肖像画中。荷尔拜因深知伊拉斯谟[1]，对他了解得如此深

1　Didier Erasme（1469-1536），荷兰学者。

入,研究得如此透彻,以至于他重新创造了他,把他表现得如在眼前、永垂不朽、无与伦比。安格尔先生觉得一个模特儿崇高、生动、迷人,他想:"这无疑是个有趣的性格;美或是崇高,我都要细心加以表达;我什么也不遗漏,而且我还要添上某种必不可少的东西:风格。"我们知道他说的风格是什么意思。那不是主题天然具有的诗的素质,应该提炼出来以使之更为明显。那是一种不相干的诗意,一般地说是从过去借用来的。我可以得出这样的结论:如果安格尔先生给他的模特儿增添了什么东西,那是因为他无力使他同时是崇高和真实的。有什么权利增添?请只向传统借用绘画的艺术吧,而不要借用掺假的方法。那位巴黎的太太,法国客厅的轻浮优雅的绝妙样品,他凭空给了她某种迟钝,某种罗马式的淳朴。这是拉斐尔要求的。她的手臂线条纯净,轮廓迷人,这是毫无疑问的;但是稍显纤弱,为了实现预想的风格,它们还缺少某种程度的丰满和古罗马夫人的润泽。安格尔先生深为一种顽念所苦,这种顽念迫使他不断地挪动、移植和歪曲美。他的所有的学生都是如此,他们每一个人在着手作画时,总是根据自己的主要趣味准备着歪曲模特儿。您认为这一缺点是轻微的、这一指责是不适当的吗?

在以模特儿的自然的秀丽为满足的艺术家中,特别引人注目的是邦万[1]先生,他赋予他的肖像画以一种蓬勃的、惊人

---

[1] François Bonvin(1817-1887),法国画家。

的生命力；还有海姆[1]先生，他曾受到过某些思想肤浅的人的嘲笑，他在今年像在1855年那样，在一系列的速写中向我们显露出对人类怪相的绝妙的理解。我想人们不会在一种令人不愉快的意义上理解这个词。我指的是人人都有的那种自然的和职业的怪相。

夏普兰先生和贝松先生善作肖像画。前者今年在这方面还没有让我们看到什么，但是，密切注意画展并且知道我指的是这位艺术家的哪些旧作的爱好者们已经像我一样地感到遗憾了。后者是一位很好的画家，此外还具有各种文学的素质和为了高贵地表现女演员而必不可少的一切精神。我望着贝松先生的生动而明亮的肖像画，不止一次地想到18世纪的艺术家们在留给我们的心爱的明星们的形象中所凝聚的全部魅力和心思。

不同的时代，有不同的肖像画家走红，有的是因其优点，有的则是因其缺点。公众热烈地爱着自己的形象，也全心全意地爱他们乐于委托表现其形象的艺术家。在所有那些善于获得这种优待的人当中，我觉得最当得起的是里卡尔先生，因为他始终是一位坦率的、真正的艺术家。人们有时看到他的画不充实，就过分地指责他对凡·戴克、伦勃朗和提香的爱好，他的有时是英国式的有时又是意大利式的优雅。这里面无论如何是有些不公正的，因为模仿是灵活而杰出

1　François-Joseph Heim（1787-1865），法国画家。

的精神的诱惑，甚至常常是优越的一种证明。在十分引人注目的画家的本能上，里卡尔先生又结合了一种对他的艺术的历史的广博认识和一种精微细腻的批评精神，他没有一件作品不让人揣摩到所有这些优点。有时候他也许把模特儿画得过于漂亮了，但我也应该说，在我谈论的那些肖像画中，这种缺点有可能是模特儿本人所强求的；不过，他的精神的雄伟高尚的一面很快就占了上风。他的确具备一种总是能够描绘摆在他面前的灵魂的理解力。例如那位老夫人的肖像，就立即显露出一种平和的性格，一种温柔和一种引起信任的仁慈，而年龄并没有被怯懦地加以遮掩。目光和姿态的单纯，温暖的、微微泛金的、似乎是为了传达傍晚温柔的思想的色调，二者契合无间。您若想见识青春中的活力、健康中的优美、颤动着生命的面孔中的天真，就请看看 L. J. 小姐的肖像吧，那无疑是一幅真正的、伟大的肖像画。肯定，一个美的模特儿如果不能给人以才能，至少也会给才能增加一种魅力。能够用一种最适当的技艺表现出一个丰满纯洁的天性的坚实以及那双眼睛中如此深邃的天空和温柔的巨星，这样的画家何其少啊！脸庞的轮廓，少年人的宽阔的前额的曲线，盖于其上的厚密的头发，嘴唇的丰润，光彩照人的皮肤上的纹理，这一切都被细心地表现了出来，尤其是那种最迷人的、最难描画的、总是混杂在无邪之中的我说不出的狡黠的东西，那种心醉神迷的、好奇的高贵神气，在人类和在动物中一样，这种神气给予年轻人的面孔一种如此神秘的俏皮。

现在，里卡尔先生画的肖像画数量已很可观，但这一幅是优中之优，这位杰出人物的总是处于警醒和探索之中的活动还会给我们许多其他的优秀之作。

我认为我已经以一种粗略然而充分的方式解释了为什么肖像画，真正的肖像画，这种看起来如此卑微的种类，事实上是如此难以制作，因此我很少有样品可以提及就很自然了。还有许多艺术家，例如奥康奈尔夫人会画人头。不过，要说到某一种优点或某一种缺点，我就不能不变得啰唆了，而我们在开始时已讲好，关于每一种类，我尽可能地限于说明那些可以被看作是理想的东西。

七　风景画

如果说我们称为风景的某种树、山、水和房屋的组合是美的话，那不是由于这种组合自身，而是由于我，由于我自己的好感，由于我赋予它的观念或感情。任何不善于通过植物材料或动物材料的一种组合来表达一种感情的风景画家不是艺术家，我想话说到此已经足够了。我清楚地知道，人的想象力可以通过一种奇特的努力，一时地设想出没有人的自然和分散在空间的富于暗示的整体而没有观照者来从中提取出明喻、暗喻和寓意。毫无疑问，全部这种秩序和全部这种和谐所保持的启发性的素质并不因此而少些，那是按照天意放置在里面的；但是，在这种情况下，由于缺乏一种它本来可以启发出来的理解力，这种素质有可能像不存在一样。想要表现自然却又不表现自然引起的感情的艺术家听命于一种奇怪的作用，这种作用在于消灭他们身上的思想着的、感觉着的人，不幸的是，请相信，对大多数人来说，这种作用并无任何奇怪也无任何痛苦可言。这就是今天乃至很久以来就占了上风的画派。我像大家一样承认，风景画家的现代流派强大和机敏得出奇。然而，在一种低等的种类的这一胜利和优势中，在对于未经想象力净化和说明的自然的这种无聊的崇拜中，我看见了一种普遍堕落的明显迹象。我们无疑可以抓住某位风景画家和某位风景画家之间在操作技巧方面的某些差别，但这种差别是很小的。作为不同老师的学生，他们都画得很好，而且几乎都忘记了一处自然胜地只因艺术家善于置于其中的现时的感情才有价值，大部分都跌进了我在本文开始时指出的那种错误之中：他们把艺术的词典当作了艺术本身，他们抄了词典中的一个词，就以为是抄了一首诗。而一首诗从来是抄不出来的，要作才行。这样，他们打开一扇窗户，包容在窗户方框内的全部空间，树木，天空和房屋，对他们来说就具有了一首已完成的诗的价值了。有些人走得更远。在他们看来，一份习作就是一幅画。弗朗赛先生给我们看一棵树，一棵巨大的古树，那是真实的，于是他对我们说：这是一幅风景画。阿那斯塔齐[1]、夏尔·勒鲁、布

---

[1] Auguste Anastasi（1820-1889），法国画家。

勒东[1]、贝利[2]、山特伊[3]诸先生所显示的技巧上的优势只是使普遍存在的漏洞更明显，更令人难过。我知道多比尼[4]先生想做得更多，他也知道如何做得更多。他的风景画具有一种一下子就使人着迷的优雅和清新，它们立刻就把浸透其中的原始的感情传达给观者的灵魂；但似乎多比尼先生的这种优点是靠损害细节的彻底和完美来获得的。他的许多画虽说幽默迷人，却缺乏充实；虽有风致，却也有即席之作的软弱和松懈。不过，首先应为多比尼先生说句公道话，他的作品一般说是富有诗意的，比起许多更完美的、但没有这种使他有别于他人的优点的那些画，我更喜欢他的带着这些缺点的画。

米勒[5]先生特别追求风格，他不隐瞒这一点，并且加以炫耀，引以为荣。然而我归于安格尔先生的学生们的可笑有一部分与他有关。风格给他带来了灾难。他的农民是些自视甚高的学究，他们显示出一种阴郁、宿命的粗野神态。他们无论干什么，收割、播种、放牧奶牛、剪羊毛，总像是在说："我们是这个世界的不幸的人，然而却是我们使它肥沃起来。我们在完成一桩使命，我们从事的是神圣的职业！"米勒先生不是在他的题材中只提炼出自然的诗意，却想不惜

1　Jules Breton（1827–1906），法国画家。
2　Léon Belly（1827–1877），法国画家。
3　Antoine Chintreuil（1814–1873），法国画家。
4　Charles-François Daubigny（1817–1878），法国画家、雕塑家。
5　Jean-François Millet（1814–1875），法国画家、雕塑家。

一切代价加进去点儿什么东西。所有这些卑贱的小人物都在他们的单调的丑陋中有一种哲学的、忧郁的和拉斐尔式的抱负。米勒先生画中的这种灾难把一开始引人注目的那些美好的素质破坏殆尽。

特洛瓦庸先生是没有灵魂的技巧的最好例证。他是多么有名啊！在一类没有灵魂的公众当中，他是当之无愧的。特洛瓦庸先生很年轻时就画得这样可靠、熟练、冷静。很多年以前，他就以其制作的平衡、技巧的圆熟（像人们说到戏剧时那样）以及可靠、适度、持续的长处使我们惊讶了。这是一颗灵魂，但愿如此，但它过于适应所有的灵魂了。这些二流才能的僭越不能不产生出不公正的事情来。当狮子以外的一种动物占了最大最好的一份时，那些卑微的动物的本来就是卑微的一份肯定会变得过于小了，我的意思是，在具有二流才能并成功地致力于一种低等的作品的人中，有好几位是和特洛瓦庸先生不相上下的，当后者拿到了大大多于他应得的东西时，他们就可能因没有得到应得的全部而感到蹊跷。我避免指名道姓，受害者也许和僭越者同样感到受了伤害。

有两个人，公众舆论一直认为在专治风景画方面最为重要，他们是卢梭[1]先生和柯罗先生。对于这样的艺术家，必须持有充分的保留和尊重。卢梭先生的作品很复杂，充满了诡计和懊悔。很少有人比他更真诚地热爱光，并且表现得更

---

[1] 指泰奥多尔·卢梭。

好；然而，外形的总的轮廓却往往难以抓住。明亮、闪耀、摇晃的雾霭模糊了景物的架子。卢梭先生总是让我赞叹不已，但有时也令我感到疲倦。他还染上了著名的现代缺点，这种缺点产生于对自然、仅仅对自然的一种盲目的爱；他把一张简单的习作当作一幅完成的作品。一片闪烁的、长满湿润的草和有明亮的积水的沼泽，一段凹凸不平的树干，一座顶上开满鲜花的茅屋，总之，在他那充满爱的眼睛里，一小片自然就成了一幅充分的、完美的画。他善于使这块从地球上撕下来的碎片具有的全部魅力并不总是足以让人忘记结构的缺乏。

卢梭先生常常是不完整的，但他不断地感到不安和心跳。如果说他像一个人受到好几个魔鬼的纠缠而不知道听哪一个好的话，柯罗先生却正是他的绝对的反面，魔鬼附身的情况不够经常。无论这种说法多么不完善，甚至不公正，我还是选择了它来表述使这位博学的艺术家不能使人赞叹和惊奇的原因。他慢慢地使人惊奇，但愿如此，他渐渐地使人心醉。不过，必须知道如何深入到他的技巧中去，因为他没有耀眼的东西，他有的是严格的万无一失的和谐。此外，他是罕见的、也许是唯一的人，保持了一种深厚的结构感，他注意每一细节在整体中的相应的价值，如果可以把一片风景的组成比作人体构造的话，他总是知道哪块骨头有多大，该放在什么地方。人们感觉到、揣摩到柯罗先生是省略地、大刀阔斧地作画，这是迅速地收集大量珍贵材料的唯一方法。假使一个人就能把现代法国画派纳入他对细节的不得体的、令人厌烦的喜爱之中的话,这个人肯定就是他。我们听见有人指责这位杰出的艺术家色彩有些过于柔和,光线近乎昏暗。似乎对他来说,充满这世界的光亮到处都降低了一个或几个层次。他的精细准确的目光更理解一切证实和谐的东西,而不是显示其反面的东西。然而,假设这种指责中没有过分的不公正的话,那就应该注意到我们的画展对好画的效果,特别是对那些冷静而有节制地构思和制作的画的效果并不是有利的。一种清亮但是微弱和谐的声音会淹没在一片令人厌烦或闹哄哄的喊声中,最明亮的委罗内塞的画如果被比乡村头巾还要刺眼的现代画包围,常常会显得灰暗苍白。

在柯罗先生的长处中,不应该忘记他的卓越的教学,他的教学扎实、清晰、条理分明。他培养了众多的学生,他们坚持不受时代的驱使,其中我最愉快地注意到的一个人是拉维埃耶先生。他有一幅很单纯的风景画:树林边上一座茅屋,一条路伸向树林深处,白雪和慢慢消失在林中无数光秃秃的树干后面的火红的晚霞形成赏心悦目的对比。若干年以来,风景画家们更经常地把心思用在忧郁季节的别致的美上,但我认为没有人比拉维埃耶先生对这种美更敏感。我觉得他常常表现出来的某些效果就是从冬天的幸福中提取出来的。这片风景披着行将消失的晴朗冬日那隐约泛出白色和粉红色的外衣,在它的忧郁中有一种不可抗拒的悲哀的快感,所有喜欢独自散步的人都曾体味过。

亲爱的，请允许我再回到我的怪癖上来，我指的是我看到风景画中想象力的部分越来越小时所感到的遗憾。某些时候，某些地方会出现一种抗议的迹象，即出现一种不符合时代趣味的自由而伟大的才能。例如保罗·于埃先生，这个老兵[1]！（我可以把这一通俗而又崇高的用语用在一种像浪漫主义一样已然遥远的战士的伟大的残余之上。）保罗·于埃先生一直忠于他年轻时的趣味。应该用来装饰一间客厅的八幅画，海景或乡景，都是十分精巧、丰富、清新的真正的诗篇。我觉得细数一位如此高超、如此多产的艺术家的才能是多余的，但是我觉得他身上最值得称赞、最引人注目的是，正当对于精细的趣味渐渐波及所有的人的时候，他仍坚持自己的个性和方法，赋予他的一切作品以一种充满柔情的诗的性质。

今年，有两位艺术家使我得到了些许的慰藉，这是我没有想到的。雅丹[2]先生送来了一幅画，画的是从"巴马拱门"上看到的罗马的壮丽景色，在此之前，他一直过分谦虚地把他的光荣限制在狗窝和马厩上，现在这一点是很清楚的了。这幅画首先具有雅丹先生通常的优点，力量和充实，此外又多了一种捕捉和表达得十分准确的诗的印象，那是降临在圣城之上的黄昏辉煌而忧郁的印象，一个像罗马教一样庄严、

---

[1] 指第一帝国时代的老兵。
[2] Louis-Godefroy Jadin（1805-1882），法国画家。

横穿着紫红色的条纹的、隆重而热烈的黄昏。克雷辛格先生已不满足于雕塑了，他就像那些孩子，他们血气方刚，热情奔放，想攀上所有的高处刻上自己的名字。他的两幅风景画，《伊索拉·法奈兹》和《福萨那城堡》，外观动人，流露出一种天真而严峻的忧郁。那里的水比别处更凝重庄严，荒僻处比别处更寂静，树木也更高大。人们常常嘲笑克雷辛格的夸张，然而他让人笑的从来也不是狭小。都是缺陷，我和他一样认为过度比小器好。

是的，想象力造就了风景画。我理解专心于做记录的人是不能沉醉于包含在眼前的自然景观中的神奇的梦幻的；然而为什么想象力躲避风景画家的画室呢？也许致力于这类画的艺术家过分地不相信他们的记忆而采取了一种直接摹写的方法，这与他们的精神的懒惰十分相合。如果他们像我最近在布丹[1]先生（顺便说一句，他展出了一幅很好很规矩的画：《圣女安娜·帕吕德的宽宥》）那里看到的那样，也看到了几百幅面对大海和天空即时画就的色粉习作，他们就会明白他们好像不明白的东西，也就是说，习作与完成的画之间的区别。然而，可以因其对艺术的忠诚而骄傲的布丹先生却是很谦虚地出示了他那有趣的收藏。他很知道要通过招之即来的诗的印象才能使这些习作变成画，而他并没有把他的习作当成画拿出来的意图。毫无疑问，以后他会在完成的画中向

---

[1] Eugène-Louis Boudin（1824-1898），法国画家。

我们展示空气和水的神奇的魔力。这些根据最不稳定、最难把握的形状和色彩，根据波浪和云彩如此迅速如此忠实地速写了来的习作，总是带有写在空白处的日期、时辰和风向，例如：十月八日，中午，西北风。如果您有时间见识一下这些气象上的美，您就能凭记忆验证布丹先生观察的准确。即使用手把说明捂住，您也能猜出季节、时辰和风向。我一点儿也不夸张，我见过。最后，那些奇形怪状的闪亮的云，那些混沌的夜，那些一片连一片的绿色和粉红色的旷野，那些张着大嘴的火炉，那些被折皱卷起或撕破的黑色或紫色缎子一般的天空，那些黑沉沉或者流着熔金的天际，都像醉人的酒或令人难以抵抗的鸦片一样涌入我的脑海。事情相当怪，面对这些流体的或气体的魔力，我竟然没有一次抱怨其中没有人。不过，我并不想根据我的圆满的愉快来向任何人，也不向布丹先生出主意。这主意可能会太危险。请想想细心地培育起人性的罗伯斯庇尔的话吧，人见了人没有不愉快的；一个人如果想出出名，就千万不要相信公众对于孤独和他有同样的热情。

不仅海景画阙如，而那是一个多么富有诗意的种类（我不把在水上进行的战争当作海景）！而且有一个种类也是如此，我很愿意称之为都市风光画，也就是说，产生于大量的人和建筑物的聚集的崇高和美的集合，在生活的荣耀和磨难中变得年迈衰老的首都的深刻而复杂的魅力。

几年前，一个强有力的、奇特的人，据说是位海军军官，对巴黎的最优美的风景开始了一系列的腐蚀铜版习作。梅里翁[1]先生以其线条的艰涩、细腻和稳健使人想起了旧时的那些优秀的蚀刻师。我很少看到一座大城市的天然的庄严被表现得更有诗意。堆积起来的石头的雄伟，指向天空的钟楼，向着苍穹喷吐着浓烟的工业的方尖碑，正在修葺的建筑物的神奇的脚手架，在结实的躯体上运用着具有如此怪异的美的时兴设计，充满了愤怒和怨恨的纷乱的天空，由于想到了蕴涵其中的各种悲剧而变得更加深邃的远景，组成文明的痛苦而辉煌的背景的任何复杂成分都没有被忘记。如果维克多·雨果看见了这些极好的画，他是应该满意的，他又看见了并且恰当地表现了他的

> 忧郁的爱西丝，戴着面纱！
> 蜘蛛把巨大的网编织，
> 各民族在里面挣扎！
> 提水的喷泉着了魔！
> 不断胀满的乳房，
> 世世代代前来　从中吸取思想！
> ············
> 暴风雨裹着的城啊！[2]

1　Charles Méryon（1821—1868），法国画家，原为海军军官。
2　引自戈蒂耶的诗。

然而，一个残忍的魔鬼缠住了梅里翁先生的头脑，一种神秘的疯狂搅乱了那些既坚实又卓越的能力，他的刚刚出现的光荣和他的创作都突然间中止了。从此，我们一直焦急地等着这位奇特的军官带给我们新的慰藉，他曾经在一天之间就成了一位强有力的艺术家，他告别了大洋上的庄严冒险，来描绘最令人不安的首都的阴郁的壮丽。

也许我还在不知不觉地服从着年轻时的习惯，仍然怀念浪漫派的风景画，甚至18世纪就已存在的幻想的风景画。我们的风景画家们是些太过分的草食动物，他们都不愿以废墟为食，除了弗罗芒坦等少数人外，天空和荒原使他们害怕。我怀念那些大湖，它们代表着绝望中的静止，那些大山，它们是从地球登天的阶梯，从那里望去，一切显得巨大的东西都显得渺小了，那些城堡（是的，我的犬儒主义竟至于此），那些倒映在死水塘中的筑有雉堞的修道院，那些巨大的桥，那些住着残存者的尼尼微人的建筑，总之，我怀念一切假如不存在就应该创造出来的东西！

我应该顺便坦白，尽管希尔德勃朗特[1]先生并不具有很明显的独创性，他的巨大的水彩画展还是给了我极大的乐趣。浏览这些有趣的旅行画册，我总觉得又看见了、认出了我从未见过的东西。幸亏他，我的受到鞭策的想象力穿越了

---

[1] Eduard Hildebrandt（1818-1869），德国画家。

三十八个浪漫派的风景,从斯堪的纳维亚的鸣墙[1]到白鹭和鹳鸟的明亮的国度,从塞拉菲杜斯的峡湾到特奈利夫的绝壁。太阳和月亮轮流地照亮了这些背景,一个倾泻着喧闹的光线,另一个则洒下耐心的迷醉。

亲爱的朋友,您看,我永远也不能把题材的选择看作无关紧要的事情,尽管必要的爱使最卑微的东西变得丰富,我仍认为题材对艺术家来说是天才的一部分,对于无论如何还是个粗人的我来说,则是乐趣的一部分。总之,我在风景画中只发现了一些规矩的小才子,他们都很懒于想象。至少,我没有在他们那里,没有在所有那些人那里看到表达得如此单纯的凯特林(我打赌他们连凯特林是谁都不知道)的荒原和草原的自然的魅力,没有看到德拉克洛瓦的风景的超自然的美,也没有看到像天空中的神秘一样流动在维克多·雨果的素描中的那种壮丽的想象。我说的是他的墨汁素描,因为很明显,在诗的方面,我们的诗人是风景诗人之王。

我希望被带回到透景画上去,其粗暴而巨大的魔力知道如何把一种有益的幻象强加于我。我喜欢凝视某些舞台布景,我感到我的最珍贵的梦幻在其中得到了艺术的表达和悲剧性的集中。这些东西因其假而更加无限地接近真,而我们的大部分风景画家却是撒谎者,恰恰是因为他们忽视了撒谎。

---

[1] 原文作"les remparts sonores de Scandinavie"。此处当指某种诗的意象,因该处海岸上多峭壁,风吹浪击,轰然作响。

八　雕塑

一座古代图书馆的深处，在一片轻拂着、启发着深思的恰到好处的朦胧中，站立着庄严的哈波克拉特[1]；他把一个手指放在嘴上，让您安静，好像一位毕达哥拉斯派的教师对您说：嘘！其动作充满了权威。阿波罗和众缪斯的神圣的形体在昏暗中放出光辉，这些专横的幽灵监视着您的思想，观看您的工作，鼓励您追求崇高。

丛林深处，浓荫下，永恒的忧郁在像它一样平静的池水中映照着自己的面容。沉思者从那儿经过，伤心又陶醉，望着这尊肢体强健却因一种隐秘的痛苦而无精打采的大雕像，说：这就是我的姐妹！

在这座为公共马车的疾行所震动的小教堂的深处，在您冲进忏悔室之前，您就被一个没有肉的漂亮的幽灵拦住了，它偷偷地把坟墓巨大的盖子托起，哀求您这匆匆过客想想永恒！在那通向您亲人的墓地的鲜花盛开的小路一角，悲哀的神奇雕像匍匐在地，头发纷乱，泪下如雨，用它那沉重的哀痛压在一个名人的骨灰上，教导您说，在这个无以名之的东西面前，财富、荣耀，甚至祖国都毫无意义，这个东西没有人能叫出它的名字，也没有人能确定它的特点，人们只是用一些神秘的副词来表达它，例如：也许，决不，永远！

---

[1] Harpocrates，古埃及神话中的神，其形象是个吮手指的小孩，希腊人将其作为寂静之神。

而有些人希望它包含着被那样企盼的无限的真福，或者现代理性用垂危时痉挛的举动驱赶其形象的不间断的焦虑。

您的精神被喷泉的悦耳的声音迷住了，那声音比乳母的说话声还要温柔，您走进了一间绿色的小客厅，在那里，有时主宰您的生命的两位爱开玩笑的女神，维纳斯和赫柏，于枝叶扶疏之下展示出圆润迷人的肢体，这肢体从烈火中获得了生命的玫瑰色的光辉；但是，您几乎只能在昔日的花园中才能发现这些美妙的意外之物，因为在青铜、陶土、大理石这三种提供给想象力以完成雕塑之梦的极好材料中，最后一种在我们这个时代享有一种几乎是排他性的好感，我们认为这是不公平的。

您穿越一座在文明中衰老的大城市，它属于拥有全人类生活的最重要资料的那些大城市之列，您的眼睛被引向高处，sursum，ad sidera[1]！因为在公共广场上，在十字街头，有一些一动不动的人物，他们比从他们脚下走过的人都高，他们用一种无声的语言向您讲述着有关荣耀、战争、科学和殉道的浮夸的传说。他们之中有些指着天空，那是他们不断向往的所在；有些则指着地下，他们是从那里冲出来的。他们摇动着或者凝视着曾经是他们一生的激情的东西，而这东西已经变成了象征：一件工具，一把剑，一本书，一支火

---

[1] 拉丁文，向上，向着苍穹。

炬，vita ɪ lampada[1]！哪怕您是最无忧无虑的人，是最不幸或最卑劣的人，乞丐或银行家，这石头的幽灵都要抓住您几分钟，以过去的名义命令您想想人世间以外的事情。

这就是雕塑的神圣的职责。

谁能够怀疑强大的想象力对于完成一个如此宏伟的任务是必不可少的呢？这种奇特的艺术深入到岁月的黑暗之中，在原始时代就已产生出令文明精神吃惊的作品！在这种艺术中，绘画上应该被当作优点的东西可能变成恶习或缺点，其手段越是总给哪怕最平庸的作品一种尽善尽美的外表，完美就越是必要，而这种手段看起来更完整，其实是更粗野、更幼稚。一件来自自然并由雕塑加以表现的东西，圆形的、流动的、人们可以自由地围着转的东西，像自然的东西本身一样，有周围的气氛，在这样的东西面前，农民、野蛮人、原始人丝毫也不感到犹豫不定，而一幅画却因其远大的抱负和反常而抽象的性质使他们不安、发窘。这里，我们应该注意到，浅浮雕已经是一种谎言了，既是朝着更文明的艺术迈进的一步，也是离开了雕刻的纯粹观念的一步。人们记得凯特林曾经差一点儿卷进野蛮人首领之间的一场很危险的争执，他们拿他为之画侧面像的那个人打趣，指责他让人把脸的另一半偷走了。猴子有时会被一幅奇妙的静物画欺骗而走到形象的后边去看看背面。雕塑被包围在这样一些野蛮的条件

---

[1] 拉丁文，有生命的火炬。

之中，就导致了它在要求完美的制作的同时，还要求一种很高的灵性，否则，它就只能制造出使猴子和野蛮人目瞪口呆的惊人的东西。同时，那些在长和厚的比例上准确无误的大玩偶，连爱好者本人的眼睛有时也对它们单调的白皙感到腻味，从而放弃了它的权威。它不总是觉得平庸是可鄙的了，只要一尊雕像不是过分地可憎，它就能把它当成好的；不过，它绝不会把一尊卓越的雕像当成坏的！这里，比起任何其他材料，美都更加难以磨灭地印在记忆中。埃及，希腊，米开朗琪罗，古斯都[1]和其他几个人在那些纹丝不动的幽灵中放进了怎样神奇的力量啊！在那些没有瞳仁的眼睛里放进了怎样的目光啊！如同抒情诗使一切甚至激情变得高贵，雕刻、真正的雕刻使一切甚至运动变得庄严。它给予一切与人类有关的事情以某种永恒的东西，并且具有所用的质料的坚硬性质。愤怒变得宁静，温柔变得严厉，绘画的波动的、发亮的梦变成了充实的、执拗的沉闷。然而，如果人们愿意想一想要汇合多少完美才能获得这种严峻的迷狂，就不会对我们的精神在浏览现代雕刻陈列廊时常为疲倦和泄气所苦感到惊讶了，在那里，神圣的目的常被看得很轻，漂亮和精细得意地取代了崇高。

我们喜欢浅薄的作品，我们的玩票作风时而对各种崇高能够将就，时而对各种娇媚也能凑合。我们知道喜爱埃及

1　Guillaume Coustou（1677-1746），法国雕塑家。

和尼尼微的神秘的、僧侣般的艺术，希腊的又迷人又理智的艺术，米开朗琪罗的像科学一样精密、像梦幻一样神奇的艺术，18世纪的作为真实中的狂热的灵巧；然而，在雕刻的这些不同的方式中有着表现的力量和感情的丰富，这是一种深刻的想象力的不可避免的结果，而这种想象力我们现在是缺乏得过于经常了。所以我在考察今年的作品时话很简短，人们是不会感到奇怪的。最甜蜜的莫过于欣赏，最令人不快的莫过于批评。伟大的能力，主要的能力，只有不在的时候才放出光辉，如同罗马爱国者的形象一样。因此，我这里要感谢弗朗谢斯奇[1]先生雕出了《安德洛墨达》。这座雕像受到普遍的注意，也引起了一些我们认为过于浅薄的批评。它的巨大长处是富有诗意、令人振奋和高贵。有人说这是抄袭，说弗朗谢斯奇只不过是把米开朗琪罗的一尊卧像变成了立像。这是不对的。那种尽管很大却很细的形体所表现出的倦怠，四肢的反常的优雅，都显然出自一位现代作者之手。不过，他可能从过去获得了灵感，可我更从中看到了值得赞扬的理由，而不是批评。并非人人都可以模仿崇高的东西，而当这种模仿是出自一个其生命自然地具有广阔前途的年轻人之手时，批评界更有理由希望，而不是怀疑。

克雷辛格先生是怎样的一个怪人啊！人们关于他能够说的最美好的东西是，看到如此多样的作品这么容易地产生

---

[1] Louis-Julien Franceschi（1825—1893），法国雕塑家。

出来，人们就猜到他有一种总是处于警醒状态的智力，或者更确切地说，他有一种气质，猜到他是一个衷心热爱雕刻的人。您欣赏一个不可思议的成功的局部，可另一个局部却又完全毁了整个雕像。这里是一个一气呵成、令人兴奋的脸，可是衣饰想要显得轻盈，却成了像通心粉一样扭曲的管子。克雷辛格先生有时捕捉住了运动，可他绝得不到完全的优美。人们那么赞扬的罗马妇人的胸像所具有的风格美和性格美是既不明确也不完善的。似乎他在工作的急不可耐的热情中常常忘记肌肉，忽略形象的如此珍贵的运动。我不愿意谈论他那不幸的《萨福》，我知道有许多次他干得好得多。但是，就在他那些最成功的雕像中，一双有经验的眼睛也对那种简略的方法感到难受，那种方法使人的肢体和面孔像蜡从模子里脱出一样的完善和光滑。如果说卡诺瓦[1]有时是迷人的，那肯定不是靠着这种缺点。大家都很公正地赞扬他的《罗马公牛》，这的确是一件很美的作品；但是，如果我是克雷辛格先生，我就不喜欢因塑造了一头牲口的形象而受到如此慷慨的赞扬，不管它是多么高贵、漂亮。一位像他那样的雕塑家应该有别的抱负，应该塑造公牛以外的别的形象。

《圣塞巴斯蒂安》是一件细致的、有力的雕塑，出自吕德[2]的学生朱斯特·贝凯[3]先生之手。它既使人想到里贝拉

1　Antonio Canova（1757-1822），意大利雕塑家。
2　François Rude（1784-1855），法国雕塑家。
3　Juste Becquet（1829-1907），法国雕塑家。

的绘画，又使人想到粗暴的西班牙雕塑家。吕德先生的教授对我们时代的画派有如此重大的影响，如果说它使几个人、使那些无疑善于用自己的自然的精神评论这种教授的人获益，它也把那些过于听话的人推入最令人吃惊的错误中去。例如，请看《高卢》！高卢在您的精神中的第一个形式是一个人，气派很大，自由，有力，躯体健壮而轻快，一个出没于森林的身体健美的姑娘，一个在国民议会上被人倾听的、蛮勇善战的妇人。而在我所说的这尊失败的雕像中，一切形成力量和美的东西都不见了；胸，臀，大腿，小腿，一切应该隆起的东西都凹陷下去了。我在解剖台上见过那种为疾病和四十年持续的苦难所吞噬的尸体，难道作者要表现一个除了橡子没有吃过别的食物的女人的衰弱和疲惫吗？难道他把古朴强壮的高卢当成了一个衰老的巴布亚女人吗？让我们寻找一个更为具体的解释吧，让我们只是相信，他经常听人说要忠实地摹写模特儿，自己又没有必要的洞察力来选择一个美的模特儿，于是他就毕恭毕敬地摹写了一个最丑陋的模特儿。这尊雕像也获得了一些赞扬，那无疑是因为它那画册上的威莱达[1]式的望着天际的目光。我对此并不感到奇怪。

您愿意再次但在另一种形式下凝视雕塑的反面吗？请看布德[2]先生创造的那两个富于戏剧性的小世界吧，我认为它

---

1 Velléda，日耳曼女预言家。
2 Stéphano Butté，法国雕塑家。

们表现的是《巴别塔》和《洪水》。就处理的性质和方式来说，题材并不重要，但艺术的本质本身被削弱了。那个矮人的世界，那个微型的仪式行列，那些在一片巨石中爬行的小小的人群，使人想到在糕点铺和玩具店里看到的海洋博物馆的立体布置图、发出音乐声的绘画挂钟和有城堡、吊桥、上岗的哨兵的风景。我写下这样的东西感到极其难过，尤其是关系到人们还可在其中发现想象力和创造性的一些作品。如果说我仍然谈了，那是因为这些东西有助于证实精神的最大恶习之一是顽固地违背艺术的构成规则。这些东西只在这一点上才是重要的。什么样被设想得如此优秀的素质才能抵消这种如此巨大的错误呢？什么样健康的头脑才能不怀憎恶地设想立体的绘画、受机械摇动的雕塑、没有韵律的颂歌、诗体的小说呢？一种艺术的自然的目的被轻视，当然就要向一切与此种艺术无涉的手段求援。说到布德先生，他想要在缩小的比例上表现需要众多人物的巨大场面，我们可以指出，古人总是把这种企图留给浅浮雕，而在现代人中，一些很伟大很灵巧的雕刻家如果不甘愿蒙受损失和危险也从来不敢问津。两个基本条件，即印象的协调性和效果的完整性，受到严重的损害，无论导演的才能多么大，惶惑不安的精神也要自问是否已经感到了和在居尔提尤斯那里相类似的印象。装点凡尔赛花园的巨大壮丽的雕像群并不是对我的看法的全面驳斥，因为它们并非都是同样成功，有些摆放得很乱，尤其那些几乎全由立像组成的雕像群只能有助于证实我的看法，除此之外，我还要进一步指出，那是一种非常特殊的雕塑，其缺陷有时是故意的，在飞动的焰火下和明亮的雨中就消失了。总之，那是一种由流水加以补充的艺术，因此也是一种低等的艺术。然而，这些雕像群中最完美者所以如此，只是因为它们更接近真正的雕塑，因为雕像用它们的俯身姿态和相互间的交错创造了布局的总曲线，这在绘画中是静止的和固定的，而在雕刻中则像在多山的国度里那样，是流动的和变化的。

亲爱的先生，我们已经谈到过刺耳精神了，而且我们承认，在这些多少都反对纯艺术这一概念的刺耳精神中，还是有一个或两个人是令人感兴趣的。在雕塑中，我们又发现了同样的不幸。当然，弗雷米埃[1]先生是一位好雕塑家，他灵巧、大胆、细腻，追求惊人的效果，有时也能得到；但是他常常在自然的道路旁边寻找，这是他的不幸。《猩猩把一个女人拖进树林》（作品被拒绝了，我自然没有见到），正是刺耳精神的念头。为什么不是鳄鱼，老虎，或其他任何一种可能吃掉一个女人的动物？不行！请想一想，问题不在于吃，而在于强奸。于是只能是猩猩，巨大的猩猩，既比人多点什么又比人少点什么的猩猩，它有时表现出人对于女人的欲望。这就是他找到的使人惊奇的手段！"它拖走了她，她会

---

[1] Emmanuel Frémiet（1824-1910），法国雕塑家。

抵抗吗?"这就是整个女性公众可能提出的问题。一种古怪的、复杂的、半是恐惧半是淫荡的好奇的感情获得了成功。不过,由于弗雷米埃先生是一个优秀的创作者,动物和女人将得到同样好的模仿和塑造。实际上,这样的题材和一个有着如此成熟的才能的人是不相称的,评判委员会拒绝了这场卑劣的戏,做得对。

如果弗雷米埃先生对我说,我无权探测他的意图,无权谈论我没有见过的东西,那我只好谦卑地谈谈他的《卖艺者的马》。就其本身来说,这匹小马是可爱的,它的厚厚的鬃毛,它的方正的鼻尖,它的聪明的神气,它的夹得紧紧的臀部,它的既结实又细长的小小的腿,一切都说明它是一只纯种的驯良动物。立在它背上的猫头鹰使我不安(因为我假设没有读过说明书),我心想为什么密涅瓦的鸟要栖止在尼普顿的创造物[1]上?但是,我看见木偶吊在马鞍上:猫头鹰代表智慧这一观念使我认为,木偶象征着世界的无聊。还需解释的是马的用途,在启示录的语言中,马可以很好地象征智力、意志、生命。终于,我真正地、耐心地发现了,弗雷米埃先生的作品表现的是人类的智力到处都带着智慧这一观念和对疯狂的兴趣。这正是哲学的永恒的反命题,本质上与人

---

[1] 密涅瓦是罗马神话中的智慧女神,尼普顿是罗马神话中的海神,他在宫殿中关闭着海马,这些海马驾着车,载着他穿越波涛。

有关的矛盾，一切哲学和一切文学从世纪之初开始就一直围绕着这个矛盾打转，从胡腊玛达[1]和安赫腊曼纽[2]的乱哄哄的统治到可尊敬的马图林，从摩尼[3]到莎士比亚！……然而我惹恼了旁边十个人，承蒙他警告我，说我是自寻烦恼，说那表现的只是卖艺者的马……难道那只庄严的猫头鹰，那些神秘的木偶竟没有为马这个概念增加任何新的意义吗？作为一匹普通的马，它们在哪些方面增加了它的身价？显然应该这样说明这一作品：卖艺者的马，卖艺者不在场，他到想必不远的一家酒馆打牌喝酒去了！这才是真正的标题！

卡里埃[4]先生、奥里瓦[5]先生和普鲁哈[6]先生比弗雷米埃先生和我更谦逊些，他们满足于以其艺术的灵活和熟练使人惊奇。他们三位的能力多少都有些不自然，但都对17世纪和18世纪的栩栩如生的雕刻有着明显的好感。他们喜爱并研究过卡非里[7]、普杰[8]、古斯都、胡东[9]、毕加尔、弗朗散[10]。很久以来，真正的爱好者们就欣赏奥里瓦先生的凹凸有力的胸像，

1　Ahura Mazda，古伊朗琐罗亚斯德教的光明神。
2　Ahrimane，琐罗亚斯德教的黑暗神，胡腊玛达的反面。
3　Mani，摩尼教的创始人。
4　Albert-Ernest Carrier（1824–1887），法国雕塑家。
5　Alexandre Oliva（1823–1890），法国雕塑家。
6　Pierre-Bernard Prouha（1822–1888），法国雕塑家。
7　Jean-Jacques Caffieri（1725–1792），法国雕塑家。
8　Pierre Puget（1620–1694），法国雕塑家。
9　Jean-Antoine Houdon（1741–1828），法国雕塑家。
10　Claude Francin（1702–1773），法国雕塑家。

它们充满了生气，甚至闪动着目光。表现《比佐将军》者是我所见过的最威武的胸像之一；《德·麦尔赛先生》则是精致的杰作。大家最近都注意到在卢浮宫的院子里有出自普鲁哈先生之手的一尊可爱的雕像，令人想起文艺复兴时代的高贵而温柔的风度。卡里埃先生可以感到高兴并对自己表示满意，已如他所模仿的大师们，他也拥有力量和才智。服饰与面部的有力而耐心的完美之间的对比也许不大恰当，袒胸露肩和落拓不羁稍嫌过分了些。我并不觉得弄皱衬衣或领带以及适当地雕琢衣服的卷边是一种缺点，我只是说这里与总的构思不协调，而且我还乐于承认我害怕给予这一批评以过多的重要性，卡里埃先生的胸像引起我相当强烈的兴趣，足以使我忘掉这一小小的、短暂的印象。

亲爱的，您还记得我们已经谈过《决不和永远》，我还不能找到对这一隐晦的标题的解释。也许这是一次绝望的行动，或者是一次没有动机的心血来潮，如同《红与黑》一样。也许埃贝尔先生对科麦松[1]先生和保尔·德·考克先生的趣味做了让步，这种趣味驱使他们在任何反命题的偶然撞击中看到一种思想。无论如何，他创作了一件迷人的室内雕刻，有人说（尽管资产阶级男女是否愿意以此来装饰他们的小客厅，这是很可怀疑的）这是一种雕刻上的小花饰，但也许可以做得更大些，成为公墓或小教堂的极好的装饰。一

---

1 Jean-Louis-Auguste Commerson（1802—1879），法国画家、作家。

个体形丰满而灵活的姑娘，被举起和摇晃着，具有一种和谐的轻盈；她的身体在心醉神迷或者生命垂危中抽搐着，顺从地接受一个巨大的骷髅的吻。人们普遍认为骷髅应该被排除在雕塑的领域之外，这也许是因为古代不了解它或者所知甚少。其实大谬不然。我们看到它出现在中世纪，行动和炫耀起来带着一种犬儒主义的笨拙和没有艺术的观念的傲慢。从那时起直到18世纪，在一种爱情和玫瑰花的历史氛围中，我们看到骷髅在它能够进入的一切题材中大行其道。雕刻家们很快就懂得了蕴藏在这个瘦削的骨头架子里的一切神秘而抽象的美，对它来说，肉是衣服，它就仿佛是人类诗歌的提纲。而这种温柔的、辛辣的、近乎科学的优美也就变得清晰，涤除了腐殖土的污迹，置身于艺术从无知的自然中提取的无数优美之中了。确切地说，埃贝尔先生的骷髅不是一具骷髅。但我并不认为艺术家想要回避困难，像有些人说的那样。假使这位强有力的人物还隐约地带有幽灵、鬼魂、人面蛇身女怪的性质，它在某些部位还罩有像蹼足类动物的蹼一样贴在关节上的一种干瘪多皱的皮，它的一半身子还裹着或披着这里那里被关节的突起顶起的巨大尸衣，那是因为作者大概想特别表达虚无这一巨大而不固定的概念。他成功了，他的幽灵充满了虚无。

骷髅题材的这种令人愉快的情况使我对克里斯托夫[1]先

1　Ernest Christophe（1827-1892），法国雕塑家。

生没有展出他的两件作品感到遗憾，其中一件具有类似的性质，另一件具有优美的寓意。这后一件作品表现的是一个裸体女人，像佛罗伦萨女人一样，身材高大，精力充沛（因为克里斯多夫先生不是那种软弱的艺术家，吕德的讲究实际的、细致入微的教育没有摧毁他的想象力），从正面看去，它向观者呈现出一个微笑娇媚的面容，一个舞台上的面容，一道卷得很巧妙的褶裥连接着传统的美丽的头和结实的胸脯，那头就似乎靠在这胸脯上；然而，向左或向右挪一步，您就会发现寓意的秘密，寓言的教训，我指的是，事实上那是一张神情慌乱的脸，沉浸在泪水和垂危之中。首先迷惑了您的眼睛的，是一张面具，天下人的面具，您的面具，我的面具，形同一把漂亮的扇子，一只灵敏的手用这把扇子来替世人的眼睛遮住痛苦或者悔恨。在这件作品中，一切都是迷人的，有力的。身体的生气勃勃的性质和一种完全世俗的观念的神秘表达形成别致的对照，而惊奇在其中起的作用恰到好处。如果万一作者同意将这一构思投入到商业中去，塑一尊小型的青铜像，我可以并非轻率地预言他会取得巨大的成功。

　　至于另一个构思，无论它是多么迷人，我却不敢担保，尤其是为了得到充分的表达，它需要两种材料，一种是浅色的、无光的，用于表现骷髅，另一种是深色的、有光的，用于表现衣服，这自然要增加构思的恐怖及其不得人心。呜呼！

恐怖的魅力只能使强者陶醉！[1]

请想象一具高大的女性骷髅正准备出发去参加晚会的情景吧。它的黑种女人似的扁平的脸，它的没有嘴唇、没有牙龈的微笑，它的目光只不过是一个黑窟窿，一个美丽的女人成了这样一个可怕的东西，好像是在空中茫然地寻找着约会的美妙时刻或者刻在世纪的看不见的钟盘上的巫魔夜会的庄严时刻。它的被时间解剖了的胸部从上衣中妖冶地冲出来，就像枯萎的花束从花瓶中伸出来一样，整个的阴郁的思想从豪华女裙一般的底座上矗立起来。为了简短，请允许我引用一段诗，其中我试图解释而非说明包含在这座小雕像中的微妙的乐趣，差不多就像一个细心的读者用铅笔乱涂在他的书的空白处一样：

活人一样，自傲于高贵的身躯，
拿着一大束花，手帕，还有手套，
她有着慵懒而又潇洒的风度，
像个干瘪的女人怪诞却妖娆。

舞会上可曾见过如此的瘦削？

---

[1] 这句诗以及下面一段诗均出自作者《骷髅舞》一诗。

袍子太夸张，简直是过于宽大，
大量地堆在干枯的脚上，那鞋
装饰着绒球，漂亮得像一朵花。

蜂窝状绉领在锁骨边上玩耍，
仿佛淫荡的小溪摩擦着岩石，
害羞地抵御着荒谬的玩笑话，
保卫她执意隐藏的阴森魅力。

她深沉的眼成于黑暗和空白，
她的脑壳很艺术地戴着鲜花，
在脆弱的脊柱上软软地摇摆。
过分打扮的虚无也有魅力啊！

有的人会把你称作一幅漫画，
他们不懂，这些迷恋肉体的人，
人类的骨架具有无名的优雅。
大骨架，你正合我最好的口味！

你是来用你有力的怪相扼杀
生命的节日？……

亲爱的，我想我们可以在此打住了。我还可以提出新的样品，但我在那里只能发现多余的新证据来证明从一开始就支配着我们研究的那个基本观念，即最聪明最耐心的才能也不能取代对崇高的趣味和想象力所具有的神圣的迷狂。几年来，人们以批评我们的一个最亲密的朋友为乐，已经超过了可以被允许的程度。那好吧！我和有些人一样，我毫不脸红地承认，无论我们的雕塑家们年复一年地把技巧发展到何种地步，我在他们的作品中（自从大卫去世以来）再也发现不了奥古斯特·普雷欧的纷乱甚至不完整的梦幻曾经如此经常地给予我的那种非物质的乐趣了。

九　结束语

我总算可以发出那不可抗拒的一声"喔唷"了，任何没有被切除脾脏[1]又不得不奋力奔路的普通凡人，当他终于可以扑进长久以来如此盼望着的休息的绿洲时，都会怀着极大的幸福这样长出一口气的。我很愿意坦白，从一开始，组成"结束"这个词的能加福的字母就出现在我的脑海中，它们有着黑色的皮肤，就像跳着最迷人的字母之舞的一些埃塞俄比亚的小艺人。艺术家先生们，我说的是那些艺术家，他们像我一样认为一切不完美的东西应该隐匿不出，一切不卓越的东西都是无用和有罪的，他们知道在第一个出现的念

---

[1] 当时的人认为，动物切除脾脏会跑得更快。

头中有一种可怕的深度，在表达它的无数方式中，最多只有两三种是好的（我不像拉布吕耶尔那样严厉）。这些艺术家总是不满意、不满足，像被囚禁的心灵一样，他们不会错误地理解某些玩笑和某些任性的诙谐，他们和批评家同样经常地为这些东西所苦。批评家也知道最讨厌的莫过于解释尽人皆知的东西了。如果无聊和轻蔑也可被看作是激情的话，对他们来说，轻蔑和无聊就曾经是最难以拒绝的、最不可避免的、最唾手可得的激情。我强加给自己最严厉的条件，我也愿意看到每个人把这样的条件都强加给自己。我不断地自言自语：有什么用？我假设自己提出了几个好的理由，便自问：它们对何人何事有用呢？在我的众多的遗漏中，有些是有意的。我故意略去了许多显而易见的有才之人，他们太有名了，不必再去颂扬，却又不够独特，在好的方面或坏的方面都不足以成为批评的题目。我执意要在沙龙中寻找想象力，因为罕有发现，就不得不谈论很少几个人。至于我可能有的无意的遗漏和错误，绘画会原谅我的，正如原谅一个缺乏广博的知识但却刻骨铭心地爱着绘画的人，何况，那些有着某种理由抱怨的人会找到许多复仇者和安慰者的，还不算我们的那位朋友，您委托他分析下一次画展，并给予他和我一样的自由。我衷心地希望他遇到比我认真寻找而不曾发现的更多的惊奇和赞叹的理由。我刚才提到的那些高尚优秀的艺术家会像我一样说：总而言之，许多实用和技巧，但是很少天才！所有的人都是这样说的。唉！我和所有的人一致。

亲爱的先生，您看得出，解释人人都跟我们想的一样的东西的确是没有用处的。我唯一的安慰是，我在展示这些老生常谈时，也许使两三个人感到愉快，当我想到他们的时候，他们能揣摩到我的意思，我请求您愿意把自己列入这几个人之中。

您的忠诚的合作者和朋友。

现代生活的画家*

一 美、时式和幸福

在社会上，甚至在艺术界，有这样一些人，他们去卢浮宫美术馆，在大量尽管是第二流却很有意思的画家的画前匆匆而过，不屑一顾，而是出神地站在一幅提香的画、拉斐尔的画或某一位复制品使之家喻户晓的画家的画前；随后他们满意地走出美术馆，不止一位心中暗想："我知之矣。"也有这样的人，他们读过了博叙埃和拉辛，就以为掌握了文学史。

幸好不时地出现一些好打抱不平的人、批评家、业余爱好者和好奇之士，他们说好东西不都在拉斐尔那儿，也不都在拉辛那儿，小诗人也有优秀的、坚实的、美妙的东西。

---

* 本文最初发表于《费加罗报》（1863 年 11 月 26、29 日，12 月 3 日）。

总之，无论人们如何喜爱由古典诗人和艺术家表达出来的普遍的美，也没有更多的理由忽视特殊的美、应时的美和风俗特色。

我应该说，若干年来，社会有了一些改善。爱好者现在珍视通过雕刻和绘画表现出来的上世纪的风雅，这表明出现了一种顺乎公众需要的反应；德布古[1]、圣多班兄弟[2]，还有其他许多人都进入了值得研究的艺术家的名单。不过，这些人表现的是过去，而我今天要谈的是表现现在风俗的绘画。过去之有趣，不仅仅是由于艺术家善于从中提取的美——对他们来说，过去就是现在，而且还由于过去作为过去的历史价值。对现在而言也是如此，我们从对于现在的表现中获得的愉快不仅仅来源于它可能被赋予的美，而且来源于其作为现在的本质属性。

我眼下有一套时装式样图，从革命时期开始，到执政府时期前后结束。这些服装使许多不动脑筋的人发笑，这些人表面庄重，实际并不庄重，但这些服装具有一种双重的魅力：艺术的和历史的魅力。它们常常是很美的，画得颇有灵性；但是，对我至少同样重要的、我在所有这些或几乎所有这些服装中高兴地发现的东西，是时代的风气和美学。人类关于美的观念被铭刻在他的全部服饰中，使他的衣服

---

[1] Philibert-Louis Debucourt（1755-1832），法国画家。
[2] 夏尔·德·圣多班（Charles de Saint-Aubin, 1721-1786），法国画家。加布里埃尔·德·圣多班（Gabriel de Saint-Aubin, 1724-1780），法国画家。

有褶皱，或者挺括平直，使他的动作圆活，或者齐整，时间长了，甚至会渗透到他的面部的线条中去。人最终会像他愿意的样子的。这些式样图可以被表现得美，也可以被表现得丑。表现得丑，就成了漫画；表现得美，就成了古代的雕像。

穿着这些服装的女人或多或少地彼此相像，这取决于她们表现出的诗意或庸俗的程度。有生命的物质使我们觉得过于僵硬的东西摇曳生姿。观者的想象力现在还可以使那些紧身衣和那些披巾动起来和抖起来。也许哪一天有一场戏出现在某个舞台上，我们会看到这些服装复活了，我们的父亲穿在身上，跟穿着可怜的服装的我们一样有魅力（我们的服装也有其优美之处，但其性质更偏于道德和心灵方面），如果这些服装由一些聪明的男女演员们穿着并赋予活力，我们就会因如此冒失地大笑而感到惊奇。过去在保留着幽灵的动人之处的同时，会重获生命的光辉和运动，也将会成为现在。

一个不偏不倚的人如果依次浏览法国从起源到现在的一切风尚的话，他是任何刺眼的甚至令人惊讶的东西也发现不了的。过渡被安排得丰富而周密，就像动物界的进化系统一样，没有任何空白，因此也就没有任何意外。如果他给表现各个时代的画加上这个时代最流行的哲学思想的话（该画不可避免地会使人想起这种思想的），他就会看到，支配着历史的各个组成部分的和谐是多么深刻，即便在我们觉得最可怕、最疯狂的时代里，对美的永恒的渴望也总会得到满足的。

事实上，这是一个很好的机会，来建立一种关于美的合理的、历史的理论，与唯一的、绝对的美的理论相对立；同时也是一个很好的机会，来证明美永远是、必然是一种双重的构成，尽管它给人的印象是单一的，因为在印象的单一性中区分美的多样化的成分所遇到的困难丝毫也不会削弱它构成的多样化的必要性。构成美的一种成分是永恒的、不变的，其多少极难加以确定；另一种成分是相对的、暂时的，可以说它是时代、风尚、道德、情欲，或是其中一种，或是兼容并蓄。它像是神糕有趣的、引人的、开胃的表皮，没有它，第一种成分将是不能消化和不能品评的，将不能为人性所接受和吸收。我不相信人们能发现什么美的标本是不包含这两种成分的。

可以说我选择了历史的两个极端的梯级。在神圣的艺术中，两重性一眼便可看出，永恒美的部分只是在艺术家所隶属的宗教的允许和戒律之下才得以表现出来。在我们过于虚荣地称之为文明的时代里，一个精巧的艺术家的最浅薄的作品也表现出两重性。美的永恒部分既是隐晦的，又是明朗的，如果不是因为风尚，至少也是作者的独特性情使然。艺术的两重性是人的两重性的必然后果。如果你们愿意的话，那就把永远存在的那部分看作是艺术的灵魂吧，把可变的成分看作是它的躯体吧。斯丹达尔是个放肆、好戏弄人，甚至令人厌恶的人，但他的放肆有效地激起了沉思，所以他说美不过是许诺幸福而已，这就比许多其他人更接近真理。显然，这个定义超越了目标，它太过分地使美依附于幸福的无限多样化的理想，过于轻率地剥去了美的贵族性，不过它具有一种巨大的优点，那就是决然地离开了学院派的错误。

这些东西我已解释过不止一次了。对于那些喜欢这种抽象思想游戏的人来说，这些话也足够了；但我知道大部分法国读者并不大热衷于此道，所以我要赶快进入我的主题的实在而现实的部分。

二 风俗速写

要速写风俗，表现市民的生活和时髦的场景，最简便最节省的方法显然就是最好的方法。艺术家越是在里面放进去美，作品就越珍贵。但是在平庸的生活中，在外部事物的日常变化中，有一种迅速的运动，使得艺术家必须画得同样迅速。如我刚才所说，18世纪的多色版画又重新走红了，色粉画、铜版画、蚀刻画相继向这部巨大的分散在图书馆、爱好者的画夹之中以及最粗俗的店铺的橱窗后面的现代生活词典提供了它们的语汇。石印画一出现，就立刻表现出很适合这个看起来轻松而实际上很艰巨的任务。我们在这一体裁中是有着真正的巨制的。人们公正地把加瓦尔尼和杜米埃的作品称为《人间喜剧》的补充。我确信，巴尔扎克本人也不会不接受这种看法，尤其是风俗画家的天才是一种混合的天才，即其中文学精神占了很大的部分，这种看法就更加正确了。

观察者、漫游者、哲学家，你们随便叫吧。不过，要说明这位艺术家的特点，你们肯定不会把用在画永恒的事物，或至少更为长久的事物、英雄的或宗教的事物的画家身上的形容词用在这位艺术家身上。他有时是诗人，但他常常更接近小说家或道德家，他是时势以及时势所暗示的永恒之物的画家。每个国家，为了它的快乐和它的光荣，都拥有几个这样的人。在我们这个时代，最先呈现在记忆中的名字，人们还可以在杜米埃和加瓦尔尼之后加上德维里亚、莫兰、努玛[1]，他们是描绘复辟时代的可疑风雅的历史学家，瓦吉埃、塔萨埃、欧仁·拉米，此君因为喜爱贵族的高雅都快成了英国人了，还有特里莫莱和特拉维埃，他们是贫困和普通人生活的编年史家。

三　艺术家、上等人、老百姓和儿童

我今天想和大家谈一个奇特的人，他的独创性强而鲜明，达到了自足的程度，并不去寻求别人的赞同。他的画从来是不署名的，如果人们把那几个字母称作署名的话，这几个字母很容易伪造，代表着一个名字，许多人很讲究地写在他们的最不经心的草图的下方。但是，他的全部作品都署上了他的光辉的灵魂，看过并珍爱他的作品的爱好者们根据

1　Pierre-Numa Bassaget（1820–1872），法国画家。

我想做的描写可以很容易地认出来。C. G.[1] 先生非常热爱群众，喜欢隐姓埋名，谦逊也是他的独特之处。众所周知，萨克雷[2] 先生对艺术方面的事情很好奇，亲自为自己的小说画插图，他曾在伦敦的一份小报上谈到过 C. G. 先生，后者却生气了，仿佛这是对他的廉耻心的一种冒犯。最近，当他得知我打算评价他的思想和才能时，竟急切地请求我去掉他的姓名，请求我谈他的作品要像谈一个无名氏的作品那样。我将谦恭地服从这一古怪的愿望。读者和我，我们都假装认为 G 先生并不存在，他对他的素描和水彩画表示出一种贵族的轻蔑，而我们来谈论这些画，就像学者们评价一些珍贵的历史文件一样，这些文件是偶然出现的，其作者大概永远无人知晓。更有甚者，为了使我的良心彻底安宁，大家要设想，我关于他那如此好奇、如此神秘的光辉个性所谈的一切或多或少正是受到所谈作品的启发，这是纯粹的充满诗意的假设，是猜测，是想象力的作用。

G 先生老矣。有人说，让－雅克四十二岁开始写作。可能也是在这个年纪上，G 先生摆脱不掉填满了他的脑海的所有那些形象，大着胆子把墨水和颜色涂在一张白纸上。说实话，他那时画得像个门外汉，像个孩子，因手指笨拙工具不听使唤而恼火。他开始时乱涂的那些画我见过许多，我

---

[1] 指贡斯当丹·居伊（Constantin Guys，1802-1892），法国画家。
[2] W. M. Thackeray（1811-1864），英国作家。

承认，大部分熟悉或声称熟悉这些画的人可能没有看出这些黑乎乎的画稿中藏着一个天才，这也不是什么丢脸的事。今天，G先生已经无师自通，自己找到了这一行的一切诀窍，成了一个独特的、强有力的大师，在他早年的质朴中，他只保留了那种为了使他丰富的才能增加一种意外的调料所必需的东西。每当他看见年轻时的习作，他就怀着一种最有趣的羞愧把它们撕掉，或者付之一炬。

十年中，我一直想结识G先生，可他生性好动，以四海为家。我知道他曾长期为英国一家画报[1]工作，在那上面发表根据他的旅行速写（西班牙、土耳其、克里米亚）雕刻的版画。从那以后，我见过大量他就地即兴画的画，因此，我可以读到关于克里米亚战争的每时的、详细的报道，这是比其他任何报道都强的报道。这份画报还刊登同一位作者根据新芭蕾和新歌剧所画的大量作品，都没有署名。终于，我找到他了，我立刻就看出，我与之打交道的并非一位艺术家，而是一位社交界人物。我请你们在很窄的意义上理解艺术家一词，而在很广的意义上理解社交界人物一词。社交界人物，就是与全社会打交道的人，他洞察社会及其全部习惯的神秘而合法的理由；艺术家，就是专家，像农奴依附土地一样依附他的调色板的人。G先生不喜欢被称作艺术家。难道他没有一点儿理由吗？他对全社会感兴趣，他想知道、理解、评

---

1 指《伦敦新闻画报》。

价发生在我们这个地球表面上的一切。艺术家很少或根本不在道德和政治界中生活。住在布雷达区的人不知道圣日耳曼区发生的事。除了两三个无需指名的例外，应该说大部分艺术家都是些机灵的粗汉、纯粹的力工、乡下的聪明人、小村庄里的学者。他们的谈话不能不局限在一个很窄的圈子里，很快就使社交界人物这个宇宙的精神公民感到不堪忍受。

因此，为理解G先生起见，请立刻记下这一点：好奇心可以被看作是他的天才的出发点。

你们还记得那一幅由本世纪最有力的笔写出的题为《投入人群的人》[1]（那的确是一幅画呀！）吗？在一家咖啡馆的窗户后面，一个正在康复的病人愉快地观望着人群，他在思想上混入在他周围骚动不已的各种思想之中。他刚刚从死亡的阴影中回来，狂热地渴望着生命的一切萌芽和气息。因为他曾濒临遗忘一切的边缘，所以他回忆起来了，而且热烈地希望回忆起一切。终于，他投入人群，去寻找一个陌生人，那陌生人的模样一瞥之下便迷住了他。好奇心变成了一种命中注定的、不可抗拒的激情。

请设想一位精神上始终处于康复期的艺术家，你们就有了理解G先生的特点的钥匙。

然而，康复期仿佛是回到童年。正在康复的病人像儿童一样，在最高的程度上享有那种对一切事物——哪怕是看

---

[1] 爱伦·坡的一篇短篇小说。

起来最平淡无奇的事物——都怀有浓厚兴趣的能力。如果可能的话,让我们借助想象力回溯的力量,回想一下我们最年轻时的最初的印象,我们就会承认它们和我们后来大病之余得到的色彩强烈的印象之间有一种奇特的关系,只要这场病使我们的智力纯洁如初、安然无恙。儿童看什么都是新鲜的,他总是醉醺醺的[1]。儿童专心致志于形式和色彩时所感到的快乐比什么都更像人们所说的灵感。我敢再进一步,我敢断言灵感与充血有某种联系,任何崇高的思想都伴随有一种神经的或强或弱的震动,这种震动一直波及小脑。天才人物的神经是坚强的,而儿童的神经是脆弱的。在前者,理性占据重要的地位;在后者,感觉控制着全身。然而,天才不过是有意的重获的童年,这童年为了表达自己,现在已获得了刚强有力的器官以及使它得以整理无意间收集的材料的分析精神。儿童面对新奇之物,不论什么,面孔或风景,光亮,金箔,色彩,闪色的布,衣着之美的魅力,所具有的那种直勾勾的、野兽般出神的目光应该是出于这种深刻愉快的好奇心。我的一个朋友一天对我说,他很小的时候,有一次看见了父亲在梳洗,他恐惧中夹杂着快乐,出神地望着那胳膊的肌肉,皮肤上粉红和黄的色彩变化,血管的发蓝的网。外部生活的图景已经使他肃然起敬,征服了他的头脑。形式已经缠住他了,控制住他了。命运早早地出现在他的鼻子尖儿上

---

[1] 这里可理解为"兴奋"。

了，命已注定。我还需要说这个孩子今天已成了名画家吗？

我刚才请你们把G先生看作是永远在康复的病人，为了使你们的概念更完整，请你们也把他当作一个老小孩吧，当作一个时时刻刻都拥有童年的天才的人吧，也就是说，对这个天才来说，生活的任何一面都不曾失去锋芒。

我对你们说过，我不愿意称他为纯艺术家，他本人也怀着一种带有贵族的腼腆色彩的谦逊拒绝这一称号。我很愿意把他称为浪荡子，而我对此是颇有道理的，因为浪荡子一词包含着这个世界的道德机制所具有的性格精髓和微妙智力；但是另一方面，浪荡子又追求冷漠，因此，被一种不可满足的激情，即观察和感觉的激情所左右的G先生又激烈地摆脱浪荡。圣奥古斯丁说：Amabam amare[1]。G先生则会心甘情愿地说："我满怀激情地喜爱激情。"浪荡子因政治和小集团利益而感到厌倦，或装作感到厌倦。G先生讨厌感到厌倦的人。他有真诚而不可笑这种如此困难的本事（端人雅士会理解我的）。我会送他哲学家的称号，他也有不止一种理由而当之无愧，假使他对可见、可能、凝聚为造型状态的事物的过分喜爱不使他对组成玄学家的不可触及的王国的那些东西产生某种厌恶的话。所以，我们还是把他局限在生动的纯道德家的范围内吧，像拉布吕耶尔一样。

如天空之于鸟、水之于鱼，人群是他的领域。他的激

---

[1] 拉丁文，苦恋。

情和他的事业，就是和群众结为一体。对一个十足的漫游者、热情的观察者来说，生活在芸芸众生之中，生活在反复无常、变动不居、短暂和永恒之中，是一种巨大的快乐。离家外出，却总感到是在自己家里；看看世界，身居世界的中心，却又为世界所不知，这是这些独立、热情、不偏不倚的人的几桩小小的快乐，语言只能笨拙地确定其特点。观察者是一位处处得享微行之便的君王。生活的爱好者把世界当作他的家，正如女性的爱好者用找到的美人（不管是可找到的，还是不可找到的）组成他的家，就像绘画爱好者生活在一个被画在画布上的梦幻迷惑的社会中一样。因此，一个喜欢各种生活的人进入人群就像是进入一个巨大的电源。也可以把他比作和人群一样大的一面镜子，比作一台具有意识的万花筒，每一个动作都表现出丰富多彩的生活和生活的所有成分所具有的运动的魅力。这是非我的一个永不满足的我，它每时每刻都用比永远变动不居、瞬息万变的生活本身更为生动的形象反映和表达着非我。一天，G先生目光炯炯，手势生动，在谈话中说："任何一个不被一种过分实在的使他不得不耗尽所有才能的忧虑所苦的人，任何一个在群众中感到厌烦的人，都是一个傻瓜！一个傻瓜！我蔑视他！"

G先生一觉醒来，睁开双眼，看见刺眼的阳光正向窗玻璃展开猛攻，不禁懊悔遗憾地自语道："多么急切的命令！多么耀眼的光明！几小时之前就已是一片光明啦！这光明我都在睡眠中丢掉啦！我本来可以看到多少被照亮的东西呀，可我竟没有看到！"于是，他出发了！他凝视着生命力之河，那样的壮阔，那样的明亮。他欣赏都市生活的永恒的美和惊人的和谐，这种和谐被神奇地保持在人类自由的喧嚣之中。他静观大城市的风光，由雾霭抚摸着的或被太阳打着耳光的石块构成的风光。他有漂亮的装束、高傲的骏马、一尘不染的青年马夫、灵活的仆役、曲线毕露的女人、美丽的活得幸福穿得好的孩子，一句话，他享受着全面的生活。如果一种样式、一种服装的剪裁稍微有了改变，如果丝带结和纽扣被饰结取而代之，如果女帽的后饰绸带变宽、发髻朝后脖颈略有下降，如果腰带上提、裙子变肥，请相信，他的鹰眼老远就已经看出来了。一个团队过去了，可能要开到世界的另一端，林荫道上空响彻了像希望一般诱人而轻松的军乐声。G先生的眼睛已经看见、细察和分析了这支部队的武器、步伐和风貌。鞍辔、闪光、音乐、果决的目光、浓重庄严的髭须，这一切都乱糟糟地进入他的头脑中，几分钟之后，由此而产生的诗就可能形成了。他的灵魂就这样和团队的灵魂生活在一起了，而这团队像一个动物一样地前进，真是服从中的一个自豪的快乐的形象！

可是夜来了。那是个古怪而可疑的时刻，天幕四合，城市放光，煤气灯在落日的紫红上现出斑点。正经的或不道德的，理智的或疯狂的，人人都自语道："一天终于过去了！"智者和坏蛋都想着玩乐，每个人都奔向他喜欢的地方去喝一杯遗忘之酒。G先生将在任何闪动着光亮、回响着诗意、跃动着生命、震颤着音乐的地方滞留到最后，任何地方，只要那里有一种激情可以呈现在他的眼前，只要那里有自然的人和传统的人出现在一种古怪的美之中，只要那里阳光照亮了堕落的动物[1]的瞬间的快乐！"瞧，这一天的确没有白过！"某些我们都认识的读者心想，"我们人人都有足够的天才，用同样的方式度过一天。"不！很少有人具有观察的才能，拥有表达的力量的人则更少。现在，别人都睡了，这个人却俯身在桌子上，用他刚才盯着各种事物的那种目光盯着一张纸，舞弄着铅笔、羽笔和画笔，把杯子里的水弄洒在地上，用衬衣擦拭羽笔。他匆忙、狂暴、活跃，好像害怕形象会溜走。尽管是一个人，他却吵嚷不休，自己推搡着自己。各种事物重新诞生在纸上，自然又超越了自然，美又不止于美，奇特又具有一种像作者的灵魂一样热情洋溢的生命。幻景是从自然中提炼出来的，记忆中拥塞着的一切材料被分类、排队，变得协调，经受了强制的理想化，这种理想化出自一种幼稚的感觉，即一种敏锐的、因质朴而变得神奇的感觉！

四 现代性

他就这样走啊，跑啊，寻找啊。他寻找什么？肯定，

---

[1] 卢梭在《论人类不平等的起源和基础》中写道："……思考的状态是一种反自然的状态，沉思的人是一头堕落的野兽。"

如我所描写的这个人，这个富有活跃的想象力的孤独者，不停地穿越巨大的人性荒漠的孤独者，有一个比纯粹的漫游者的目的更高些的目的，有一个与一时的短暂的愉快不同的更普遍的目的。他寻找我们可以称为现代性的那种东西，因为再没有更好的词来表达我们现在谈的这种观念了。对他来说，问题在于从流行的东西中提取出它可能包含着的在历史中富有诗意的东西，从过渡中抽出永恒。如果我们看一看现代画的展览，我们印象最深的是艺术家普遍具有把一切主题披上一件古代的外衣这样一种倾向。几乎人人都使用文艺复兴时期的式样和家具，正如大卫使用罗马时代的式样和家具一样。不过，这里有一个分别，大卫特别选取了希腊和罗马的题材，他不能不将它们披上古代的外衣；而现在的画家们选的题材一般说可适用于各种时代，但他们却执意要令其穿上中世纪、文艺复兴时期或东方的衣服。这显然是一种巨大的懒惰的标志，因为宣称一个时代的服饰中一切都是绝对的丑要比用心提炼它可能包含着的神秘的美（无论多么少、多么微不足道）方便得多。现代性就是过渡、短暂、偶然，就是艺术的一半，另一半是永恒和不变。每个古代画家都有一种现代性，古代留下来的大部分美丽的肖像都穿着当时的衣服。他们是完全协调的，因为服装、发型、举止、目光和微笑（每个时代都有自己的仪态、眼神和微笑）构成了全部生命力的整体。这种过渡的、短暂的、其变化如此频繁的成分，你们没有权利蔑视和忽略。如果取消它，你们势必要跌进一种抽象的、不可确定的美的虚无之中，这种美就像原罪之前的唯一的女人的那种美一样。如果你们用另一种服装取代当时必定要流行的服装，你们就会违背常理，这只能在流行的服饰所允许的假面舞会上才可以得到原谅。所以，18世纪的女神、仙女和苏丹后妃都是些精神上相似的肖像。

研究古代的大师对于学习画画无疑是极好的，但是如果你们的目的在于理解现时美的特性的话，那就只能是一种多余的练习。鲁本斯或委罗内塞所画的衣料教不会你们画出宽纹波纹织物、高级缎或我们工厂生产的其他织物，这些织物是用硬衬或上浆平纹细布裙撑起或摆平的，其质地与纹理和古代威尼斯的料子或送到卡特琳宫廷中的料子是不同的。还要补充一点，裙子和上衣的剪裁也是根本不同的，褶皱的方式是新的，而且，现代女性的举止仪态赋予她的衣裙一种有别于古代女性的活力和面貌。一句话，为了使任何现代性都值得变成古典性，必须把人类生活无意间置于其中的神秘美提炼出来。G先生特别致力的正是这一任务。

我说过每个时代都有它的仪态、目光和举止，这一命题特别在一个巨大的肖像画廊（例如凡尔赛的）中变得容易验证。不过，这个命题还可以扩大得更广。在被称作民族的这种单位中，职业、集团、时代不仅把形形色色的变化带进举止和风度中，而且也带进面部的具体形状中。某种鼻子、某种嘴、某种前额出现在某段时期内，其长短我不打算在这里确定，但肯定是可以计算的。肖像画家们对这样的看法还不够熟悉，具体地说，安格尔先生的大缺点是想把一种多少是全面的、取诸古典观念的宝库之中的美化强加给落到他眼下的每一个人。

在这样的问题上，进行先验的推理是容易的，甚至也是合理的。所谓灵魂和所谓肉体之间的永恒的关系很好地说明了物质的或散发自精神的东西如何表现和将永远表现着它所由产生的精神。假使有一位画家，有耐心并且细致，但想象力平平，他要画一位现在的妓女，但他取法于（这是固定的用语）提香或拉斐尔的妓女，那他就极有可能画出一件虚假的、暧昧的、模糊不清的作品。研究那个时代和那种类型中的杰作不能使他知道这类人物的姿态、目光、怪相和有生气的一面，而她们在时髦事物词典中相继被置于诸如下流女子、由情人供养之姑娘、轻佻女子、轻浮女人等粗鄙打趣的名目之下。

同样的批评也完全适用于对军人，对浪荡子，对动物：如狗或马，对组成一个时代的外部生活的一切东西的研究。谁要是在古代作品中研究纯艺术、逻辑和一般方法以外的东西，谁就要倒霉！因为陷入太深，他就忘了现时，放弃了时势所提供的价值和特权，因为几乎我们全部的独创性都来自时间打在我们感觉上的印记。读者预先就知道我可以在女人之外的许多东西上很容易地验证我的论述。例如，一位海景画家（我把假设推到极端）要再现现代船舶的简洁而高雅的美，他就睁大眼睛研究古船的装饰物过多的弯弯曲曲的外形和巨大的船尾以及16世纪的复杂的帆，你们将说些什么？你们让一位画家给一匹纯种的、在盛大的赛马会上出了名的骏马画像，如果他只在博物馆中冥思苦想，只满足于观察古代画廊中凡·戴克、布基侬[1]或凡·德莫伦[2]笔下的马，你们又将作何感想？

G先生在自然的引导下，在时势的左右下，走了一条完全不同的道路。他以凝视生活开始，很晚才学会了表现生活的方法，从中产生出一种动人的独创性。在这种独创性中，还存在的外行、质朴的东西就成了一种服从于印象的新证据，成为一种对真实的恭维。对我们中的大多数人来说，尤其是对生意人来说，自然，如果不和他们的生意有实用的联系，就不存在，生活的实际存在的幻想衰退得尤其严重。但G先生不断地吸收着这种幻想，并且记得住，满眼都是。

五 记忆的艺术

不规范一词也许过于经常地来到我的笔端，这可能会使某些人以为这指的是某些作品没有定型，唯有观者的想象力才能使之成为完美的东西。如果是这样的话，那就把我的意思理解错了。我想说的是一种不可避免的、综合的、幼稚的

---

1 Le Bourguignon，即雅克·古杜瓦（Jacques Courtois，1621-1676），法国画家。
2 Van der Meulen（1632-1690），弗朗德勒画家。

不规范，它在一种完美的艺术（墨西哥的、埃及的或尼尼微的）中往往是显而易见的，它出于一种扩大地观察事物尤其是在其整体效果中细看事物的需要。这里有必要指出，许多人把一切具有综合简化的目光的画家指为不规范，例如柯罗先生，他首先力求勾出一片风景的主要线条，它的骨架和面貌。这样，G先生就在忠实地表现他自己的印象的同时，以一种本能的毅力突出了一件东西的最高的或明亮的部分（从戏剧性的观点看，它们可以是最高的或明亮的），或者主要的特点，有时甚至带有一种对人类记忆有益的夸张；而观者的想象力也接受了这种如此专横的记忆，清晰地看到了事物在G先生精神上留下的印象。观者在这里是一种总是清晰的、令人陶醉的表达的表达者。

有一种条件使对于外部生活的这种传奇式的表达大大地增强了活力。我想说的是G先生的素描方法。他凭记忆作画，而不是根据模特儿，除非在有些情况下（如克里米亚战争），他必须刻不容缓地迅速地画下来，确定一个主题的基本线条。实际上，一切优秀的、真正的素描家都是根据铭刻在头脑中的形象来作画的，而不是依照实物。如果有人用拉斐尔、华托和其他许多人的精彩速写来反驳我们，我们就说，那的确是很详细的记录，不过仍是纯粹的记录。当一位真正的艺术家最后完成其作品时，模特儿对他更是一种障碍，而不是帮助。甚至像杜米埃和G先生这类长期以来就习惯于锻炼记忆和使之充满形象的人，在模特儿及其繁复的细节面前有时也感到他们的主要才能受到扰乱，仿佛瘫痪了一样。

于是，在什么都看见什么都不忘这种愿望和习惯于生动地观察一般色彩、轮廓和外形曲线的记忆能力之间就产生了一种争斗。一位对形式有着完善的感觉但习惯于使用记忆力和想象力的艺术家这时会处在蜂拥而起的细节的包围之中，它们都像一群热爱绝对平等的人一样强烈地要求公平的对待。公正不能不受到侵犯，一切和谐都被破坏了、牺牲了，许多平庸的东西变得硕大无朋，许多卑劣的东西成了僭越者。艺术家越是不偏不倚地注意细节，混乱状态就越发严重。无论他是近视还是远视，一切等级和从属关系都看不见了。这是我们的某个最走红的画家的作品中常常出现的一种意外事故，不过，他的毛病和群众的毛病如此相适应，竟特别地帮他成就了名声。类似的事情也可在演员的艺术实践中看出来，这种如此神秘、如此深刻的艺术今天已跌进颓废的混乱之中了。弗雷德里克·勒迈特先生以天才的雄浑和广阔写出了一个角色，他无论使用了多少闪光之物来表现明亮的细节，他的表现总是综合的，有雕塑感。布菲[1]先生则以近视眼和小职员的琐细来塑造他的角色。在他身上，一切都闪闪发光，但什么也看不见，什么也不想被人记住。

这样，在G先生的创作中就显示出两个东西：一个是复

1　Hugues Marie Désiré Bouffé（1800-1888），法国演员。

活的、能引起联想的回忆的集中,这回忆对每一件东西说:"拉撒路出来!"[1]另一个是一团火,一种铅笔和画笔产生的陶醉,几乎像是一种疯狂。这是一种恐惧,唯恐走得不够快,让幽灵在综合尚未被提炼和抓住的时候就溜掉,这种巨大的恐惧攫住了所有伟大的艺术家,使他们热切地希望掌握一切表现手段,以便精神的秩序永远不因手的迟疑而受到破坏,以便最后使绘制、理想的绘制变得像健康的人吃了晚饭进行消化一样的无意识和流畅。G先生先以铅笔轻轻画出轮廓,差不多只是标出所画之物在空间所占的位置,然后用颜色润出基本的布局,先轻轻着色,成为隐约的大块,随后再重新上色,一次比一次浓重,最后,对象的轮廓终于被墨勾勒出来。除非亲眼看见,人们想不到他用这种如此简单的几乎是最起码的方法竟能得到惊人的效果。这种方法有无与伦比的好处,无论在其进程的哪一点上,每幅画都是充分地完成了的;如果你们愿意,就把它们叫作草稿好了,但那是完美的草稿,各种浓淡色度都是完全和谐的;如果他想将它们更发展一下,它们永远会朝着所希望的完善齐头并进。他就这样怀着动人的、他甚至觉得有趣的活跃和快乐同时画二十幅画,画稿数以十计、百计、千计地堆积着,重叠着。他不时地浏览一下,翻一翻,看一看,然后从中挑出几幅,或多或少地增加一下强度,加上阴影和渐进地增强明亮的部分。

---

[1] 见《圣经·约翰福音》耶稣使已死去四天的拉撒路复活的故事。

他对背景极为重视，无论是强烈还是轻淡，它们总是具有一种切合形象的素质和特性。色调的变化和整体的协调都严格地合乎法度，其天才与其说出自学习，不如说是出自天性。因为G先生自然地拥有色彩家的这种神秘的才能，这是真正的天赋，学习可以使之增加，但我认为，学习本身是创造不出来的。一言以蔽之，我们的奇特的艺术家既表现了存在物的举止和或庄严或粗鄙的姿态，也表现了他们在空间的光彩夺目的爆发。

六　战争的编年史

保加利亚、土耳其、克里米亚、西班牙，使G先生，或者说使我们约好称为G先生的那位想象的艺术家大饱眼福，因为我不时地想起曾经许诺为使他的谦逊放心就只当他并不存在。我查阅了那些有关东方战争的材料（残骸狼藉的战场、辎重车、牲畜和马匹的装运），那真是直接从生活上移印下来的图画，是珍贵的别致的一种要素，许多有名的画家在同样的场合中是会轻率地忽略过去的；不过，我要把奥拉斯·维尔奈先生从这些画家中排除，他与其说是一位本质的画家，还不如说是一位真正的报人；G先生是一位更细腻的艺术家，跟他有着明显的关系，如果人们愿意只把他当作一位生活的资料员的话。我可以断言，在痛苦的细节上和可怕的规模上表现克里米亚战争这一宏伟史诗，没有任何一份报纸、一篇叙述文、一本书可以和他的画相比。目光依次掠过多瑙河之滨，博斯普鲁斯海峡两岸，刻尔松角，巴拉克拉瓦平原，因克尔曼的田野，英国人、法国人、土耳其人、皮埃蒙特人的营地，君士坦丁堡的街道，医院和一切宗教的及军事的盛典。

在最清晰地铭刻在我的头脑中的那些画中，有一幅叫作《直布罗陀主教为斯库塔里墓地举行祝圣仪式》。场面的生动性在于四周东方的大自然和参加者的西方的姿态和制服之间的对比，这种生动性被以一种动人的、启人联想的、充满梦幻的方式表现了出来。士兵和军官都有着不可泯灭的绅士风度，坚决而含蓄，他们把这种风度带到天涯海角，直到非洲南端殖民地的兵营和印度的机关之中；英国的教士使人隐约想起本来是戴着直筒无边高帽和领巾的执达员或经纪人。

这里我们到了苏姆拉，在奥麦尔—帕夏家里：土耳其式的款待，烟斗和咖啡，所有的来访者都坐在沙发上，把烟斗在唇间放好，烟管长得像吹管，烟锅儿放在脚边。这是《库尔德人在斯库塔里》，这支奇怪的军队的样子令人想到一次蛮族入侵；这是些土耳其非正规军队的士兵，也同样的奇特，他们的军官是欧洲人、匈牙利人或波兰人，其浪荡子的外貌和士兵的怪异的东方特色形成古怪的对比。

我见过一幅绝美的画，上面只有一个人物，肥胖，健壮，神情既是沉思的，又是无忧无虑和大胆的，一双大靴子超过了膝盖，军装上面罩了一件厚厚的、宽大的外套，扣得严严实实。他透过雪茄的烟望着阴森而迷茫的天际，一只受伤的胳膊倚在一条交叉着的领带上。画的下方，我读到这样的铅笔字：Canrobert on the battle field of lnkermann. Taken on the spot[1].

这个骑兵是谁？他有着雪白的小胡子，面目画得很重，扬着头，好像在闻着战场的可怕的诗意，而他的马嗅着土地，在堆积的尸体中间寻找着道路，它抬起蹄子，面部抽搐着，姿态很奇特。画的下方一角，可以看到这样的字句：Myself at lnkermann.[2]

我看见巴拉圭-迪里埃[3]先生和统帅一起在贝奇斯塔什检阅炮兵。我很少见过比这更像的、出自一只更大胆更有才智之手的军事肖像画。

一个名字，自叙利亚之祸以来声名狼藉的名字映入我的眼帘：阿赫麦—帕夏将军在卡拉法特，他和他的参谋部站在隐蔽处前，命人介绍两位欧洲军官。阿赫麦—帕夏尽管大腹便便，其态度中和脸上仍有一种贵族的通常属于统治种族的傲慢神气。

在这本集子里，巴拉克拉瓦战役以不同的面貌出现过多次。在最惊人的画中，有被女王的诗人阿尔弗莱德·丁尼生

---

1 英文，康罗贝尔在因克尔曼战场上。作于现场。康罗贝尔（1809-1895）是法国元帅，在克里米亚战争中任法军统帅。
2 英文，我在因克尔曼。
3 Baraguay-d'Hilliers（1795-1878），法国元帅。

的英雄的号角歌颂过的那次历史性的骑兵冲锋：一群骑兵在炮火的浓烟中神速地一直飞奔到天际；背景上，风暴被一线青翠的山丘隔断。

不时地有些宗教画使因所有这些弥漫的硝烟和混乱的屠杀而感到悲伤的眼睛得以休息。在不同部队的英国士兵中间，突然出现了穿裙子的苏格兰人的别致的军装，一个英国国教教士在做安息日弥撒；三面鼓，一个在上，两个在下，充作讲坛。

实际上，单用一支笔很难表达这首用上千幅画作成的如此广阔、如此复杂的诗，很难表现来自这些画中的兴奋；这些画常常是痛苦的，但从来不是泪汪汪的，它们被画在几百张纸上，那上面的污迹和裂口以独特的方式道出了艺术家将他白天的回忆置于其中的纷乱和喧嚣。傍晚，邮差将G先生的说明和画送往伦敦，他常常就这样委托邮局送走临时画在薄型纸上的十多幅速写，而雕刻工和报纸订户正焦急地等待着。

时而出现了野战医院，那里的气氛本身也像是有病的、忧郁的、沉重的，每一张床都容纳着一种痛苦。时而是贝拉医院，我看见一个衣冠不整的访问者正同两个仿佛出自勒絮厄笔下的瘦长、苍白、直挺挺的女护士谈话，这访问者有个古怪的说明：鄙人。现在，又是一些牲口，骡子、毛驴或马，在崎岖艰难、布满往日的战斗的残留物的小径上缓缓行走，它们的两肋上挂着两个粗糙的椅子，上面坐着没有人色、动弹不得的伤员。在广阔的雪原上，骆驼挺着威严的胸，高昂着头，由鞑靼人牵着，拖着各种粮秣和装备：这是一个战争的世界，活跃、匆忙、沉默；还有营地、集市，摊着各种货物的样品，这是一种野蛮的、临时的城市。在临时搭起的棚子间，在多石或积雪的道路上，在川流不息的人群中，有好几个国家的制服来来往往，打仗使这些制服多多少少地破烂了，外加的大皮袄和笨重的鞋子也使之走了样子。

这些画现在已散落在好几处，一些珍贵的画幅到了负责翻刻的雕王或《伦敦新闻画报》的编辑手中，很可惜它未曾落到皇帝[1]的眼下。我想他会高兴地、不无柔情地查看他的士兵们的丰功伟绩，从最辉煌的壮举到生活的最平凡的琐事，这只士兵艺术家的手一天一天地将它们详细地表现了出来。

七　隆重典礼和盛大节日

土耳其也向我们亲爱的G先生提供了绝妙的绘画题材：拜兰节无比壮丽辉煌，但是其间出现了已故苏丹的永久的烦闷，有如一个苍白的太阳；文臣列于君王的左侧，武将列于君王的右侧，居首的是赛义德—帕夏，当时正是君士坦丁堡的埃及苏丹；车队和仪仗朝着王宫旁边的小清真寺行进，人群中有土耳其官员，真正的颓废漫画，以其令人惊异的肥胖

---

[1] 指拿破仑第三。

重重地压在他们华丽的骏马上；巨大而笨重的车子，类似路易十四式的四轮马车，被东方的奇特装饰得流金泛彩，有时从贴在脸上的一块细布留给眼睛的一条狭缝中射出奇怪的女人气的目光；第三性（巴尔扎克的怪诞用语用在这里再合适不过；因为在颤抖的光线的闪烁下，在宽大的衣服的摆动下，在脸颊、眼睛和睫毛的火辣辣的化装下，在抽搐的、歇斯底里的动作中，在飘动在腰际的长长的头发中，是很难，且不说不可能，猜出男子特征的）的江湖艺人的狂热舞蹈；最后，风流女人（如果可以对东方使用风流一词的话），一般是由匈牙利人、瓦拉几亚人、犹太人、波兰人、希腊人和亚美尼亚人组成；因为在一个专制政府的统治下，这都是些被压迫的民族，而且他们是受苦最为深重、向卖淫提供最多的人。这些女人中，有些还穿着民族服装，绣花上衣、短袖、下坠的披肩、肥大的裤子、翘起的拖鞋、带条或饰有金银箔片的平纹细布以及故乡的各种浮华之物；另一些人数最多，她们接受了文明的主要标志，对一个女人来说，就是千篇一律的带衬架支撑的裙子，不过，在她们的打扮中，有的地方还保留着一种对于东方的小小的、有特色的回忆，使她们看起来像是一个想乔装打扮的巴黎女人。

G先生善于画官方场面的豪华、隆重的典礼和民族的盛大节日，他不像那些把这种画当作有利可图的苦差事的画家，以教训的方式画得无动于衷，而是怀着一个热爱空间、远景、一片光明或爆炸的光辉的人所具有的全部热情，并且把军装和宫装画得纤毫毕现。《雅典大教堂的独立纪念节》给这种才能提供了一个极有趣的例证。所有那些画得很小的人物都各得其位，使容纳他们的空间变得更为深邃。教堂很大，装饰着庄严的帷幔。奥东王[1]和王后站在台上，穿着传统服装，他们穿得极其自如，好像是为了证实他们的选择的诚意和最文雅的希腊爱国主义。国王像一个最爱打扮的民兵一样束紧腰身，裙口放大，带着民族浪荡作风的夸张。族长从他们前面走过，那是位缩肩的老人，一把雪白的大胡子，一副绿色的眼镜保护着小小的眼睛，他的全身都显露出一种彻底的东方的冷静。画中的任何人物都是一幅肖像，其中一个最有意思，很古怪，其相貌一点儿也不像希腊人，那是一位德国太太，她站在王后身边，侍候她。

在G先生的画中，人们常常见到法国人的皇帝，他很善于寥寥几笔就勾出一幅万无一失的速写，容貌却也很像，简直像签名时带出花缀一样得心应手。有时是皇帝检阅，策马飞奔，身边是军官们，其相貌很容易辨认，或是外国的亲王，欧洲的、亚洲的或非洲的，可以说，皇帝是在尽地主之谊；有时他骑在马上不动，那马的四蹄就像桌子的四条腿一样稳，左边是皇后，身着戎装，右边是小皇子，头戴有羽饰的帽子，威武地骑在一匹竖起了毛的小马上，那马很像英国艺术家喜欢在风景画中画的那种小型马；有时他消失在布洛

---

[1] 指奥东一世（1815-1867），希腊国王，德国人。

涅森林小径上光亮和尘土搅作一团的旋风之中；有时他又在圣安东郊区的一片欢呼声中缓缓地散步。这些水彩画中特别有一幅以其神奇使我赞叹不已。皇后出现在一个豪华奢侈的包厢里，态度安详平静，皇帝微微俯下身来，好像要更清楚地看戏；下面站着两个近卫骑兵，一动不动，威严而近乎呆板，他们闪光的军装与脚灯相映生辉。一排灯光后面，在一种理想的舞台气氛中，演员们和谐地唱着、说着、动作着；另一边是一片朦胧的光海，圆形的空间里塞满了层层的人脸：那是分枝吊灯和观众。

1848 年的民众运动、俱乐部和盛大节日也向 G 先生提供了一系列动人的构图，其中大部分已被《伦敦新闻画报》雕印。几年前，他去过西班牙一次，此行对他的天才来说获益不浅，他回来后也画了一册同样性质的画，我只见过一小部分。他随意把他的画送人或出借，这常常使他蒙受不可弥补的损失。

八 军人

要进一步确定艺术家的主题是什么类型，我们可以说那是生活的盛况，如同它在文明世界的都会中呈现出来的那样，军旅生活的盛况，风雅生活的盛况，爱情生活的盛况。我们的观察家总是准时到达岗位，任何地方，只要那里流动着巨大而强烈的欲望,人心的奥里诺科河[1],战争,爱情,赌博;任何地方,只要那里跃动着代表幸福与不幸的这些巨大因素的欢乐与想象。但是,他对军人、对士兵表现出很明显的偏爱,我认为这种爱不仅来自一定会从战士的灵魂传到姿态中和脸上的那些美德和才能,而且也来自这种职业赋予他的那种耀眼的装饰。保尔·德·莫莱纳先生写过几页既迷人又合乎情理的文章,谈论军人的风流和各国政府都乐于使其军队穿上的那种明亮闪光的衣服所具有的道德含义。G先生会很乐意在这篇文章上署上他的名字的。

我们已经谈过每个时代的特殊美的习惯方式,我们也注意到每个世纪可以说都有自己的风致。这样的看法也可用于职业,每种职业都从它所遵循的道德原则中抽出它的外部的美。在有些职业中,这种美以刚毅为特征,而在另一些职业中,则可能带有闲适的明显标记。这就仿佛是性格的标志,命运的印记。一般地说,军人有他的美,如同浪荡子和风流女人有他们的美一样,但其趣味在本质上是不同的。有些职业,其专一的、猛烈的活动使筋肉变形,使脸上表现出奴役,我避而不谈,这是很自然的。军人对意外之事习以为常,所以很难使他惊讶。因此这里的美的特殊标记是一种雄赳赳的不在意,是一种冷静和大胆的奇特混合,这是一种出自随时准备去死的必要性的美。然而,理想的军人面孔应

---

[1] Orinoco,南美洲的第三大河。

该表现出一种巨大的单纯，因为士兵像和尚和学生一样过集体生活，一种抽象的父子关系使他们免除日常的衣食之忧，在许多事情上，他们是和孩子一样单纯的；所以，像孩子一样，任务一完成，他们是很容易逗乐的，也容易进行激烈的娱乐。我认为所有这些道德评价都从G先生的速写和水彩画中自然地流露出来，我相信这并非夸大。各式各样的军人典型一应俱全，而且都洋溢着某种热烈的快乐：一位步兵老军官，严肃而忧郁，他的肥胖使他的坐骑大受其苦；参谋部的漂亮军官，腰身紧束，摇晃着肩膀，一点儿也不害羞地朝着太太们的扶手椅弯下身去，从背面看，他让人想到那种最灵活最文雅的无耻之徒；轻步兵和狙击兵，姿态中洋溢着极度的大胆和独立，似乎对个人责任有一种更强烈的感觉；轻骑兵的敏捷而快活的潇洒；特种部队如炮兵和工程兵的隐约带有职业性和技术性的容貌，常为望远镜等不大尚武的器具所证实；没有一种模特儿、一种色调被忽略，它们都被以同样的爱、同样的才智概括和确定下来。

现在我手上正有一幅画，整个画面的确洋溢着英雄气概，表现的是一个步兵纵队的先头部队。也许这些人是从意大利回来，正在林荫道上、群众的欢呼声中稍事休息；也许他们刚在通往伦巴第的路上走了一大截，我不知道。可以看到的、完全可以明白的，是这些饱经日晒、风吹和雨打的面孔就是在平静中也表现出坚决和勇敢的性格。

这正是服从和共同经受的痛苦产生的共同表情，经过长期因乏考验的勇气的一种顺从的神态。卷起的长裤掖在护腿套中，帽子沾满了尘土，有些褪色，总之，全部装备都有着那种来自远方并且经历过奇特的冒险的人所有的不可磨灭的模样。仿佛比起其他人来，这些人的腰挺得更结实，脚站得更稳，身子也更直。夏莱一直在寻求这种类型的美，也常常找得到，如果他看见这幅素描，肯定会大吃一惊的。

九　浪荡子

一个人有钱、有闲，甚至对什么都厌倦，除了追逐幸福之外别无他事；一个人在奢华中长大，从小就习惯于他人的服从，总之，一个人除高雅之外别无其他主张，他就将无时不有一个出众的、完全特殊的面貌。浪荡作风是一种朦胧的惯例，和决斗一样古怪；也是一种很古老的惯例，因为恺撒、卡提里纳[1]、阿西比亚德[2]都向我们提供了许多著例；也是一种很普遍的惯例，因为夏多布里昂在新大陆的森林和湖畔发现了它。浪荡作风是法律之外的一种惯例，它有自己严格的法规，它的一切臣民无论其性格多么狂暴独立都恪守不渝。

英国小说家比别人更用心培植 high life[3] 小说，而法国

1　Lucius，Sergusi Catilina（约前108-前62），罗马政治家。
2　Alcibiade（约前450-前404），古希腊将军、政治家。
3　英文，上流生活。

人，例如德·居斯蒂纳先生，则特别地愿写爱情小说，他们首先很明智地使主人公有巨大的财产，足以毫不迟疑地满足其各种非非之想，然后再将其分散在各种职业中。这种人只在自己身上培植美的观念，满足情欲、感觉以及思想，除此没有别的营生。这样，他们就随意地并且在很大程度上拥有时间和金钱，舍此，处于短暂梦幻状态的非非之想几乎是不能付诸行动的。不幸，真实的情况是，没有闲暇和金钱，爱情就只能是平民的狂欢或夫妇义务的履行，它成了一种令人厌恶的用途而非一种热烈的或梦幻的心血来潮。

如果我说到浪荡作风时谈论爱情，这是因为爱情是游手好闲者的天然的事情；然而，浪荡子并不把爱情当作特别的目标来追求。如果我谈到金钱，那是因为金钱对于崇拜他们的情欲的人来说是必不可少的；然而浪荡子并不把金钱当作本质的东西来向往，一笔不定期的借款于他足矣，他把这种粗鄙的情欲留给凡夫俗子了。浪荡作风甚至不像许多头脑简单的人以为的那样，是一种对于衣着和物质讲究的过分的爱好。对于彻头彻尾的浪荡子来说，这些东西不过是他的精神的贵族式优越的一种象征罢了。他首先喜爱的是与众不同，所以，在他看来，衣着的完美在于绝对的简单，而实际上，绝对的简单正是与众不同的最好方式。那么，这种成为教条、造就了具有支配力的信徒的情欲，这种不成文的、形成了如此傲慢的集团的惯例，究竟是什么呢？这首先是包容在习俗的外部限制之中的、使自己成为独特之人的热切需要。

这是一种自我崇拜，它可以在于他人身上（例如于女人身上）追求幸福之后继续存在，它甚至可以在人们称之为幻想的东西消失之后继续存在。这是使别人惊讶的愉快，是对自己从来也不惊讶的骄傲的满足。一个浪荡子可以是一个厌倦的人，也可以是一个痛苦的人，然而在后一种情况下，他要像拉栖第梦人[1]那样在狐狸的噬咬下微笑。

可以看出，浪荡作风在某些方面接近唯灵论和斯多葛主义，但是，一个浪荡子绝不能是一个粗俗的人。如果他犯了罪，他也许不会堕落；然而假使这罪出于庸俗的原因，那么丢脸就无可挽回了。请读者不要对轻浮的这种危险性感到愤慨，请记住在任何疯狂中都有一种崇高，在任何极端中都有一种力量。奇怪的唯灵论！对于既是教士又是牺牲品的那些人来说，他们所服从的所有那些复杂的物质条件，从白天黑夜每时每刻都无可指摘的衣着到最惊险的体育运动技巧，都不过是一种强化意志制服灵魂的锻炼而已。事实上，我把浪荡作风看作一种宗教，这并非全无道理。最严厉的修道戒律，命令入迷的信徒自杀的那位山中老人[2]的不可违抗的命令，并不比高雅和独特这种教条更专横、更得到服从。这种教条也强加给它的野心勃勃或谦卑的信徒（这些人往往充满了狂热、情欲、勇气和克制的精力）可怕的箴言：perinde ac

---

1 Lacédémonien，即斯巴达人，素以坚忍刚毅著称。
2 波德莱尔在《人造天堂》一文中谈到一山中老人用大麻叶使信徒进入迷醉状态，从而得到消极的、不假思索的服从。

cadaver！[1]

这些人被称作雅士、不相信派、漂亮哥儿、花花公子或浪荡子，他们同出一源，都具有同一种反对和造反的特点，都代表着人类骄傲中所包含的最优秀成分，代表着今日之人所罕有的那种反对和清除平庸的需要。浪荡子身上的那种挑衅的、高傲的宗派态度即由此而来，此种态度即便冷淡也是咄咄逼人的。浪荡作风特别出现在过渡的时代，其时民主尚未成为万能，贵族只是部分地衰弱和堕落。在这种时代的混乱之中，有些人失去了社会地位，感到厌倦，无所事事，但他们都富有天生的力量，他们能够设想出创立一种新型贵族的计划，这种贵族难以消灭，因为他们这一种类将建立在最珍贵、最难以摧毁的能力之上，建立在劳动和金钱所不能给予的天赋之上。浪荡作风是英雄主义在颓废之中的最后一次闪光，旅游者在北美洲发现的浪荡子典型丝毫也削弱不了上述观念的价值，因为我们称为野蛮人的那些部落可能是已经消失的文明的残余，什么也不能阻止我们这样设想。浪荡作风是一轮落日，有如沉落的星辰，壮丽辉煌，没有热力，充满了忧郁。然而，唉！民主的汹涌潮水漫及一切，荡平一切，日渐淹没着这些人类骄傲的最后代表者，让遗忘的浪涛打在这些神奇的侏儒的足迹上。浪荡子在我们中间是越来越少了，而在我们的邻居那里，在英国，社会状况和宪法（真

---

1 拉丁文，像死尸一样。

正的宪法，通过习俗体现的宪法）还将长久地给谢立丹[1]、布鲁麦尔[2]和拜伦的继承者留有一席地位，假使还有名副其实的继承者的话。

事实上，读者可能觉得是一种倒退的东西并不是倒退。在很多情况下，一个艺术家的画所流露出来的道德上的评价和梦幻也是一个批评家所能做出的最好解说。启发是母题的一部分，把这些启发逐一显露出来，人们就可猜出母题。G先生在把他的一个浪荡子用铅笔画在纸上的时候，给予他历史的甚至是传说的性格，这难道还需要我说吗？难道我敢说这不是现时的以及这些东西一般人都认为是闹着玩儿的吗？当我们的目光发现了这样的一个人，在他身上俏皮和可怕神秘地融为一体，正是他的举止的轻浮，待人接物的信心，支配神气中的单纯，穿衣骑马的方式，平静却显示出力量的姿态使我们想到："这也许是个有钱的人，但更保险的，这是一个无所事事的赫丘利。"

浪荡子的美的特性尤其在于冷漠的神气，它来自决不受感动这个不可动摇的决心，可以说这是一股让人猜得出的潜在的火，它不能也不愿放射出光芒。这正是在这些形象中完美地表现出来的东西。

---

[1] R.B.B. Sheridan（1751-1816），英国剧作家。
[2] George Bryan Brumell（1778-1840），英国著名浪荡子。

一〇　女人

这种人，对大多数男子来说，是最强烈甚至（我们说出来，让哲学的快感感到羞耻吧！）是最持久的快乐的源泉；这种人，人们的一切努力都向着她或是为了她，这种像上帝一样可怕的、不能沟通的人（区别是，无限之不能沟通，是因为它蒙蔽和压垮了有限，而我们所说的这种人之不可理解，可能只是因为跟她没有什么可以沟通的）；这种人，约瑟夫·德·迈斯特看作是一头美丽的野兽，其风度使人愉快，使政治的严肃把戏更为易行；财富为之或因之而聚散；艺术家和诗人为之尤其是因之而做成他们最精妙的首饰；她身上产生出最刺激神经的快乐和最深刻的痛苦；一句话，女人，对于艺术家来说，具体地说，对G先生来说，她并不是男性的反面。更确切地说，那是一种神明、一颗星辰，支配着男性头脑的一切观念；是大自然凝聚在一个人身上的一切优美的一面镜子；是生活的图景能够向观照者提供的欣赏对象和最强烈的好奇的对象。那是一种偶像，可能是愚蠢的，但是炫目、迷人，使命运和意志都悬在她的眼前。我认为这不是四肢适得其所、提供了和谐的完美例证的一头野兽，甚至也不是雕塑家在最严肃的沉思中所能梦想的纯粹美的典型。不，这些都不足以解释她所具有的神秘而复杂的魔力。这里温克尔曼和拉斐尔对我们没有用，我确信，如果G先生失去了一个品味雷诺兹或劳伦斯的肖像画的机会的话，他也会忽略古代雕像的一部分的，尽管他才智过人（这样说与他并无妨害）。装饰着女人的一切，突出她的美的一切，都是她自身的一部分；而专门致力于研究这种谜一样的造物的艺术家也像迷恋女人本身一样地迷恋mundus muliebris[1]。女人大概是一片光明，一道目光，幸福的一张请柬，有时是一句话；但她尤其是一种普遍的和谐，这不仅见于她的风度和四肢的运动，而且见于细布、薄纱和裹着她的宽大闪动的衣料之中，那仿佛是她的神性的标志和台座；也见于盘绕在她臂上和颈上的金属和矿物，它们或是使她的目光之火增添了光彩，或是在她的耳畔温柔地唧唧喳喳。哪一个诗人敢于在描绘因美人出现而引起的快乐时把女人和她的服饰分开？哪一个男子在街上、剧院、森林中不曾最无邪地享受过巧妙地组成的装束的快乐，不曾带走装束的主人的美的一个不可分割的形象并把两者——女人及其衣裙——当作不可分的整体？我觉得，这里正是回到有关流行服饰和首饰的某些问题的地方，我在本文开头时仅略有涉及，也是为服装艺术报仇，反驳大自然的某些十分暧昧的爱好者加于它的荒谬诬蔑的地方。

一一　赞化妆

有一首歌，它是那样的平庸荒唐，令一篇有几分自命严

---

[1] 拉丁文，女人的装饰。

肃的文章几乎不能引用，但它却以一种滑稽歌舞剧作者的风格很好地表达了不思想的人的美学。自然美化了美！可以推测，诗人如果能说法语的话，就会说：单纯美化了美！这等于下面这个真理，其类型完全在意料之外：无美化了有。

大部分关于美的错误产生于 18 世纪关于道德的错误观念。那时，自然被当作一切可能的善和美的源泉和典型。对于这个时代的普遍的盲目来说，否认原罪起了不小的作用。如果我们同意参考一下明显的事实，各时代的经验和《论坛报》，我们就会看到自然不教什么，或者几乎不教什么，也就是说，它强迫人睡眠饮食以及好歹免受敌对的环境的危害，它也促使人去杀同类、吃同类，并且监禁之、折磨之；因为一旦我们走出必要和需要的范围而进入奢侈和享乐的范围，我们就会看到自然只能劝人犯罪。正是这个万无一失的自然造出了杀害父母的人和吃人肉的人，以及千百种其他十恶不赦的事情，羞耻心和敏感使我们不能道其名。是哲学（我说的是好的哲学），是宗教命令我们赡养贫穷和残废的父母；自然（它不是别的东西，正是我们的利益的呼声）却要我们把他们打死。看一看、分析一下所有的自然的东西以及纯粹的自然人的所有行动和欲望吧，你们除了可怕的东西之外什么也发现不了。一切美的、高贵的东西都是理性和算计的产物。罪恶的滋味人类动物在娘肚子里就尝到了，它源于自然；道德恰恰相反，是人为的、超自然的，因为在任何时代、任何民族中，都必须有神祇和预言家教给兽化的人以道德，人自己是发现不了的。恶不劳而成，是自然的、前定的；而善则总是一种艺术的产物。我把自然说成是道德方面的坏顾问，把理性说成是真正的赎罪者和改革者，所有这一切都可搬到美的范围中去。这引导我把首饰看作是人类灵魂的原始高贵性的一种标志。被我们的混乱而堕落的文明带着十分可笑的傲慢和自命不凡当作野蛮人对待的那些民族也像儿童一样，能够理解服饰的高度精神性。野蛮人和婴儿天生地向往着明亮的东西，五颜六色的羽毛、闪色的布料以及人为的形式的极度庄重，这表现出他们对实在事物的厌恶，也不自觉地证明了他们的灵魂的非物质性。让那些像路易十五（他不是真正的文明的产物，而是野蛮复现的产物）的人倒霉吧，他们居然堕落到了只能欣赏自然的单纯[1]的程度！

因此，时装式样应该被看作是理想的趣味的一种征象，这种理想在人的头脑中飘浮在自然的生活所积聚的一切粗俗、平庸、邪恶的东西之上，应该被看作是自然的一种崇高的歪曲，或更确切地说，应该被看作是改良自然的一种不断的、持续的尝试。所以，人们曾经合乎情理地指出，所有的时装样式都是迷人的，就是说，相对而言是迷人的，每一种都是一种朝着美的或多或少成功的努力，是一种对于理想的某种接近，对这种理想的向往使人的不满足的精神感到微微

---

[1] 人们知道，杜巴里夫人不想接待国王的时候，就搽胭脂。这是一个足够的标志。她就这样关上了自己的大门。她用美化自己吓退了信奉自然的君王。——原注

发痒。但是，假使人们想很好地领略一番的话，那就不应该把时装看作死的东西，否则就跟欣赏挂在旧货商的柜子里像圣巴泰勒米的皮肤一样松弛、没有生气的破衣服没什么两样了。应该想象穿着它们的美丽女人给了它们活力和生气。唯其如此，人们才能理解其意义和精神。如果你们觉得"所有的时装样式都是迷人的"这一警句过于绝对而感到不快，那你们就说"所有的时装样式都理所当然是迷人的"吧，你们肯定是没有错的。

一个女人完全有权利一心一意要显得神奇和超自然，她这样做甚至是履行了某种义务。她应该惊人，应该迷人。作为偶像，她应该包上金子让人崇拜。因此，她应该向各种艺术借用使自己超越自然的手段，以便更好地征服人心和震惊精神。如果成功是肯定的，效果是不可抗拒的，那么诡计和手法尽人皆知也没有什么关系。从以上的论述中，哲学的艺术家将不难发现，各个时代的女人为了巩固和神化（姑且这样说）她们的脆弱的美而运用的各种做法都是合理的。其例不胜枚举，但是，我们且只说说我们的时代庸俗地称为化妆的这件事吧。使用香粉搽面，这曾遭到天真的哲学家们如此愚蠢的咒骂，使用的目的和效果在于使自然过度地洒在脸上的各种斑点消失，在痣和皮肤颜色之间创造出一种抽象的协调，这种协调和紧身衣产生的协调是一样的，这就立刻使人接近了雕像，也就是说，接近了一种神圣的、高级的生命，这谁看不到呢？至于说人为地把眼圈涂黑，把两颊的上部搽上胭脂，尽管其使用出于同一原则，出于超越自然的需要，但效果却是为了满足一种完全相反的需要。红和黑代表着生命，一种超自然的、非常的生命，那个黑圈使目光更深邃更奇特，使眼睛看起来更像朝着无限洞开的窗户；红则使颧颊发亮，更增强了瞳仁的明亮，给一个女性的美丽面孔增添了女祭司的神秘情欲。

因此，请听明白，在脸上涂脂抹粉不应该用于模仿美的自然和与青春争高低这种庸俗的、不可告人的目的。再说人们已经注意到，打扮并不能美化丑陋，而只能为美所用。谁还敢赋予艺术模仿自然这种没有结果的功能？化妆无须隐藏，无须设法不让人猜出，相反，它可以炫耀，如果不能做作，至少可以带着某种天真。

对于那些人，我很乐意允许他们笨拙的严肃阻止他们在最细微的表现中寻找美，允许他们取笑我的思索以及指责这些思索具有一种幼稚的庄重，他们的严厉的评断动不了我一根毫毛。我只想把他们叫到真正的艺术家身旁，也叫到那些女人身旁，她们一生下来就接受了那圣火的火星，她们愿意全身被这圣火照亮。

一二 女人和姑娘

这样，G先生就把在现代性中寻找和解释美作为自己的任务，心甘情愿地去描绘花枝招展的、通过各种人为的夸张来美化自己的女人，不管她们属于社会的哪个阶层。不过，如同在熙熙攘攘的人生中一样，在他的作品中，不管人物的外表多么奢华，其集团和种族的差异观众一望便知。

有时是一些上流社会的年轻姑娘，她们坐在包厢里，就像肖像画嵌在画框中，光彩夺目，剧场中漫射的光照在她们的眼睛里、首饰上和肩头，又反射回来。她们有的庄重严肃，有的一头金黄色的头发、漫不经心，有的带着一种贵族的无忧无虑展示出早熟的胸脯，有的则天真地袒露出男孩似的乳房。她们用扇子遮住牙齿，目光茫然或专注，她们像装作在听话剧或歌剧一样做作和一本正经。

有时，我们看到一些文雅的家庭在公园的小径上懒洋洋地散步，女人神情安详地拖在丈夫的手臂上，后者庄重满意的神气说明他已发家致富，颇为自得。这里，豪华的外表取代了高贵的优雅。瘦削的小女孩穿着肥大的裙子，举止风度活像小女人，她们跳绳、滚铁环，或是在露天里相互拜访，重复着父母在家里演出的喜剧。

一些从下层社会浮上来的小剧场的姑娘，因终于出现在脚灯的光亮之中而感到自豪，她们苗条、纤弱，还在少年，用处女的病态的身躯抖动着荒唐的戏装，那戏装不属于任何时代，却成为她们快乐的源泉。

在一间咖啡馆门口，从前后照得雪亮的窗户上，靠着一个大傻瓜，他的风雅全靠裁缝和理发师；他的情妇坐在他身边，脚放在那个不可少的小凳上，这个下流女人要说像个贵妇可几乎什么也不缺（这个几乎什么也不缺，就是几乎有一切，这就是高雅啊）。像她那漂亮的伴侣一样，她的小嘴也被一支不成比例的雪茄占满了。这两个人什么也不想。但是能肯定他们在看什么吗？除非这两个愚蠢的那喀索斯观望人群就像看着一条映出他们的面影的河一样。实际上，他们存在着与其说是为了观察者的乐趣，还不如说是为了自己的乐趣。

现在，瓦朗蒂诺、卡西诺、普拉多（过去的提沃里、意达里、佛里、帕佛）打开了充满了光和动的长廊，在这些乱糟糟的地方，游手好闲的青年人可以大显身手。一些女人很排场地让裙子的后摆和披肩的尖端拖过地面，她们把时装夸张到败坏其风致的程度，也因此破坏了时装的意图。她们走来走去，睁开一双动物似的惊奇的眼睛，装作什么都不在眼里，其实却什么也没有放过。

在极其明亮的背景上，或者在北极光的背景上，红色的、橙色的、硫色的、粉红的（粉红透露出一种陶醉于轻薄的观念），有时是紫色的（修女喜爱的颜色，在天蓝色帷幔后面的熄灭的火炭），在这种神奇的、以不同的方式模仿着孟加拉的炎热的背景上，升起了可疑的美的千变万化的形象。这里是威严的，那里又是轻浮的；时而苗条，甚至纤细，时而庞大；时而小巧，闪闪发光；时而笨重，硕大无朋。它创造了一种挑衅式的野蛮的优雅，或者说它多少成功地追求着一种在更高级的社会阶层中流行的单纯。它前进着，轻轻掠过，跳着舞，穿着绣花的裙子滚动着，那裙子既是它的台座又是它的平衡器。它戴着帽子，凝目而视，活像画框中一幅肖像。它很好地体现了文明中的野蛮。它有它的来自恶的美，总是没有灵性，但有时却有一种装作忧郁的疲倦的色彩。它望着天际，像是一头猛兽，有着同它一样的迷惘，一样无精打采的分神，有时也有着一样的神情的专注。这是一种在规矩社会的边缘流浪的放荡不羁的人，他的一生是诡计和战斗的一生，其平庸势必要从华丽的外表下面表现出来。人们可以恰当地把不可模仿的大师拉布吕耶尔的这些话用在他的身上："在某些女人身上有一种人为的高贵，它取决于眼睛的活动、神情及走路的姿态，但它行之不远，仅此而已。"

在某种程度上，对交际花的看法可以用于女演员，因为她也是一种炫耀的造物，是公共快乐的对象；但在后者，征服和猎获具有一种更高贵、更属精神的性质。她要获得普遍的宠爱，不仅要凭借纯粹的肉体美，而且要凭借一种最为罕有的才能。如果说女演员在一方面接近交际花，她在另一方面却也接近诗人。我们不要忘记，除了自然美甚至人工美之外，每个人都有一种职业的习惯，有一种特性，这种特性可以表现为肉体的丑，但也可以表现为某种职业的美。

在这个伦敦生活和巴黎生活的巨大画廊里，我们遇见了浪荡的女人和各阶层的反抗的女人的不同典型。首先是妓女，她在年华初放的时候，追求贵族气派，以青春和奢华自豪，她用尽了全部才能和心思，用两个手指轻轻地提起飘动在她四周的缎、绸或绒的宽大衣摆，向前迈出她的失足，那双鞋装饰得过分，要不是整个装束稍许有些夸张的话，真足以泄露她的身份。沿着阶梯而下，我们来到被禁锢在下流场所的那些奴隶身边，那些场所常被装点成咖啡馆的样子，不幸的女人们被置于最悭吝的监护之下，她们自己一无所有，甚至被当作美的调味品的那些古怪的首饰也不归她们所有。

在这些人中，有一些是无邪的、畸形的自命不凡的榜样，她们的头脑和大胆抬起的目光中有着明显的生存（实际上那是为了什么呢？）的幸福。有时候她们不经寻找就发现了大胆和高贵的姿势，这种姿势会使最挑剔的雕塑家喜出望外，假使现代的雕塑家有勇气、有才智在各处甚至在泥淖中搜罗高贵的话；有时候她们则陷入绝望，神情沮丧，像醉鬼一样无精打采，显出一种男性的厚颜无耻，用抽烟消磨时光，怀着东方命定论的顺从。她们躺卧在沙发上，裙子前后弯成两个扇形，或者坐在椅子上，脚搭在小凳上；笨重、郁闷、乖戾，眼圈因烧酒而发黑，前额因固执而鼓起。我们下到螺旋形楼梯的最下一层，直到拉丁讽刺诗人[1]所说的foemina simplex[2]。我们立刻看到，在酒气和烟雾交织一片的背景上，呈现出了因肺痨而发红的干瘪的皮肉，或者脂肪积蓄而成的

---

1 指拉丁讽刺诗人朱文纳尔（Juvenal，约60－约140）。
2 拉丁文，孤独的女人。

圆滚滚的躯体,这种懒散的丑恶的健康。在一个烟雾腾腾、金光闪闪、肯定缺乏贞洁的混乱地方,一些令人毛骨悚然的美女和活玩偶在骚动、在抽搐,她们孩子般的眼睛中射出阴森可怖的光;然而,在摆满酒瓶的柜台后面有一个趾高气扬的悍妇,头上包着肮脏的头巾,那魔鬼似的尖儿把阴影投在墙上,使人想到一切奉献给恶的东西都肯定是长角的。

实际上,我不是为了讨好读者更不是为了得罪读者才在他们面前展示这些形象的,无论是哪一种情况,对读者来说都是有失恭敬;使这些形象珍贵并且神圣化的,是它们产生的无数的思想,这些思想一般地说是严峻的、阴郁的。但是,如果偶尔有个冒失的人试图在G先生的这些分散得几乎到处都是的作品中寻找机会来满足一种不健康的好奇心,那我要预先好心地告诉他,他在其中找不到什么可以激起病态想象力的东西。他只会遇到不可避免的罪孽,也就是说,隐藏在黑暗中的魔鬼的目光或在煤气灯下闪光的梅萨利纳[1]的肩膀;他只会遇到纯粹的艺术,也就是说,恶的特殊美,丑恶中的美。顺便再说一遍,从这大杂烩中产生出来的一般感觉甚至包含着比滑稽更多的忧郁。使这些形象具有特殊美的,是它们的道德的丰富性。它们富于启发性,不过是残酷的、粗暴的启发性,我的笔虽然习惯于和造型的表现搏斗,可能也表达得不够。

---

[1] Messaline,罗马皇后,死于公元48年,以淫荡著称。

一三 车马

这样，虽有无数的分岔阻断，high life and low life[1]的这些长长的画廊仍旧继续着。让我们迁移到另一个世界去一会儿吧，它即使不纯洁，至少也是更讲究的；让我们呼吸些香气吧，它也许不是更有益于健康，但它更精致。我已经说过，G先生的画笔像欧仁·拉米的一样，非常适于表现浪荡作风的排场和花花公子习气的风雅。他对富人的姿态很熟悉，他可以轻轻一笔就万无一失地表现出目光、举止和姿势的坚定，在有特权的人中，这种坚定是来自幸福中的单调。这一系列特殊的画在千百种面貌下再现了运动、跑马、打猎、林中散步诸事，傲慢的ladies[2]，纤弱的misses[3]，她们用一只手稳稳地牵着骏马，这些马线条纯净，令人赞叹，也像女人一样妖艳、炫目、任性。因为G先生不仅熟知一般的马，也成功地致力于表现马的有个性的美。时而是暂时的休息，也可以说是许多车子安营扎寨，一些身段苗条的年轻人和穿着时令允许的奇装异服的女人坐在垫子上、座位上、公共马车上观看远处的赛马；时而一个骑马的人在一辆敞篷四轮马车旁优雅地飞奔，他的马腾跃起来，像是在以自己的方式致敬。车子在明暗掩映的小径上一溜儿小跑，仰卧的美人像躺

---

1 英文，上流生活和贫苦生活。
2 英文，贵妇。
3 英文，小姐。

在小船里，神情怠惰，她们模模糊糊地听着落进耳中的甜言蜜语，懒洋洋地兜着风。

毛皮或细布衣服一直拥到下颔，像浪花一样从车门上方涌出来。仆人们僵硬笔直，死气沉沉，千人一面，总是那种单调的、没有特点的人头像，满脸奴性，又守时又守纪律，他们的特点就是一点儿特点也没有。背景上，是树林，翠绿或发红，尘土飞扬或暗淡无光，依时间和季节而定。他画的退隐地充满了秋雾、蓝影、黄光和霞光，或者一道薄光像剑一样劈开黑暗。

如果有关东方战争的无数水彩画还没有向我们展示出G先生作为风景画家的力量，那上述这些画肯定足够了。不过这里不再是克里米亚被踩躏的土地，也不再是博斯普鲁斯海峡的戏剧性的海岸了。我们又见到那些熟悉亲切的风景了，它们成了一座大城市四围的装饰，光线产生的效果是一个真正浪漫派的艺术家所不能轻视的。

还有一个在此指出并非无用的优点，那就是熟知马具和车具。G先生画各式各样的车，就像一位完美的海景画家画各式各样的船一样细致和得心应手。他画的车具完全是正规的，所有部件均各得其位，无须修正。不管处于什么态势，不管跑得多么快，一辆车和一条船一样，从运动中获得一种神秘而复杂的风致，那是很难速记下来的。艺术家的眼睛所得到的愉快似乎来自船或车这种已经如此复杂的东西在空中依次地、迅速地产生出来的几何图形。

我们肯定可以打赌，用不了几年，G先生的画就会成为文明生活的珍贵档案。他的作品将为收藏家所寻求，就像德布古、莫罗、圣多班、卡勒、维尔奈、拉米、德维里亚、加瓦尔尼以及所有杰出艺术家的作品一样，他们虽然只画了些通俗的和漂亮的东西，也同样以各自的方式成为严肃的历史学家。他们中有好几位甚至为漂亮的东西牺牲得过多，有时在作品中引入一种与主题不合的古典风格；有好几位有意地磨光了棱角，铲平了生活的不平，减弱了那些闪烁的光亮。G先生不如他们灵巧，但他保留了一种属于他自己的长处：他心甘情愿地履行了一种为其他艺术家所不齿的职能，而这种职能尤其是应由一个上等人来履行的。他到处寻找现实生活的短暂的、瞬间的美，寻找读者允许我们称之为现代性的特点。他常常是古怪的、狂暴的、过分的，但他总是充满诗意的，他知道如何把生命之酒的苦涩或醉人的滋味凝聚在他的画中。

欧仁·德拉克洛瓦在圣绪尔比斯教堂的壁画

德拉克洛瓦先生装饰了小教堂，覆盖其左墙的画的内容包含在《创世记》的这些诗句之中：

"先打发他们过河，又打发所有的都过去。

只剩下雅各一人。有一个人来和他摔交，直到黎明。

那人见自己胜不过他，就将他的大腿窝摸了一把，雅各的大腿窝正在摔交的时候就扭了。那人说：'天黎明了，容我去吧！'雅各说：'你不给我祝福，我就不容你去。'

那人说：'你名叫甚么？'他说：'我名叫雅各。'

那人说：'你的名不要再叫雅各，要叫以色列，因为你与神与人较力，都得了胜。'雅各问他说：'请将你的名告诉我。'那人说：'何必问我的名？'于是在那里给雅各祝福。

雅各便给那地方起名叫毗努伊勒。意思说，我面对面见了神，我的性命仍得保全。

日头刚出来的时候,雅各经过毗努伊勒,他的大腿就瘸了。

故此,以色列人不吃大腿窝的筋,直到今日,因为那人摸了雅各大腿窝的筋。"[1]

对于这个古怪的传说,许多人给以寓意的解说,犹太人对旧约的解释和新耶路撒冷派的解释无疑也是不同的,德拉克洛瓦理所当然地注重具体的意思,尽他这种性情的画家所能地运用了这个传说。场面是雅各正在过河:早晨的明媚、金色的阳光穿越了可以想象的最丰富最茁壮的植物,可以称之为古朴的植物。左面,一条清澈的小溪奔泻而出;右面,最后的马队渐行渐远,带着雅各的厚礼送给以扫:"母山羊二百只,公山羊二十只,母绵羊二百只,公绵羊二十只,奶崽子的骆驼三十只,各带着崽子,母牛四十只,公牛十只,母驴二十匹,驴驹十匹。"前景,地上摊着雅各为了和上帝派来的神秘人较力而脱掉的衣服和扔掉的武器。自然的人和超自然的人各依其本性进行角斗,雅各像一头公绵羊躬身向前,绷紧了肌肉,天使欣然准备战斗,平静,温和,好像一个人不费力就能战胜强敌,不允许愤怒来破坏其肢体的神圣的外形。

顶棚上是一幅环形画,表现的是魔王路西法被大天使米迦勒踩在脚下。这是一个在许多宗教里出现的传说题材

---

[1] 见《圣经·创世记》第三十二章。

之一,甚至在儿童的记忆中都占有一个位置,尽管很难在《圣经》里找到实证的踪迹。眼下我只记得《以赛亚书》的一句,然而也并未明确地给予路西法这个名字一个传说的意义;《犹大书》里有一句,不过是说大天使米迦勒与接触摩西身体的魔鬼吵了起来,最后,还有《启示录》第十二章那独特的著名的第七句。无论如何,传说是坚不可摧地形成了,它向弥尔顿提供了他那些最具史诗性的描写之一;它陈列在所有的美术馆里,被最杰出的画笔赞颂。这里,它呈现出一种最具戏剧性的壮丽;但是,从外墙上方的窗户斜射进来的光使观者必须付出痛苦的努力,才能恰当地欣赏这种壮丽。

右墙上面的是有名的赫利奥多罗斯被天使逐出圣殿的故事,他那时正前往撬珍宝箱。所有的人都在祈祷,女人们在哀叹;人人都以为一切都完了,神宝将遭塞琉古派来的人破坏。

"这时全能的上帝的精神通过明显的迹象让人看到了,赫利奥多罗斯已被天使摔倒,所有胆敢听从他的人突然感到极为恐怖,发起狂来。

"因为他们看见来了一匹马,一个可怕的人骑在上面,衣着豪华,朝赫利奥多罗斯勇猛地冲了过去,用前蹄踢了他好几下;骑在马上的人的武器好像是金子的。

"同时又来了两个年轻人,强壮,漂亮,光芒四射,穿戴华丽,他们站在赫利奥多罗斯两侧,不停地用鞭子抽他。"

在一座宏伟的、彩色装饰的寺庙里,赫利奥多罗斯倒在通向珍宝箱的台阶的前几级上,那匹马用它的神蹄按住他,好让两个天使的鞭子打起来更方便;两个天使用力抽打,然而神定气闲,正是具有天力的人该有的。骑士的确有一种天使的美,态度中始终有一种上天的庄严和宁静。栏杆上方,在更上一层的地方,好几个人恐惧而又出神地看着神遣的屠夫干活儿。

马蒂奈画展

人们宣称不可能举办永久的绘画展览的时代还不远。马蒂奈先生证明了这种不可能是一件容易的事情。每一天意大利人大道的展览会都吸引数目不断增加的参观者，艺术家、文学家、社交界人士等等。现在可以预言这个机构会有一个可靠的繁荣。但是，这种公众的喜爱的一个不可缺少的条件显然是对展出的东西非常严格的挑选。这个条件完全得到了满足，公众的快乐得益于这种严格，他们的眼睛可以浏览无论属于哪一个流派的一系列作品，没有一件属于坏的或平庸之列。主持画作选择的委员会证明了人们可以喜欢任何种类和对每一幅作品只取其最好的部分：最广阔的公正和最精细的严格结为一体。这对我们大型展览会的评审委员会是一个很好的教训，他们总能找出既引起纷纷议论的宽容又没有结果的不公的办法。

一份很好的小报从属于展览,它报道进出的画作的规律运动,就像海上的运行报告告诉当事人海日海港的船只进出情况。在这份报纸上,有时候在应景的文章旁边,有一些一般性的评论,我们发现了署名为圣弗朗索瓦先生的奇怪文章,他也是一些激动人心的碳笔素描的作者。圣弗朗索瓦先生的风格是混乱的、复杂的,仿佛一个人改变了他习惯的工具而采用了他不那么习惯的工具;但是他有想法,真正的想法。他知道如何思想,这在一个艺术家身上是很少见的。

勒格罗先生总是酷爱宗教带来的艰涩的快乐,他提供了两幅出色的画,一幅人们可以在香榭丽舍举办的上一次画展上欣赏到(一种集中和明亮的风景中,在十字架前,一群跪着的女人);另一幅,最近画的,画的是年龄不同的和尚匍匐在一本圣书前面,他们谦卑地努力于解释某些段落。这两幅画,后一幅让人想到西班牙人的坚实的构图,都近于德拉克洛瓦的一幅名画,但是,就是在这里,在这种危险的环境中,它们靠自己活着。话至此已经尽了。

我们同样注意到欧仁·拉威尔先生的《洪水》,它表明了这位艺术家就是在出色的冬景画之后,仍然取得了不间断的进步。拉威尔先生完成了一个非常困难的任务,甚至可以令一位诗人惊骇;他善于表达自然在其最可怕的游戏中无限的、无意识的魅力和不朽的快乐。在这一片铅色的、像溺水人的肚子一样鼓胀着水的天空下,一缕怪异的光亮出神地游戏着,房、农庄、别墅都半嵌在湖的深处,好像在包围着它们的不动的镜子中互相得意地望着。

但是，在德拉克洛瓦先生之后，我们应该感谢马蒂奈先生，他的《萨达纳帕尔》给我们带来了最大的愉快。有多少次，我的梦幻中充满了优美的形式，它们在这幅巨作中起伏摇动，自己就像梦一般美。重见《萨达纳帕尔》，就是重新找回了青春。静观这幅油画把我们向后抛了多大的距离啊！美好的时代，一些像德维里亚、格罗、德拉克洛瓦、布朗杰、波宁顿等那样的艺术家共同统治着，伟大的浪漫派，美，漂亮，迷人，崇高！

一个画出来的形象难道不给人一种比亚洲的独裁者萨达纳帕尔更广阔的观念吗，这个长着黑色的、一绺一绺胡子的萨达纳帕尔，他死在柴堆上，裹着平纹细布，有着一个女人的姿态？所有这些光彩夺目的后宫美人，今天谁能画得如此富有激情、新鲜和诗一样的热烈？所有这些在家具、服装、盔甲、餐具和首饰中闪烁的萨达纳帕尔式的奢华，谁？谁？

腐蚀铜版画走红

腐蚀铜版画肯定是走红了。我们当然不指望这个品种取得几年前在伦敦取得的那样的宠爱,那时为了弘扬腐蚀铜版画成立了一个俱乐部,上流社会的女人也附庸风雅,拿根针在漆上画。事实上,这是过于迷恋了。

最近,一位年轻的美国画家,惠斯勒[1]先生,在马蒂奈画廊展出了一套腐蚀铜版画,精妙,像即兴和灵感一样的活泼,表现的是泰晤士河两岸风光:帆具、桅桁、绳缆,纷然杂陈,极尽美妙;雾霭、炉火、袅袅的烟,浑然一片;大都会的深刻而复杂的诗意。

不久前,中间相隔不多天,梅里翁先生的收藏公开出售,卖价是原价的三倍。

这些事实中显然有一种升值的迹象。但是我们不想说

---

[1] James Abbott McNeill Whistler(1834-1903),美国画家。

腐蚀铜版画很快就会得到全体公众的喜爱。这是一种过于个人的画种，因此也就过于贵族，不会让酷爱各种强烈个性的文人和艺术家以外的人感到愉快。不仅腐蚀铜版画适于颂扬艺术家的个性，甚至艺术家不能不将其最深层的个性铭刻在铜版上。因此可以断言，自从出现了这种雕刻样式，有多少种从事的方式，就有多少个蚀刻艺术家。刀刻法就不是这样了，或者至少表现个性的范围就小得不能再小了。

人们已见过勒格罗先生的大胆的、宏伟的腐蚀铜版画：教会的仪式，仪式行列，夜课，圣职的崇高，修道院的严肃，等等。

最近邦万先生在卡达尔[1]先生（布拉克蒙[2]、弗拉蒙、什弗拉尔的作品的出版者）处出售一册腐蚀铜版画，像他的油画一样，一丝不苟，刚劲有力，细致入微。

在同一位出版商那里，迷人而天真的荷兰画家琼坎德先生放了几幅他借以袒露回忆和梦幻的版画，这些速写是他的绘画的独特的缩影，一切习惯于从最快速的"乱涂"中辨识一个艺术家的灵魂的爱好者都能读懂（"乱涂"是正直的狄德罗说明伦勃朗的腐蚀铜版画的特点的用语，他使用得稍许有些轻率）。

安德烈·让龙、里玻、马奈[3]诸先生也对腐蚀铜版画进

---

1 Alfred Cadart（1828-1875），法国出版家。
2 Félix Bracquemond（1833-1914），法国画家、蚀刻师。
3 Édouard Manet（1832-1883），法国画家。

行了一些尝试，卡达尔先生很慷慨，给了他们黎世留街的橱窗。

最后，我们获悉约翰—刘易斯·布朗先生也想参加进去。布朗先生虽然生为英国人，却是我们的同胞，所有的内行人都已看出他是阿尔弗莱·德·德勒的接班人，但更为大胆，更为细腻，也许还是欧仁·拉米的一个对手，他显然会在铜版的黑暗中投进他那英法绘画的全部光亮和全部雅致。

在造型艺术的不同表现中，腐蚀铜版画是最接近文学表现、最适于披露自发的人的一种。因此，腐蚀铜版画万岁！

画家和蚀刻师*

法国自从艺术和文学同时爆炸的那个危险的时代起，对美，对力量，甚至对秀丽的感觉日渐衰退、日渐堕落。有好几年，法国画派的全部光荣似乎集中在一个人（我显然不是指安格尔先生）的身上[1]，但是不管他多么多产和有力，都不足以安慰我们对其他人的贫乏所感到的痛苦。人们还能记得，就在不久以前，清清爽爽的绘画，漂亮、愚蠢、晦涩，还无可争议地居于统治的地位，还有那些自命不凡的拙劣之作也是如此，它们虽然代表着相反的过分，在一个真正的绘画爱好者的眼里，却并不减其丑恶。这种思想的贫乏、表现的繁琐，总之，法国绘画所具有的一切这等可笑之处足以解释库尔贝的画为什么一出现就获得了巨大的成功。这种反作

---
* 本文最初发表于 1862 年 9 月 14 日。
1 指欧仁·德拉克洛瓦。

用具有一切反作用的自吹自擂的喧闹，然而确实是必要的。应该为库尔贝说句公道话，他对恢复对朴素和明快的兴趣，对绘画的无私而绝对的热爱贡献不小。

更近些时候，另外两位还年轻的艺术家崭露头角，其魄力不同凡响。

我指的是勒格罗先生和马奈先生。人们还记得勒格罗先生的刚健有力的作品，《晚祷的钟声》（1859）把贫苦教区的忧伤而顺从的虔诚表现得那么好；《还愿画》，人们可以在更近的一届沙龙和马蒂奈画廊中欣赏到，已由德·巴勒罗阿[1]先生购得；还有一幅画的是一些僧人跪在一部圣书前面，像是又谦卑又虔诚地讨论着释义，一些教授身着正式的装束，正进行着一场科学讨论，这幅画人们现在可以在里高尔[2]先生处欣赏到。

马奈先生是《弹吉他者》的作者，这幅画在上届沙龙中引起了轰动。人们将在下一届沙龙中看到他的好几幅画，这些画流露出最强烈的西班牙趣味，使人以为西班牙的天才逃到了法国。马奈先生和勒格罗先生在一种对真实，现代的真实的坚决的兴趣之上——这已经是一种好兆头了——结合了那种生动而广阔的、敏感的、大胆的想象力，应该说，没有这种想象力，最优秀的能力也只能是些没有主人的仆人、没

1　Albert de Balleroy（1828—1873），法国画家。
2　Philippe Ricord（1800—1889），法国医生。

有政府的官员。

在这场活跃的革新运动中，有一部分是属于雕刻的，这是很自然的。咳！人们看得太清楚了，雕刻这门高贵的艺术已经落到多么不受信任、多么遭人冷遇的地步。过去，当预告一种复制一幅名画的版画时，爱好者们提前去登记，以便获得第一批制品。我们只是在翻阅过去的作品时才能知道刀刻法的光彩。然而，它比刀刻法还要没有生气，我指的是腐蚀铜版法。说真的，这种如此精微而绝妙、如此天真而深刻、如此愉快而严肃、能够反常地集合最不相同的质素、能如此准确地表现艺术家的个性的样式，在俗人那里从未曾享有很高的声誉。伦勃朗的画片具有一种古典的权威，就是无知者也不能不接受，那是些无可争辩的好东西，除此之外，谁真正关心过腐蚀铜版法？除了收藏家，谁知道过去的时代留给我们的这种样式的各种不同形式的改善？18世纪有许多美妙的腐蚀铜版画，现在花十个苏就可买到一盒子，而它们在布满灰尘的盒子里等待着一只内行的手已经很久了。今天，即便在艺术家中间，难道有许多人知道特里莫莱数年前凭着忧郁的记忆为奥贝尔的滑稽年鉴所配的那些如此风趣、如此轻快、如此辛辣的版画吗？

然而，似乎将要有一个向着腐蚀铜版法的回复，至少已做出了一些努力，使我们生出这种希望。我刚才说到的两位年轻艺术家，还有其他好几位，他们聚集在一位活跃的出版家卡达尔先生周围，又召唤来他们的同行，创办了一个原版腐蚀铜版画的定期出版物，而且第一期业已出版。

这些艺术家首先转向一种在其完全的成功中尽可能清晰地传达出艺术家的特点的样式和表现方法，这是很自然的，这是一种既简便又省钱的方法。在一个人人都把便宜视为主要的优点、人人都不肯为刀刻法的长时间的操作按价付钱的时代里，这也是一件很重要的事情。只是这里面有一种危险，跌入其中的不止一个人，我指的是：草率，不准，含糊，制作不充分。用一根针在这块黑板上画来画去，而这块黑板就极忠实地再现出幻想的一切图案，任性的一切晕线，这是何等方便！我猜得出，甚至有好几位会以他们的大胆（这个词用得对吗？）自夸，就像有些落拓不羁的人自以为是显示了独立一样。一些有着成熟而深刻的才能的人（例如勒格罗先生、马奈先生、琼坎德[1]先生）把他们的画稿和雕刻的速写奉献给公众，这是很好的，他们也有这个权利。然而模仿者可能会太多，应该担心会引起公众对这种如此迷人的样式的正当的轻蔑，它已经错误地越出了自己的范围了。总之，不应该忘记，腐蚀铜版画是一种既深刻又危险的艺术，它充满着背叛，能够同样清楚地暴露一种精神的缺点和优点。像一切伟大的艺术一样，它表面上简单，实际上复杂，需要长期的忠诚才能尽善尽美。

1　Johan Barthold Jonkind（1819–1891），荷兰画家。

我们很愿意相信，由于一些像塞木尔-海登[1]、马奈、勒格罗、布拉克蒙、琼坎德、梅里翁、米莱、多比尼、圣马赛尔[2]、雅克马尔[3]以及我一时说不出名姓的其他诸先生一样聪明的艺术家的努力，腐蚀铜版画将重获昔日的活力。然而无论如何，我们并不希望它获得伦敦的"蚀刻俱乐部"在其全盛时期所具有的那种宠爱，那时候，连太太们都以在漆上摆弄一根毫无经验的针为荣。不列颠式的迷恋，一时的狂热，正确地说那将是一种不祥的征兆。

最近，惠斯勒先生，一位年轻的美国艺术家，在马蒂奈画廊展出了一套腐蚀铜版画，精妙，像即兴和灵感一样活泼，表现的是泰晤士河两岸风光。索具，桅桁，绳缆，纷然杂陈，极尽美妙；雾霭，炉火，袅袅的炊烟，浑然一片；大都会的深刻而复杂的诗意。

人们已见过勒格罗先生的大胆的、宏伟的腐蚀铜版画，他刚刚将其集为一册：教会的仪式，壮丽如梦幻或更如现实；仪式行列，夜课，圣职的伟大，修道院的严肃；还有几幅画以一种粗糙简朴的崇高表达了埃德加·坡的精神。

最近，邦万先生在卡达尔先生处出售一册腐蚀铜版画，像他的油画一样，一丝不苟，刚劲有力，细致入微。

在同一位出版商那里，迷人而天真的荷兰画家琼坎德

---

[1] Francis Seymour Haden（1818-1910），英国雕塑家。
[2] Charles-Edme Saint-Marcel（1819-1890），法国画家、蚀刻师。
[3] Jules-Ferdinand Jacquemart（1837-1880），法国蚀刻师。

先生放了几幅他借以袒露回忆和梦幻的版画，平静如大河的陡岸和他高贵的祖国的天际——这些速写是他的绘画的独特的缩影，一切习惯于从最快速的"乱涂"中辨识出一个艺术家的灵魂的爱好者都可以读懂。"乱涂"是正直的狄德罗说明伦勃朗的腐蚀铜版画的特点的用语，他使用得稍许有些轻率，这种轻率和一位道德家是相称的，他想论述一件与道德无涉的事情。

梅里翁先生是蚀刻家的真正典型，不可能不招之即来。他最近将拿出新作品。卡达尔先生还拥有几幅他的旧作。他的旧作已很罕见，因为梅里翁先生最近有一次大动肝火，当然理由是很正当的，他毁了名为《巴黎》的一册版画。接着，间隔的时间不长，梅里翁的作品连续两次在公开拍卖中售出，价钱比原价高出四五倍。

梅里翁先生的画辛辣、细腻、稳健，让人想起过去那些蚀刻家身上最优秀的东西。我们很少看到一个大都会的天然的庄严被表现得如此富有诗意：堆积的石头的威严，高指天空的钟楼，向着苍穹喷吐浓烟的工业的方尖碑，修葺中的古迹的神奇的脚手架，在建筑物的结实的躯体上又加上了它的结构所具有的蜘蛛网似的反常的美，充满着愤怒和怨恨的雾蒙蒙的天空，为蕴涵其中的悲剧思想所增强的远景的深邃，文明的痛苦而光荣的背景所由组成的各种复杂成分一样也没有被遗忘。

我们在这位出版商那里也看到了他的《圣弗兰西斯科远

景》，梅里翁先生是有充分理由称之为他的成熟之作的。这幅版画的主人尼埃尔[1]先生若不时地印出几幅画，那倒的确是一桩善举。这投资是很稳当的。

我在这些事实中看出了一种吉兆，但是我并不想断言腐蚀铜版画很快就会全面流行开来。想想吧：有些不能被人接受，这已经是被认可了。有些人生来就是艺术家，也就很喜欢任何强烈的个性，而腐蚀铜版画的确是一种过于个人的因此也是过于贵族的样式，无法使那些生来不是艺术家的人们愉快。它不仅有助于颂扬艺术家的个性，甚至艺术家不在铜版上刻画他最隐秘的个性也是困难的。因此可以断言，自从出现了这种雕刻样式，有多少个蚀刻师，就有多少种从事的方式。刀刻法就不是这样了，或者至少表现个性的范围要小得不能再小了。

总而言之，我们将很高兴当一个坏预言家，而公众将和我们咬住同一个果子，这不会倒了我们的胃口。我们祝这些先生和他们的出版物有一个美好的、坚实的前途。

---

[1] Niel，当时内政部的图书馆馆员。

欧仁·德拉克洛瓦的作品和生平[*]
致《国民舆论》主编

先生：

我想再一次、最后一次向欧仁·德拉克洛瓦的天才致敬，我请求您在您的报纸上刊登这几页文章，我将尽可能简短地囊括他的才能的历史和他的优势的原因，据我看，他的才能和优势还没有得到充分的承认，最后，还有几个故事以及关于他的生活和性格的一些评论。

我有幸很年轻的时候（就我记忆所及，是从1845年起）就和杰出的死者相识，在我们的关系中，我这方面的尊敬和他那方面的宽容并不排斥相互之间的信任和亲近。我从这种关系中可以随意汲取最准确的概念，不仅关于他的方法，而且关于他的伟大灵魂的最隐秘的素质。

先生，您不会看到我在这里对德拉克洛瓦的作品进行

---

[*] 本文最初发表于1863年9月2日，11月14日、22日。

详细的分析。除非我们每个人都根据自己的力量，并且随着伟大的画家向公众展示他的思想的接二连三的伟绩来进行分析，否则，那账单就太长了，哪怕只给每一件重要作品几行字，这样的分析也会塞满一本书的。

他的不朽的巨作分布在国民议会的国王大厅、国民议会图书馆、卢森堡宫图书馆、卢浮宫的阿波罗画廊和市政厅的和平大厅里。这些装饰包含着众多的讽喻的、宗教的和历史的主题，都属于智力的最高贵的领域。至于他的所谓小幅的画、画稿、灰色单色画、水彩画，等等，总数大概有二百三十六幅。

在不同的沙龙中展出的表现重大主题的画有七十七幅之多，我是从泰奥菲尔·西尔维斯特[1]先生的一份目录中得出这些数目的，这份目录被置于他的题为《活着的画家的历史》那本书中有关欧仁·德拉克洛瓦的极好的注释之后。

我自己也曾不止一次地试图列出这份巨大的目录，但是我的耐心被那难以相信的多产打得粉碎，我于是不再坚持，放弃了。如果泰奥菲尔·西尔维斯特先生有错误，那他只能是错在列得少了。

先生，我认为这里重要的只是探索德拉克洛瓦的天才的特性并试着确定其特点，探索他在与他的那些杰出的先行者平分秋色的同时又在什么地方有别于他们，最后，尽写下的

---

[1] Th. Silvestre（1823—1876），法国艺术史家。

言语之可能指出神奇的艺术，他靠着这种艺术能够用比同行的任何创造者的造型形象更生动、更近似的造型形象来表现言语，一句话，上帝在绘画的历史发展中赋予了欧仁·德拉克洛瓦什么样的特长。

一

德拉克洛瓦是何许人也？他在这个世界上的作用和责任是什么？这是需要研究的第一个问题。我将是简短的，我希望立刻做出结论。弗朗德勒有鲁本斯，意大利有拉斐尔和委罗内塞，而法国有勒布仑、大卫和德拉克洛瓦。

一个肤浅的人初看之下，会因把这几个姓氏连在一起而感到不快，因为它们所代表的素质和方法是如此不同；然而一双更为专心的聪明的眼睛会立刻看出，他们之间有一种共同的亲缘关系，有一种源自他们对崇高、民族、巨大和普遍的爱的手足之情或类似之处，这种爱总是在所谓装饰性绘画或宏伟的巨制中得以表现的。

无疑，其他许多人也画过宏伟的巨制，但是我提到的这些人是以一种最适于在人类记忆中留下永久的痕迹的方式画出的。在这些如此不同的伟人中谁最伟大？人人都可以根据自己的意愿做出决定，他的气质驱使他偏爱鲁本斯的多产的、辉煌的、几乎是快活的丰腴，拉斐尔的温柔的庄严和协调的秩序，委罗内塞的天堂一般的、仿佛午后的色彩，大卫的朴实而紧张的严肃，或者勒布仑的戏剧的、近乎文学的饶舌。

这几个人中的任何一位都是不可替代的，为了一个类似的目标，他们运用了出自他们的个性的不同的手段。德拉克洛瓦最晚出，他怀着一种令人赞叹的强烈和热忱表现了他们仅仅以一种必定是不完全的方式所表达的东西。他或许也像他们一样损害了另外一些东西？这是可能的，不过这不是需要研究的问题。

在我之外，已经有许多人想到强调一个本质上是个人的天才所具有的宿命的后果了；无论如何，在纯洁的天上之外，也就是说在连完美本身都是不完善的可怜的地上，天才的最美的表现只能以一种不可避免的牺牲为代价来获得。

然而说到底，先生，您大概会问，德拉克洛瓦比任何人都表达得好而为我们的世纪争了光的那种我也弄不清楚的神秘的东西究竟是什么？那是不可见的东西，是不可触知的东西，是梦幻，是神经，是灵魂；请注意，先生，他靠的是轮廓和色彩，此外别无其他手段；他做得比任何人都好；他有着熟练的画家的完美，敏锐的作家的严格，热情的音乐家的雄辩。此外，这也是对我们的世纪的精神状态的一种诊断，即各门艺术如果不是渴望着彼此替代的话，至少也是渴望着彼此借用新的力量。

德拉克洛瓦是所有画家中最富暗示性的一个，他的作品，即便选自二流和末流者，也让人想得最多，在记忆中唤起最多的诗的感情和思想，人们还以为这些已被体验过的感情和思想永久地埋藏在过去的黑夜之中了呢。

有时候，我觉得德拉克洛瓦的作品像是普遍的人所具有的崇高和原初的激情的一种记忆术。德拉克洛瓦先生的这个很独特并且全新的长处使他能够仅凭着轮廓就表现出入的动作，不管它是多么狂暴，仅凭着色彩就表现出人们可以称之为人类悲剧的气氛或者创造者的精神状态的那种东西——这个完全独特的长处永远把诗人们的同情维系在他的周围；而且，如果可以从一种纯粹的物质表现中引出一种哲学的检验的话，那么我请先生注意，在跑去向他致以最崇高的敬礼的人群中，人们可以看到文学家远远多于画家。说句赤裸裸的真话，后者从来也不曾完全地理解他。

二

说到底，这有什么可奇怪的呢？难道我们不知道米开朗琪罗、拉斐尔、莱奥那多·达·芬奇，甚至雷诺兹们的时代早已过去了吗？难道我们不知道艺术家们一般的智力水平出奇地下降了吗？在当今的艺术家中寻找哲学家、诗人和学者，这无疑是不对的，但是要求他们对宗教、诗和科学稍稍更感兴趣一些，则是正当的。

出了画室，他们还知道什么？他们还爱什么，表现什么？而欧仁·德拉克洛瓦既是一位热爱他的职业的画家，又是一个受过全面教育的人；相反，大部分现代画家差不多只是些或有名或无名的拙劣画家，或年老或年轻的可悲的专家，他们是纯粹的画匠，有些会画学院派的人像，有些会画花果，另一些则会画动物。

欧仁·德拉克洛瓦什么都爱，什么都会画，什么类型的才能都会体味。这是向着一切民族、一切印象最为开放的精神，兴趣最广泛、最公平的享乐者。

他读书极多，这自不待言。阅读诗人的作品在他身上留下了崇高的、迅速确定了的形象，可以说，留下了已经完成的画。无论他在方法、色彩上和他的老师盖兰有多大区别，他还是从共和的、帝国的伟大流派中继承了对诗人的爱以及一种我说不清的可与文字竞争的狂热的精神。大卫、盖兰和吉罗代以和荷马、维吉尔、拉辛及奥西恩[1]的接触点燃了他们的精神。德拉克洛瓦是莎士比亚、但丁、拜伦和阿里奥斯托的动人的传达者。相似是重要的，而差别则是轻微的。

让我们在人们可以称之为大师的教诲中追溯得更远些吧，对我来说，这种教诲不仅来自对他的全部作品的接连不断的观赏和对某些作品的同时的观赏，像您在1855年世界博览会上享受到的那样，而且也来自我和他进行的多次交谈。

---

[1] Ossian，传说3世纪爱尔兰英雄和游吟诗人。

三

德拉克洛瓦热烈地爱着激情，冷静地决心寻找以最醒目的方式表现激情的手段。我们顺便指出，在这种双重的性格中，有两个标记显示出最坚实的天才，这些极端的天才，不能使胆怯的、易于满足的灵魂感到愉快，后者在松懈的、柔弱的、不完美的作品中就找得到足够的食粮。巨大的激情，再加上非凡的毅力，这就是德拉克洛瓦。

他经常说：

"既然我把由自然传达给艺术家的印象看作是需要表达的最重要的事情，那么，艺术家要事先以各种最迅速的表达手段武装起来不就是很必要的吗？"

显然，在他看来，想象力是最珍贵的禀赋，最重要的能力，然而，假如这种能力没有一种迅速的灵巧供其驱遣，它就是无能的、没有结果的，而那种迅速的灵巧是可以在这专制的伟大能力的不耐烦的任性中跟随其后的。肯定，他并不需要让他的总是白热化的想象力之火烧得更旺，但是他总觉得对于研究表现手段来说时间是太少了。

他对色彩和颜料的质量不间断的研究，他对化学上的事情的好奇心，他和颜料制造者的交谈，都应该是出于这种不断的考虑。在这一点上，他和莱奥那多·达·芬奇相近，后者也曾沉醉于同样的观察。

欧仁·德拉克洛瓦尽管也欣赏生活的火热的现象，但绝不会与那一伙庸俗的艺术家和文学家为伍，他们的近视的智力躲在现实主义这个空泛而模糊的名词后面。我第一次见到德拉克洛瓦先生的时候，我想是在1845年吧（岁月流逝，多么迅速，有多大的毁坏力呀！），我们谈了许多老一套的东西，就是说，一些最广泛然而也最简单的问题，例如关于自然的问题。这里，我请先生允许我引用我自己的一段话，因为这些话我当时几乎是在大师的口授下写成的，而复述不会和原文有相同的价值[1]：

"他常说，自然不过是一部词典。为了很好地理解这句话到底有多广的含义，应该想一想词典的最频繁、最平常的用途。人们在其中寻找词义、词的演变、词源，最后，人们从中提取组成一句话或一篇文章的全部成分，但是从来没有人把词典看作是一种组成，在这个词的诗的意义上的一种组成。服从想象力的画家在他们的词典中寻找与他们的构思一致的成分，他们在以某种艺术调整这些成分的时候，就赋予它们以一种全新的面貌了。没有想象力的那些人抄袭词典，从中产生出一种很大的恶习，即平庸；这种恶习特别适合于某些画家，他们的专门化越是使他们接近一种所谓无生命的自然，情况就越是如此，例如风景画家，他们普遍认为不显露个性是一种胜利。他们观照和抄袭得多了，就忘记了感觉和思想。

---

[1] 以下所引文字均出自《1859年的沙龙》。

"艺术的各个部分，有人以此为主要的，有人以彼为主要的，对这位伟大的画家来说，它们都是一种无与伦比的、至高无上的能力的极恭顺的仆人。如果说准确的制作是必要的话，那是为了使梦幻被准确地表达出来；如果说制作要很快的话，那是为了使伴随着构思的非凡的印象不丧失任何东西；如果说艺术家甚至注意到工具的物质上的干净，这也不难理解，为了使制作敏捷果断，什么都得小心。"

顺便说一句，我从未见过准备得像德拉克洛瓦的调色板那样细心精巧的调色板，那就像是一束配合巧妙的鲜花。

"在这样的一种本质上是逻辑的方法中，所有的人物，他们相互的位置，充作背景或远景的风景或内景，他们的服饰，总之，这一切都应为突出总的构思服务，可以说，都应穿上本色的号衣当仆人。如同一种梦幻被置于一种适当的有色彩的氛围之中，一种变成了构图的构思也需要移入一个独特的有色彩的地方。显而易见，一幅画的某一部分成为关键，统率着其他部分，它是有一种特殊的色调的。谁都知道，黄色、橘黄色、红色，引起并代表着快乐、财富、光荣和爱情的观念；然而黄或红的氛围不下千百种，所有其他的颜色也会合乎逻辑地用于相应数量的主导氛围之中。显然，从某些方面看，色彩家的艺术与数学和音乐有关系。

"不过，这种艺术的最精微的活动得力于一种感觉，长期的训练赋予这种感觉以一种无法形容的可靠性。人们看得出，普遍和谐这一条伟大法则反对使用许多刺眼和生硬的色彩，即使最杰出的画家也有这种情况。鲁本斯的一些画不仅使人想到五彩缤纷的焰火，而且甚至使人想到好几支焰火朝着一个地方放。画幅越大，笔触就越应宽广，这是不用说的；然而，笔触不应该实际上化成一片，而应该在一定的距离上化成一片，这个距离是由联结它们的感应法则规定的。这样，色彩就获得更多的力量和鲜明。

"一幅好的画，一幅忠于并等于产生它的梦幻的画，应该像一个世界一样产生出来。如同创造，我们所看到的创造，它是好几次创造的结果，前面的创造总是被下一个创造补充着。画也是这样，它被和谐地画出来，实际上是一系列相叠的画，每铺上一层都给予梦幻更多的真实，使之渐次趋于完善。相反，我记得曾在保尔·德拉罗什和奥拉斯·维尔奈的画室中见过一些巨幅的画，不是起草，而是开始，这就是说，有些部分已完全结束，而有些部分还只是些黑的或白的轮廓。人们可以把这比作某种纯粹手工的活计，在确定的时间内盖满一定数量的空间；或者一条分作许多阶段的长路，一个阶段完成，就没什么可做的了；当整条路完成的时候，艺术家也就从他的画中脱身了。

"所有这些告诫显然已被艺术家不同的气质或多或少地改变了；然而我确信，对于丰富的想象来说，那是一种最可靠的方法。因此，离开这种方法过远则表明给予了艺术的某些次要部分一种不正常的、不合适的重要性。

"我不怕有人说设想一种供许多不同的个人运用的相同

的方法是荒谬的。因为很明显，修辞学和韵律学并不是任意杜撰出来的束缚，而是有精神的物体的构造本身所要求的一整套规则；格律和修辞从来也不曾妨害独创性脱颖而出。而其反面，例如它们有助于独创性的发扬，倒极大限度地更为符合实际。

"为简短计，我不得不省略从基本用语中推导出来的许多结果，可以说，这个基本用语包含着真正的美学的全部公式，并且可以这样来表达：整个可见的宇宙不过是个形象和符号的仓库，想象力给予它们位置和相应的价值；想象力应该消化和改变的是某种精神食粮。人类灵魂的全部能力都必须从属于同时征用这些能力的想象力。如同熟知词典并不一定意味着知道作文的艺术一样，作文的艺术本身也不意味着普遍的想象力，因此，一个好的画家可以不是一个伟大的画家，但是，一个伟大的画家必定是一个好的画家，因为普遍的想象力包容着对一切手段的理解和获得这些手段的愿望。

"显而易见，根据我刚才好歹阐明了的概念（还有许多东西要谈，特别是关于各门艺术的一致的部分以及它们的方法中的相似之处！），艺术家，也就是献身于美的表现的那些人的庞大队伍可以分为两大判然有别的阵营。有一个人自称现实主义者，这个词有两种理解，其意不很明确，为了更好地确定他的错误的性质，我们称他作实证主义者，他说：'我想按照事物的本来面目或可能会有的面目来表现事物，并且同时假定我并不存在。'没有人的宇宙。另有一人，富有想象力的人，他说：'我想用我的精神来照亮事物，并将其反光投射到另一些精神上去。'虽然这两种绝对相反的方法可以扩大或缩小一切主体，从宗教的场景直到最平常的景物，但是，富有想象力的人一般地说还是得在宗教画和幻想画中露面，而所谓的静物画和风景画却在表面上向懒惰的、难以激动的精神提供了丰富的资源。

"德拉克洛瓦的想象力！他的想象力从不畏惧攀登宗教的困难高度，上天是属于他的，正如地狱、战争、奥林匹斯山、快乐是属于他的一样。这正是画家—诗人的典型！他的确是为数不多的上帝的选民之一，他的精神之广把宗教也包容在他的领地之中。他的想象力像点满蜡烛的小教堂一样明亮，辉煌而又鲜红。激情中一切痛苦的东西都使他激动万分，教会中一切壮丽的东西都使他得到启示。他轮番在他那充满灵感的画布上倾倒着鲜血、光明和黑暗。我相信他很愿意把他的天生的豪华作为额外的东西添加在福音书的庄严之上。我见过德拉克洛瓦的小幅画《天神报喜》，拜访马利亚的天使不是一个，而是由其他两个天使庄重地引导着，这场天上的求爱的效果是有力而迷人的。他青年时代的一幅作品，《持橄榄枝的基督》（'主啊，把这圣餐杯从我面前拿开吧'），洋溢着女性的温柔和诗的甜蜜。在宗教中发出如此高亢巨响的痛苦和壮丽，总是在他的精神中引起回声。"

更近些时候，关于圣绪尔比斯教堂中的圣安吉小教堂的壁画（《艾利奥多被逐出神庙》和《雅各布与天使搏斗》），他的受到如此愚蠢的批评的最后巨制，我写道：

"德拉克洛瓦从来也没有，甚至在《特拉扬的宽恕》，在《十字军进入君士坦丁堡》中，也没有展示过更辉煌、更巧妙的超自然的色彩，他从未画过一幅更为有意的史诗般的素描。我很知道有几个人，肯定是泥瓦匠，也许是建筑师，关于这最后的作品说过'衰退'这个词。这里正好应提醒这一点，即卓越的大师、诗人或画家，雨果或德拉克洛瓦，总要比他们的胆怯的欣赏者领先好几年。

"相对天才来说，公众是一架走慢了的钟。在有远见的人们当中，谁不明白大师的第一幅画已经包含着所有别的画的萌芽？至于他不断地改善天赋，细心地砥砺，从中提取新的效果，把自己的本性推向极端，这乃是不可避免的、命定的、值得称赞的。德拉克洛瓦的天才的主要标志恰恰是他不知道衰退为何物，他只表现出进步。只不过是他最初的素质是如此热烈、如此丰富，给人的精神，甚至是最庸俗的精神，以如此有力的冲击，以至于他们对他每日的进步麻木不仁了，唯有爱推理的人才能清楚地觉察到这一点。

"我刚才说到几个泥瓦匠如何如何。我想用这个词来说明那等粗野庸俗的人（其数目极大）的特点，他们评价事物只看轮廓，更有甚者，只看三维：长、宽、深，正如野蛮人和农民一般。我常听见这种人建立一种素质的等级，我是绝对地不能理解；例如，断言使某人得以画出准确的轮廓、使某人得以创造具有超自然的美的轮廓的能力优于善于以一种迷狂的方式组合各种色彩的能力。据这些人看，色彩不梦、不想、不说话。似乎我在观赏被专门称作色彩家的人的作品时，我沉浸其中的愉快并不具备高贵的性质；他们倒是很愿意把我称作唯物主义者，而把唯灵论者这一贵族的称号留给自己。

"这些肤浅的人想不到这两种能力是绝不能完全分开的，想不到它们都是一种精心培育的初始萌芽的结果。外部的自然只提供给艺术家一个不断再生的机会来培育这个萌芽，它只是一堆需要艺术家来整理组合的乱糟糟的材料，是一种incitamentum[1]，是一阵让沉睡中的能力起床的号声。准确地说，自然中没有线条，也没有色彩，是人来创造线条和色彩。这是两种抽象，它们从同一源泉获得同等的高贵。

"一个天生的素描家（我假设他是个孩子）从不动或运动的自然中观察到某种曲折，他从中获得某种快感，他高兴地用线条将其固定在纸上，并随心所欲地夸大或缩小其弯曲，他就这样学习着画出素描的轮廓、优雅和特性。让我们设想一个孩子要提高艺术中称为色彩的那一部分：他是从两种色调的撞击或巧妙的配合、从他从中得到的愉快之中获得有关色调配合的无止境的技巧的。在这两种情况下，自然都是一种纯粹的刺激。

---

1 拉丁文，激励，鼓动。

"线条和色彩两者都让人思想、让人梦幻，来自两者的愉快性质不同，却是完全相等的，绝对地独立于画的主题。

"一幅德拉克洛瓦的画，虽然放在远处，使您不能判断其轮廓的吸引力或者主题多少是激动人心的素质，却已经使您充满了一种超自然的快感。您觉得有一种神奇的氛围朝您走来，包围了您。阴沉，然而美妙，明亮，宁静，这种永远留在您的记忆中的印象证明了他是一位真正的素描家，完美的色彩家。当您走近的时候，对主题的分析在这种开始时的愉快上面不会减少什么，也不会增加什么，因为它的源泉在别的地方，远离任何具体的思想。

"我也可以把例子颠倒过来。一幅勾画得很好的人像使您充满一种完全与主题无涉的愉快。它是给人快感的或是令人恐惧的，其魅力只来自它在空间里显现的曲线。被活剥的殉道者的四肢，痴迷的仙女的躯体，如果画得讲究的话，就包含着一种愉快，在其成分中主题是没有份儿的；如果您觉得并非如此，那我就不得不认为您是一个刽子手或一个不信教的人了。

"可是，天哪！这有什么用，有什么用，老是重复这些无用的真理？"

不过，先生，比之这种夸夸其谈，您的读者也许更喜欢知道有关我们已故的伟大画家的人品和作风的细节，我自己也正急着要说呢。

四

我谈到的欧仁·德拉克洛瓦的双重的天性主要表现在他的文章之中。您知道，先生，许多人对他的见诸文字的看法的明智和他的文笔的节制感到惊讶，有些人遗憾，有些人赞同。《美的多样性》《普桑》《普吕东》《夏莱》等论文，发表于《艺术家》（当时的主人是里古尔先生）和《两世界评论》上面的其他文章，都证实了伟大的艺术家所具有的这种两重性。这种两重性推动着他们像批评家一样更为愉快地赞扬和分析他们作为创造者最需要的、与他们大量拥有的素质恰恰相反的那些素质。假使欧仁·德拉克洛瓦赞扬和主张我们在他身上所特别赞赏的强烈、动作的突然、构图的狂放不羁和色彩的神奇，说真的，那倒要让人感到惊讶了。为什么要去寻找自己已经丰富到几乎多余的东西呢？如何能不称赞我们觉得罕见和得之困难的东西呢？先生，每当天才的创造者，画家或文学家，把他们的才能用于批评的时候，我们就总会看到出现这种现象。在古典主义和浪漫主义两派进行伟大搏斗的时代，头脑简单的人对欧仁·德拉克洛瓦不断地盛赞拉辛、拉封丹和布瓦洛感到大为惊讶。我认识一位诗人，他的天性永远是狂暴的、敏感的，马莱伯[1]的一句匀称的、音韵铿锵的诗句就可以使他长时间地沉醉。

---

1 François de Malherbe（1555–1628），法国诗人。

伟大画家的文章显得如此通达、明智，手法和意图如此明晰，不过，若是以为这些文章写得很容易，像他的画笔一样挥洒自如，那就荒谬了。他越是有把握把他之所想写在画布上，他就越是担心不能把他的思想画在纸上。他常说："翎毛笔不是我的工具；我感到我想得正确，可是我被迫服从的条理的需要却使我害怕。你们相信必须写一页纸会让我头疼吗？"这支天生高雅的笔下过于经常地出现某些稍嫌陈旧的甚至有些公式化的、帝国风格的措辞，是可以通过这种产生于缺乏习惯的局促加以解释的。

德拉克洛瓦的风格的最明显的标志是简洁和某种毫无炫耀的强烈，全部精神力量集中于一个已知点通常都有这种结果。大洋彼岸的道德家爱默生[1]说过："The hero is he who is immovably, centred."[2] 他虽然被看作是讨厌的波士顿派的领袖，却不乏某种塞涅卡式的尖锐，正适于激励沉思。"英雄就是那种矢志不移的人。"美国超验主义领袖的这句用于指导生活和事业活动的格言也同样可以用于诗和艺术的领域。人们同样可以说："文学的英雄，即真正的作家，就是那种矢志不移的人。"先生，您不会感到意外，德拉克洛瓦对简洁而专注的作家有着很深厚的好感，他们的装饰很少的散文仿佛在模仿思想的迅疾的运动，他们的句子像动作，如孟德斯

---

1 Ralph Waldo Emerson（1803—1882），美国哲学家。
2 英文，英雄就是那种矢志不移的人。

鸠。关于这种蕴涵丰富、具有诗意的简洁，我可以向您提供一个有趣的例证。您大概像我一样最近在《新闻》上读过保尔·德·圣维克多[1]先生关于阿波罗画廊的天花板壁画的一篇很有趣、很漂亮的论文吧。关于洪水的各种观念，有关洪水的传说应该据以解说的方式，组成这幅美妙的画的整体的插曲和行动所包含的道德意义，诸如此类，一样也没忘记；画本身也经这迷人的文笔加以细致的描述，既才智横溢又色彩绚烂，作者已给过我们许多这样的例子了；然而，整体却只在我们的记忆中留下一个模模糊糊的幽灵，某种类似经过放大而变得疏淡的光的东西。请把这篇长文和下面几行字比较一下吧，据我看，这几行字更有力得多，假设它所概述的画并不存在，则它更能够成画。德拉克洛瓦先生邀请朋友们看所说的这幅作品，散发了这份说明书，我只是照录于下：

阿波罗杀死大蛇皮东

"神立在战车上，箭已射出一部分；其姊狄安娜飞于其后，将箭筒递给他。怪物已被神的热力与生命之箭射穿，扭动着带血的身躯，在一片热气中苟延残喘，发泄着无能为力的愤怒。洪水开始退去，把人和动物的尸体留在山顶或席卷而去。大地被遗弃给丑恶的怪物，那些泥土的不洁的产物。

---

1 Paul de Saint-Victor（1827—1881），法国批评家。

神见此光景大怒，他们像阿波罗一样武装起来：密涅瓦、墨丘利冲上去诛灭怪物，一边等着永恒的智慧女神使寂寞的宇宙重新住满人畜。赫丘利用大棒打杀怪物；火神伏尔甘驱逐黑夜和不洁的雾气，波瑞阿斯和微风之精灵吹干了水，吹散了云。江河的仙女们又找到了她们的苇床和还沾着污泥残物的水罐，胆小的神则在一旁观看这场神与自然力的大战。然而胜利女神已自天而降，给胜利者阿波罗戴上桂冠，众神的使者伊里斯在空中展开她的披巾，象征着光明战胜黑暗和水的反叛。"

我知道读者将被迫猜测许多东西，可以说，将被迫与说明的作者合作；但是，先生，您果真认为对画家的欣赏使我在这种情况下成了洞观者吗？我在这里发现了高尚的阅读所取的那种贵族态度的痕迹，发现了那种思想的正确，它使得一些社交界人士、一些军人、一些冒险家，甚至一般的朝臣写出了、有时是胡乱地写成了很美的书，连我们这些耍笔杆的人也不得不赞赏的书，您果真认为我这样说是绝对的错了吗？

五

欧仁·德拉克洛瓦是一种怀疑主义、文雅、浪荡作风、热烈的意志、狡黠、专制的奇怪的混合，总之是一种永远伴随着天才的特殊的宽厚和适度的温柔的奇怪的混合。他的父亲属于那种强有力的人，这种人在我们的童年时候还剩下最后一批；他们有些是让-雅克的热忱的宣传者，有些则是伏尔泰的坚定的信徒，他们都同样顽强地参加了法国大革命，其幸存者，或是雅各宾派，或是科尔得利俱乐部[1]派，都怀着一种完全的真诚（指出这一点很重要）转而赞成波拿巴的意图。

欧仁·德拉克洛瓦始终留有这种革命血统的痕迹。可以说，他和斯丹达尔一样，都极其害怕上当受骗。他是怀疑派，是贵族，只是通过与梦幻的被迫的往来才认识了激情和超自然主义。他痛恨群众，差不多只把他们看作是偶像的破坏者，1848年发生的对他的某些作品的暴力行为[2]不会使他转向我们时代的政治感伤主义。他身上甚至有维克多·雅克蒙[3]的某种东西，例如风格、举止和观点。我知道这种比较多少有些不恭，因此我希望人们以一种极端的节制来理解它。在雅克蒙的身上有着反叛的资产者的自命不凡和倾向于即使梵天[4]的使者也使耶稣基督的使者神秘化的嘲弄。德拉克洛瓦有天才固有的趣味提醒着，永远也不会跌进这种卑劣的勾当中去。因此，我的比较只涉及他们俩共有的特征，即审慎

---

1 Club des Cordeliers，法国资产阶级革命期间马拉等人在巴黎科尔得利教堂建立的政治组织。
2 1848年二月革命中，德拉克洛瓦的一些画遭到破坏。
3 Victor Jacquemond（1801—1832），法国植物学家。
4 Brahma，婆罗门教、印度教的创造之神，与湿婆、毗湿奴并称为婆罗门和印度教的三大神。

精神和朴素。同样，18世纪留在他的天性上的遗传标志主要来自那个既远离乌托邦主义者又远离狂怒者的阶层，即文雅的怀疑派、胜利者和幸存者的阶层，一般地说，比之让－雅克，他们更多的来自伏尔泰。因此，初看上去，欧仁·德拉克洛瓦就像是一个有教养的人（在这个词的好的意义上说），一个不存偏见的完美的绅士。只是通过更为经常的往来，人们才能穿透外表，猜到他的灵魂的深奥的部分。有一个人可以在仪表和风度上与他进行更为正当的比较，此人是梅里美先生。他们有着同样的稍许做作的表面的冷漠，同样的冰冷的外衣掩盖着一种腼腆的敏感和对于善和美的火热的激情；在同样的利己主义的虚伪下面，有着对于密友和偏爱的观念的同样的忠诚。

在欧仁·德拉克洛瓦身上有许多野性，这是他的灵魂的最珍贵的部分，这一部分完全地献给了对他的梦幻的描绘和对他的艺术的崇拜。在他身上有许多上等人的东西，这一部分用于掩盖第一部分并使之得到原谅。我认为，他一生中最大的挂虑之一就是掩盖心灵的愤怒和避免有一种天才人物的神气。他的支配精神，这种精神是很正当的，也是不可避免的，几乎完全消失在无数的优雅下面，可以说是火山口艺术地隐蔽在花束之下。

他与斯丹达尔的另一个相似之处是对单纯的形式、简洁的格言和良好的生活作风的癖好。像所有那些越是喜欢方法而他们的热烈而敏感的气质似乎越是使之远离的人一样，德拉克洛瓦喜欢制造这类小小的实用道德的信条，而那些什么也不实行的健忘者和懒汉却不胜厌恶地将其归于德·拉帕利斯[1]先生，然而天才并不倨傲，因为他是与单纯相连的；对于那个被他的天才所具有的宿命性抛进一场无休止的战斗中的人来说，健康的、有力的、单纯的、严峻的格言成了铠甲和盾牌。

在政治方面，是同一种坚定而高傲的克制精神启发着他的观点，这还用我说吗？他认为什么都是不变的，尽管什么都像是在变，他认为在人类历史上，某些危险的时期总是不变地带来类似的现象。总之，在这种事情上，他的思想和我另眼相看的一位历史学家的思想很相近，特别是从他的冷漠扫兴的顺从那方面来看更为相近。先生，您本人对这些观点也是很熟悉的，您也善于评价天才，哪怕他与您相左，因此，我确信您曾不得不一再地赞赏他。我指的是费拉里[2]先生，《论以国家利益为名的理由》一书的博大精深的作者。所以，一个人在德拉克洛瓦先生面前沉醉于乌托邦幼稚的热情，立刻就会领略到他那尖刻的、充满讽刺意味的怜悯的笑的厉害，如果人们冒冒失失地在他面前抛出现代的伟大空想、尚不明确的完善和进步这个大气球，他肯定会问："你们的菲迪亚斯在哪里？你们的拉斐尔在哪里？"

1　Jacques de Chabannes, seigneur de La Palice（1470-1525），法国著名军事将领。
2　Giuseppe Ferrari（1811-1876），意大利作家。

不过请相信，这种严峻的理智丝毫也无损德拉克洛瓦先生的优雅。这种怀疑的激情，这种拒绝上当受骗，犹如拜伦式的风趣，更使他那诗意盎然、绚丽多彩的谈话妙趣横生。比起他同上流社会的长期接触，他更多地是从自己身上获得一种自信，一种美妙的举止的自如。所谓从自己身上获得，就是从他的天才以及对天才的意识获得，而他的获得方式之文雅，恰似多棱镜，包含着各种细微的差别，从最友好的纯朴到最无可非议的放肆。他能用二十种不同的方式说"我亲爱的先生"，对一只有经验的耳朵来说，那是一个有趣的感情系列。最后，我必须提到一点，我在这一点上发现了新的颂扬的理由，欧仁·德拉克洛瓦虽然是个天才人物，或者说正因为他是一个全面的天才人物，他很有浪荡子的特点。他自己承认年轻时曾很有兴味地追求过浪荡作风的最物质的虚荣，他笑着但并非没有某种虚荣地讲过，他在他的朋友波宁顿的赞助下，曾经在时髦青年中大力引进过英国人在穿鞋着装方面的趣味。我猜想，您不会觉得这细节是无用的，因为对某些人来说，要描绘他们的性情，没有什么回忆是多余的。

我对您说过，德拉克洛瓦灵魂中的自然的部分特别给一个专注的观察者留下深刻印象，尽管一种精致的文明蒙上了一重缓和的纱幕。他身上全是精力，一种源自神经和意志的精力；因为在体质上，他是柔弱的、纤细的。当我们的伟大画家的整个灵魂对准一个观念或是想攫住一个梦幻的时候，一只眈眈于猎获物的老虎也没有像他那样眼睛里闪着那么明亮的光,肌肉里蕴涵着那么急切的颤动。他的容貌的外形特点本身,他的秘鲁人或马来人的肤色,他的大而黑的眼睛,这双眼睛因注意力集中时的眨动而变小,似乎在品味着光线,他的浓密而发亮的头发,他的固执的额头,他的绷紧的嘴唇,一种永久的意志的张力又在那上面加了一种残酷的表情,总之,他的周身都让人想到一种异国的出身。我在看着他的时候,不止一次地想到墨西哥的古代君王,想到那个蒙特祖马[1],他那双巧于杀生的手一日间就能为太阳神的金字塔形的祭坛献上三千人;或者想到某个印度王子,在最荣耀的节日的光辉之中,他们的眼睛深处却带着某种满足不了的贪婪和一种无法解释的怀念,某种类似对未知之物的回忆和惋惜的东西。请您注意,德拉克洛瓦的画通常的色彩也和东方的外景和内景的色彩有关,产生出一种类似在这些亚热带国家所感觉到的印象。在那里,对于一双敏感的眼睛来说,极为充足的阳光虽然具有地方色调的强烈,却产生出一种近乎暮色一般的效果。他的作品的道德意义,如果可以在绘画上谈论道德的话,也带着一种明显的摩洛[2]教的性质。他的作品都是破坏、屠杀、大火,都是为反对人的永恒的、不可救药的野蛮而作证:被焚的、冒着烟的城市,被扼死的人,被强

---

1 Moctézuma(约 1475—1520),古代墨西哥阿兹特克皇帝。
2 Moloch,古代腓尼基人信奉的火神,以儿童作为献祭品。

奸的女人，被扔在马蹄之下或者发疯的母亲的匕首之下的儿童。我认为，整个作品就像是为宿命和不可平复的痛苦而写的一曲可怕的颂歌。他显然并不缺乏柔情，所以有时他也能把画笔用于表现温柔快乐的感情，然而就在这时，也浓浓地散发着不可疗救的辛酸，也并没有无忧无虑和快乐（这是幼稚快感的通常伴侣）。我想只有一次，他在滑稽古怪方面做了一次尝试，由于他好像猜出这超出或不配他的本性，就再没有回到那上面去。

六

我认识好几个人，他们有权利说Odi profanum vulgus[1]，但是有谁能够胜利地补充说et arceo？过于频繁的握手使性格堕落。如果真有人有一座由栅栏和锁严密保护的象牙之塔的话，那么这个人就是欧仁·德拉克洛瓦。有谁更爱他的象牙之塔，即他的秘密？我相信他会给它装上大炮，移进森林或移到无法接近的山上的。有谁更爱home[2]，神圣的和隐蔽的地方？正像其他人寻找秘密的地方是为了放荡，他寻找秘密的地方是为了灵感，他在那里专心致志地、痛痛快快地工作。"The one prudence in life is concentration ; the one evil is

---

[1] 拉丁文，我恨群众和他们的庸俗。语出贺拉斯《颂歌》，下面一句是："我远离他们。"
[2] 英文，家。

dissipation."[1]我们已经引述过的那位美国哲学家这样说。

德拉克洛瓦先生应该也能写出这句格言，不过他肯定是严格地奉行这句格言的。他太是一个上流社会中的人了，所以不能不蔑视上流社会；他在那里为了不过于明显地露出本色而花费的力气自然而然地使他偏爱同我们为伍。我们不仅仅指写下这些文字的谦卑的作者，也指其他几个人，年轻的或年老的，记者，诗人，音乐家，他在他们身边可以自由自在地放松，随随便便。

李斯特在他关于肖邦的美妙的文章中，把德拉克洛瓦归入最经常地拜访音乐家—诗人的人们之中，说他爱那音乐到了一听到那声音就陷入深深的梦幻之中的程度，那轻盈热情的音乐就像一只明亮的鸟飞翔在恐怖的深渊之上。

就这样，我们那时虽然很年轻，靠着我们的仰慕的真诚，仍得以进入那保护得如此森严的画室，尽管我们的气候寒冷，那里面却是洋溢着赤道的温暖，眼睛首先碰到的是简朴的庄重和老派的特殊的严峻，就像我们童年时看到的大卫的那些老对手的画室，那些令人感动的英雄们已经逝去很久了。人们清楚地感到，这个隐蔽的场所是不可能住着一个思想轻浮、反复无常的人的。

那里没有生锈的全副甲胄，没有马来人的波刃短剑，没有哥特时期的废铁，没有珠宝，没有旧家具，没有旧货，没

---

[1] 英文，生活中最精明的是集中精力，最不幸的是分散精力。

有任何显出主人喜欢小玩意儿和具有飘忽不定的狂热的幼稚幻想的东西。一幅约尔丹斯所画的肖像，几幅大师本人的习作和临摹的画，就足以装饰这间宽大的画室了，里面一片虔敬的气氛，光线柔和而安宁。

人们大概会在出售德拉克洛瓦的素描和油画时看到这些临摹品的，有人对我说，出售定在1月份。有两种很不相同的临摹方式。一种方式，自由而奔放，半是忠实，半是背叛，他在其中放进许多自己的东西。这种方法产生出一种混杂的、迷人的作品，使精神陷入一种惬意的捉摸不定之中。正是在这种反常的面貌下，一件鲁本斯的《圣徒伯努瓦的奇迹》的大幅临摹画出现在我面前。在另一种方式中，德拉克洛瓦成为他的模特儿的最听话最谦卑的奴隶，他的模仿的精确到了那些未见过这种奇迹的人可能不相信的程度。例如，临摹现藏卢浮宫的拉斐尔的两幅人头像，表现，风格，手法，模仿之逼真，完全可以乱真。

吃过一顿不像阿拉伯人的午饭那样油腻的午饭之后，像卖花女或者服装摊贩那样细心地配好他的调色板之后，德拉克洛瓦就试图继续进行中断了的构思。然而，在他投入到紧张的工作中之前，他常常体验到那种倦怠、恐惧和精神紧张，令人想到逃避着神祇的女占卜者，或者想起让-雅克·卢梭，他在开始在纸上写字之前，总有一小时工夫要闲荡、翻纸、摆弄书本；但是，一旦艺术家开始迷狂，他就一发而不可收，直到肉体的疲劳打败了他。

有一天，我们谈到对艺术家和作家来说永远是如此有趣的问题，即工作保健和生活方式问题，他对我说：

"先前我年轻的时候，非得晚上有娱乐，如音乐会、舞会，或随便什么其他的娱乐，我才能工作；可是今天，我不再像小学生了，我可以不断地工作，而毫无任何酬劳的希望。而您知道辛勤的工作能够使人多么宽容，在娱乐方面多么容易满足啊！一个人一天安排得满满的，他就随时能在街上帮人跑腿的人身上发现足够的才智，随时准备和他打打牌。"

这番话使我想起了和农民掷骰子的马基雅维里。而且有一个星期天，我在卢浮宫看见了德拉克洛瓦，由他的老女仆陪着，她已经忠心地照顾服侍了他三十年。他高雅、讲究、博学，却很愿意为这个好女人指出并讲解亚述雕塑的奥妙，而她怀着一种天真的专心听着。这时，我立刻想起了马基雅维里和我们的那一次谈话。

事实是，在他生命的最后几年中，人们称为快乐的一切东西都消失了，被代之以唯一的一种，艰难，苛求，可怕，那就是工作，那时候，工作已不仅仅是一种激情，而且可以被称为迷恋了。

或是在画室里，或是在他画装饰巨作的脚手架上，德拉克洛瓦把白天的时间用于绘画之余，仍可从他对艺术的爱中找到力量，他若是不借助炉火和灯光把晚上的时间用于画画，用于在纸上涂满梦幻、计划和在生活中偶然瞥见的形象，或有时临摹与他气质最不相近的艺术家的作品，他就断定这一天没有排满；因为他酷爱做笔记和画速写，他随便在什么地方都能致力于此。有很长一段时间，他有个习惯，即在他度过夜晚的朋友那里画素描。因此，维欧[1]先生拥有出于这支多产的笔下的数量可观的优秀素描画。

有一次，他对我认识的一位年轻人说："一个人从四层楼的窗户跳下去，如果您不能敏捷到在他落地之前这段时间内为他画出速写的话，您是永远也画不出大作品的。"我从这骇人听闻的夸张中又看到了他毕生的忧虑，众所周知，这忧虑就是画得迅速而可靠到不使行动或思想的强度受到任何损失的程度。

正如许多人能够看到的那样，德拉克洛瓦是个谈锋很健的人。有趣的是他害怕聊天，仿佛那是一种放荡和分心，他会在其中很费精力。您到了他那儿，开始他会对您说：

"我们今天早上不聊，是不是？或者少说几句。"

接着，他却谈了三个钟头。他的谈话有光彩，洞察入微，却充满了事实、回忆和故事，一句话，是一种富有教益的谈话。

当他受到反驳的时候，他就暂时退却，而不是从正面扑向他的对手，这会把法庭上的粗暴带进客厅中的小争论之中，他会同对手周旋一阵，然后再用料想不到的论据或事实

---

1 Frédéric Villot，德拉克洛瓦的一个朋友。

加以反击。这的确是一个先礼后兵的人的谈话，诡计多端，有意退却，惯用隐蔽和突袭。

在他的画室的亲切气氛中，他很愿意倾谈，甚至谈他对同时代画家的看法，也正是在这种场合，我们要常常赞叹天才的那种宽容，那也许是来自一种特殊的天真或者对于享乐的随和吧。

他对于德康有一种惊人的偏爱，后者今天早已被人遗忘，但无疑还由于记忆的力量留在他的头脑之中。对于夏莱也是如此。有一次他让我到他那里去，专为激烈地责骂我关于这个沙文主义的宠儿写的一篇不恭敬的文章。我竭力解释说我谴责的不是早期的夏莱，而是晚期的夏莱，不是老兵的崇高的历史学家，而是小咖啡馆里的才子，但是没有用，我一直未能得到原谅。

他欣赏安格尔的某些地方，显然，他得有一种巨大的批评力，才能够通过理性欣赏他的气质本该排斥的东西；他甚至根据照片临摹某几幅细致入微、面如铅灰的肖像画，安格尔先生的生硬而深刻的才能在这些画里最受好评，越是局促就越显得灵活。

奥拉斯·维尔奈的可憎的色彩阻止不了他感觉到那种赋予他的大部分画以活力的潜在个性，他发现了惊人的用语来称赞那种闪光的东西和那种不知疲倦的热情。他对梅索尼埃的欣赏有些过分。他几乎是通过强力把准备画《街垒》的素描据为己有，《街垒》是梅索尼埃最好的油画，他的才能由一支铅笔来表现远较油画笔来得有力。对他,德拉克洛瓦常常梦幻般地、像是对前途有一种不安地说:"说到底,我们这些人中间,生活得最有把握的是他!"看到一位如此伟大的作品的作者几乎是嫉妒一位只善于画小玩意儿的作者,这不是很奇怪的事吗?

只有一个人,他的名字能从这张贵族的口中引出粗话,此人就是保尔·德拉罗什。他在此人的作品中大概找不到任何可以原谅的东西,他对这种肮脏苦涩的画给他造成的痛苦一直记忆犹新,我想是泰奥菲尔·戈蒂耶说的,这种画是用墨水在一种独立不羁的大发作中画出来的。

然而,他更愿意在一种海阔天空的谈话中谈论的却是一个从才能和思想上与他最少相似的人,这个人是他的真正的对立面,至今还未得到应得的正确评价,他的头脑尽管像他的故乡的充满煤烟的天空一样雾霭沉沉,却包含着大量令人赞叹的东西。我指的是保尔·谢那瓦尔先生。

这位里昂的哲理画家的深奥理论使德拉克洛瓦发笑,这位抽象的教育家认为纯绘画的快感如果不是有罪的东西,也是轻佻的东西。然而,虽然他们彼此相距如此遥远,甚至正是由于这种遥远,他们却喜欢彼此接近,他们像系在四爪锚上的两条船,再也离不开了。这两个人都很有学问,都具有一种杰出的交际精神,他们在博学这块共同的土地上相遇了。人们知道,一般地说,这并不是艺术家借以闪光的素质。

所以，谢那瓦尔是德拉克洛瓦的一种罕见的源泉。看到他们在一场无邪的争辩中激动不已，那真是一种乐趣，一个人的话像一头全副武装的大象笨重地走着，另一个人的话则像一把花式剑颤动着，同样尖锐和柔韧。在他生命的最后时刻，我们的伟大画家希望能握一握他的友好的反对者的手，可是，后者那时却远离巴黎。

七

多愁善感、附庸风雅的女人若是知道德拉克洛瓦也像米开朗琪罗一样（您还记得他的一首十四行诗的结尾吧："雕塑！神圣的雕塑，你是我唯一的情人！"），把绘画也当作他唯一的缪斯，唯一的情妇，唯一的心满意足的快乐，她们可能会感到不快的。

无疑，他在年轻时骚动不宁的岁月里很爱女人。谁不曾为这个可怕的偶像牺牲过太多的东西呢？谁不知道恰恰是服侍她们最好的那些人最感痛苦呢？然而，他在生命结束之前很久，就已把女人逐出他的生活了。他即便是个穆斯林，大概也不会把她逐出清真寺，然而他会惊奇地看见她走进清真寺，而不知道她究竟能和真主进行什么样的谈话。

在这个问题上，如同在许多其他的问题上一样，东方的观念在他身上强烈地、专横地占了上风。他把女人看作一件艺术品，美妙，适于刺激精神，但是如果把心灵的门槛给了她们，她们又是一件不听话的、扰乱人心的艺术品，会贪婪地吞掉时间和力量。

我记得有一次，在一个公共场所，我指给他看一个美艳超群、性情忧郁的女人的面孔，他很想领略一番她的美，但却嘿嘿一笑，只对我说道："您怎么能以为一个女人可以是忧郁的呢？"言外之意显然是，要体验忧郁这种感情，女人还缺少某种本质的东西。

不幸的是，这是一种不公正的理论，而我不愿颂扬关于一个如此经常地显示出热烈的美德的性别的一些诽谤性的看法；然而，人们会同意我说这是一种谨慎的理论，在一个布满陷阱的世界中，才能用多少谨慎武装起来都是不过分的，天才人物有特权具有某些理论（只要不扰乱秩序），而这些理论若出自普通公民或一家之长，就会使我们产生反感。

我还要补充说，他对孩子也不曾表现出温柔的宠爱，这在悲哀的灵魂看来，是要在对他的回忆上投下一个阴影的。在他的思想中，儿童只表现为一双沾满果酱的手（这会弄脏画布和纸张），或者一双敲打小鼓的手（这会扰乱沉思），或者是表现为到处点火，像猴子一样危险。

他有时候说："我记得很清楚，当我是孩子的时候，我是一个怪物，对于责任的认识获取得很慢。只有通过痛苦、惩罚，通过理性的逐渐的训练，人才能渐渐减少他的天生的恶意。"

因此，出于简单的理智，他转向了天主教的观念。因为可以说，一般的儿童相对于一般的人来说，距离原罪要近得多。

八

可以说，德拉克洛瓦把他的全部敏感，有力而深刻的敏感，给了对友谊的庄重的感情。有些人很容易地喜欢上第一个见到的人，另外一些人把对这种神圣的能力的运用留给庄重的大场合。我要愉快地告诉您，一个名人，如果说他不愿意人家用小事去打扰他，却可以在事关重大事情的时候变得乐于助人、热忱、激情如火。了解他的人都可以在许多场合中欣赏他在社会交往中所具有的那种完全英国式的忠诚、守时和稳重。如果他对别人苛求，他对自己也同样严格。

我想怀着忧伤和不满对针对欧仁·德拉克洛瓦的某些指责说几句话。我听见有人说他自私，甚至吝啬；请注意，先生，那些平庸的芸芸众生对那些细心安排慷慨和友情的人总是提出这种指责的。德拉克洛瓦很节俭，这是他到时候可以慷慨的唯一办法。我可以举出好几个例子，但我怕这样做会得不到他的允许，更得不到需要称颂他的那些人的允许。

还请您注意，许多年中，他的画销路不佳，他的那些装饰画即便用不着他掏自己的腰包，也差不多用光了他的全部薪水。一些穷艺术家表示出想拥有他的某件作品的愿望时，他多次证明了他对金钱的轻蔑。他像那些思想自由而宽宏的医生时而看病收钱时而看病不收钱,他也白送他的画或随便收点儿钱。

最后,先生,请您记住,高超的人比任何人都需要注意保护自己。可以说,整个社会都在对他作战。我们可以不止一次地验证这一点。他的礼貌,人们称为冷淡;他的嘲讽不管多么温和,也被称为恶意;他的节俭,被称为吝啬。可是相反,如果这可怜的人没有远见,社会不仅不会怜悯他,却会说:"罪有应得,他的穷是对他的挥霍的惩罚。"

我可以断言,在金钱和经济方面,德拉克洛瓦是完全赞同斯丹达尔的意见的,这意见把崇高和谨慎统一起来。

"有才智的人,"斯丹达尔说,"应该力求获得他绝对必需的东西,才能不依赖任何人(在斯丹达尔的时代,是六千法郎的收入);然而,如果这种保证已经获得,他还把时间用在增加财富上,那他就是一个可怜虫。"

寻求必需,蔑视多余,这是一个聪明人和斯多葛派的做法。

我们的画家在晚年的最大担心之一,是后世的评断和他的作品的不可靠的稳定性。他那如此敏感的想象力时而因想到不朽的光荣而活跃起来,时而他又辛酸地谈到画布和色彩的脆弱性。有时候,他又羡慕地提到过去的大师们,他们几乎都有幸被灵巧的雕刻师们表达过,其蚀刻针或雕刻刀知道如何适应他们的才能的特性,他十分遗憾没有找到他的表达者。画品的这种脆弱,比诸印品的牢固,是他的最经常的话题之一。

他是如此柔弱，又如此顽强，如此容易激动，又如此坚强。他是欧洲艺术史上无与伦比的人物，一个不断地梦想着用宏伟的构思盖满墙壁的病态而怕冷的艺术家。当他被那种他似乎有着痉挛的预感的胸部炎症夺去生命的时候，我们都感到了某种东西，类似于使我们知道夏多布里昂和巴尔扎克之死的那种精神消沉和孤独感，这种感觉最近又因阿尔弗莱·德·维尼的去世再次出现。在举国的悲伤之中，有一种普遍的生命力的衰弱，有一种类似日食的智力的昏暗，这是对世界末日的一次暂时的模仿。

然而我认为，这种印象特别有害于那些高傲的孤独者，他们只能由精神上的联系组成一个家庭；至于其他公民，他们只能逐渐地知道祖国失去了这个伟人所蒙受的损失，以及他离开祖国所留下的空白，还需要不断地向他们讲明这一点。

我衷心地感谢您，先生，让我自由地说出对我们这不幸的时代的罕见的天才之一的回忆让我想到的这一切——我们这时代如此贫穷，又如此富有，时而过于苛求，时而又过于宽容，而过于经常的却是不公。

欧仁·比欧先生的藏品拍卖

我总是难以理解收藏家们除了死亡还能以别的方式离开他们的藏品。当然，我说的不是那些投机的爱好者们，他们的向人炫耀的趣味不过是掩盖着对于金钱的激情罢了。我说的是那些慢慢地、满怀激情地搜集投合其个人天性的艺术品的人。对他们中的每一个人来说，藏品应该就像是一个家庭，一个精选的家庭。不幸这世界上除了死亡还有别的迫不得已之事，单只这些事就能解释永远的分离和告别的悲剧。不过必须补充的是，谁在许多年内很好地见过、看过、分析过美或新奇的东西、谁就在记忆中留下了一种让人感到安慰的形象。

报纸《爱好者陈列室》的创立者欧仁·比欧先生的收藏展览是在4月23日礼拜六和24日礼拜日举行的。制作精良、具有一种严肃和真诚的品质的收藏是不多见的。他的藏品真正的爱好者都很熟悉，乃是精心遴选的结果，是比欧先生本人好几次收藏的最上乘的遗留。我很少见过这样的青铜器精华，从艺术和历史的观点看都同样有趣。文艺复兴时期的意大利青铜器；陶土雕塑；上釉陶器；米开朗琪罗、多那太罗、波隆那、卢卡·罗比亚等的作品；不同窑的上彩釉的陶器，都是第一流的，尤其是西班牙—阿拉伯的出品；东方的青铜瓶，镂，刻，压纹；亚洲风格的地毯和织物；几幅油画，其中一幅是拉斐尔画的圣女伊丽莎白头像，用胶画颜料画在布上；两幅罗萨巴画的美妙的肖像；一幅米开朗琪罗的素描，几幅梅索尼埃先生的有趣的素描，画的是兵器博物馆所藏珍贵的甲胄；威尼斯的细密画，有细密画插图的手稿；古代的、希腊的、文艺复兴时代的大理石雕像，古代的陶器和玻璃器皿；最后，三百六十枚文艺复兴时期各国的徽章，构成了一部青铜的历史辞典；这差不多就是这份目录的精要了。这也是经过排列或不如说羞答答地堆在一起的财富，如同已故的索瓦热的那些堆在四五间破屋子里的宝贝，它们两天之后就要任那些对古物有一种高贵的激情的人的贪婪去摆布了。显然，在这些藏品中最美、最有趣的是米开朗琪罗的三件青铜作品。比欧先生在对这些青铜作品的说明里以一种对爱好者来说极为罕见的谨慎避免做出绝对的肯定，大概是想把辨认显而易见的、无可置疑的大师的风格留给内行吧。三个青铜件的美无分上下，但给人留下最强烈回忆的是米开朗琪罗本人的面具，深刻地表现出了这个辉煌的天才的忧郁。

关于欧仁·德拉克洛瓦的作品、思想、习惯
1864年在布鲁塞尔讲演的开场白

先生们，很久以前我就想来到你们中间，认识你们。我本能地感到我会受到欢迎。请原谅我说出这样妄自尊大的话。你们几乎是鼓励了我，却还不知道。

几天前，我的一位朋友，你们的同胞，对我说："真奇怪！您好像挺愉快！这是因为离开了巴黎吗？"

的确，先生们，我已经有过这种舒服的感觉，有几位来到这里跟你们谈话的法国人也跟我谈到过。我指的是这种精神的健康，这种由自由和淳朴的气氛培育出来的真福，我们法国人对此很不习惯，尤其是我这种从未当过法国的宠儿的人。

今天我来跟你们谈谈欧仁·德拉克洛瓦。我觉得鲁本斯的祖国，绘画的经典土地之一，会欢迎对法国的鲁本斯的一些思考的结果；安特卫普的大师可以不失身份地向我们的令人惊奇的德拉克洛瓦伸出友好的手。

几个月前，德拉克洛瓦先生去世了，这对每一个人都是一个意外的灾难；他的老朋友没有一个被告知他的健康面临巨大的危险已经三四个月了。欧仁·德拉克洛瓦不想用弥留之际的讨厌景象使任何人产生反感。说到这位崇高的人，如果允许我使用一个粗俗的比喻的话，我将说他死得像猫或者野兽，它们寻找一个秘密的巢穴，来掩盖生命的最后的挣扎。

先生们，你们知道，突然的一击，一颗子弹，打一枪，匕首扎一下，从马上摔下来，开始并不会给伤者带来很大的痛苦。惊愕不给痛苦留下位置。然而几分钟之后，伤者知道了伤势的严重。所以，先生们，当我获悉德拉克洛瓦先生的死讯的时候，我惊呆了；两个钟头之后，我才感到了悲伤，我不想向你们描绘，它可以这样加以概括："我永远也看不到他了，永远，永远，我是那样地爱他，他也肯屈尊爱我，并教会我那么多东西。"于是我奔向伟大的死者的家，我跟老杰妮谈了两个钟头，她是那种老式女仆，对杰出的主人的崇拜成了她们的一种个人的高贵品质。两个钟头中间，我们谈话，哭泣，面对着小蜡烛照耀下的那口棺材，上面放着一个悲惨的铜十字架。因为我不曾有幸及时赶到，未能最后一次静观伟大的画家—诗人的面容。我们不谈这些细节了；有许多事情，我一说到就要爆发出仇恨和愤怒。

先生们，你们听说过欧仁·德拉克洛瓦的油画和素描的出售，你们知道其成功超过了一切预料。一些平庸的画室习作，大师根本不予重视，却比他在世时最好的、完成得最为美妙的作品贵上二十倍。正当这次死后拍卖丑闻频出的时候，阿尔弗莱德·斯蒂文斯先生对我说："假使欧仁·德拉克洛瓦能够在一个超自然的地方看见他的天才得到承认，他应该不再为四十年的不公感到痛苦了。"

你们知道，先生们，在1848年，共和党人，那时被称作事前共和党人，对事后共和党人的热情相当反感，自叹弗如，尤其使他们感到愤怒的是他们害怕显得不够真诚。于是，我回答阿尔弗莱德·斯蒂文斯先生说："德拉克洛瓦的幽灵有可能在几分钟内生出骄傲之心，它听不见恭维的时间太长了；但是，我在热衷于时髦的资产者的狂热中看见的只是，死去的伟人有了一个新理由坚持他对人类本性的蔑视。"

几天后，我写了这篇演说，更多的不是为了让你们赞同我的想法，而是为了让我分心忘掉痛苦。

1864年5月2日

理查·瓦格纳和《汤豪舍》在巴黎[*]

一

让我们回溯到十三个月之前。问题的开始,请允许我在判断中常常以我个人的名义说话。这个"我",在许多情况下被正确地指责为放肆,但是却包含着很大的谦逊;它把作家关在真诚的最严格的界限之内。它缩小了自己的任务,因而使之更易于完成。总之,为了确信这种真诚会在不偏不倚的读者中找到朋友,不一定非得是彻头彻尾的或然论者不可。显而易见,有时候坦率的批评虽然只说出他自己的印象,却也可能因此说出了某些不相识的赞同者的印象。

十三个月前,巴黎城里议论纷纷。一位德国作曲家,曾

---

[*] Richard Wagner(1813-1883),德国作曲家。本文最初发表于《欧洲评论》(1861年4月1日)。

经长期生活在我们中间，却不被我们所知，他贫穷，默默无闻，靠一些微不足道的营生过活，可是德国的公众把他当作天才人物颂扬已有十五年了。现在他又回来了，回到了目睹他年轻时代的苦难的城市，并把他的作品拿来让我们评判。在此之前，在巴黎很少听到有人谈论瓦格纳，人们隐隐约约地知道，在莱茵河那一边，抒情戏剧的改革问题甚嚣尘上，李斯特热烈地接受了改革者的观点。费蒂[1]先生对他提出了某种指责，而好奇者若是翻阅一下《巴黎音乐评论》，就会再一次证实，自诩为主张最明智、最传统的看法的作家们在批评相反的意见时是不大能以明智、节制，甚至普通的礼貌自炫的。费蒂先生的文章差不多只是些蹩脚得令人难受的谩骂，这位老音乐爱好者[2]的恼怒只能证明他认为必定要遭到诅咒和嘲弄的作品的重要性。再有，十三个月来，公众的好奇未尝稍减，理查·瓦格纳遭到了新的辱骂。几年前，泰奥菲尔·戈蒂耶去德国旅行，深为《汤豪舍》的演出所感动，回来在《箴言报》上以一种造型的可靠性表达他的印象，而这种造型的可靠性总是使他的文章具有一种不可抗拒的魅力；但是这些不同的材料间隔很久，并没有吸引群众的注意力。

海报刚刚宣布理查·瓦格纳将在意大利人音乐厅演出他的作品的片断，立刻就发生了一桩有趣的事情，这件事我

---

1 François-Joseph Fetis（1784-1871），比利时音乐评论家。
2 这里的"音乐爱好者"有奉意大利音乐为正宗者的含义。

们已经见过了，它证明了法国人在任何事情上都本能地、急切地需要于辩论或研究之前拿定主意。一些人说得天花乱坠，另一些人则肆无忌惮地贬低他们尚未听过的作品。这种滑稽可笑的局面今天还在继续，而且可以说，无人知晓的主题从来不曾讨论得如此热烈。简言之，瓦格纳的音乐会如同一次真正的理论大战，如同一次艺术的郑重的危机，一次批评家、艺术家和公众习惯于乱抛一切激情的那种混战；这是一种幸运的危机，它说明一个国家的精神生活是健康的、丰富的，而且可以说，自从维克多·雨果的伟大日子以来，我们已经不再会对待这种危机了。我借用一下柏辽兹先生专栏文章（1860年2月9日）中的下列文字："首场音乐会的晚上，意大利人剧院的常客感到很好奇。一片疯狂，喊叫、争论声，总像是马上要大打出手了。"几天前在歌剧院，要是没有主人在场，同样的闹剧恐怕也会发生的，尤其是那里的观众更为本色。我记得在一次彩排结束时，我见过一位颇受信任的巴黎批评家自命不凡地站在检票处前，面对观众（弄得他们进出都不便了），正在练习笑，活像一个有怪癖的人，活像那种在疗养院中被称为烦躁症患者的那种人。这可怜的人以为人人都认得他，他那样子像是说："看我怎么笑，我，著名的斯[1]……！所以，你们要注意和我的意见一致。"在我刚才指的那篇专栏文章中，虽然柏辽兹先生表现的热情

---

[1] 指保尔·斯居多（Paul Scudo，1806-1864），法国音乐评论家。

远比人们盼望的要少,仍补充道:"当时产生的那种无理、荒谬,甚至欺骗的东西真是不可思议,突出地证明了,至少在我们这里,如果关系到评价一种不同于流行的音乐的音乐,只有激情和先入之见能说话,而理智和高雅的趣味是不能开口的。"

瓦格纳真是大胆:他的音乐会的节目中既没有器乐独奏,也没有歌曲,也没有一种喜欢演奏能手及其技巧的观众如此珍爱的任何炫耀,只有一些合唱或交响乐。斗争的确是激烈的,但是有几首思想表达得更为明确的乐曲是难以抗拒的,使忘乎所以的观众激动起来,瓦格纳的音乐以自身的力量获得了胜利。《汤豪舍》的序曲,第二幕的庄严的进行曲,尤其是《罗恩格林》的序曲,婚礼曲和祝婚诗,都受到热烈的欢呼。显然有许多东西还是模模糊糊的,然而不偏不倚的人心想:"既然这些作品是为了舞台演出的,那就该等等看;还不够明确的东西将由造型来解释。"等是等,已被证实的毕竟是,作为交响乐作者,作为一个以无数声音的组合来表达人类灵魂的喧闹的艺术家,理查·瓦格纳是站在曾经有过的最高的水平上的,肯定和最伟大者同样伟大。

我常听人说音乐是不能像语言或绘画那样以可靠地表达任何东西自豪的。这在某种程度上是正确的,但不完全正确。音乐以它的方式来表达,通过它特有的手段来表达。在音乐中,如同在绘画中,甚至如同在文字中一样,虽然文字是一种最确实的艺术,总是有一种需要由听者的想象力加以补充的空白的。

正是这种看法促使瓦格纳认为戏剧艺术，即若干种艺术的集合、重合，是典型的艺术，最综合最完美的艺术。所以，如果我们暂时去掉造型，布景，演员所扮演的幻想的人物，甚至歌词，有一件事仍然是无可置疑的，即音乐越是动人，暗示也就越迅速准确，也就越有可能让敏感的人想象出与启发了艺术家的观念有关系的一些观念。我立刻就举出著名的《罗恩格林》序曲作为例子，柏辽兹先生曾经用专业文体写过出色的文章赞扬它，不过我这里只想用它所提供的暗示来验证其价值。

我在当时从意大利人剧院散发的说明书上读到："从开始几小节起，等待着圣杯的虔诚的孤独者的灵魂就投入无限的空间之中。他看见一个奇怪的幻影渐渐出现，成了形，有了模样。这幻影更加清晰。一队神奇的天使从他面前走过，圣杯就在他们中间。神圣的队伍走近了，上帝的选民的心渐渐激动了，扩大，飞散，不可言喻的希望在他身上苏醒了；他感到一种不断增强的狂喜，同时也越来越靠近那个明亮的幻影，终于，圣杯在这支神圣的队伍中出现了，这时，他陷入一种心醉神迷的崇拜之中，仿佛整个世界突然消失了。

"于是，圣杯把它的祝福施于祷告的圣徒，接受他为它的骑士。随后，灼人的火焰逐渐减弱了光芒，那一队天使向着他们离去的大地微笑着，兴高采烈地回到高高的天上。他们把圣杯留给纯洁的人看守，神圣的浆液流满了他的心，那庄严的队伍在深邃的空间消失了,像它从那里出来时一样。"

读者一会儿就会明白我为什么强调这段文字。我现在拿来李斯特的书,翻到描写杰出的钢琴家(他是个艺术家,也是个哲学家)以他的方式表现那支乐曲的那一页:

"这段引子包含着并且显露了神秘的成分,这种成分在乐曲中一直存在,也一直被隐藏着……为了告诉我们这个秘密所具有的不可言喻的力量,瓦格纳首先向我们展现出圣地的说不出的美,那里住着一个上帝,他为被压迫者复仇,只向他的信徒要求爱和信仰。瓦格纳让我们知道圣杯,让那座不朽的木庙在我们眼前闪烁,这座庙有芳香的墙、金子的门、石棉的搁栅、乳白石的柱子、乳色金绿宝石的四壁,辉煌的大门只有心灵高尚、双手纯洁的人才能走近。他并不让我们看见它那威严而明显的结构,却好像是要爱护我们的脆弱的感觉似的,它只让它在某种天蓝色的波中反射出来,或者由某种红色的云呈现出来。

"为了让神圣的画面展现在我们这世俗的眼前,开始时旋律像一片宽阔的静水,一片弥漫着的氤氲的以太;效果完全由十六把小提琴奏出,几节和弦之后,继续在最高音区演奏。随后,最柔和的管乐器接过主题,法国号和巴松管加入,准备着小号和长号出场,由它们第四次重复主旋律,音色辉煌明亮,仿佛在这千载难逢的时刻,那神圣的建筑发光了,灿烂辉煌,光芒四射,使我们眼花缭乱。然而,这明亮的闪光一步步达到阳光的强度,却迅速地暗淡了,犹如一道天光。透明的云气闭合了，幻象渐渐消失在同它出现时一样的绚丽的香气之中，乐曲由开头的六小节结束，变得更为空灵。它的理想的神秘性的特点特别因乐队始终保持得最弱而变得明显，这种最弱只是在铜管乐器使引子的唯一主题的美妙线条闪光的那个短暂时刻稍稍被打断过。这就是听这首卓越的柔板时呈现在我们激动的感觉面前的形象。"

我第一次听这乐曲的时候，闭着眼睛，有飘然远举之感，我可以用语言来讲一讲我的想象力对它必然的表达吗？如果把我的梦幻和前面所说的梦幻连在一起并没有益处的话，我是不敢得意地谈论我的梦幻的。读者知道我们的目的是什么：证明真正的音乐在不同的灵魂中启示类似的观念。此外，不经分析和比较地进行先验的推论，在这里也不会是可笑的，因为真正使人惊讶的，是声音不能暗示色彩，色彩不能让人想到旋律，声音和色彩不适于表达思想；自从上帝说世界是一个复杂而不可分割的整体那一天起，事物就一直通过一种相互间的类似彼此表达着。

自然是座庙宇，那里活的柱子，
有时说出了模模糊糊的话音；
人从那里过，穿越象征的森林，
森林用熟识的目光将他注视。

如同悠长的回声遥遥地汇合

在一个混沌深邃的统一体中，

广大浩漫好像黑夜连着光明——

芳香、颜色和声音在互相应和。

我继续往下说。我记得，从最初几小节起，我就有了那种几乎任何富有想象力的人都曾在睡眠中通过梦体验过的愉快的感受。我觉得自己从重力的锁链中解脱出来，在回忆中又重新获得了在高处萦回的奇异的快乐（顺便说说我并不知道刚才提到的说明）。接着，我不由自主地为自己描绘出一个人在绝对的孤独中沉溺于巨大的梦幻时的销魂之状，那孤独前面是广阔无垠的天边和一道宽阔朦胧的光；除了无边无际的广阔，没有任何装点。一会儿，我感到了一道更明亮的光芒，越来越亮，快得连词典里所有的层次变化都不足以表现那种不断增强的灼热和白炽。这时，我充分地想象出一颗灵魂在一片光明之中跃动，因快乐和彻悟而迷醉，在自然的世界之外的高空中翱翔。

你们可以很容易地看出这三种表达之间的区别。瓦格纳指出一队天使带来一只圣杯，李斯特看见一座奇美的建筑，反射在一片氤氲的幻影之中。我的梦幻中物质的东西少得多，更朦胧，更抽象。但是这里重要的是抓住相似之处，它们纵使不多，仍可构成一个足够的证据；幸而相似之处很多，而且惊人到了多余的程度。在这三种表达中，我都发现了对精神和肉体的迷醉的感觉，对孤独的感觉，对观照某种无限崇高无限美的东西的感觉，对一种赏心悦目直至迷狂的强烈光芒的感觉，总之，对伸展至可以想象的极限的空间的感觉。

没有一位音乐家像瓦格纳那样善于描绘物质的和精神的空间和深度。这是好几个人，一些最优秀的人，在好几种场合不吐不快的一种看法。他具有一种艺术，能够通过精微的层次表达存在于精神的和自然的人中的一切过分的、巨大的、野心勃勃的东西。有时候，听着这种热烈而专横的音乐，人们似乎发现在黑夜的被梦幻撕破的背景上绘有令人眩晕的关于鸦片的观念。

从这个时候开始，也就是说，从第一次音乐会开始，我就一心一意想要更深入地理解这些奇特的作品。我接受了（至少我觉得是这样）一次精神手术，一个启示。我的快乐如此强烈、如此巨大，以至于我总是想不断地重游旧地。在我体验到的东西中，大概有许多韦伯和贝多芬已经让我体验过的东西，但是也有我说不清楚的新东西，这种无能使我感到既恼火又好奇，并且混有一种古怪的乐趣。有好几天，有很长时间，我心想：今天晚上我在哪儿能听到瓦格纳的音乐呢？我的朋友中有人有钢琴，他们不止一次受到我的折磨。很快，像一切新东西一样，瓦格纳的交响乐作品在每晚都向追求庸俗快乐的人们开放的夜总会里响起来了。这种音乐的闪光的崇高落在那里就仿佛是雷打得不是地方。声音传得很快，我们常常看到这样的滑稽场面，一些庄重而讲究的人一边忍受着不正常的嘈杂，一边听着《瓦特堡的客人》的庄严的进行曲或者《罗恩格林》的华丽的婚礼曲，一边在等待着更好的东西。

但是，在出自同一歌剧的乐曲中频繁地重复同样的乐句，这其中包含着我不知道的一些神秘的意图和一种方法。我决心弄清楚为什么，决心在一次舞台演出为我提出完善的说明之前把我的快乐变成认识。我向朋友和敌人求教。我咀嚼费蒂先生的难以消化的、味道极坏的小册子，我阅读李斯特的书，最后，由于《艺术和革命》和《未来的艺术作品》尚未翻译过来，我终于搞到了一本译成英文的《歌剧与戏剧》。

二

法国式的玩笑一直在继续，通俗报刊不断地制造职业性的恶作剧。瓦格纳总是说（戏剧性的）音乐应该像语言一样准确地谈论感情、适应感情，但显然是以另外一种方式，也就是说，表达过于确定的语言所不能表达的感情的不明确部分（在这方面，他说的话是任何理智的人都能接受的）。许多人相信了专栏文章的玩笑，以为大师把表现事物的实在形式的能力给了音乐，也就是说，他颠倒了角色和功能。列举所有那些建立在这种错误看法之上的嘲弄是既无用又令人厌烦的，它们有时来自敌意，有时来自无知，其结果都是事先扰乱公众的舆论。但是，阻止一支自认是有趣的笔，在巴黎比在别处更不可能。针对瓦格纳的普遍的好奇产生了一些文章和小册子，使我们知道了他的生活、他的长期的努力和他的各种各样的痛苦。在这些今天已广为人知的材料中，我只想摘取我觉得最能说明和确定大师的本性和特点的那一部分。"一个人若不是自幼就有一个仙女赋予他一种对现存的一切都不满意的精神，是永远也不会发现新东西的。"写过这种话的人无疑应该在生活的冲突中感受到比别人更多的痛苦。易于感受痛苦，所有的艺术家都是一样的，他们对正义和美的本能越是强烈，就越是易于感受痛苦，我正是从这里获得了对于瓦格纳的革命观点的解释。那么多的挫折使他恼火，那么多的梦想使他失望，在某一个时刻，由于一种对一个过于敏感、过于神经质的人来说是可以原谅的错误，他不得不在坏音乐和坏政府之间建立起一种理想的默契。他渴望着看到艺术中的理想最终压倒陈规，竟然（这在本质上是人类的一种幻想）希望政治方面的革命将有利于艺术中的革命事业。瓦格纳本人的成功驳斥了他的预见和希望，因为在法国得有一个独裁者的命令才能使一位革命者的作品得以演奏。这样，我们在巴黎就看到了君主政体支持下的浪漫派的演进，而自由派和共和派则顽固地坚持所谓古典主义文学的陈规。

通过他本人提供的有关他的青年时代的材料，我看到他很小就生活在剧场中，出入后台，写喜剧。韦伯的音乐，后来又有贝多芬的音乐，以一种不可抗拒的力量影响了他的精神，很快，随着岁月和学习的积累，他就不能不以一种双重的方式，即诗的方式和音乐的方式来思想了，就不能不在两种同时的形式下看见任何观念了，因为在这两种艺术中，一种艺术开始活动的地方正是另一种艺术到达极限的地方。在他的才能中占有如此巨大的位置的戏剧本能促使他反对为音乐而写的剧本所具有的一切轻佻、平庸和荒谬的。因此，引导艺术革命的上帝就使那个如此地搅动了18世纪的问题在一个年轻的德国人的头脑里成熟了。谁只要认真读过作为《译成法语散文的四首歌剧诗》的序言的《关于音乐的信》，谁就不可能在这方面有任何怀疑。信中常常以热情的好感提到格鲁克[1]和梅于尔[2]的名字。费蒂先生是极力想在抒情剧中永久地树立起音乐的主导地位的，尽管他不乐意，可是格鲁克、狄德罗、伏尔泰、歌德这些人的意见还是不容蔑视的。如果说后面的两位后来违背了他们的心爱的理论，那在他们只不过是一种泄气和绝望的表示罢了。浏览《关于音乐的信》，我感到狄德罗的几段话仿佛由于一种记忆的回声现象又浮现在我的脑海之中，他说真正的戏剧音乐只能是加上音符和节奏的激情的喊叫或叹息。科学的、诗的、艺术的同样的问题年复一年地不断重新出现，瓦格纳并不曾做出首创者

---

[1] Christoph Willibald Gluck（1714-1787），德国作曲家。
[2] Etienne Mehul（1763-1817），法国作曲家。

的样子，他只是一个老观念的证明者，这个观念无疑还要不止一次地在失败与胜利之间反复。所有这些问题实际上都是极其简单的，我们常常听见一些人抱怨一般的歌剧脚本使所有理智的人都不堪其苦，假使我们看到这些人反对未来的音乐（我权且使用这个不确切但已获得信任的用语），那倒是颇令人惊讶的。

在《关于音乐的信》中，作者简要清晰地分析了他的三部旧作：《艺术和革命》、《未来的艺术作品》和《歌剧与戏剧》，我们发现他非常关心希腊戏剧，这是非常自然的，对于一个音乐剧作家来说甚至是不可避免的，他得在过去当中寻求使他对现时的厌恶合法化的东西以及有助于建立抒情戏剧的新条件的主意。一年多以前，他在给柏辽兹的一封信中已经说过："我想过使艺术能够在公众中引起一种不可侵犯的尊重的条件是什么，为了不在对这个问题的研究中过分地深入，我就到古希腊中寻找出发点。我首先碰到了典型的艺术作品，即戏剧，其中，观念无论如何深刻，都可以最清楚地、最普遍地为人理解地显现出来。三万古希腊人能够怀着一种持久的兴趣观看埃斯库罗斯的悲剧演出，我们今天是有充分的理由对此感到惊讶的；而如果我们探索通过什么样的手段使人们获得了这样的效果，我们就发现那是由于联合一切艺术共同向着一个目标，也就是向着产生最完美的、唯一真实的艺术作品这个目标的结果。这引导我去研究艺术的不同门类之间的关系，在抓住了造型和模仿之间的联系之后，我又研究了音乐和诗之间的关系，从这一研究中突然迸发出光亮，彻底地驱散了一直使我焦虑的黑暗。

"我的确认识到，正是在一种艺术达到不可逾越的极限的那个地方，极其准确地开始了另一种艺术的活动范围。因此，通过两种艺术的密切的结合，人们就能以最令人满意的清晰表达任何单独的艺术所不能表达的东西。相反，任何用其中一种艺术的手段表达只能由两种艺术共同表达的东西的企图，都不可避免地要导致晦涩，首先是混乱，然后是每一单独的艺术的退化和变质。"

在他的最后一本书的序言中，他又以这样的措辞再次谈到同一个主题："我在艺术家的某些罕见的创造中发现了一个真实的基础，我的戏剧和音乐的理想就立于其上；现在，历史又向我提供了如我设想的那种存在于戏剧和公共生活之间的理想关系的模特儿和典型，我在古代雅典的戏剧中找到了这种模特儿：在那里，剧场只向某些宗教的庆典开放，其时伴有艺术的享受。国家最高贵的人物作为诗人或领导者直接参加这些庆典；在城邦和国家的民众眼中，他们是作为祭司出现的，这些民众如此焦急地等待着崇高的作品在他们面前演出，以至于最深刻的诗篇，例如埃斯库罗斯和索福克勒斯的诗篇，能够被推荐给民众，并保证能被完全地领会。"

这种对一种戏剧理想的绝对专横的趣味造就了瓦格纳的命运。在这种趣味中，每一段朗诵都由音乐标出并加以强调，认真到了歌唱者错不了一个元音的程度，那真是用激情画出的真正的曲线，布景和演出也考虑得无微不至，一切细节都是为整体的效果。这在他就像是一种永久的要求。自从他摆脱了脚本的老一套，勇敢地否定了曾经获得巨大成功的年轻时写的歌剧《黎恩济》那一天起，他就一丝不苟地朝着这个急切的理想前进。所以，当我在他的翻译过来的作品，特别是在《汤豪舍》、《罗恩格林》和《漂泊的荷兰人》中发现了一种卓越的结构方法、一种令人想起古代悲剧结构的讲究条理和划分精神的时候，我并不感到惊奇。但是，各个时期周期性地产生着的现象和观念在每次复活的时候总是从变化和时势中获得补充性的特点。古代的光辉灿烂的维纳斯，从雪白的泡沫中诞生的阿佛洛狄忒，并非没受损害地穿越了中世纪的恐怖的黑夜。她不住在奥林匹斯山上了，也不住在芬芳的群岛的海滨了，她躲进了一个山洞的深处，那山洞的确是壮丽，然而照亮它的火却不是善意的福玻斯[1]的火。维纳斯下到地里，接近了地狱，她无疑要在某些丑恶的盛典中按时地向魔王，即肉之王和罪之主致敬。同样，瓦格纳的诗尽管表现出一种对古典美的真诚的爱好和完全的理解，却也在很大程度上具有浪漫派的精神。如果说这些诗让人向往索福克勒斯和埃斯库罗斯的庄严，却也同时迫使精神回想起造型上最符合天主教教义的那个时代的神秘。它们很像中世纪展现在教堂的墙上或编织在华丽的壁毯上的那些壮观的景象。

---

[1] Phoebus，希腊神话中的太阳神，阿波罗的别名。

它们有着明显的传说的一般面貌：《汤豪舍》是传说，《罗恩格林》是传说，《漂泊的荷兰人》也是传说。把瓦格纳引向这种表面的专长的不仅仅是一种任何诗的精神都具有的自然倾向，也是从对于最有利于抒情剧的条件的研究中产生出来的一种形式上的成见。

他自己也注意在书中把这个问题解释清楚。事实上，并非所有的主题都同样地适于写成一种具有普遍性的宏伟的戏剧。显然，把有趣的、完美的风俗画用宏伟的壁画来表达是有着巨大的危险的。戏剧的诗人主要在人的普遍的心灵和这种心灵的历史中发现可以被普遍地理解的画卷。为了完全自由地创作理想的戏剧，谨慎的做法是排除一切产生于技术的、政治的，甚至过于确实的历史的细节的困难。我还是让大师本人来说吧："在人生的画卷中，只对抽象的智力才有意义的主题让位于支配心灵的纯粹人性的动机，唯有这样的人生画卷才可以被称为诗的画卷。这种倾向（即有关诗的主题的创造的那种倾向）是主宰诗的形式和表现的最高法则……对于诗人来说，节奏的安排和韵律的装饰（几乎是音乐性的）是确保诗句具有一种迷人的、随意支配感情的力量的手段。这种倾向对诗人来说是本质的，一直把他引导到他的艺术的极限，音乐立刻接触到的极限，因此，诗人的最完整的作品应该是那种作品，它在其最后的完成中将是一种完美的音乐。

"因此，我就必然地要把神话选定为诗人的理想的素材。神话是人民的原始的、不具名的诗篇，我们看到它在各个时代反复出现，不断地有文明时期的伟大诗人对它进行改写。实际上，在神话中，人与人之间的关系几乎全部剥去了它们的因袭的、只有抽象理性才能理解的形式；这种关系显示出生活所具有的真正人性的、永远可以理解的东西，并且是在那种具体的、排斥任何模仿的形式下显示出来的，这种形式使一切真正的神话具有你们一眼便可认出的个别的性质。"

他在别的地方又谈到这个问题，他说："我永远离开了历史的场地，定居在传说的场地上……为了描述和再现历史事实及其变故所必需的一切细节，历史上的一个特定的、遥远的时期为了得到完全的理解而必需的一切细节，历史剧和历史小说的当代作者们因此而详细罗列的一切细节，我都可以置之不理……传说无论属于哪个时代、哪个民族，都具有这种优越性，即包含着这个时代这个民族所具有的一切纯粹人性的东西，并且在一种很突出的、一眼便能理解的独特形式下表现出来。一首叙事诗，一支民歌，就足以在很短的时间内最确定最明显地向你们展示出这种特点……场面的特点和传说的口吻共同使人陷入那种使他很快就获得充分的洞察力的梦幻状态，他这时就发现了世界诸现象之间的新的联系，而他的眼睛在平常的清醒状态之中是看不见的……"

瓦格纳既是诗人，又是批评家，他怎么会不出色地理解神话的这种神圣的性质呢？我听见许多人从他的能力和他的高度的批评智力中得出一个不相信他的音乐天才的理由，我认为现在正是一个适当的机会，来驳斥一种很普遍的错误，其主要根源也许是嫉妒，这种人类感情中最丑恶的感情。"一个对自己的艺术夸夸其谈的人是不能自然地产生出好作品的。"有些人说，他们就这样剥夺了天才的合理性，派给它一种纯粹本能的、可以说是植物性的功能。另外一些人则想把瓦格纳看成是一个理论家，他写歌剧只是为了事后验证他自己的理论的价值。这不仅是完全错误的，因为众所周知，大师年轻时开始写的是一种性质不同的诗歌和音乐评论，他是逐步形成一个抒情剧的理想的，同时，这也是一种绝对不可能的事情。在艺术史上这大概是一桩闻所未闻的事情，一个批评家成了诗人，这推翻了全部心理规律，是一桩怪事；其实不然，一切伟大的诗人本来注定了就是批评家。我可怜那些只让唯一的本能支配的诗人，我认为他们是不完全的。在前者的精神生活中，必然要产生一种危机，他们想议论他们的艺术，发现他们曾经据以进行创作的幽微难明的规律，从这种研究中得出一系列教训，他们的神圣目的就是要在诗的创作中做到万无一失。一个批评家成为诗人，那可是件大好事；而一个诗人身上，也不可能不蕴涵着一个批评家。因此，读者不必诧异，我是把诗人看作最好的批评家的。那些人指责音乐家瓦格纳写了论他的艺术哲学的书，并就此猜想他的音乐不是一种自然的、出于本能的产物，他们大概也同样否认达·芬奇、霍格思、雷诺兹能够画出好画，仅仅因为这几个人也列举并分析了他们的艺术原则。有谁比我们伟大的德拉克洛瓦谈绘画谈得更好呢？狄德罗，歌德，莎士比亚，既是作家，又是值得钦佩的批评家。诗先存在，第一个表现出来，然后才由此产生诗律的研究，这就是人类劳动的无可争辩的历史。由于一个人是一切人的缩影，个人头脑的历史是普天下人的头脑的历史的雏形，瓦格纳的思想的形成与人类的劳动相类似，这样设想（因为缺少实在的证据）大概是正确而自然的。

三

《汤豪舍》表现的是选择了人心作为主要战场的两种原则之间的斗争，即肉体对精神、地狱对天堂、撒旦对上帝之间的斗争。这种二元性从序曲开始就被以一种无与伦比的技巧立刻表现出来了。关于这段音乐，人们什么不曾写过呢？但是，它还可以为许多论断和有说服力的评论提供材料，这是可以预想的，因为真正艺术的作品的特性就是成为暗示的一股汲取不尽的泉水。序曲用两首歌概括了全剧的思想，一首是宗教的歌曲，一首是音乐的歌曲，借用李斯特的话说，它们"在这里就仿佛是两个项，在终曲中发现了它们的方程式"。《朝圣者之歌》带着最高法则的权威首先出现，仿佛立即指出生活的真正意义一样指出了普遍的朝圣的目的，即上帝。然而由于上帝的深刻含义很快被肉体的欲念淹没在清醒的意识之中，代表神圣的歌渐渐被肉感的喘息吞没了。真正的、可怕的、普遍的维纳斯已经在全部想象中站立起来。尚未听过《汤豪舍》的绝妙序曲的人不要以为这是一支庸俗的情人们在葡萄架下为消磨时光而唱的歌，也不要以为这是一支极度兴奋的部队通过贺拉斯之口向上帝提出挑战时所用的腔调，这是另外一种东西，它更为真实，同时也更为阴沉、忧郁，夹杂着狂热和焦虑的快乐，一种应允解除却永远也解除不了饥渴的快感的反复出现，心灵和感觉的激烈的颤动，肉体的急迫的命令，爱情的全部拟声词都可以在这里听到。最后，宗教主题慢慢地、渐渐地逐步重获支配权，并把另一个主题吸收进一种平静的、光荣的胜利之中，这种胜利就像是不可抗拒之物对病态、杂乱之物的胜利，米迦勒[1]对路西法的胜利。

在本文开头，我曾经指出瓦格纳在《罗恩格林》序曲中借以表达对不能以言相通的上帝的神秘热情和强烈渴望的那种力量，在《汤豪舍》序曲中，在两种相对立的原则的斗争中，他并未消减其敏锐和有力。大师从哪里得到这狂暴的肉体之歌、对人的恶魔部分的绝对认识？从最初几小节起，我们的神经就与旋律一致起来，任何觉醒的肉体都开始战栗，任何发育得很好的头脑自身都带着天堂和地狱这两种无限，并在这两种无限之一的任何形象中突然认出了自己的另

---

[1] Michel，《圣经》中的天使。

一半。继一种朦胧的爱情的微痒之后，很快便接上了冲动，眩晕，胜利的喊声，感激的呻吟，随后又是残酷的号叫，牺牲品的指责和祭司们的亵渎宗教的欢呼，仿佛野蛮永远应该在爱情的戏剧中有它的位置，肉体的快乐也应该通过一种不可避免的魔鬼的逻辑导致犯罪的快乐。当宗教的主题冲进狂暴的恶之中，渐渐地重建秩序，曲调重新向上进行的时候，当它带着它的全部坚实的美挺立在一片快感的混乱之上的时候，整个灵魂就感到一种赎罪的狂喜；这是一种不可言喻的感情，在第二幕开头再次出现，那时汤豪舍从维纳斯的山洞中逃出，重新回到真正的生活中来，周围是家乡的钟发出的宗教的声音，牧人的淳朴的歌唱，朝圣者的赞歌和立在路上的十字架，那是在所有的路上都应该拖着的那些十字架的象征。在这最后一种情况中，有一种对照的力量，对精神起着不可抗拒的作用，令人想起莎士比亚的雄浑而自如的方式。刚才我们还在地下的深处（我们已经说过，维纳斯住在地狱旁边），呼吸的空气是芬芳的，但却令人窒息，被一种并非来自太阳的粉红色的光照亮；我们仿佛那位汤豪舍骑士本人，对令人烦躁的快乐感到厌倦，渴望着痛苦！这种崇高的呼喊，所有宣过誓的批评家都会在高乃依身上加以赞赏的，然而，大概没有一个人愿意在瓦格纳身上看到。最后，我们重新回到地上，我们呼吸到新鲜的空气，感激地接受了快乐，谦卑地接受了痛苦。可怜的人类又回到了故乡。

刚才，在试着描述序曲的快乐的部分时，我请读者让思想离开爱情的庸俗赞歌，一个心情愉快的风流人所能设想的那种赞歌；事实上，这里并没有任何庸俗的东西，毋宁说这是一个有力的天性的充分流露，它把出自善的培植的全部力量倾注到恶之中；这是一种无节制的、巨大的、混乱的爱，直升到一种反宗教的、撒旦的宗教的高度。这样，作曲家在音乐的表达中就摆脱了那种描绘民众的（我真想说下等人的）感情时常有的庸俗，因此，他只需描绘过度的欲望和精力以及一个迷路的敏感灵魂的不屈不挠、漫无节制的野心。同样，在观念的造型表现中，他也幸运地摆脱了那一群枯燥乏味的牺牲品和不可胜数的艾尔维尔[1]们。由独一无二的维纳斯体现的纯粹观念说话的调门更高得多，也更有说服力。这里，我们看到的不是一个拈花惹草的普通的放荡者，而是一般的、普遍的人，他以皇族与平民女子结婚的方式同肉欲的绝对理想、同自从伟大的潘神死后被打入地下的所有的女魔鬼、女农牧神、女林神的女王，也就是说同不可毁灭的、不可抗拒的维纳斯生活在一起。

比我更善于分析抒情作品的人会在这里对读者就《汤豪舍》[2]这部奇特的、被埋没的作品提出内行而全面的说明，而我只能提出一般的看法，不过，不管多么简略，这些看法仍是同样有用的。何况，对某些人来说，要判断一片风景

---

[1] Elvire，女子名，指女人。
[2] 本研究的第一部分发表在《欧洲评论》上，喜歌剧院前院长拜兰先生负责写音乐评论，他对瓦格纳的好感是众所周知的。——原注

的美,站在高处不是比跑遍穿过这片风景的条条小径更为方便吗?

我只是在盛赞瓦格纳的时候让人注意到,无论他是多么正确地重视剧中的诗,《汤豪舍》序曲和《罗恩格林》序曲一样都是完全可以听得懂的,就是对没有看过脚本的人也是如此;其次,这段序曲不仅包含着主题思想,即组成剧情的心理的二元性,而且还包含着被强调得很清晰的、用于描绘作品接下去所要表达的一般感情的主要方式,就像每当情节要求的时候,极其肉感的旋律和宗教主题或《朝圣者之歌》都必定会出现。至于第二幕的庄严的进行曲,早已获得了一些最难对付的人的称赞,人们可以像称赞我刚才谈到的两个序曲那样称赞它,例如说它以最显豁、最多彩、最有代表性的方式表达了它想表达的东西。听到这如此丰富豪迈的音调,这优美鲜明的节奏,这庄严的铜管乐,人们就会想到一次封建的盛典,一队英勇的男子汉,他们服饰鲜明,身材高大,意志坚强,信仰纯真,玩乐时大方,打仗时可怕。谁会想到别的东西呢?

对于汤豪舍的叙述和他的罗马之行,我们将说些什么呢?其中文学的美如此令人赞叹地得到旋律的补充和支持,以至于这两部分成为不可分割的整体。人们担心这一段太长了,然而,正如人们所见,叙述包含着一种不可战胜的戏剧力量。罪人在其艰苦的旅程中的悲伤和困顿,他见到宽恕一切罪孽的教皇时的喜悦,他在教皇向他指出他的罪孽不可补救时感到的绝望，最后，他对罚入地狱的快乐所具有的那种可怕到几乎不可言说的感情，这一切都用诗句和音乐叙述表达出来了，其方式是如此确实，几乎不可能再设想出另外的方式了。人们于是明白了，一种这样的罪孽只能通过一个奇迹来加以补救，人们原谅了不幸的骑士又去寻找通向山洞的小径，他至少可以在他那恶魔般的妻子身边得到地狱的宽恕。

像《汤豪舍》的剧情一样，《罗恩格林》的剧情也具有传说一样神圣的、神秘的、人人都可明白的特性。一位年轻的公主被控犯有谋杀兄弟的滔天罪行，她没有任何办法来证明自己的无辜，她的案子将由上帝的裁断来判决。在场的骑士谁也不愿为她进入决斗场，然而她相信一个奇怪的幻象，一位陌生的武士来到她的梦中。就是这位骑士将为她辩护。最后的时刻到了，人人都认定她有罪，这时果然有一只套着金链的天鹅拖着一叶扁舟驶近岸边。罗恩格林，圣杯骑士，无辜者的保护人，弱者的辩护士，在神奇的隐蔽地的深处听见了祈求，由最后的晚餐和亚利马太的约瑟盛取的我主的淋漓鲜血两次祝圣的神杯就珍藏在那里。罗恩格林是帕西发尔的儿子，他下了船。他身披银甲，戴着头盔，扛着盾牌，身旁挂着一把小金号；身子倚在剑上。"假如我为你取得胜利，"罗恩格林对爱尔莎说，"你愿意我做你的丈夫吗？……爱尔莎，如果你愿意我做你的丈夫……你得答应我：永远不问永远不要想知道我从哪儿来、我的名字和我的血统。"

爱尔莎说："大人，你永远也不会从我口中听到这个问题。"由于罗恩格林又庄重地重复了许诺的要求，爱尔莎回答说："我的保护人，我的天使，我的救星！你坚信我的无辜，难道还有比不相信你更为罪孽的怀疑吗？由于你在我蒙难的时候救了我，同样，我也将忠实地遵守你加于我的命令。"罗恩格林把她抱紧在怀里，喊道："我爱你！"就像在瓦格纳的戏剧中经常出现的那样，这里也有一种对话的美，浸透了原始的魔力，由于理想的感情而增强，其庄严丝毫不减自然的优美。

罗恩格林的胜利宣布了爱尔莎的无辜；女巫奥特吕特和弗雷德里克这两个参与判决爱尔莎的恶人终于在她心中激起女性的好奇心，他们用怀疑败坏了她的快乐，与她纠缠，直到她违背了誓言，一定要丈夫说出他的身世。怀疑毁掉了信仰，失去的信仰带走了幸福。罗恩格林惩罚了弗雷德里克，让他死于他自己为加害罗恩格林而设置的陷阱。他在国王、武士和百姓面前说出了自己的来历："……任何人如被选定为圣杯服务，就立即具有一种超自然的力量，哪怕他被派往一个遥远的地方，负有保卫美德的权利的使命，只要他的圣杯骑士的身份不为人所知，他就不会失去神圣的力量；但是，圣杯的力量的性质是：它一旦暴露，就立刻避开凡人的目光，所以你们不应该对它的骑士有任何怀疑；假如他被你们认出，他就必须立即离开你们。现在，请听他如何回答这个被禁止的问题！我是被圣杯派到你们这里来的，我的父亲帕西发尔戴着它的王冠,我是它的骑士,我的名字是罗恩格林。"天鹅又出现在岸边,要把骑士带回他那神奇的故乡。女巫被仇恨迷住了心窍,揭露了天鹅不是别个,正是爱尔莎的兄弟,被她在一阵狂喜中毒死。罗恩格林对圣杯做了虔诚的祈祷,登上小船。一只鸽子取代了天鹅,布拉邦公爵戈德弗洛亚出现了。骑士转回萨尔瓦山。爱尔莎怀疑,爱尔莎想知道,想研究和检验,结果爱尔莎失去了幸福。理想消失了。

读者大概注意到这个传说与古代的普绪喀[1]的神话惊人地相似,普绪喀也成了魔鬼般的好奇心的牺牲品,不愿尊重她的神圣的丈夫的匿名身份,在识破秘密的时候失去了全部快乐。爱尔莎听信了奥特吕特,如同夏娃听信了蛇,永恒的夏娃跌进永恒的陷阱。难道各民族各种族互相交流寓言,如同人互相传递遗产、家业或科学的秘密吗?人们真想相信这一点,因为封闭在不同地区的神话和传说在精神上的相似是如此惊人。然而,这种解释太简单了,不能长久地迷住一种哲学的精神。一个民族创造的寓意和一个农民友好地送给另一个想使之适应当地环境的农民的种子是不能相比的。我所说的这种精神上的相似就仿佛是一切民间的寓言的神圣的印记,也可以说,这是一种唯一的来源的标志,一种不容置疑

---

[1] Psyché,出自希腊神话。普绪喀与爱神厄洛斯相恋,但爱神不许她看他的容貌。一夜,她趁厄洛斯睡着时偷看,厄洛斯惊醒逃走。她经过种种磨难,方得与他重聚。

的亲缘关系的证据,不过,条件是人们只能在一切存在物的绝对原则和共同来源中寻找这种来源。某一神话可以被看作是另一神话的兄弟,正如黑人可以说是白人的兄弟一样。我不否认在某些情况中存在着兄弟关系和父子关系,我只是认为在许多其他的情况下,精神可能会被表面上的相像,甚至被精神上的相似引向错误。再用我们的植物的比喻来说,神话是一株在任何地方、在任何气候中、在任何阳光下都自发地、不用插条生长的树。关于这个问题,世界四方的宗教和诗歌向我们提供了极为丰富的证据。正像罪孽到处都有,宽恕到处都有一样,神话也到处都有。没有什么东西比上帝更具世界性。请原谅我离题太远了,这种吸引力实在是不可抗拒。我再回到《罗恩格林》的作者身上来。

可以说,瓦格纳最喜欢封建的排场,荷马式的集会,那里有生命力的积聚,热情的人群,人性的火花的储藏,英雄的风格即从这储藏中带着自然的冲动奔涌而出。《罗恩格林》的婚礼曲和祝婚诗与《汤豪舍》的瓦特堡来客小序曲适成对应,也许更庄严更热烈。但是,大师总是趣味高雅,注重层次,并没有在这里表现这种场合中平民群众可能会有的那种喧闹。就是在最狂暴的喧闹的顶点,音乐只表现出一种习惯于遵守礼仪规则的人的狂热;那是一个正在玩乐的宫廷,它的最强烈的兴奋仍保持着礼仪的节奏。人群的欢声笑语和甜蜜、温柔、庄重的祝婚诗交替出现,众人的欢乐的风暴多次与庆祝爱尔莎和罗恩格林结合的谨慎而温柔的赞歌形成对比。

我已经说过,在瓦格纳于意大利人剧院中举行的首场音乐会中,有几个乐句反复出现在取自同一部作品的不同的乐曲中,这很使我感到刺耳。我们注意到,在《汤豪舍》中,两大重要主题,即宗教主题和歌唱肉欲的复现,用于唤起听众的注意和使之处于一种类似现实境况的状态之中。在《罗恩格林》中,这种记忆的方法运用得更为精细。可以说,每个人物都由表现其精神特征和他将在寓言中扮演的角色的旋律刻画了出来。这里,我谦卑地让李斯特来说话,我曾经偶然地向一切喜欢深刻而高雅的艺术的人推荐过他的书(《罗恩格林和汤豪舍》),尽管他的语言有些古怪,那是一种由好几种语言构成的方言,他却知道如何带着一种无限的魅力表达大师的雄辩术:

"我们习惯的歌剧的内容是由一些孤立的乐曲组成的,这些乐曲一个接着一个地咬在某根情节线上,事先心甘情愿地准备好不去寻求这类乐曲的观众在三幕之中跟随瓦格纳的深思熟虑的、惊人的灵活的、可以富有诗意地加以领会的配合,将会发现一种特殊的兴趣,他正是运用这种配合,通过几个基本的乐句,收紧了一个旋律的结,这个结构成了他的整个戏剧。这些乐句所形成的互相连接、缠绕在诗句周围的褶皱具有一种最为动人的效果。但是,假如人们在演出时获得强烈印象之后还想更清楚地知道被如此强烈地表现出来的东西,还想研究这部类型如此新颖的作品,他仍然会对作品包含着的不能立即把握住的全部意图和层次感到惊奇。哪些伟大诗人的戏剧和史诗不经过长久地研究就能掌握其全部含义呢？

"瓦格纳通过一种以完全出乎意料的方式加以运用的方式成功地扩大了音乐的王国和抱负。他对音乐能通过唤起各种人类的情感影响心灵的这种能力不大满意，他使它能够激励我们的观念，诉诸我们的思想，召唤我们的思考，并使它具有一种道德和精神的意义……他用旋律画出了他的人物的性格及其基本的激情，每当涉及这些旋律表达的激情和感情的时候，这些旋律就出现在歌曲或伴奏之中。这种系统的坚持又结合了一种布局的艺术，即使对于那些把八分音符和十六分音符看成是一纸空文和纯粹的象形符号的人，这种布局的艺术也通过他表现出的心理的、诗的、哲学的概览而具有很令人好奇的趣味。瓦格纳强迫我们的沉思和记忆进行如此持久的活动，仅仅通过这一点就使音乐的行动脱离了朦胧的感动的领域，在它的魅力上增加了某些精神的快乐。通过这种使一系列彼此间很少联系的歌曲所提供的廉价享受复杂化的方法，他向观众要求一种特殊的专注；但同时他也为那些知道如何体味的人准备了更为完美的感情。他的旋律可以说是观念的拟人化，它们的重现预告了言语丝毫也未曾明白表示的感情的重现，他让这种观念的拟人化向我们披露心灵的全部秘密。有些乐句，例如第二幕第一场的乐句，像一条毒蛇贯穿全剧，它缠住受害者，在他们的神圣的保护者面前逃之夭夭；还有些乐句，例如小序曲的乐句，很少重现，却具有至高无上的神的启示。稍具重要性的境况和人物都是通过旋律来表现的，它们都成了不变的象征。由于这些旋律具有罕见的美，我们要对那些研究乐谱时仅限于评断八分音符和十六分音符之间的关系的人说，即使这部歌剧的音乐脱离它那美妙的歌词，它仍然是第一流的作品。"

的确，没有诗，瓦格纳的音乐也是诗的作品，因为它具有构成一首好诗的一切素质，他的音乐本身就说明一切，各种东西在其中结合、统一，相互适应，如果可以用一个不规范的词来表达一种素质的极限的话，那就是谨慎地锁在一起。

《鬼船》，或者《漂泊的荷兰人》，是那个在大洋上漂泊的犹太人的家喻户晓的故事，然而，他通过一位乐于助人的天使获得了一个赎罪的条件：如果每七年上岸一次的船长遇上一个忠实的女人，他就获救了。这不幸的人每次想绕过一个危险的地岬，都被风暴顶回，他有一次大喊道："我要越过这不可逾越的障碍，哪怕要和永恒斗争！"永恒接受了这位勇敢的航海者的挑战。从此，这宿命的船就不时地出现在不同的海上，冲向风暴，而那个寻找死亡的武士却满怀着绝望，然而，风暴总是放过他，海盗在他面前一面画着十字一面逃走。他的船到了锚地之后，这荷兰人最初的几句话是阴沉而庄严的："期限已过，又是七年！大海厌恶地把我抛向陆地……啊！骄傲的海洋！不久，你又该载着我了！……

哪儿也没有坟墓！哪儿也没有死亡！这就是我的可怕的判决……审判的日子，最后的日子，你何时在我的黑夜中放光？……"在这艘可怕的船旁边，一艘挪威船抛下了锚；两位船长相识了，荷兰人请求挪威人"让他在他家住几天……给他一个新的故乡"。他给了他大量的财富，后者眼花缭乱，最后，他突然对他说："你有女儿吗？……让她做我的妻子吧！我永远也回不了家了。我积聚这么多财富有什么用？请你相信，赞同这婚姻吧，拿去我的一切珍宝吧。""我有个女儿，她美丽、忠实、温柔，对我一心一意。""让她永远对她父亲保持这种亲手的温情吧，让她忠于他；她也会忠于她的丈夫的。""你给我无价的宝贝和珍珠，但是，最珍贵的宝贝是一个忠实的女人。""你给我这宝贝吗？……我今天就会看见你的女儿吗？"

在挪威人的房间里，好几个姑娘在谈论着"漂泊的荷兰人"，桑塔被一个固定的念头缠住，眼睛一直盯着一幅神秘的肖像，唱起了叙述这位航海者所受的惩罚的歌曲："你们在海上遇见了那艘船吗，它有血红的帆和黑色的桅杆？船上那个苍白的人，船的主人，他一直不懈地警觉着。他飞呀，跑呀，没有期限，没有松弛，没有休息。但是终有一天他能得到解脱，假如他在陆地上找到一个至死忠于他的女人……向上天祈祷吧，愿很快有一个女人同意和他结婚！在一阵逆风中，在一阵猛烈的风暴中，他本想绕过地岬，他在疯狂的勇气中骂道：我决不放弃永恒！撒旦听见了，听见了他的话。而现在他被判在海上漂泊，没有松弛，没有休息！……但是，为了让这不幸的人还能在陆地上获得解脱，一位天使告诉他可以从哪里获得拯救。啊！你能找到吗，苍白的航海者？向上天祈祷吧，愿很快有一个女人同意和他结婚！每七年，他抛锚上岸，去寻找一个女人。他每七年追求一次女人，可是他从未找到一个忠实的女人……扬帆！起锚！虚假的爱情！虚假的誓言！注意！出海！没有松弛，没有休息！"突然，桑塔走出梦幻的深渊，她获得了启示，喊道："让我成为那个用她的忠实解救你的女人吧！只要天使让我出现在你的面前！你将从我这里获得拯救！"姑娘的精神被不幸像磁石一样地吸引住了，她的真正的未婚夫是那个只有爱情才能赎回的被诅咒的船长。

后来，荷兰人出现了，被桑塔的父亲介绍给大家，他正是肖像上的人，挂在墙上的传说中的人物。荷兰人仿佛那个在受害者伊玛蕾面前心软的可怕的梅莫特，想让她离开一种过于危险的忠实，这位充满怜悯心的被诅咒者拒绝这种获救的手段，他匆匆上船，想让她享受家庭和普通爱情的幸福，这时，她反抗了，执意要跟着他："我了解你！我知道你的命运！我第一次看见你时就了解了你！"而他想把她吓住："问问各处的大海吧，问问在大海上纵横航行的航海者吧，他认识这船，它令虔诚的人恐怖：人们叫我漂泊的荷兰人！"她用她的忠实和喊声追随着渐渐远去的船："光荣归于你的解放的天使！光荣归于他的法律！看看我是不是至死忠实于你！"她纵身跳入大海。船沉没了。两个轻灵的形体从海浪上升起：那是荷兰人和桑塔变的。

为了他的不幸而爱不幸者，这是个伟大的观念，不可能落在一颗天真的心以外的地方，把对一个被诅咒的人的拯救系在一个姑娘的热情的想象上面，这也肯定是一个很美的思想。整个戏剧处理得稳健、直接，每一种境况都很明确，桑塔这个典型本身就具有一种超自然的、浪漫的伟大，令人迷醉，又令人害怕。诗的极端的单纯增加了效果的强度。各种东西适在其位，有条不紊，大小也恰当。我们在意大利人剧院的音乐会上听过的那首序曲像大海、风和黑夜一样阴森、深邃。

我不得不缩小这篇论文的范围，我相信我所说的足以（至少是今天）让一个事先一无所知的读者了解瓦格纳的倾向和戏剧形式。除了《黎恩济》、《漂泊的荷兰人》、《汤豪舍》和《罗恩格林》之外，他还写了《特里斯坦与依索尔德》和其他四出歌剧，这四出歌剧组成一个四联剧，题材取自《尼伯龙根指环》，此外还有许多批评作品。这就是这个人的业绩，他的人品和理想的抱负长时间成为巴黎街谈巷议的话题，而在一年多的时间里，巴黎的廉价笑话也每天都把他作为自己的猎物。

四

人们总是可以把任何伟大的艺术家都不可避免地带进

他们的作品中去的那个刻板的部分暂时撇在一旁，在这种情况下，就要寻找和检验他通过什么特有的个人的素质有别于他人。一个艺术家，一个无愧于这个名称的人，应该具有某种本质上是sui generis[1]东西，由于这种东西，他是他，而不是另一个人。根据这一观点，艺术家可以被比作各种各样的味道，人类的比喻的宝库可能还不够大，不能对一切已知的艺术家和一切可能的艺术家提供大概的说明。我想，我们已经指出在理查·瓦格纳身上有两个人，有条理的人和热情的人。这里要说的是热情的人，感情的人。在他的最不足道的乐曲中，他也那么热烈地写进了他的个性，所以寻找他的基本素质并不是很困难的。从一开始，一种看法就使我产生了强烈的印象：在《汤豪舍》序曲的快乐、狂欢的部分中，在《罗恩格林》序曲的对神秘性的描绘中，艺术家倾注了同样多的力量，显示出同样大的毅力。两者之中有着同样的野心、同样的高雅和同样的敏锐。因此，我觉得令人难忘地表现出这位大师的音乐的特点的，首先是神经的紧张、激情和意志之中的狂暴。这音乐以最悦耳或最刺耳的声音表达出人心中最隐秘的东西。的确，一种理想的野心支配着他的所有作品，但是，如果说瓦格纳因其主题选择和戏剧方法而接近古代，那么，由于表达方式所具有的热情的活力，他目前却是现代性的最真实的代表。说真的，这个丰富多彩的精神所

---

[1] 拉丁文，独特的。

具有的全部技巧、全部努力、全部手段只不过是这种不可抗拒的激情的很谦卑、很热心的仆人而已。不管他处理什么主题，总有一种达到顶点的庄严蕴涵其中。他通过这种激情给每一种东西增加了一种我说不出的超人的东西，他通过这种激情也理解了一切，并使这一切被别人理解。意志、欲望、专注、神经的紧张、爆发，这些词意味着的一切都在他的作品中被感觉到了、被猜测到了。我断言我从中看到了我们称为天才的那种现象的基本特征，我相信我并未产生错觉，也没有欺骗任何人；或者至少，在对我们至此称为天才的那种东西的分析中，人们发现了上述的特征。在艺术上，我承认我并不憎恨夸张，我从未觉得节制是一种有力的艺术天性的标志。我喜欢那些健康的过度，意志的放纵，它们铭刻在作品中就像沥青燃烧在火山土中，而在日常生活中，它们常常标志着巨大的精神或肉体危机之后的一个充满了快乐的阶段。

至于大师试图在音乐用于戏剧方面所进行的改革，他究竟能达到何种地步？在这方面，不可能预言任何确切的东西。人们可以笼统地、一般地像大卫王[1]那样说，曾经被贬低的，将被抬高，曾经被抬高的，将受屈辱，然而一切又都同样地适用于人类的一切事务的已知的方式。我们已经看到许多过去被说成是荒谬的东西后来变成为群众所接受的榜样。

---

1 Le Psalmiste，传说《圣经》中部分诗篇的作者。

现在的公众都记得维克多·雨果的戏剧和欧仁·德拉克洛瓦的画在开始时所受到的顽强的抵制。况且我们已经指出，现今使公众分裂的争论是一场已被忘却，又突然间重新活跃起来的争论，而瓦格纳本人已经在过去之中找到了建立他的理想的基础的基本成分。可以肯定的是，他的理论是为那些长久以来对歌剧的错误感到厌倦的有才智的人而建立的，因此，文人特别对这位以做诗人和戏剧家为荣的音乐家表示好感，就不令人感到奇怪了。同样，18世纪的作家们热烈欢迎格鲁克的作品，我也不能不看到，那些对瓦格纳的作品表示最为反感的人也对他的先行者表现出一种明显的厌恶。

最后，《汤豪舍》的成功与不成功绝对不能证明任何东西，甚至也不能决定将来有多少好的运气或坏的运气。假定《汤豪舍》是一部可憎的作品，它会被捧上天的；假定它是一部完美的作品，它就会引起反感。事实上，歌剧改革的问题并未解决，论战将继续，平息之后，它还会再起来。我最近听说，如果瓦格纳的戏获得辉煌的成功，那将是一桩纯粹个人的偶然之事，他的方法不会对抒情剧的命运和改革产生任何影响。由于对过去，也就是对永恒的研究，我自认可以做出绝对相反的预断，一个完全的失败绝不能毁灭在同一个方向上的新尝试的可能性。在不久的将来，人们会看到，不仅新的作者，甚至一些过去享有信用的人，都将在某种程度上利用瓦格纳提出的观念，并且顺利通过他打开的缺口。人们在哪一段历史中曾经读过伟大的事业毁于一次较量？

1861年3月18日

再说几句

"考验结束！未来的音乐已被埋葬！"所有的喝倒彩者和密谋者都高兴地大喊；"考验结束！"所有的写专栏文章的蠢货都在重复；而所有的在马路上闲逛的人都齐声地、无知地应道："考验结束！"

的确，已经结束了一次考验，但这考验在世界末日之前还要进行千万次；因为首先，任何伟大严肃的作品不经过激烈的争议都不能留在人类的记忆之中，也不能在历史中占据一席之地；其次，十个顽固的人就可以凭着尖利的倒好声使演员狼狈不堪，战胜观众的善意，甚至用他们的不和谐的抗议声盖过乐队的巨大声音，哪怕这声音和大海的声音一样强大。总之，一种最有意思的弊病已得到证实，即一种订座制度允许预订一年的座位，这就造成了某种贵族，这个贵族可以在某个特定的时刻为了某种动机或利益不让广大观众参与对一部作品的评判。其他剧院，例如法兰西喜剧院，也接受了这种制度，我们很快就会看到那里也产生了同样的危险和丑闻。一个有限制的社会可能剥夺巴黎的广大观众评价一部作品的权利，而对一部作品的判断是由大家来进行的。

有些人自以为摆脱了瓦格纳，他们高兴得太早了，我们可以这样断言。我热烈地奉劝他们不要那么张扬地庆祝一次并不光彩的胜利，甚至奉劝他们为将来计还是准备着顺从为好。实际上，他们并不懂得人类事务的摇摆以及激情的反复。他们也不知道上帝总是使他赋予一种职责的那些人具有什么样的耐心和韧性。反响是今天开始的,然而它的产生却是在串通一气的恶意、愚昧、陈腐和妒忌试图埋葬作品的那一天。巨大的不公正产生了众多的同情,现在已从四面八方表现出来了。

远离巴黎的人被这一大堆人和石头迷住了、吓倒了,《汤豪舍》的意想不到的遭遇对他们来说该是一个谜。用好几种原因的不幸的偶合就可以容易地加以解释,其中有几种原因与艺术并无干系。让我们立刻承认主要的、支配的原因吧:瓦格纳的歌剧是一种严肃的作品,要求一种持续的专注;在一个旧悲剧主要靠容易得到消遣来获得成功的国家里,人们可以想象那个条件所包含的一切不利的机会。在意大利,人们一边看戏一边喝冰冻果汁饮料,幕间有康康舞,时尚并不要求鼓掌;在法国,人们打牌。"您真是无礼,竟想让我持续地注意您的作品,"那难以对付的订户嚷道,"我希望您向我提供一种好消化的乐趣,而不是一次活动我的智力的机会。"除了这个主要原因之外,还应加上今天已是众所周知的,至少在巴黎是众所周知的其他原因。皇帝的命令[1]给了亲王很大面子,我想可以表示衷心的感谢而不会被指责为谄媚,这道命令聚集起许多妒忌者和闲逛者反对艺术家,

---

1 拿破仑第三下令演出《汤豪舍》。

他们总是用齐声狂吠来表示他们的独立。那道刚刚给了报纸和言论某些自由的法令使久受压抑的自然的喧闹肆意泛滥，它像一条狂兽扑向第一个过来的人。这个人就是得到国家元首批准、受到一位外国大使的夫人[1]公开保护的《汤豪舍》。多好的机会！剧场里的法国人拿这位夫人的痛苦开心了好几个钟头，还有一件不那么为人所知的事情，瓦格纳夫人本人也在一次演出中受到侮辱。真是非凡的胜利啊！

导演不止于贫乏，出自一位过去的滑稽歌舞剧作者之手（你们能想象《城堡指挥官》[2]由克莱维尔[3]先生执导吗？）；乐队的演出无力又不准确；男高音是个德国人，人们把主要的希望寄托在他身上，而他唱起来总是走调；维纳斯无精打采，身上堆满了白色的破布，不是从奥林匹斯山上下来，倒像是诞生于一位中世纪的艺术家的花里胡哨的想象；两次演出，座位都给一些怀着敌意或者至少对任何理想的追求都无动于衷的人占了；所有这些事情都应该考虑到。只有萨克斯小姐和莫莱利（这里正是一个感谢他们的机会）在暴风雨中昂首挺立。若是只赞扬他们的才能，那就不合适了，还应该夸奖他们的勇敢。他们顶住了溃败，对作曲家忠心耿耿。莫莱利带着意大利式的令人钦佩的灵活，谦逊地服从了作者的风格和趣味，常常喜欢研究他的人都说这种顺从对他很有

---

1 指梅特涅夫人。
2 维克多·雨果的戏剧。
3 Louis-Francois Clairville（1811—1879），法国歌舞剧作家。

好处，他从未像他扮演沃尔夫朗的时候那么漂亮。但是对尼埃曼先生，对他的缺点，对他的发愣，对他那惯坏了的孩子的坏脾气，我们该说些什么呢？我们也见过剧场里的风暴，像弗雷德里克和鲁维埃尔，甚至比尼翁那样的人，尽管名气还大不到那种程度，也曾公开对抗观众的错误，而且观众越是不公正，他们演得越起劲，他们总是和作者风雨同舟。最后，还有芭蕾的问题，这个问题在好几个月中被看成了一个生死攸关、动荡不安的问题，对于喧嚣起的作用也不少。

"没有芭蕾的歌剧！这算什么！"陈规说；"这算什么！"养情妇的人说；"小心点！"惊慌不安的部长也对作者说。作为补偿，人们让一队普鲁士士兵在台上操练，他们穿着短裙，动作像军校学生一样机械；一部分观众因拙劣的演出而产生错觉，看到这些大腿，就说："拙劣的芭蕾，音乐也不适于舞蹈。"理智回答说："这不是芭蕾，这是狂欢乱舞，音乐也指明了这一点，圣马丁门、昂必居、奥戴翁[1]，甚至低级剧场有时都会演出的，但是歌剧院不能演，它也根本不会。"这样，不是由于一种文学上的原因，而仅仅是因为置景工的不熟练，就必须取消整整一个场面（维纳斯的重新出现）。

那些有钱能在歌剧院的女舞蹈演员中拥有一位情妇的人希望尽可能经常地显示他们的赐物的才能和美貌，这当然是一种近乎父亲的感情，谁都理解，也容易谅解；然而，这些

---

[1] 以上是当时巴黎的三家剧场。

人若不关心公众的好奇心和他人的快乐，使一部因不能满足他们的保护物的要求而使他们不快的作品不能演出，这就是不能容忍的了。保护你们的后宫吧，虔诚地保持其传统吧，但是，让别人为我们演戏吧，和你们想的不一样的人可以在其中得到更合他们口味的乐趣。这样，我们摆脱了你们，你们也摆脱了我们，双方可以皆大欢喜。

人们希望从这些疯子手中夺下他们的牺牲品，找一个星期日把它介绍给公众，座位的订户和赛马俱乐部乐意在星期日放弃剧场，人们可以随意占用空闲的座位；然而，他们说得也颇有道理："如果我们允许这部作品在今天获得成功，剧院就会有一个充分的借口迫使我们把这部作品看上三十天。"于是，他们又全副武装地带着事先做好的凶器冲杀回来了。观众，全体观众，斗争了两幕，出于善意，再加上愤怒，他们不仅对不可抗拒的美鼓掌，也对使他们惊讶和迷惘的那些段落鼓掌，这些段落或者因演出的混乱而变得晦涩，或者为了得到欣赏而需要一种不可能的沉思。然而，这种愤怒或热情的风暴立刻引起了同样狂暴的、对反对者远非那么令人疲惫的反应。于是，捣乱者感谢宽厚的观众们沉默了，后者最希望的是了解和判断。但是某些倒好声勇敢地坚持着，没有动机，但也不停止；有关罗马之行的奇妙的叙述没有被听见（是否唱过，我也不知道），整个第三幕淹没在一片喧嚣之中。

报纸上没有任何反对，没有任何抗议，只有《祖国》上有弗兰克·马利[1]先生的抗议；柏辽兹先生避免发表意见，这是一种消极的勇气，让我们感谢他没有在普遍的谩骂之上再加什么东西。接着，一阵巨大的模仿的旋风把所有的笔都卷了进去，人人都胡说八道起来，这股风就像那个奇特的精灵，在人群中交替地制造奇迹：一会儿是勇敢，一会儿是怯懦；集体的勇敢，集体的怯懦；法国的热情和高卢的惶恐。

《汤豪舍》甚至没有被听见。

所以现在到处都是一片抱怨声，人人都想看瓦格纳的作品，人人又都抱怨它专横；但是剧院的管理部门在几个阴谋家面前低头了，已经退回了为以后的演出而准备的经费。如果说还存在着比我们目睹的事情还要令人愤慨的事情的话，那么，这真是一个闻所未闻的场面，我们今天看到的是一个失败的领导，尽管有公众的鼓励，它仍然放弃了最富有成果的演出。

再说，这种意外之事似乎还在扩展，观众也似乎在戏剧演出方面不再被看作是最高的裁判了。就在我写这番话的时候，我知道有一出很美的、结构精彩的、风格优秀的戏几天之后将在另一个舞台上消失，它曾在这个舞台上打响，但是，某个软弱无力的集团的努力并未奏效，这个集团过去曾

---

1 Franck Marie，法国音乐批评家。

被称为文化阶级,现在却在精神上和趣味的高雅上输于海港城市的公众。事实上,作者居然以为那些人会对荣誉这种如此不可触摸、如此空灵的事情表现出热情,这真是发疯了。他们充其量只会把它埋葬。

这种排斥有什么神秘的理由?成功会妨碍领导人将来的行动吗?官方的不可理解的看法会强迫他的善意,触犯他的利益吗?或者,应该假设某种丑恶的事情吗,也就是说,一位领导人为了抬高自己而装作喜欢好的戏剧,一旦达到目的,就很快转向他的真正的兴趣,即蠢货的兴趣,那显然最有利可图的兴趣吗?更不可理解的是批评家(其中有几位是诗人)的软弱,他们对主要的敌人表示亲热,即使有时候他们怀着一种转瞬即逝的勇气谴责其唯利是图,他们在许多情况下却依然千方百计地讨好他们,鼓励他们的交易。

对于这种喧嚣和专栏文章的卑劣的戏弄,我感到脸红,就像一个高尚的人看见一件肮脏的事情发生在他面前一样,这期间,一个念头纠缠着我。我想起来,在遥远的国外,在坐着各种人的餐桌上,当我听到有人取笑法国(公正或不公正,有什么关系?)的时候,我常常感到非常痛苦,尽管我总是在内心中压下这种过分的爱国主义,因为它散发出的烟雾可能使大脑变得模糊。这种在哲学上被压抑的全部亲子的感情于是爆发出来了。数年以前,一位可悲的院士竟敢在他的入院演说中加进去对莎士比亚的天才的评价,他亲热地将他称为老威廉或好威廉，说实话，他的评价简直如同出自法兰西喜剧院的门房之口，这时，我浑身打战，感到了这位连拼法都不会的学究将给我的国家造成的损失。果然，好几天之内，所有的英国报纸都以最令人伤心的方式拿我们开心。听起来，法国的文人甚至连莎士比亚这名字的拼法都不知道；他们根本不懂他的天才，而愚笨的法国只知道两位作家，朋萨尔[1]和小仲马，新帝国的走红诗人，《伦敦新闻画报》这样补充道。请记住，政治的仇恨是把它的要素和过分的文学爱国主义结合在一起的。

所以，在瓦格纳的作品引起的丑闻中，我心想："欧洲将对我们作何感想呢？在德国，人们将会怎样说巴黎呢？瞧，一小撮喧闹者就使我们大家一齐丢脸！"然而不，不会是这样的。我相信，我知道，我保证，在文学家、艺术家，甚至上流社会人士中，还有许多有教养的、公正的人，他们的精神总是向着呈现在他们面前的新事物自由地开放着的。德国若是认为巴黎只住着些胆小鬼，擤了鼻涕再在一位过往的伟人背上揩手指头，那它就错了。这样的设想并非完全不偏不倚的。我说过，到处都有了反响，最料想不到的一些好感的表现鼓舞着作者坚持他的道路。如果事情这样继续下去，可以料想，许多的遗憾将会很快得到宽慰，《汤豪舍》将再度出现，然而将是在一个歌剧院的订户不感兴趣的

---

[1] François Ponsard（1814-1867），法国剧作家。

地方。

最后，重要的是，观念已被提出，缺口已被打开。不止一位法国作曲家愿意利用瓦格纳提出的有益的观念。如果说作品出现在观众面前的时间不长，使我们得以听到作品的皇帝的命令却大大地帮助了法国精神，这是一种逻辑的、热爱条理的精神，它将很容易地继续它的发展。在共和国和第一帝国时代，音乐上升到了这样一个高度，由于一种失去了勇气的文学的弱点，它成了时代的光荣之一。第二帝国的领袖听一位我们的邻居谈论着的人的作品仅仅是出于好奇，还是一种更爱国的、更能体谅人的思想激励着他？无论如何，哪怕他只有好奇心，那也对我们大家都有益处。

1861 年 4 月 8 日

图书在版编目（CIP）数据

美学珍玩 /（法）夏尔·波德莱尔著；郭宏安译. —北京：商务印书馆，2018
（波德莱尔作品）
ISBN 978 – 7 – 100 – 15834 – 3

Ⅰ.①美… Ⅱ.①夏… ②郭… Ⅲ.①美学 — 文集 Ⅳ.①B83-53

中国版本图书馆 CIP 数据核字（2018）第026656号

权利保留，侵权必究。

美 学 珍 玩（上、下册）

〔法〕夏尔·波德莱尔　著
郭宏安　译

商 务 印 书 馆 出 版
（北京王府井大街36号　邮政编码 100710）
商 务 印 书 馆 发 行
山东临沂新华印刷物流
集团有限责任公司印刷
ISBN　978 – 7 – 100 – 15834 – 3

2018年8月第1版	开本 860×1092　1/32
2018年8月第1次印刷	印张 18

定价：99.00元